基于水土交融的土木、水利与海洋工程专业系列教材

ELASTICITY AND FINITE ELEMENT ANALYSIS

弹性力学和有限元

主 编 马建军　　副主编 黄林冲 陈万祥 杨宏伟

中山大学出版社
SUN YAT-SEN UNIVERSITY PRESS

·广州·

图书在版编目（CIP）数据

弹性力学和有限元/马建军主编；黄林冲，陈万祥，杨宏伟副主编 . —广州：中山大学出版社，2024.4
基于水土交融的土木、水利与海洋工程专业系列教材
ISBN 978 - 7 - 306 - 08041 - 7

Ⅰ. 弹… Ⅱ.①马… ②黄… ③陈… ④杨… Ⅲ. 弹性力学—高等学校—教材 ②有限元法—高等学校—教材　Ⅳ.①O343 ②O241.82

中国国家版本馆 CIP 数据核字（2024）第 040846 号

出 版 人：王天琪
策划编辑：嵇春霞　姜星宇
责任编辑：姜星宇
封面设计：曾　斌
责任校对：郑雪漫　刘　丽
责任技编：靳晓虹
出版发行：中山大学出版社
电　　话：编辑部 020 - 84110283，84113349，84111997，84110779，84110776
　　　　　发行部 020 - 84111998，84111981，84111160
地　　址：广州市新港西路 135 号
邮　　编：510275　　传　真：020 - 84036565
网　　址：http://www.zsup.com.cn　E-mail: zdcbs@ mail. sysu. edu. cn
印 刷 者：广州方迪数字印刷有限公司
规　　格：787mm×1092mm　1/16　26.5 印张　580 千字
版次印次：2024 年 4 月第 1 版　2024 年 4 月第 1 次印刷
定　　价：78.00 元

序

随着经济社会的高速发展和科学技术的不断进步，我国建设了大量公路、铁路、水利水电、海上风电、轨道交通等基础设施。由于工程结构的力学特征高度非线性，给基础设施建设和安全控制带来了巨大挑战，亟须开展系统的基础科学与应用研究。考虑到原型试验受场地、环境等限制，数值计算已成为工程设计优化、建设过程安全控制、地质环境安全评估及基础设施安全运维的重要手段，并出现了"数值实验技术"这一新兴概念，可见数值计算对现代工程建设的重要性。

目前，工程数值计算手段主要包括有限元法、有限差分法、边界元法、非连续变形法、静场动力学、物质点法等，其中有限元法是发展最早、最成熟、应用范围最广泛的数值方法，也是工科高年级本科生及研究生必须掌握的计算方法之一。随着学科的不断发展和计算机技术的不断进步，学科交叉日益频繁，传统的弹性力学和有限元课程已经无法满足新时期工科，特别是相关交叉学科的教学需求。本书编者在长期的教学中发现，大多数学生能够理解有限元原理，但是将所学知识转化为计算程序、实现工程模拟计算的能力仍需不断加强。本书以习近平新时代中国特色社会主义思想为指导，将爱国主义、工程素养、科学探索精神和社会主义核心价值观有机融合，包含了弹性力学基础理论知识、有限元基本原理、计算机编程和工程范例等内容，以提升学生对相关知识的理解，重点培养学生的实践操作能力。本书具有以下特点：

（1）将弹性力学基础知识和有限元原理融会贯通。力图呈现基于弹性力学原理的有限元法知识脉络和框架结构，增强可读性。

（2）着重提升学生的计算机编程能力。将有限元计算的基础知识贯穿于整个编程过程中，以期帮助学生在学习理论知识的过程中，逐步养成编程和调试运行的习惯，提升编程能力。

（3）注重示范和能力提升。在呈现知识脉络的基础上，尽量通过丰富、生动的范例，缩短学生的摸索过程，在学习过程中产生正向反馈，进而激发学生的学习兴趣，提升其知识迁移能力和后续学习能力。

本书实例丰富、图文并茂，力求把弹性力学、塑性力学基础与有限元有机结合，并融入编者团队长期积累的教学科研经验。教材附有限元计算程序代码，读者可直接使用本书程序进行工程数值计算，也可以对其进行扩展，即通过定义新的本构模型、边界条件、控制方程等，形成自己的有限元计算程序库；有学习余力的读者还可进一步设计前后处理程序，封装成为满足个性化需求的有限元计算软件。

本书由中山大学"弹性力学和有限元"教学团队组织编写，全书由马建军统稿，担任主编。参加本书编写的教师有马建军（第 1、2、7、10 章）、黄林冲（第 3、4 章）、陈万祥（第 5、6、8 章）、杨宏伟（第 9、11 章）、林越翔（第 12 章）、梁禹（第 13、14 章）。

中山大学土木工程学院研究生梁基冠、李诚豪、陈俊杰、赵进新、丁文洁、许正阳、谢天星、蔡佳雯、刘文杰参与了本教材的插图绘制工作；中山大学出版社嵇春霞副总编辑在本书的成书过程中提供了大力帮助与支持，在此一并表示感谢。

本书的出版得到中山大学"校本教材出版"项目的支持，谨致谢意。

希望本书能更好地为广大读者的学习和工作提供帮助。由于编者水平有限，书中难免有所疏漏，敬请使用本教材的师生和广大读者批评指正。

编　者

2022 年 10 月

目　　录

第1章 绪 论

1.1 弹性力学的研究对象和内容

1.1.1 弹性力学的发展历程

弹性力学是固体力学的一个重要分支，其主要目的是研究弹性体在外力、温度等外界条件下的变形和内力，也称为弹性理论。在弹性力学发展的初期，其主要研究手段是实践，尤其是通过实验来探索弹性力学的基本规律。1680 年，英国的胡克（Robert Hooke）和法国的马略特（Edme Mariotte）分别独立地提出了弹性体的变形和所受外力成正比的定律，随后该定律被称为胡克定律。牛顿（Isaac Newton）于1687 年确立了力学三大定律。同时，数学的发展，使得建立弹性力学数学理论的条件已大体具备，从而推动弹性力学进入第二个时期。在这个阶段，除实验外，人们还用最粗糙的、不完备的理论来处理一些简单构件的力学问题，从而形成了一系列相关理论。这些理论在后来都被指出有或多或少的缺点，有些甚至是完全错误的。

17 世纪末，弹性力学发展的第二个时期开始之时，梁的相关理论是当时的研究热点。直到 19 世纪 20 年代，法国的纳维（Claude-Louis Navier）和柯西（Augustin Louis Cauchy）才基本上构建起弹性力学的数学理论。柯西在 1822—1828 年间发表的一系列论文中，明确提出了应变、应变分量、应力和应力分量的概念，建立了弹性力学的几何方程、运动（平衡）方程、各向同性以及各向异性材料的广义胡克定律，从而奠定了弹性力学的理论基础，打开了弹性力学向纵深发展的突破口。

第三个时期是线性各向同性（linear, isotropic）弹性力学大发展的时期。这一时期的主要标志是弹性力学被广泛应用于解决工程问题，同时，理论方面建立了许多重要的定理或原理，并提出了许多有效的计算方法。1855—1858 年，法国的圣维南（Adhémar Jean Claude Barré de Saint-Venant）发表了关于柱体扭转和弯曲的论文，该论文的发表可视为第三个时期的开始。在他的论文中，理论结果和实验结果高度吻合，为弹性力学的正确性提供了有力的证据。1881 年，德国的赫兹（Heinrich Rudolf Hertz）解出了两弹性体局部接触时弹性体内的应力分布；1898 年，英国的基尔斯（G. Kirsch）在计算圆孔附近的应力分布时，发现了应力集中，该解答即为著名的基尔斯解（Kirsch's Solution）。这些成就解释了过去无法解释的实验现象，在提高机械、结构等零件的设计水平方面起到重要作用，使弹性力学得到工程界的重视。在这个时期，弹性力学的一般理论也有很大的发展。一方面建立了各种关于能量的定理。另一方面发展了许多有效的近似计算、数值计算和其他计算方法，如著名的瑞利 – 里茨法，为直接求解泛函极值问题开辟了道路，推动了力学和实际工程中近似计算的蓬勃发展。

从 20 世纪 20 年代起，在发展弹性力学经典理论的同时，学者们广泛地探讨了许多复杂的问题，出现了许多分支：各向异性和非均匀体的理论、非线性板壳理论和非线性弹性力学、考虑温度影响的热弹性力学、研究固体同气体和液体相互作用的气动弹性力学和水弹性理论以及黏弹性理论等。磁弹性和微结构弹性理论也开始建立起来。此外，还建立了弹性力学广义变分原理。这些新领域的发展，丰富了弹性力学的内容，也促进了有关工程技术的发展。

1.1.2　弹性力学的研究内容

物体的应力和应变之间有着一一对应的关系，当外作用除去后，物体可恢复原状的特性叫作弹性。弹性体是仅有弹性性质的一种理想物体。弹性力学是研究弹性体在外界因素（外力作用、温度变化、边界约束等）影响下，其内部所产生的应力、形变和位移的学科。弹性力学可分为理论弹性力学和应用弹性力学两种：前者是经典的精确理论解答的有关研究；后者是在前者各种基本假设的基础上，根据实际问题的需要，再加上一些关于形变状态和应力分布的假定来简化数学推导，得出的一些应用性较强的理论。从数学上看，应用弹性力学粗糙一些，但它的方程和计算公式较简单，且能满足很多结构设计的要求，从而很实用，也被广泛应用于工程实践中。

弹性力学和材料力学、结构力学都是研究结构在弹性阶段的应力、形变和位移，校核它们是否满足强度、刚度和稳定性的要求。但是，这三门学科在研究对象、研究内容和研究方法上有所区别。

从研究对象来讲，材料力学主要研究杆件，如直杆、小曲率杆等。结构力学则是在材料力学的基础上，进一步研究杆件系统，如桁架、钢架等。弹性力学的研究对象最广泛，包括各种弹性体，除杆件、杆件系统外，还有一般弹性实体结构，如三维弹性固体、板状结构等。

从研究内容和研究任务来讲，材料力学主要研究杆件在外力或温度作用下的应力、变形、材料的宏观力学性质、破坏准则等，目的在于解决杆件的强度、刚度、稳定性问题。结构力学主要研究杆件系统（杆系结构）在外力或温度作用下的应力、变形、位移等变化规律，目的在于解决杆系的强度、刚度、稳定性问题。弹性力学主要研究弹性体在外力或温度作用下的应力、变形、位移等分布规律，目的在于解决弹性体的强度、刚度、稳定性问题。

从研究方法来讲，弹性力学根据六条基本假设，从问题的静力平衡、变形协调和本构关系（应力 – 应变关系）三方面出发，经过严密的数学推导，得到弹性力学的基本方程和各类边界条件，从而把问题归结为求解线性偏微分方程组的边值问题。材料力学在研究杆状构件的拉伸、压缩、扭转和弯曲问题时，也要用到弹性力学的六条基本假设，同时也要从问题的静力平衡、变形协调和本构关系三方面出发，但为了简化计算，大都对构件的应力分布和变形状态作出某些附加假设。由于材料力学所建立的是近似理论，因此得到的是近似解答。在工程实践中，对于细长的杆状构件而言，材料力学解答的精度符合工程上的要求；但对于非杆状构件，用材料力学方法得出的解答往往具有较大误差，必须用弹性力学方法进行求解。结构力学则是在材料力学假设的基础上，对弹性或者弹塑性的杆系结构的受力、变形等进行求解，得到的解答也是工程上的近似解答。

例如，使用材料力学研究直梁在横向载荷作用下的平面弯曲，引用了平面假设，结果横截面上的正应力按直线分布。而在弹性力学中，考虑到梁的深度并不远小于梁的跨度，而是同等大小的，那么通过计算可以得到横截面的正应力并不按直线分布，而是按曲线变化的。但是对于工程而言，基于材料力学的计算结果的精度是足够的。两者的差异如图 1 – 1 所示。

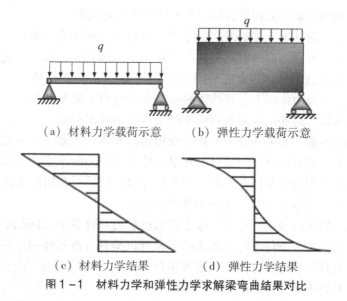

（a）材料力学载荷示意　　（b）弹性力学载荷示意

（c）材料力学结果　　（d）弹性力学结果

图 1 – 1　材料力学和弹性力学求解梁弯曲结果对比

弹性力学及相关理论作为一门基础学科，是近代工程技术的重要基础之一，在土木、水利、造船、航天、航空等工程学科中占有重要的地位。解决工程中提出的弹性力学问题有理论计算和实验两大手段。由于理论计算会遇到复杂的偏微分方程和偏微分方程组的定解问题，因此人们早就开始寻找各种近似的计算方法，以克服这些数学上出现的困难。随着电子计算机尤其是微型计算机的发展和普及，弹性力学（包括固体力学的其他分支）的各种数值方法和半解析数值方法也有了迅猛的发展。其中最具代表性的有：以弹性力学基本方程（微分形式）为控制方程的差分法、以弹性力学的变分形式（积分形式）为控制方程的有限单元法（也称"有限元法"）和以弹性力学边界积分方程为控制方程的边界元法。差分法是弹性力学中一种比较古老且常见的数值方法，目前在土木、水利、海洋、航天工程等工程问题中仍常被采用。有限单元法被用于解决弹性力学问题至今只有近40年的历史，但因其灵活性和通用性而备受工程界欢迎。有限单元法的发展是用弹性力学解决工程问题的重大突破，但由于它是一种纯数值的方法，因此不可避免地带来了自由度多、内存量大的不足。随后发展起来的各种半解析数值方法克服了以上缺点，便于在计算机上实现，这为用弹性力学方法解决工程问题开辟了更为广阔的前景。

1.2　弹性力学的分析方法和体系

与材料力学类似，弹性力学的基本内容同样可归结为两个方面：建立所求解问题的基本方程和根据基本方程及具体边界条件求解具体问题。

建立弹性力学的基本方程所采用的方法同材料力学相比更一般化，它不是对某个构件或结构建立方程，而是对从物体中截取的单元体建立方程，由此建立的偏微分方程（组）更具代表性，因此它适用于各种构件或结构的弹性体。

一般来说，在外力作用下，弹性体内部各点的应力、应变和位移是不同的，都是位置坐标的函数。这些函数关系只用平衡条件是不能求得的，所以任何弹性力学问题均为超静定问题，必须从静力平衡、变形协调和本构关系三个方面来考虑。因此，在用弹性力学的方法处理问题时，对单元体首先用力的平衡关系得到一组平衡微分方程；然后考虑变形条件，得到一组几何方程；最后再利用广义胡克定律（或本构关系）得到表示应力与应变关系的物理方程。

此外，在弹性体的表面，还必须考虑体内的应力与外载荷之间的平衡，从而得到边界条件。根据边界条件求解上述方程，便可以得到各种具体问题的解答。这就是说，可构建足够数目的微分方程和定解条件来求解未知的应力、应变和位移。弹性力学的整体知识体系结构如图1-2所示。

在求解弹性力学问题时，通常已知的是物体的形状、尺寸、约束情况和外载荷以及材料的相关物理参数；需要求解的是应力、应变和位移，它们都是物体内点的坐标的函数。对于常见的空间问题，一共有 15 个未知函数，即 3 个位移分量、6 个应变分量和 6 个应力分量。相对地，可利用的独立方程也有 15 个，即 3 个平衡微分方程、6 个几何方程和 6 个物理方程（本构关系）。此外，对于求解的结果，在边界上还必须满足问题的边界条件。对于平面问题，一共有 8 个未知函数，即 2 个位移分量、3 个应变分量和 3 个应力分量，利用边界条件可使其成为定解问题。因此，弹性力学问题原则上都是可解的。

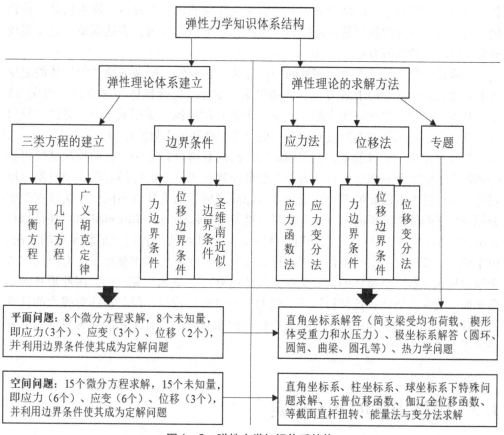

图 1-2　弹性力学知识体系结构

弹性力学问题的解法通常也有两种：位移法和应力法。此外，这两种方法兼而有之的混合解法也用得很普遍。

位移法　以点的位移为基本未知函数，将各方程中的应力和应变都用位移表示。这样，首先解出的是 3 个未知函数，即 3 个位移分量 u，v 和 w，由它们再去求应变和应力。

应力法　取点的应力为基本位置函数，这就要从 15 个基本方程中消去应变分量和位移分量，得出只包含 6 个应力分量的方程，从而解出这些应力分量，由它们再去求应变与位移。

上述位移法、应力法以及混合解法统称为直接解题方法，但由于在获得数学解上的困难，实际解题过程中，很少原原本本地按照这些方法求解。因此，除直接方法以外，还有数值法，常用的数值解法有限差分法、变分法和有限单元法等。

有限差分法 是计算机数值解最早采用的方法，至今仍被广泛运用。该方法主要思路为将求解域划分为差分网格，用有限个网格节点代替连续的求解域。有限差分法以泰勒级数展开等方法，把控制方程中的导数用网格节点上的函数值的差商代替进行离散，从而建立以网格节点上的值为未知数的代数方程组。该方法是一种直接将微分问题变为代数问题的近似数值解法，数学概念直观，表达简单，是发展较早且比较成熟的数值方法。

变分法 是求解弹性力学问题的一种方法，它以外力所做的功及弹性体的应变势能来建立弹性力学的求解方程，即能量法。变分法把弹性体的虚位移（虚应力）作为基本未知量，建立应变势能（或应变余能）的泛函，运用数学变分方法，导出求解弹性力学问题的基本能量原理——虚位移原理和最小势能原理。

有限单元法 是目前工程上应用最为广泛的数值分析方法，它的理论基础仍然是弹性力学的变分原理。那么，为什么变分原理在工程上的应用有限，而有限元原理却应用广泛？有限元原理与一般的变分原理求解方法有什么不同呢？关键在于变分原理用于弹性体分析时，不论是瑞利－里茨法（Rayleigh－Ritz method）还是伽辽金法（Galerkin method），都是采用整体建立位移试函数或者应力形状函数的方法。由于试函数要满足一定的条件，因此求解实际工程问题仍然困难重重。有限元方法选取的形状函数不是整体的，而是在弹性体内分区（单元）完成的，因此形状函数形式简单统一。当然，这使得转换的代数方程阶数比较高。但是，面对强大的计算机处理能力，线性方程组的求解不再有任何困难。因此，有限元法成为目前工程分析的重要工具。

1.3 弹性力学的基本假定

在弹性力学中，为了能通过已知量（如物体的几何形状和尺寸、物体所受的外力或几何约束）求出应力、应变和位移等未知量，首先要从问题的平衡方程、变形协调、本构方程（物理方程）三方面出发，建立这些未知量所满足的弹性力学基本方程组和相应的边界条件。而实际问题是极为复杂的，是由多方面的因素构成的，因此，对任何学科进行研究时，不可能将所有的影响因素都考虑在内，否则该问题将会变得非常复杂而无法求解。

任何学科的研究总是首先对各种影响因素进行分析，必须考虑那些主要的影响因素，同时必须略去那些影响很小的因素，然后抽象地概括这些主要因素，建立一个所谓的"物理模型"，并对该模型进行研究。当然，研究的结果将可以用于任何符合该物理模型的实际物体。在弹性力学问题中，通过对主要影响因素的分析，可归结得到以下几个弹性力学基本假设。

连续性假设　假定所研究的固体材料是连续无间隙（无空洞）的介质。从微观上讲，固体材料中的原子与原子之间是有空隙的，固体在微观上是间断的（或不连续的）；而从宏观上看，即使是很小一块固体，里面也挤满了成千上万的原子，宏观上的固体看起来是密实而连续的，弹性力学正是从宏观上研究固体的弹性变形及应力状态。根据这一假设，可以认为物体中的位移、应力与应变等物理量都是连续的，可以表示为空间（位置）坐标的连续函数。

均匀性假设　假设所研究的物体是用同一类型的均匀材料组成的，物体各部分的物理性质（如弹性）都是相同的，并不会随着坐标位置的改变而发生变化。根据这个假设，在处理问题时可取出物体内任一部分进行分析，然后将分析的结果用于整个物体。如果物体由两种或两种以上材料组成，例如混凝土，那么只要每种材料的颗粒远远小于物体的几何尺寸，而且在物体内均匀分布，从宏观意义上说，即可认为混凝土是均匀的。

小变形假设　假定固体材料在受到外部作用（荷载、温度等）后的位移（或变形）与物体的整体尺寸相比是很微小的，在研究物体受力后的平衡状态时，物体尺寸及位置的改变可忽略不计，物体位移及形变的二次项可略去不计，由此得到的弹性力学微分方程将是线性的，即所谓的线性弹性力学，因而像结构力学一样，叠加原理在弹性力学中普遍适用。

完全弹性假设　假设固体材料是完全弹性的。首先材料具有弹性性质，服从胡克定律（Hooke's Law），应力与应变呈线性关系；同时物体在外部作用下产生变形，外部作用去除后，物体完全恢复其原来的形状而没有任何残余变形，即完全的线弹性。

无初始应力假设　假定外部作用（荷载、温度等）之前，物体处于无应力状态，由弹性力学所求得的应力仅仅是由外部作用（荷载、温度等）所引起的。若物体中已有初始应力存在，则由弹性力学所求得的应力加上初始应力场才是物体中的实际应力。

各向同性假设　假设物体在不同的方向上具有相同的物理性质，则物体的弹性常数不随坐标方向的改变而改变。单晶体是各向异性的，木材和竹材是各向异性的；钢材虽然由无数个各向异性的晶体组成，但由于晶体很小，而且排列是杂乱无章的，所以从宏观的意义上说它是各向同性的。

在上述假设基础上建立起来的弹性力学称为理论弹性力学，由于所导得的弹性力学基本方程是线性的，故又称为线性弹性力学。如果在此之外还对变形或应力分布作出某种附加假设，例如梁弯曲时的平截面假设、板壳弯曲时的直法线假设等，从而使问题在符合工程精度要求下进一步简化，使之更便于求解和应用，则这种弹性力学称为应用弹性力学。

1.4 常见数值方法与有限元发展历程

1.4.1 常见数值方法

理论分析、实验研究和数值模拟是目前研究材料力学响应的三大主要方法。数值模拟在理论模型的参数分析、实验测量结果的反演以及本构关系的验证等方面，都起到了重要作用；随着科技的发展，计算机的计算速度大大提升，因此数值模型日趋成熟和稳定，逐渐成为研究热点。在数值算法中，根据其所采用的基本假设以及是否基于连续介质力学方法，将数值方法分为连续方法和离散方法两大类。

1.4.1.1 连续方法

基于连续介质力学的数值方法称为连续法，例如有限差分法（finite difference method，FDM）、边界元法（boundary element method，BEM）和有限元法（finite element method，FEM）都是具有代表性的连续方法。连续法可以通过对裂纹或破坏单元的隐式处理来预测材料的力学行为及破坏过程。

有限差分法（FDM）[1] 数值计算中应用非常广泛的一种方法，它的核心思想是，将控制方程中的各阶导数用网格节点上的函数值差商替代，从而把代表连续介质的偏微分方程离散为代数方程，求解代数方程组，进而得到问题的解。在三维和二维的情况下，FDM 的实现都很简单，它不像其他方法那样需要尝试（或插值）函数。然而，传统 FDM 在处理裂缝、复杂边界条件和材料非均质性等问题时不够灵活，这一缺点限制了它在脆性材料断裂领域中的应用。为了克服这个缺点，一些学者对 FDM 进行了改进。例如，有限体积法（finite volume method，FVM）被认为是一种扩展的 FDM，它不仅消除了规则的网格约束，而且特别适合模拟固体材料的非线性行为[2]。时域有限差分（finite-difference time-domain，FDTD）方法[3] 是 FDM 的直接发展，被广泛应用于电磁数据的处理，如井间电磁数据的成像等[4,5]。

边界元法（BEM） 借鉴了有限元按照求解域划分离散单元的思想，从而发展形成的一种新型数值方法。有限元在整个求解域上进行离散，而边界元法只在求解域的边界上进行离散，因此和有限元相比，边界元法的单元个数少、数据少、求解速度快。边界元模型的最新发展包括边界轮廓法（boundary contour method，BCM）[6]、快速多极边界元法（fast multipole boundary element method，FMBEM）[7]、伽辽金边界元法（Galerkin boundary element method，GBEM）等[8]。边界轮廓法将对平面问题的求解简化为对边界点的求解；与常规边界元法相比，快速多极边界元法的储存量和计算量都有数量级的减少。以上两者的发展都使得计算时间大大缩短。而伽辽金边界元法则克服了传统边界元法的缺点，为求解非线性问题的变分边界元模型奠定了基础。一般来说，边界元法在处理材料非均质性、非线性材料行为和损伤演化过程方面不如有限元法有效。

有限元法（FEM）　其基本思想包括两点：首先将连续域离散成多个通过节点相连的基本单元，然后通过插值函数对每个基本单元进行求解，进一步得到整个连续域的解。现有的有限元建模方法主要分为两类：单元退化法和单元边界破坏法。单元退化法将材料的破坏视为单元退化的过程，具有计算过程中不需要重新划分网格、不增加新的自由度等优点，其中最具代表性的方法是基于 FEM 的连续损伤力学方法（continuum damage mechanics，CDM），被广泛应用于脆性断裂分析[9,10]。但是在单元数较少时，单元退化法存在精度不高等问题，例如，Song J-H[11]在裂缝分叉问题计算中分别使用扩展有限元法、单元退化法、节点分离法，发现单元数较少时，扩展有限元法和节点分离法的精度比较高，而单元退化法的精度不高。单元边界破坏法是通过单元间边界的分离来表征断裂过程，被用于研究混凝土和岩石材料中的裂纹扩展[12-14]。单元间边界的破坏可以基于相应界面单元的断裂力学或破坏准则，例如 ABQUS、FRANC 和 MARC 等有限元程序采用了基于断裂力学的方法来处理裂纹扩展问题。单元边界破坏法中最成功的发展是 Cohesive Zone 模型（CZM），该模型可以追溯到 Hillerborg 等[15]对脆性材料的研究。CZM 已经成功地应用于模拟脆性材料的断裂和破碎，以及陶瓷材料的动态裂纹扩展[16]。

1.4.1.2　离散方法

离散方法中，不连续变形分析（discontinuous deformation analysis，DDA）和离散元法（distinct element method，DEM；如颗粒流程序，particle flow code，PFC）是两种典型的主流方法。DDA 是美籍华人科学家石根华先生为了研究不连续块体系统的位移和变形而提出的一种数值方法，它将块体理论和岩土的应力-应变关系结合，并使用最小势能原理使系统的能量最小，从而确保不连续块体在动力和静力荷载作用下的大位移破坏得到唯一解。DDA 主要应用于滑坡、隧道开挖、地质和结构材料的破裂破碎过程以及地震效应。郑宏等[17]针对 DDA 中罚因子难以合理取值和开闭迭代收敛困难等问题，基于互补理论开发了 CDDA 模型，并通过对碰撞问题、拱梁模型的验证，证明了模型的有效性。Zuo[18]在 DDA 的基础上开发了一种可以有效模拟采矿工程中连续开采过程的程序 MDDA，MDDA 可以有效地得到开挖过程中围岩的应力实时分布和围岩的变形移动数据。焦玉勇等[19]在 DDA 中引入了虚拟节理这一概念，使 DDA 能够更好地模拟裂纹开裂，并通过压裂模拟和实验结果的对比进行了验证。此外，为了使用 DDA 研究应力波在岩体中的传播，焦玉勇等[20]在 DDA 中引入了黏性边界条件（viscous boundary condition，VBC）替换固定边界条件（fixed boundary condition，FBC），并通过模拟一维杆波传播和爆破应力波在岩体中的传播，验证了黏性边界条件的有效性。刘红岩等[21]使用二维DDA，将集中药包的爆炸荷载简化为三角形荷载，研究了爆破漏斗的形成过程。郭双等[22]使用DDA方法，分别考虑了爆破压力和爆破冲击波这两种爆破作用，建立了不同地应力下的爆破冲击模型，研究了不同地应力环境下两种爆破作用的破岩效果。

离散元法（DEM）将材料离散成很多颗粒，用来解决非连续介质的相关问题，该方法可以更真实地表示节理岩体的特点。其中，节理岩体被认为主要由不连续的块体和块体之间的节理组成，块体可以旋转、平移、发生变形，节理可以被压缩、滑动。Maini和Cundall[23]根据节理岩石在受到动荷载作用时块体可能会发生移动、破碎的现象，改进了刚性离散元方法，开发了一种允许块体破碎的离散元模型，并编写了通用计算机程序，该模型可以很好地模拟节理岩体的力学行为。离散法的优点是比较适合分析不连续介质（例如节理岩体），因此发展十分迅速。但此方法的缺点是比较复杂，为了解决这一问题，Cundall和Strack[24]提出了颗粒流离散元，并据此开发出了二维（PFC2D）和三维（PFC3D）计算软件，PFC中颗粒是刚性的，通过颗粒之间的接触和位移变化表征材料的宏观变化。Lemos和Brady[25]将离散元法和边界元法进行耦合，其中边界元法用于模拟远场连续介质的应力分布，离散元法用于模拟近场非连续介质的应力分布。离散元法被引入中国后，我国一些学者在边坡工程、岩石力学等工程领域都进行了应用研究。张翀、舒赣平[26]使用离散元软件生成了4种不同颗粒形状的试样，研究了颗粒形状对模拟双轴压缩实验的影响。李宁、高岳[27]使用离散元软件模拟了标准砂土和透明砂土这两种土体的三轴试验，研究了密度和围压对砂土物理力学性质的影响。

1.4.2　有限元法的简要发展历程

有限元法的理论基础可以追溯到19世纪末20世纪初。瑞利和里茨首先提出可对全定义域运用展开函数来表达其上未知函数的瑞利－里茨法。1915年，数学家伽辽金提出了选择展开函数中形状函数的伽辽金法，该方法被广泛用于有限元。1943年，数学家库朗德第一次提出了可在定义域内分片地使用展开函数来表达其上的未知函数。这实际上就是有限元的做法。

1943年，R. Courant发表的"Variational methods for the solution of problems of equilibrium and vibration"一文中描述了他使用三角形区域的多项式函数来求解扭转问题的近似解。由于当时计算机尚未出现，这篇论文并没有引起应有的注意。

1960年，Clough[28]发表论文《平面应力分析的有限单元法》（图1–3），标志着有限单元法的诞生。随后，他采用有限单元法分析了大坝问题[29]，并开启了采用有限元法分析工程问题的时代。相较传统的解析方法，如边坡稳定性分析中的条分法等，有限元法无须事先假设破坏模式（或破坏面），即可轻松描述复杂的地形和地层以及加载条件。与此同时，剑桥模型[30]的提出掀起了土体的本构关系建模的热潮，大量复杂但更符合岩土体真实力学行为的本构模型逐渐被提出，这使得有限元法能采用考虑了非关联流动法则、各向异性、硬化/软化等的高级本构模型，计算出更符合实际岩土体力学行为的结果。

图1-3 Clough（1922—2016）及其有限元法相关论文

与此同时，20世纪50年代末，冯康院士在解决大型水坝计算问题的集体研究实践的基础上，独立于西方创造了一整套解微分方程问题的系统化、现代化的计算方法，当时命名为基于变分原理的差分方法，即现时国际通称的有限元法，其系统的理论、总结论文《基于变分原理的差分格式》于1965年刊登于《应用数学与计算数学》，是中国独立于西方系统创建有限元法的标志。该文提出了对于二阶椭圆方程各类边值问题的系统性的离散化方法。通过该离散方法得到的离散形式叫作基于变分原理的差分格式，即当今的标准有限元法。该文给出了离散解的稳定性定理、逼近性定理和收敛性定理，并揭示了此方法在边界条件处理、特性保持、灵活适应性和理论牢靠等方面的突出优点。这些特别适合于解决复杂的大型问题，并便于在计算机上实现。

随后，有限元法不断发展，在求解岩土工程经典问题的实践中，研究人员将有限元的思想与塑性力学中的极限分析相结合，提出了极限分析上、下限对应的有限元方法。1970年，Lysmer[31]最早采用有限单元法和数学规划算法对极限分析下限进行离散求解，建立了有限元下限法（FEM-based lower bound limit analysis method，FEM-LBLA）。随后，Anderheggen 等[32]和 Maier 等[33]开发出了基于有限单元法的极限分析上限法，即有限元上限法（FEM-based upper bound limit analysis method，FEM-UBLA），并被 Pastor 和 Turgeman[34]用于分析一系列经典的岩土力学问题。相对于位移有限元法，有限元极限分析法具有模型简洁、参数明确的优势，能直接给出结构的极限荷载，在工程实践中得到了广泛的研究和应用。此后，Sloan 等[35-37]在极限分析领域进行了一系列工作，成功分析了隧道、边坡等一系列岩土问题。

自 20 世纪 60 年代初以来，有限元理论的探索和工程应用都取得了长足的发展。有限单元法作为最成功的数值方法之一，已被广泛用于科学研究和实际工程，是计算机辅助工程（computer aided engineering，CAE）的重要组成部分。像 ABAQUS、ANSYS、PLAXIS 和 GeoStudio 这类强大的岩土数值软件的核算算法之一就是有限单元法。

参考文献

［1］李开泰，黄艾香，黄庆怀. 有限元方法及其应用［M］. 西安：西安交通大学出版社，1992：1-3.

［2］Jing L, Hudson J A. Numerical methods in rock mechanics［J］. Int. J. RockMech. & Min. Sci.，2002，39：409-427.

［3］Yee K S. Numerical solution of inital boundary value problems involving maxwell's equations in isotropic media［J］. IEEE Transactions on Antennas & Propagation, 1966, 14（5）：302-307.

［4］Ernst J R, Holliger K, Maurer H, et al. Realistic FDTD modelling of borehole georadar antenna radiation：methodolgy and application［J］. Near Surface Geophysics, 2006, 4（2）：19-30.

［5］Xu J Q, Hu H S, Liu Q H. Combination of FDTD With Analytical Methods for Simulating Elastic Scattering of 3-D Objects Outside a Fluid-Filled Borehole［J］. IEEE Transactions on Geoscience and Remote Sensing, 2020, 59（6）：5325-5334.

［6］Nagarajan A, Mukherjee S, Lutz E. The boundary contour method for three-dimensional linear elasticity［J］. Journal of Applied Mechanics：Transactions of the ASME, 1996, 63：278-286.

［7］Nishimura N. Fast multipole accelerated boundary integral equation methods［J］. Applied Mechanics Reviews, 2002, 55（4）：299-324.

［8］Bonnet M, Maier G, Polizzotto C. Symmetric Galerkin boundary element methods［J］. Applied Mechanics Reviews, 1998, 51：669-703.

［9］Eremin M. Three-dimensional finite-difference analysis of deformation and failure of weak porous sandstones subjected to uniaxial compression［J］. International Journal of Rock Mechanics and Mining Sciences, 2020, 133：104412.

［10］Kuna-Ciskał H, Skrzypek J J. CDM based modelling of damage and fracture mechanisms in concrete under tension and compression［J］. Engineering Fracture Mechanics, 2004, 71（4）：681-698.

［11］Song J-H, Wang H, Belytschko T. A comparative study on finite element methods for dynamic fracture [J]. Computational Mechanics, 2008, 42 (2): 239 – 250.

[12] Alfaiate J, Pires E B, Martins J A C. A finite element analysis of non-prescribed crack propagation in concrete [J]. Computers & Structures, 1997, 63 (1): 17 – 26.

[13] Cho S H, Kaneko K. Influence of the applied pressure waveform on the dynamic fracture processes in rock [J]. International Journal of Rock Mechanics and Mining Sciences, 2004, 41: 771 – 784.

[14] Wang M, Zhu Z, Dong Y, et al. Suggested methods for determining dynamic fracture toughness and numerical investigation of cracking processes under impacting loads [J]. Journal of Engineering Mechanics, 2019, 145 (5): 04019030.

[15] Hillerborg A, Modeer M, Petersson P E. Analysis of crack formation and crack growth in concrete by means of fracture mechanics and finite elements [J]. Cement and Concrete Research, 1976, 6 (6): 773 – 782.

[16] Yang D, He X Q, Liu X F, et al. A peridynamics-based cohesive zone model (PD-CZM) for predicting cohesive crack propagation [J]. International Journal of Mechanical Sciences, 2020, 184: 105830.

[17] 郑宏, 江巍. 基于互补理论的非连续变形分析方法 [J]. 中国科学 (E 辑: 技术科学), 2009, 39 (10): 1702 – 1708.

[18] Zuo J P, Sun Y J, Li Y C, et al. Rock strata movement and subsidence based on MDDA, an improved discontinuous deformation analysis method in mining engineering [J]. Arabian Journal of Geosciences, 2017, 10 (18): 395.

[19] 焦玉勇, 张秀丽, 刘泉声, 等. 用非连续变形分析方法模拟岩石裂纹扩展 [J]. 岩石力学与工程学报, 2007, 26 (4): 682 – 691.

[20] Jiao Y Y, Zhang X L, Zhao J, et al. Viscous boundary of DDA for modeling stress wave propagation in jointed rock [J]. International Journal of Rock Mechanics and Mining Sciences, 2007, 44: 1070 – 1076.

[21] 刘红岩, 杨军, 陈鹏万. 爆破漏斗形成过程的 DDA 模拟分析 [J]. 工程爆破, 2004, 10 (2): 17 – 20.

[22] 郭双, 武鑫, 甯尤军. 地应力条件下爆破载荷破岩的 DDA 模拟研究 [J]. 工程爆破, 2018, 24 (5): 8 – 14.

[23] Maini T, Cundall P A. Computer modeling of jointed rock mass [J]. International Proceedings Symposium, 1978 (10): 128 – 132.

[24] Cundall P A, Strack O D L. A discrete numerical model for granular assemblies [J]. Geotechnique, 1979, 29 (1): 47 – 65.

[25] Lemos J V, Brady B H G. Stress distribution in a jointed and fractured Medium [J]. International Journal of Rock Mechanics and Mining Sciences, 1984, 21 (2): 53 – 62.

[26] 张翀, 舒赣平. 颗粒形状对颗粒流模拟双轴压缩试验的影响研究 [J]. 岩土工程学报, 2009, 31 (8): 1281 – 1286.

[27] 李宁, 高岳. 透明砂土三轴试验的颗粒流模拟 [C] // 中国地质学会工程地质专业委员会, 中国地质调查局, 青海国土厅. 2011 年全国工程地质学术年会论文集. 北京: 科学出版社, 2011.

[28] Clough R W. The finite element method in plane stress analysis [C]. Proceedings of 2nd, ASCE

Conference on Electronic Computation, 1960: 345 – 378.

[29] Clough R W, Wilson E L. Stress analysis of a gravity dam by the finite element method [M]. Brasil: Laboratório Nacional de Engenharia Civil, 1962.

[30] Roscoe K H, Schofield A N, Thurairajah A. Yielding of clays in states wetter than critical [J]. Géotechnique, 1963, 13 (3): 211 – 240.

[31] Lysmer J. Limit analysis of plane problems in soil mechanics [J]. Journal of the Soil Mechanics and Foundations Division, 1970, 96 (4): 1311 – 1334.

[32] Anderheggen E, Knöpfel H. Finite element limit analysis using linear programming [J]. International Journal of Solids and Structures, 1972, 8 (12): 1413 – 1431.

[33] Maier G, Zavelani-Rossi A, Benedetti D. A finite element approach to optimal design of plastic structures in plane stress [J]. International Journal for Numerical Methods in Engineering, 1972, 4 (4): 455 – 473.

[34] Pastor J, Turgeman S. Mise en oeuvre numérique des méthodes de l'analyse limite pour les matériaux de von Mises et de Coulomb standards en déformation plane [J]. Mechanics Research Communications, 1976, 3 (6): 469 – 474.

[35] Sloan S W. Lower bound limit analysis using finite elements and linear programming [J]. International Journal for Numerical and Analytical Methods in Geomechanics, 1988, 12 (1): 61 – 77.

[36] Sloan S W. A steepest edge active set algorithm for solving sparse linear programming problems [J]. International Journal for Numerical Methods in Engineering, 1988, 26 (12): 2671 – 2685.

[37] Sloan S W. Upper bound limit analysis using finite elements and linear programming [J]. International Journal for Numerical and Analytical Methods in Geomechanics, 1989, 13 (3): 263 – 282.

第 2 章 应 力

2.1 应力矢量

考察一个物体受外力作用，根据作用域的不同，外力可分为体积力和表面力。所谓体积力，是分布在物体内部体积上的外力，例如重力和电磁力等；所谓表面力，是作用在物体表面上的外力，例如液体或气体的力、固体间的接触力等。

物体受外力作用后，其内部不同部分之间将产生相互作用的力，即内力。为了描述内力场，Cauchy 引进了应力的这一概念。对处于平衡状态的物体，为研究其内部任意一点 P 的内力，假想使用一个过点 P 的平面 C 将其截开成 A 和 B 两部分。如将 B 部分移去，则 B 对 A 的作用应以分布的内力代替。考察平面 C 上包括点 P 在内的微小面积，如图 2-1 所示。

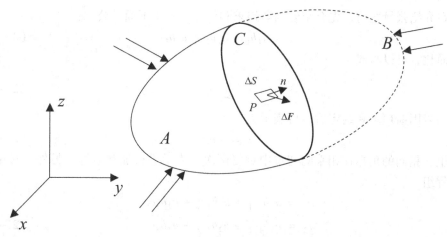

图 2-1 应力矢量的定义

设平面 C 的外法线（微面外法线）为 n ，微面面积为 ΔS 。作用在微面上的内力合力为 ΔF ，则该微面上的平均内力集度为 $\Delta F / \Delta S$ 。于是，点 P 的内力集度可使用式（2-1）定义的应力矢量 $T(n)$ 描述：

$$T(n) = \lim_{\Delta S \to 0} \frac{\Delta F}{\Delta S} \tag{2-1}$$

在笛卡儿坐标系下使用 e_x 、e_y 和 e_z 表示坐标轴的单位基矢量。应力矢量可以表示为

$$T(n) = T_x e_x + T_y e_y + T_z e_z \tag{2-2}$$

式中，T_x，T_y 和 T_z 是应力矢量 $T(n)$ 沿坐标轴的分量。

除进行公式推导外，通常很少使用应力矢量的坐标分量 T_x，T_y 和 T_z 。实际应用中，往往需要知道应力矢量沿微面法线方向和切线方向的分量，沿切平面法线方向的应力分量称为正应力，垂直于法线方向的应力分量称为剪应力。

显而易见，应力矢量的大小和方向不仅取决于点 P 的空间位置，而且还与所取截面的外法线方向 n 有关。作用于同一点所有不同外法线方向微面上的应力矢量构成该点的应力状态。

在图 2-1 中，若取物体的 B 部分作为考察对象，对于同一点 P，微面的外法线为 $-n$ 。由应力矢量的定义并结合作用力与反作用力定律，该微面上的应力矢量为

$$T(-n) = -T(n) \tag{2-3}$$

2.2 应力张量

在介绍张量之前，先介绍爱因斯坦求和约定。对于下面的公式：

$$s = a_1 b_1 + a_2 b_2 + a_3 b_3 \tag{2-4}$$

为了简化，可以写成

$$s = \sum_{i=1}^{3} a_i b_i \tag{2-5}$$

而采用爱因斯坦求和约定后，可表示为

$$s = a_i b_i \tag{2-6}$$

在这里，相同的角标在相乘的变量中重复两次，表示进行加和运算。另外，对于以下方程组

$$s_1 = a_1 b_1 c_1 + a_2 b_2 c_1 + a_3 b_3 c_1$$
$$s_2 = a_1 b_1 c_2 + a_2 b_2 c_2 + a_3 b_3 c_2 \tag{2-7}$$
$$s_3 = a_1 b_1 c_3 + a_2 b_2 c_3 + a_3 b_3 c_3$$

可记为

$$s_j = a_i b_i c_j \quad (i = 1,2,3; j = 1,2,3) \tag{2-8}$$

此处下角标 j 只出现了一次。接下来介绍应力张量，人们讨论问题常常是在笛卡儿坐标系中进行，因此，使用 6 个与坐标面平行的平面从图 2-1 中点 P 的邻域截取一个微六面体，如图 2-2 所示。在这个微六面体中，若微面的外法线方向与坐标轴正方向一致，则称为正面；若与坐标轴正方向相反，则称为负面。因此，微六面体有3 个正面和 3 个负面。

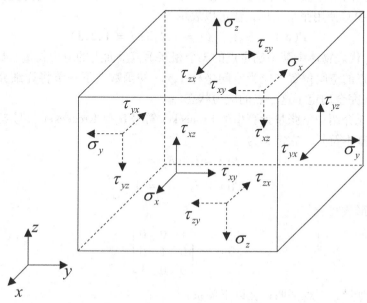

图 2-2 一点的应力状态

考察 3 个正面上的应力矢量 $\boldsymbol{T}(\boldsymbol{e}_x)$、$\boldsymbol{T}(\boldsymbol{e}_y)$ 和 $\boldsymbol{T}(\boldsymbol{e}_z)$。每个应力矢量沿空间坐标轴的 3 个分量中，一个分量垂直于作用面，是正应力，用 σ 表示，两个分量平行于作用面，是剪应力，用 τ 表示，于是

$$\begin{aligned}
\boldsymbol{T}(\boldsymbol{e}_x) &= \sigma_{xx}\boldsymbol{e}_x + \tau_{xy}\boldsymbol{e}_y + \tau_{xz}\boldsymbol{e}_z \\
\boldsymbol{T}(\boldsymbol{e}_y) &= \tau_{yx}\boldsymbol{e}_x + \sigma_{yy}\boldsymbol{e}_y + \tau_{yz}\boldsymbol{e}_z \\
\boldsymbol{T}(\boldsymbol{e}_z) &= \tau_{zx}\boldsymbol{e}_x + \tau_{zy}\boldsymbol{e}_y + \sigma_{zz}\boldsymbol{e}_z
\end{aligned} \tag{2-9}$$

式中每个应力分量有两个下标，前一个下标代表作用面的外法线方向，后一个下标代表应力的作用方向。

为简便起见，以后正应力的两个相同下标只保留一个。式（2-9）中的 3 个应力矢量共 9 个分量，构成应力张量在笛卡儿坐标系下的 9 个分量

$$\begin{bmatrix}
\sigma_x & \tau_{xy} & \tau_{xz} \\
\tau_{yx} & \sigma_y & \tau_{yz} \\
\tau_{zx} & \tau_{zy} & \upsilon_z
\end{bmatrix} \tag{2-10}$$

使用张量的指标记法，9 个应力分量记为

$$[\sigma_{ij}] = \begin{bmatrix} \sigma_{11} & \sigma_{12} & \sigma_{13} \\ \sigma_{21} & \sigma_{22} & \sigma_{23} \\ \sigma_{31} & \sigma_{32} & \sigma_{33} \end{bmatrix} \qquad (2-11)$$

应力正、负号的规定是：正面的应力若指向坐标轴正方向为正，否则为负；负面的应力若指向坐标轴负方向为正，否则为负。图 2-2 中的应力均为正值。

式（2-9）使用张量指标记法可以表示为

$$T(e_i) = \sigma_{ij}e_j \quad (i=1,2,3; j=1,2,3) \qquad (2-12)$$

应力张量 σ_{ij} 代表物体中某一确定点的 3 个相互垂直微面上的应力矢量。显然，应力张量取决于点的空间位置，应为空间坐标 x, y, z 的函数。下一节将详细介绍一点的应力张量 σ_{ij} 完全确定了这一点的应力状态。

下面补充介绍一下张量计算中的 Kronecker 符号 δ_{ij}。Kronecker 符号 δ_{ij} 是张量分析中的一个基本符号，它定义为

$$当 i=j, \quad \delta_{ij}=1$$
$$当 i \neq j, \quad \delta_{ij}=0 \qquad (2-13)$$

或使用矩阵形式写成

$$[\delta_{ij}] = \begin{bmatrix} 1 & 0 & 0 \\ 0 & 1 & 0 \\ 0 & 0 & 1 \end{bmatrix} \qquad (2-14)$$

δ_{ij} 也称单位张量，不难证明存在以下关系：

$$\delta_{ij}\delta_{ij} = \delta_{ii} = \delta_{jj} = 3, \quad \delta_{ij}\delta_{jk} = \delta_{ik}, \quad \delta_{ij}\delta_{jk}\delta_{kl} = \delta_{il}$$
$$A_{ij}\delta_{ij} = A_{ii}, \quad A_{ij}\delta_{jk} = A_{ik}, \quad B_i\delta_{ij} = B_j \qquad (2-15)$$

使用 e_1, e_2 分别代表正交坐标系的两个单位基矢量，它们与 δ_{ij} 显然存在如下关系

$$e_1 \cdot e_2 = \delta_{ij} \qquad (2-16)$$

式中"·"表示通常意义上的矢量点积。

下一节中将证明，只要知道了一点的 9 个应力分量，就可以求出通过该点的各个微面上的应力，也就是说，9 个应力分量将完全确定一点的应力状态。

2.3　柯西公式（斜面应力公式）

为了证明上一节最后指出的结论，在平面上一点作 3 个互相垂直并与坐标平面平行的微面，设其上式（2-10）所表示的 9 个应力分量是已知的（图 2-3），再作

一个与坐标倾斜的微面，设其上的应力矢量为 $(T(e_x), T(e_y), T(e_z))$。显然，当此倾斜微面无限接近点 M 时，$(T(e_x), T(e_y), T(e_z))$ 就表示过点 M 的任一微面上的应力。

现在要建立 $(T(e_x), T(e_y), T(e_z))$ 和同一点的 9 个应力分量之间的关系，为此，研究图 2−3 所示的四面体的平衡。四面体 $Mabc$ 所受的外力，除 4 个面上的应力以外，还受体积力的作用。

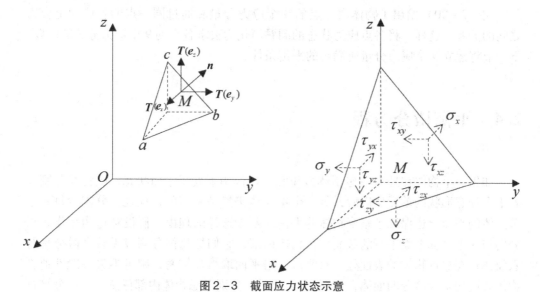

图 2−3　截面应力状态示意

如用 F_x, F_y, F_z 表示单位体积力在 3 个坐标方向的分量，$\Delta S_{abc}, \Delta S_{bMc}, \Delta S_{aMc}, \Delta S_{aMb}$ 表示四面体 4 个面的面积，Δh 表示倾斜面 abc 到点 M 的距离，则四面体所受体积力的 3 个分量为

$$\frac{1}{3}\Delta S_{abc}\Delta hF_x, \quad \frac{1}{3}\Delta S_{abc}\Delta hF_y, \quad \frac{1}{3}\Delta S_{abc}\Delta hF_z$$

并由平衡条件 $\sum F_x = 0$，得

$$T(e_x)\Delta S_{abc} - \sigma_x\Delta S_{bMc} - \tau_{yx}\Delta S_{aMc} - \tau_{zx}\Delta S_{aMb} + \frac{1}{3}\Delta S_{abc}\Delta hF_x = 0 \quad (2-17)$$

为了简化式（2−17），设倾斜面 abc 的外法线 n 的 3 个方向余弦为 l, m, n，于是有几何关系

$$\left.\begin{array}{l}\Delta S_{bMc} = \Delta S_{abc}l \\ \Delta S_{aMc} = \Delta S_{abc}m \\ \Delta S_{aMb} = \Delta S_{abc}n\end{array}\right\} \quad (2-18)$$

考虑到式（2−3），有

$$T(n) = T(e_x)l + T(e_y)m + T(e_z)n \quad (2-19)$$

略去高阶微量，并将式（2−18）代入式（2−17），然后等号两边同除以 ΔS_{abc}，于

是得到如下公式（其中后两式由平衡条件 $\sum F_y = 0$ 和 $\sum F_z = 0$ 推出）：

$$\left.\begin{array}{l} T(e_x) = \sigma_x l + \tau_{yx} m + \tau_{zx} n \\ T(e_y) = \tau_{xy} l + \sigma_y m + \tau_{zy} n \\ T(e_z) = \tau_{xz} l + \tau_{yz} m + \sigma_z n \end{array}\right\} \qquad (2-20)$$

式（2-20）给出了物体内一点的 9 个应力分量和通过同一点的各微面上应力之间的关系。这样，将各点应力状态的问题简化为去求各点的 9 个应力分量的问题。下一节将建立 9 个应力分量所满足的平衡条件。

2.4　平衡微分方程

如果一个物体在外力（包括体力和面力）作用下处于平衡状态，则将其分割成若干个任意形状的单元体以后，每一个单元体仍然是平衡的；反之，分割后每一个单元体的平衡，也保证了整个物体的平衡。基于这样的理由，假设穿过物体作 3 组分别与 3 个坐标平面平行的截面，在物体内部，它们把物体分割成无数个微分平行六面体；在靠近物体的表面处，只要这 3 组平面取得足够密，则可不失一般性地将物体表面切割成微分四面体，如图 2-4 所示。分别考虑物体内部任意一个微分平行六面体和表面处任意一个微分四面体的平衡，可以导得平衡微分方程和应力边界条件。

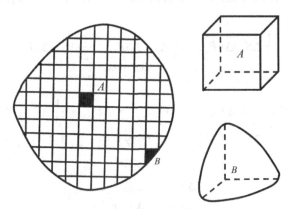

图 2-4　物体表面切割微分四面体

先考虑物体内任意一个微分平行六面体的平衡。设其 3 条棱边分别为 dx, dy, dz。简单起见，取 3 个坐标轴与四面体 3 条棱边重合，如图 2-5 所示。

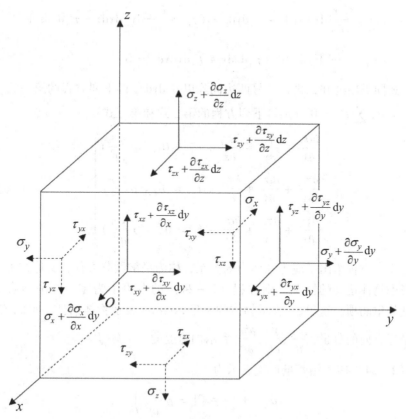

图 2 - 5　微分平行六面体平衡应力图

设在 $x = 0$ 的那一个微面上的应力分量为 $\sigma_x, \tau_{xy}, \tau_{xz}$（由于平行六面体的每一个面是无限小的，因此作用在这些面上的应力可看作均匀分布的），它们的指向按规定应该和坐标轴的正方向相反。在 $x = \mathrm{d}x$ 的微面上，改变了 $\mathrm{d}x$，将它们按多元函数泰勒（Taylor, B）级数展开，如精确到一阶微量，则分别为

$$\sigma_x + \frac{\partial \sigma_x}{\partial x}\mathrm{d}x, \quad \tau_{xy} + \frac{\partial \tau_{xy}}{\partial x}\mathrm{d}x, \quad \tau_{xz} + \frac{\partial \tau_{xz}}{\partial x}\mathrm{d}x \tag{2 - 21}$$

它们的指向按规定应与坐标轴的正方向一致。按完全相同的理由，可标出其他 4 个微面上的应力分量。仍用 F_x, F_y, F_z 表示单位体积的体力在 3 个坐标方向的分量，M_x, M_y, M_z 表示各方向上的力矩。由于这个平行六面体是平衡的。所以它满足静力平衡方程

$$\sum F_x = 0, \quad \sum F_y = 0, \quad \sum F_z = 0$$
$$\sum M_x = 0, \quad \sum M_y = 0, \quad \sum M_z = 0 \tag{2 - 22}$$

由 $\sum F_x = 0$，得

$$
\left(\sigma_x + \frac{\partial \sigma_x}{\partial x}\mathrm{d}x\right)\mathrm{d}y\mathrm{d}z - \sigma_x\mathrm{d}y\mathrm{d}z + \left(\tau_{yx} + \frac{\partial \tau_{yx}}{\partial y}\mathrm{d}y\right)\mathrm{d}x\mathrm{d}z - \tau_{yx}\mathrm{d}x\mathrm{d}z +
$$

$$
\left(\tau_{zx} + \frac{\partial \tau_{zx}}{\partial z}\mathrm{d}z\right)\mathrm{d}x\mathrm{d}y - \tau_{zx}\mathrm{d}x\mathrm{d}y + F_x\mathrm{d}x\mathrm{d}y\mathrm{d}z = 0 \qquad (2-23)
$$

将上式同类项合并，再在等号两边同除以 $\mathrm{d}x\mathrm{d}y\mathrm{d}z$，得下列方程的第一式；同理，由 $\sum F_y = 0$，$\sum F_z = 0$ 分别得下列方程的第二式和第三式：

$$
\left.
\begin{aligned}
\frac{\partial \sigma_x}{\partial x} + \frac{\partial \tau_{yx}}{\partial y} + \frac{\partial \tau_{zx}}{\partial z} + F_x = 0\left(= \rho\frac{\partial^2 u}{\partial t^2}\right) \\[2mm]
\frac{\partial \tau_{xy}}{\partial x} + \frac{\partial \sigma_y}{\partial y} + \frac{\partial \tau_{zy}}{\partial z} + F_y = 0\left(= \rho\frac{\partial^2 v}{\partial t^2}\right) \\[2mm]
\frac{\partial \tau_{xz}}{\partial x} + \frac{\partial \tau_{yz}}{\partial y} + \frac{\partial \sigma_z}{\partial z} + F_z = 0\left(= \rho\frac{\partial^2 w}{\partial t^2}\right)
\end{aligned}
\right\}
\qquad (2-24)
$$

上列 3 个方程给出了应力和体力的关系，称为平衡微分方程，又称纳维方程。

若考虑物体运动的情况，则方程（2-24）的右边不为零，按牛顿第二定律，应等于括号里的项。这里，ρ 表示物体的密度，u,v,w 表示物体内任一点的位移矢量在 3 个坐标方向的分量，$\frac{\partial^2 u}{\partial t^2},\frac{\partial^2 v}{\partial t^2},\frac{\partial^2 w}{\partial t^2}$ 表示加速度的 3 个分量。

式（2-24）还可用张量形式表示为

$$
\sigma_{ij,j} + F_i = 0\left(= \rho\frac{\partial^2 u_i}{\partial t^2}\right) \qquad (2-25)
$$

这里，$(F_1,F_2,F_3) = (F_x,F_y,F_z)$，$(u_1,u_2,u_3) = (u,v,w)$，而 $\sigma_{ij,j}$ 表示应力分量对坐标的偏导数，例如 $\sigma_{ij,j} = \sigma_{xy,x} = \frac{\partial \sigma_{xy}}{\partial x} = \frac{\partial \tau_{xy}}{\partial x}$，等等。

再由 $\sum M_x = 0$，得

$$
\left(\tau_{xz} + \frac{\partial \tau_{xz}}{\partial x}\mathrm{d}x - \tau_{xz}\right)\mathrm{d}y\mathrm{d}z\frac{\mathrm{d}y}{2} - \left(\tau_{xy} + \frac{\partial \tau_{xy}}{\partial x}\mathrm{d}x - \tau_{xy}\right)\mathrm{d}y\mathrm{d}z\frac{\mathrm{d}z}{2} -
$$

$$
\left(\sigma_y + \frac{\partial \sigma_y}{\partial y}\mathrm{d}y - \sigma_y\right)\mathrm{d}x\mathrm{d}z\frac{\mathrm{d}z}{2} + \left(\tau_{yz} + \frac{\partial \tau_{yz}}{\partial y}\mathrm{d}y\right)\mathrm{d}x\mathrm{d}z\mathrm{d}y + \left(\sigma_z + \frac{\partial \sigma_z}{\partial z}\mathrm{d}z - \sigma_z\right)\mathrm{d}y\mathrm{d}x\frac{\mathrm{d}y}{2} -
$$

$$
\left(\tau_{zy} + \frac{\partial \tau_{zy}}{\partial z}\mathrm{d}z\right)\mathrm{d}y\mathrm{d}x\mathrm{d}z - F_y\mathrm{d}x\mathrm{d}y\mathrm{d}z\frac{\mathrm{d}z}{2} + F_z\mathrm{d}x\mathrm{d}y\mathrm{d}z\frac{\mathrm{d}y}{2} = 0
$$

$$
(2-26)
$$

将此式简化并略去四阶微量，再在等号两边同除以 $\mathrm{d}x\mathrm{d}y\mathrm{d}z$，于是有下列关系式（后面两式按 $\sum M_y = 0$，$\sum M_z = 0$ 求得）：

$$
\left.
\begin{aligned}
\tau_{zy} = \tau_{yz} \\
\tau_{xz} = \tau_{zx} \\
\tau_{xy} = \tau_{yx}
\end{aligned}
\right\}
\qquad (2-27)
$$

或

$$\sigma_{ij} = \sigma_{ji} \tag{2-28}$$

由此可见，切应力是成对发生的，9 个应力分量中，实际只有 6 个是独立的。这称为切应力互等定理。

总之，从物体内部任一微分平行六面体的平衡得到了平衡微分方程（2-24）和切应力互等关系（2-27）。

2.5 应力边界条件

现在要考虑物体表面任一微分四面体（见前图 2-4）的平衡。由于物体表面受到面力的作用，设单位面积上面力的 3 个分量为 $\overline{T}_x, \overline{T}_y, \overline{T}_z$，物体表面外法线 v 的 3 个方向余弦为 l, m, n，得到

$$\left. \begin{array}{l} \overline{T}_x = \sigma_x l + \tau_{yx} m + \tau_{zx} n \\ \overline{T}_y = \tau_{xy} l + \sigma_y m + \tau_{zy} n \\ \overline{T}_z = \tau_{xz} l + \tau_{yz} m + \sigma_z n \end{array} \right\} \tag{2-29}$$

或写成

$$\overline{T}_j = \sigma_{ij} n_j \tag{2-30}$$

其中，$(\overline{T}_1, \overline{T}_2, \overline{T}_3) = (\overline{T}_x, \overline{T}_y, \overline{T}_z)$，而 $(n_1, n_2, n_3) = (l, m, n)$。这一关系式给出了应力和面力之间的关系，称为应力边界条件。

从前面的推导可以看出，平衡微分方程和应力边界条件都表示物体的平衡条件。前者表示物体内部的平衡，而后者表示物体边界部分的平衡。很显然，如已知应力分量满足平衡微分方程和应力边界条件，则物体是平衡的；反之，如物体是平衡的，则应力分量必须满足平衡微分方程和静力边界条件。但须指出，这里所指的平衡，仅仅是静力学上可能的平衡，未必是物体实际存在的平衡，实际的平衡还要考虑物体变形的连续条件，这将在下文中再作讨论。

2.6 应力分量的坐标变换

新旧坐标系的单位基矢量分别用 e'_x, e'_y, e'_z 和 e_x, e_y, e_z 表示，设新坐标系基矢量 e'_x 在旧坐标系 3 个坐标轴上的投影（即与 3 个坐标轴之间的夹角余弦）分别为 l_1, m_1, n_1；e'_y 的投影分别为 l_2, m_2, n_2；e'_z 的投影分别为 l_3, m_3, n_3。则两套坐标系的单位基矢

量具有如下关系：

$$e'_x = l_1 e_x + m_1 e_y + n_1 e_z$$
$$e'_y = l_2 e_x + m_2 e_y + n_2 e_z \qquad (2-31)$$
$$e'_z = l_3 e_x + m_3 e_y + n_3 e_z$$

把新坐标系中的 3 个正面分别看作旧坐标系中的斜面，应用斜面公式（2-20），就可以导出新、旧坐标中应力分量的变换关系。例如，对于新坐标系中某一个正面，其外法线矢量为 $e'_{x'}$，应用斜面公式（2-20），该面上的应力矢量 $T(e'_{x'})$ 在旧坐标下的 3 个分量为

$$T_x = \sigma_x l_1 + \tau_{yx} m_1 + \tau_{zx} n_1$$
$$T_y = \tau_{xy} l_1 + \sigma_y m_1 + \tau_{zy} n_1 \qquad (2-32)$$
$$T_z = \tau_{xz} l_1 + \tau_{yz} m_1 + \sigma_z n_1$$

$T(e'_{x'})$ 在新坐标下的 3 个分量分别就是外法线为 $e'_{x'}$ 的面上的正应力和剪应力分量，使用式（2-31）和式（2-32）的第一式，有

$$\sigma_{x'} = T(e'_{x'}) \cdot e'_{x'} = T_x l_1 + T_y m_1 + T_z n_1$$
$$\tau_{x'y'} = T(e'_{x'}) \cdot e'_{y'} = T_x l_2 + T_y m_2 + T_z n_2 \qquad (2-33)$$
$$\tau_{y'x'} = T(e'_{x'}) \cdot e'_{z'} = T_x l_3 + T_y m_3 + T_z n_3$$

具体为

$$\sigma_{x'} = \sigma_x l_1^2 + \sigma_y m_1^2 + \sigma_z n_1^2 + 2\tau_{xy} l_1 m_1 + 2\tau_{yz} m_1 n_1 + 2\tau_{zx} n_1 l_1$$
$$\tau_{x'y'} = \sigma_x l_1 l_2 + \sigma_y m_1 m_2 + \sigma_z n_1 n_2 + \tau_{xy}(l_1 m_2 + l_2 m_1) +$$
$$\tau_{yz}(m_1 n_2 + m_2 n_1) + \tau_{zx}(n_1 l_2 + n_2 l_1)$$
$$\tau_{x'z'} = \sigma_x l_1 l_3 + \sigma_y m_1 m_3 + \sigma_z n_1 n_3 + \tau_{xy}(l_1 m_3 + l_3 m_1) +$$
$$\tau_{yz}(m_1 n_3 + m_3 n_1) + \tau_{zx}(n_1 l_3 + n_3 l_1) \qquad (2-34)$$

式（2-34）的 3 个式子用矩阵可表示为

$$(\sigma_{x'}, \tau_{x'y'}, \tau_{y'x'}) = (l_1, m_1, n_1)[\sigma][\beta]^T \qquad (2-35)$$

式中

$$[\sigma] = \begin{bmatrix} \sigma_x & \tau_{xy} & \tau_{xz} \\ \tau_{yx} & \sigma_y & \tau_{yz} \\ \tau_{zx} & \tau_{zy} & \sigma_z \end{bmatrix}, \quad [\beta] = \begin{bmatrix} l_1 & m_1 & n_1 \\ l_2 & m_2 & n_2 \\ l_3 & m_3 & n_3 \end{bmatrix} \qquad (2-36)$$

后者是新旧坐标的变换矩阵。

采用类似的方法，可导出新坐标系下其他两个正面上的应力，为

$$(\tau_{y'x'}, \sigma_{y'}, \tau_{y'z'}) = (l_2, m_2, n_2)[\sigma][\beta]^T$$
$$(\tau_{z'x'}, \tau_{z'y'}, \sigma_{z'}) = (l_3, m_3, n_3)[\sigma][\beta]^T \qquad (2-37)$$

最后，新旧坐标的应力可表示为

$$[\sigma'] = \begin{bmatrix} \sigma_x & \tau_{x'y'} & \tau_{x'z'} \\ \tau_{y'x'} & \sigma_y & \tau_{y'z'} \\ \tau_{z'x'} & \tau_{z'y'} & \sigma_z \end{bmatrix} = [\beta][\sigma][\beta]^{\mathrm{T}} \qquad (2-38)$$

上述推导过程使用张量标记将变得非常简洁。基矢量的坐标变换关系式（2-27）简记为

$$e'_{n'} = \beta_{n'j} e_j \qquad (2-39)$$

式中，$\beta_{n'j} = e'_{n'} \cdot e_j$ 是 $e'_{n'}$ 在 e_j 上的投影。应用柯西公式（2-30），并考虑到式（2-12），新旧坐标系下应力矢量之间的关系为

$$T(e'_{m'}) = \beta_{m'i} T(e_i) = \beta_{m'i} \sigma_{ik} e_k \qquad (2-40)$$

考虑到式（2-36），新坐标系下的应力分量写为

$$\sigma_{m'n'} = T(e'_{m'}) \cdot e'_{n'} = T(e'_{m'}) \cdot \beta_{n'j} e_j = \beta_{m'i} \beta_{n'j} \sigma_{ik} e_k \cdot e_j \qquad (2-41)$$

注意到 $e_k \cdot e_j = \delta_{kj}$，$\sigma_{ik}\delta_{kj} = \sigma_{ij}$，故有

$$\sigma_{m'n'} = \beta_{m'i} \beta_{n'j} \sigma_{ij} \qquad (2-42)$$

式（2-42）是应力分量在坐标变换时应遵守的法则。顺便指出：凡是一组张量中的 9 个分量在坐标变换时服从式（2-42）给出的法则，就称为二阶张量。

2.7　主应力、应力张量不变量

既然物体内任一确定点的 9 个应力分量要随着坐标系的旋转而分别改变，那么就产生了一个问题：对于这任一确定的点，能否找到一个坐标系，在这个坐标系下，该点只有正应力分量，而切应力分量为零；也就是说，通过该点，能否找到这样 3 个互相垂直的微面，其上只有正应力而无切应力。答案是肯定的。把这样的微面称为主平面，其法线方向称为应力主方向，而其上的应力称为主应力。

根据主应力和应力主方向的定义去建立它们所满足的方程。设通过点 M（设坐标原点 O 与其重合）的与坐标轴倾斜的微面 O 为主微分平面（图 2-6），其法线方向（即主方向）v 的三个方向余弦为 l, m, n。而其上的应力矢量 f_v（即主应力）的三个分量为 $T(e_x), T(e_y), T(e_z)$。根据主平面的定义，其上的应力矢量应与它的法线方向平行，如以 σ 表示主应力的值，于是有

$$(T(e_x), T(e_y), T(e_z)) = \sigma(l, m, n) \qquad (2-43)$$

或者写成

$$\left. \begin{aligned} T(e_x) &= \sigma l \\ T(e_y) &= \sigma m \\ T(e_z) &= \sigma n \end{aligned} \right\} \qquad (2-44)$$

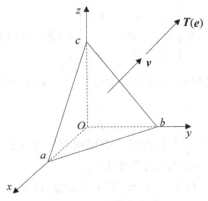

图 2-6　主微分平面

但另一方面，根据关系式（2-20），有

$$\left.\begin{aligned}
T(\boldsymbol{e}_x) &= \sigma_x l + \tau_{yx} m + \tau_{zx} n \\
T(\boldsymbol{e}_y) &= \tau_{xy} l + \sigma_y m + \tau_{zy} n \\
T(\boldsymbol{e}_z) &= \tau_{xz} l + \tau_{yz} m + \sigma_z n
\end{aligned}\right\} \tag{2-45}$$

式（2-44）与式（2-45）联立，并移项得

$$\left.\begin{aligned}
(\sigma_x - \sigma)l + \tau_{yx} m + \tau_{zx} n &= 0 \\
\tau_{xy} l + (\sigma_y - \sigma) m + \tau_{zy} n &= 0 \\
\tau_{xz} l + \tau_{yz} m + (\sigma_z - \sigma) n &= 0
\end{aligned}\right\} \tag{2-46}$$

这就是应力主方向所满足的方程，它为线性齐次代数方程组。欲使 (l, m, n) 非零解，其系数行列式必须为零，即

$$\begin{vmatrix}
\sigma_x - \sigma_0 & \tau_{xy} & \tau_{xz} \\
\tau_{yx} & \sigma_y - \sigma_0 & \tau_{yz} \\
\tau_{zx} & \tau_{zy} & \sigma_z - \sigma_0
\end{vmatrix} = 0 \tag{2-47}$$

展开以后得到

$$\sigma^3 - I_1 \sigma^2 + I_2 \sigma - I_3 = 0 \tag{2-48}$$

其中

$$I_1 = \sigma_x + \sigma_y + \sigma_z$$
$$I_2 = \sigma_x \sigma_y + \sigma_z \sigma_y + \sigma_x \sigma_z + \tau_{xy}^2 + \tau_{xz}^2 + \tau_{yz}^2$$
$$I_3 = \begin{vmatrix}
\sigma_x & \tau_{xy} & \tau_{xz} \\
\tau_{yx} & \sigma_y & \tau_{yz} \\
\tau_{zx} & \tau_{zy} & \sigma_z
\end{vmatrix} \tag{2-49}$$

式（2-48）称为应力状态特征方程，而 I_1, I_2, I_3 称为应力张量不变量（依次称为第一、第二和第三不变量）。其不变的含义是：当坐标系旋转时，每个应力分量都要随之改变，但这3个量是不变的。它之所以不变，无须从数学上严格证明，而只要说明下面这一点就可以了：方程的根代表主应力，它的大小和方向在物体的形状和引起内力的因素确定以后是完全确定的，也就是说，它不会随坐标的改变而改变。由于式（2-48）的根不变，故其系数也不变。

可以证明，式（2-48）有3个实根。如果用 $\sigma_1, \sigma_2, \sigma_3$ 表示这3个根，则分别代表了该点的3个主应力。至于其方向，可通过把 $\sigma_1, \sigma_2, \sigma_3$ 分别代入方程组（2-46），再利用关系式

$$l^2 + m^2 + n^2 = 1 \qquad (2-50)$$

而求得。现在要证明如下三点：

（1）如果 $\sigma_1 \neq \sigma_2 \neq \sigma_3$，即式（2-48）无重根，则它们的方向即应力主方向必相互垂直；

（2）如果 $\sigma_1 = \sigma_2 \neq \sigma_3$，即式（2-48）有两重根，则 σ_3 的方向必同时垂直于 σ_1 和 σ_2 的方向，而 σ_1 和 σ_2 的方向可以相互垂直，也可以不相互垂直，也就是说，与 σ_3 垂直的任何方向都是主方向；

（3）如果 $\sigma_1 = \sigma_2 = \sigma_3$，即式（2-48）有三重根，则3个主方向可以相互垂直，也可以不相互垂直，也就是说，任何方向都是主方向。

为了证明上述三种情况，假设 $\sigma_1, \sigma_2, \sigma_3$ 的方向分别为 (l_1, m_1, n_1)，(l_2, m_2, n_2)，(l_3, m_3, n_3)，它们都要满足式（2-46），于是有

$$\left.\begin{aligned}
(\sigma_x - \sigma_1)l_1 + \tau_{yx}m_1 + \tau_{zx}n_1 &= 0 \\
\tau_{xy}l_1 + (\sigma_y - \sigma_1)m_1 + \tau_{zy}n_1 &= 0 \\
\tau_{xz}l_1 + \tau_{yz}m_1 + (\sigma_z - \sigma_1)n_1 &= 0
\end{aligned}\right\} \qquad (2-51)$$

$$\left.\begin{aligned}
(\sigma_x - \sigma_2)l_2 + \tau_{yx}m_2 + \tau_{zx}n_2 &= 0 \\
\tau_{xy}l_2 + (\sigma_y - \sigma_2)m_2 + \tau_{zy}n_2 &= 0 \\
\tau_{xz}l_2 + \tau_{yz}m_2 + (\sigma_z - \sigma_2)n_2 &= 0
\end{aligned}\right\} \qquad (2-52)$$

$$\left.\begin{aligned}
(\sigma_x - \sigma_3)l_3 + \tau_{yx}m_3 + \tau_{zx}n_3 &= 0 \\
\tau_{xy}l_3 + (\sigma_y - \sigma_3)m_3 + \tau_{zy}n_3 &= 0 \\
\tau_{xz}l_3 + \tau_{yz}m_3 + (\sigma_z - \sigma_3)n_3 &= 0
\end{aligned}\right\} \qquad (2-53)$$

分别把式（2-51）的第一、第二、第三式乘以 l_2, m_2, n_2，而式（2-52）的第一、第二、第三式乘以 l_1, m_1, n_1，然后将6个式子相加，得

$$(\sigma_1 - \sigma_2)(l_1 l_2 + m_1 m_2 + n_1 n_2) = 0 \qquad (2-54)$$

同理：

$$(\sigma_1 - \sigma_3)(l_1 l_3 + m_1 m_3 + n_1 n_3) = 0 \qquad (2-55)$$

$$(\sigma_2 - \sigma_3)(l_2 l_3 + m_2 m_3 + n_2 n_3) = 0 \qquad (2-56)$$

由关系式（2-54）、式（2-55）和式（2-56）可以看出，如 $\sigma_1 \neq \sigma_2 \neq \sigma_3$，则有

$$\left.\begin{array}{l} l_1 l_2 + m_1 m_2 + n_1 n_2 = 0 \\ l_1 l_3 + m_1 m_3 + n_1 n_3 = 0 \\ l_2 l_3 + m_2 m_3 + n_2 n_3 = 0 \end{array}\right\} \qquad (2-57)$$

这说明3个主方向是互相垂直的。如 $\sigma_1 = \sigma_2 \neq \sigma_3$，则有

$$\begin{array}{l} l_1 l_3 + m_1 m_3 + n_1 n_3 = 0 \\ l_2 l_3 + m_2 m_3 + n_2 n_3 = 0 \end{array} \qquad (2-58)$$

而 $l_1 l_2 + m_1 m_2 + n_1 n_2$ 可以等于零，也可以不等于零。这说明 σ_3 的方向同时与 σ_1 和 σ_2 的方向垂直，而 σ_1 与 σ_2 的方向之间可以垂直，也可以不垂直。也就是说，与 σ_3 垂直的方向都是主方向。如 $\sigma_1 = \sigma_2 = \sigma_3$，则 $l_1 l_2 + m_1 m_2 + n_1 n_2, l_1 l_3 + m_1 m_3 + n_1 n_3$，$l_2 l_3 + m_2 m_3 + n_2 n_3$ 三者可以是零，也可以不是零，这说明3个主方向可以互相垂直，也可以不垂直，也就是说，任何方向都是主方向。这样，完全证明了上述的论断。

还可以证明，在通过同一点的所有微面上的正应力中，最大的和最小的是主应力。

2.8　最大剪应力

设3个主应力及主方向已知，求最大剪应力。以3个主方向为坐标轴方向，其单位矢量是 e_1, e_2, e_3，如图2-7所示，3个主平面上的应力矢量分别为

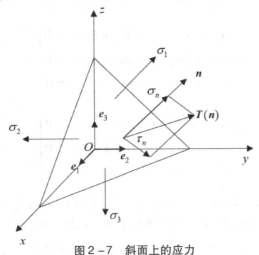

图2-7　斜面上的应力

$$T(e_1) = \sigma_1 e_1, \quad T(e_2) = \sigma_2 e_2, \quad T(e_3) = \sigma_3 e_3 \qquad (2-59)$$

根据斜面公式（2-19），在外法线为 n 的斜面上，其应力矢量为

$$T(n) = T(e_1)l + T(e_2)m + T(e_3)n = l\sigma_1 e_1 + m\sigma_2 e_2 + n\sigma_3 e_3 \qquad (2-60)$$

该斜面上的正应力是

$$\sigma_n = T(n) \cdot n = l^2\sigma_1 + m^2\sigma_2 + n^2\sigma_3 \qquad (2-61)$$

而应力矢量的模为

$$\|T\|^2 = (l\sigma_1)^2 + (m\sigma_2)^2 + (n\sigma_3)^2 \qquad (2-62)$$

利用式（2-61）和式（2-62），得斜面上的剪应力为

$$\tau_n^2 = \|T\|^2 - \sigma_n^2 = (l\sigma_1)^2 + (m\sigma_2)^2 + (n\sigma_3)^2 - (l^2\sigma_1 + m^2\sigma_2 + n^2\sigma_3)^2$$

$$(2-63)$$

经整理

$$\tau_n^2 = l^2 m^2 (\sigma_1 - \sigma_2)^2 + m^2 n^2 (\sigma_2 - \sigma_3)^2 + n^2 l^2 (\sigma_3 - \sigma_1)^2 \qquad (2-64)$$

当斜面方向 l, m, n 变化时，剪应力 τ_n 随之变化。求上式的极值可得最大剪应力，注意，l, m, n 应满足约束条件 $l^2 + m^2 + n^2 = 1$。引进拉格朗日乘子 λ，上述条件极值就等价于求函数

$$F = \tau_n^2 - \lambda(l^2 + m^2 + n^2 - 1) \qquad (2-65)$$

的极值，相应的极值条件为

$$\frac{\partial F}{\partial l} = 0, \quad \frac{\partial F}{\partial m} = 0, \quad \frac{\partial F}{\partial n} = 0, \quad \frac{\partial F}{\partial \lambda} = 0 \qquad (2-66)$$

由此可得 τ_n^2 的 6 个极值和所在面的外法线方向以及所在面上的正应力，见表 2-1。

表 2-1　剪应力极值及所在的平面

l	m	n	τ_n^2	λ	σ_n
± 1	0	0	0	0	σ_1
0	± 1	0	0	0	σ_2
0	0	± 1	0	0	σ_3
0	$\pm \dfrac{1}{\sqrt{2}}$	$\pm \dfrac{1}{\sqrt{2}}$	$\left(\dfrac{\sigma_2 - \sigma_3}{2}\right)^2$	$2\tau_n^2$	$\dfrac{\sigma_2 + \sigma_3}{2}$
$\pm \dfrac{1}{\sqrt{2}}$	$\pm \dfrac{1}{\sqrt{2}}$	0	$\left(\dfrac{\sigma_1 - \sigma_3}{2}\right)^2$	$2\tau_n^2$	$\dfrac{\sigma_1 + \sigma_3}{2}$
$\pm \dfrac{1}{\sqrt{2}}$	0	$\pm \dfrac{1}{\sqrt{2}}$	$\left(\dfrac{\sigma_1 - \sigma_2}{2}\right)^2$	$2\tau_n^2$	$\dfrac{\sigma_1 + \sigma_2}{2}$

从表 2-1 可知，前 3 个极值所在平面是主平面，这些面上的剪应力为 0，τ_n^2 取最小值。设 $\sigma_1 \geqslant \sigma_2 \geqslant \sigma_3$，最大剪应力是

$$\tau_{\max} = \frac{\sigma_1 - \sigma_3}{2} \tag{2-67}$$

所在的平面与中主应力 σ_2 平行，与最大主应力 σ_1 和最小主应力 σ_3 的角度均为 45°。

2.9　莫尔应力圆

根据式（2-61）和式（2-63），任一斜面上的正应力 σ_n 和剪应力 τ_n 随斜面外法线方向余弦 l, m, n 的变化而变化，将每一个斜面上的 σ_n 和 τ_n，使用 $\sigma - \tau$ 坐标系上的坐标点表示，所有这些坐标点组成的图形称为莫尔（Mohr）图。下面讨论 Mohr 图的规律。

根据前一节中的推导，在以主方向为坐标轴的坐标系里，外法线为 l, m, n 的任一斜面上的正应力 σ_n 和剪应力 τ_n，应满足下面关系式

$$\tau_n^2 + \sigma_n^2 = \|\boldsymbol{T}\|^2 = (l\sigma_1)^2 + (m\sigma_2)^2 + (n\sigma_3)^2 \tag{2-68}$$

联立式（2-68）和式（2-61）以及 $l^2 + m^2 + n^2 = 1$ 求解 l^2, m^2, n^2，则有

$$l^2 = \frac{\tau_n^2 + (\sigma_n - \sigma_2)(\sigma_n - \sigma_3)}{(\sigma_1 - \sigma_2)(\sigma_1 - \sigma_3)} \geqslant 0$$

$$m^2 = \frac{\tau_n^2 + (\sigma_n - \sigma_3)(\sigma_n - \sigma_1)}{(\sigma_2 - \sigma_3)(\sigma_2 - \sigma_1)} \geqslant 0 \tag{2-69}$$

$$n^2 = \frac{\tau_n^2 + (\sigma_n - \sigma_1)(\sigma_n - \sigma_2)}{(\sigma_3 - \sigma_1)(\sigma_3 - \sigma_2)} \geqslant 0$$

设 $\sigma_1 \geqslant \sigma_2 \geqslant \sigma_3$，上面 3 个式子可变为

$$\left.\begin{aligned}
\tau_n^2 + \left(\sigma_n - \frac{\sigma_2 + \sigma_3}{2}\right)^2 &\geqslant \left(\frac{\sigma_2 + \sigma_3}{2}\right)^2 \\
\tau_n^2 + \left(\sigma_n - \frac{\sigma_3 + \sigma_1}{2}\right)^2 &\geqslant \left(\frac{\sigma_3 + \sigma_1}{2}\right)^2 \\
\tau_n^2 + \left(\sigma_n - \frac{\sigma_1 + \sigma_2}{2}\right)^2 &\geqslant \left(\frac{\sigma_1 + \sigma_2}{2}\right)^2
\end{aligned}\right\} \tag{2-70}$$

由上面 3 个不等式可知：任意一斜面的应力 σ_n、τ_n 在 $\sigma \sim \tau$ 坐标系中，均落在 $\sigma_1, \sigma_2, \sigma_3$ 决定的 3 个圆上或者圆之间的阴影面积内，如图 2-8 所示。这 3 个圆称为 Mohr 应力圆，简称 Mohr 圆或应力圆。一个应力圆（例如 σ_1, σ_3 决定的应力圆）

上各点的坐标代表与某个主应力（σ_2）方向平行面上的应力。因此，Mohr 圆直观地描述了一点的应力状态及其主应力、最大应力的情况。

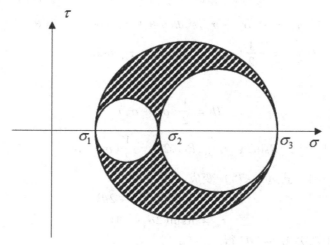

图2-8 应力圆

下面考虑一种特殊的应力状态，即平面应力状态

$$[\sigma_{ij}] = \begin{bmatrix} \sigma_x & \tau_{xy} & 0 \\ \tau_{yx} & \sigma_y & 0 \\ 0 & 0 & 0 \end{bmatrix} \qquad (2-71)$$

显然，z 轴是主轴，且该方向的主应力为零。考察微单元体中与 xy 坐标平面垂直的任意面上的应力情况，这个面的外法线与 z 轴垂直，为 $\boldsymbol{n} = l_1\boldsymbol{e}_x + m_1\boldsymbol{e}_y$，如图 2-9 所示，有

$$l_1 = \cos\theta, \quad m_1 = \sin\theta, \quad n_1 = 0 \qquad (2-72)$$

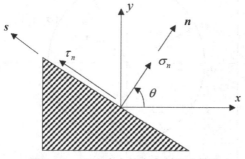

图2-9 平面应力状态中斜面上的应力

在 xy 平面内与 $\boldsymbol{n}$ 方向垂直的矢量为 $\boldsymbol{s} = l_2\boldsymbol{e}_x + m_2\boldsymbol{e}_y$，有

$$l_2 = -\sin\theta, \quad m_2 = \cos\theta, \quad n_2 = 0 \qquad (2-73)$$

在 $\boldsymbol{n},\boldsymbol{s}$ 和 z 轴组成的新坐标系中，使用式（2-34）的前两个式子，可得

$$\sigma_n = \sigma_x \cos^2\theta + \sigma_y \sin^2\theta + 2\tau_{xy}\sin\theta\cos\theta$$

$$= \frac{1}{2}(\sigma_x + \sigma_y) + \frac{1}{2}(\sigma_x - \sigma_y)\cos2\theta - \tau_{xy}\sin2\theta \qquad (2-74)$$

$$\tau_n = -(\sigma_x - \sigma_y)\sin\theta\cos\theta + \tau_{xy}(\cos^2\theta - \sin^2\theta)$$

$$= -\frac{1}{2}(\sigma_x - \sigma_y)\sin2\theta + \tau_{xy}\cos2\theta \qquad (2-75)$$

设

$$H = \frac{1}{2}(\sigma_x + \sigma_y) \qquad (2-76)$$

$$R\sin2\alpha = \tau_{xy}, R\cos2\alpha = \frac{1}{2}(\sigma_x - \sigma_y) \qquad (2-77)$$

于是，式（2 -74）、式（2 -75）变成

$$\sigma_n = H + R\cos(2\alpha - 2\theta) \qquad (2-78)$$

$$\tau_n = R\sin(2\alpha - 2\theta) \qquad (2-79)$$

从上面两个式中消去 $2\alpha - 2\theta$，得

$$(\sigma_n - H)^2 + \tau_n^2 = R^2 \qquad (2-80)$$

这就是平面应力状态的 Mohr 圆，该圆的圆心为（$H,0$），半径为 R，由式（2 - 77）得

$$R = \sqrt{\left(\frac{\sigma_x - \sigma_y}{2}\right)^2 + \tau_{xy}^2} \qquad (2-81)$$

如图 2 -10 所示，从中可以总结以下两点规律：

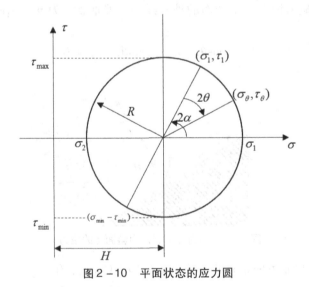

图 2 -10　平面状态的应力圆

（1）图 2 – 9 所示微单元体中任意一个斜面上的两个应力分量（σ_n, τ_n）对应应力圆上某一点的两个坐标（注意：τ_n 使微单元体逆时针转为正）。

（2）当微单元体上斜面的外法线矢量 n 逆时针转 θ 时，它们在应力圆上对应的点应顺时针转 2θ。

使用式（2 – 75）可知，在

$$\theta = \frac{1}{2}\arctan\frac{2\tau_{xy}}{\sigma_x - \sigma_y} \tag{2 – 82}$$

的斜面上 $\tau_n = 0$，根据式（2 – 74），在该斜面上正应力取极值。因此，上式给出了主方向的夹角。将式（2 – 82）代入式（2 – 74），得主应力为

$$\sigma_{1,2} = \frac{\sigma_x + \sigma_y}{2} \pm \sqrt{\left(\frac{\sigma_x - \sigma_y}{2}\right)^2 - \tau_{xy}^2} \tag{2 – 83}$$

以上两式给出的结果可以很容易从图 2 – 10 中应力圆的几何关系获得。从中还可得知：最大剪应力就是 Mohr 圆的半径，且与主方向成 45°。

2.10　偏应力张量及其不变量

2.10.1　应力状态的分解

一点的应力状态可分解为静水压力状态和偏应力状态之和。静水压力状态是指微六面体的每个面上只有正应力作用，正应力大小均为平均应力

$$\sigma_0 = \frac{1}{3}(\sigma_x + \sigma_y + \sigma_z) \tag{2 – 84}$$

而剪应力为零，如图 2 – 11（a）图所示，即

$$[\sigma_0\delta_{ij}] = \begin{bmatrix} \sigma_0 & 0 & 0 \\ 0 & \sigma_0 & 0 \\ 0 & 0 & \sigma_{ij} \end{bmatrix} \tag{2 – 85}$$

式中，δ_{ij} 是 Kronecker 符号，$\sigma_0\delta_{ij}$ 称为球形张量。

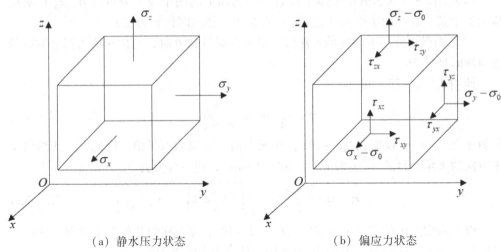

（a）静水压力状态　　　　　　　（b）偏应力状态

图 2 – 11　应力状态的分解

偏应力状态是从应力状态中扣除静水压力后剩下的部分，如图 2 – 11（b）图所示，表示为

$$[s_{ij}] = \begin{bmatrix} \sigma_x - \sigma_0 & \tau_{xy} & \tau_{xz} \\ \tau_{yx} & \sigma_y - \sigma_0 & \tau_{yz} \\ \tau_{zx} & \tau_{zy} & \sigma_z - \sigma_0 \end{bmatrix} \tag{2 – 86}$$

偏应力 s_{ij} 也是一个对称的二阶张量。

上述应力分解使用张量形式表示为

$$\sigma_{ij} = s_{ij} + \sigma_0 \delta_{ij} \tag{2 – 87}$$

2.10.2　静水压力状态的特点

对于静水压力状态 $\sigma_0 \delta_{ij}$ 而言，可以很容易通过式（2 – 61）和式（2 – 63）证明：任意一个斜面上的剪应力为零，正应力均为 σ_0，因此，每一个面都是主平面，每个面上的正应力 σ_0 都是主应力，对应的 Mohr 应力圆退化为 σ 轴上的一点。由此可见，静水压力是一种各个面上应力都相同的应力状态。

2.10.3　偏应力的主值和不变量

下面讨论偏应力张量 s_{ij} 所代表的应力状态。将式（2 – 48）和式（2 – 49）中的 σ_{ij} 用 s_{ij} 替代，求得偏应力主值的特征方程为

$$s^3 - J_1 s^2 - J_2 s - J_3 = 0 \tag{2 – 88}$$

式中：

$$J_1 = \sigma_x - \sigma_0 + \sigma_y - \sigma_0 + \sigma_z - \sigma_0 = s_{kk} = 0$$

$$J_2 = - \begin{vmatrix} \sigma_x - \sigma_0 & \tau_{xy} \\ \tau_{yx} & \sigma_y - \sigma_0 \end{vmatrix} - \begin{vmatrix} \sigma_y - \sigma_0 & \tau_{yz} \\ \tau_{zy} & \sigma_z - \sigma_0 \end{vmatrix} - \begin{vmatrix} \sigma_z - \sigma_0 & \tau_{zx} \\ \tau_{zx} & \sigma_x - \sigma_0 \end{vmatrix}$$

$$= \frac{1}{6} [(\sigma_x - \sigma_y)^2 + (\sigma_y - \sigma_z)^2 + (\sigma_z - \sigma_x)^2 + 6(\tau_{xy}^2 + \tau_{yz}^2 + \tau_{zx}^2)]$$

$$= \frac{1}{2} s_{ij} s_{ij}$$

$$J_3 = \begin{bmatrix} \sigma_x - \sigma_0 & \tau_{xy} & \tau_{xz} \\ \tau_{yx} & \sigma_y - \sigma_0 & \tau_{yz} \\ \tau_{zx} & \tau_{zy} & \sigma_z - \sigma_0 \end{bmatrix} = \frac{1}{3} s_{ij} s_{jk} s_{ki}$$

$$(2-89)$$

是偏应力 s_{ij} 的 3 个不变量，其中，第一不变量为零，第二不变量 J_2 使用最多。

解偏应力主值的特征方程式（2-88），得偏应力的 3 个主值 s_1, s_2, s_3 为

$$s_1 = \frac{2\sqrt{J_2}}{\sqrt{3}} \sin(\theta_0 + \frac{2}{3}\pi)$$

$$s_2 = \frac{2\sqrt{J_2}}{\sqrt{3}} \sin\theta_0 \qquad (2-90)$$

$$s_3 = \frac{2\sqrt{J_2}}{\sqrt{3}} \sin(\theta_0 - \frac{2}{3}\pi)$$

式中 θ_0 称为 Lode 角，为

$$\theta_0 = \frac{1}{3} \sin^{-1} \left[\frac{-\sqrt{27} J_3}{2 (J_2)^{3/2}} \right] \qquad (2-91)$$

根据静水压力状态的特点可知，偏应力张量 s_{ij} 的主方向与应力张量 σ_{ij} 的主方向相同，且它们的主值具有如下关系

$$s_1 = \sigma_1 - \sigma_0, \quad s_2 = \sigma_2 - \sigma_0, \quad s_3 = \sigma_3 - \sigma_0 \qquad (2-92)$$

于是主应力可方便地由下式给出

$$\sigma_1 = \frac{2\sqrt{J_2}}{\sqrt{3}} \sin(\theta_0 + \frac{2}{3}\pi) + \sigma_0$$

$$\sigma_2 = \frac{2\sqrt{J_2}}{\sqrt{3}} \sin\theta_0 + \sigma_0 \qquad (2-93)$$

$$\sigma_3 = \frac{2\sqrt{J_2}}{\sqrt{3}} \sin(\theta_0 - \frac{2}{3}\pi) + \sigma_0$$

在式（2-89）中，若将 x, y, z 轴取为主轴，则偏应力的 3 个不变量可使用偏应力主值表示，进一步地使用式（2-92）和式（2-49），可以得到它们与应力不变量的关系，最后有

$$\left. \begin{aligned} J_1 &= s_1 + s_2 + s_3 = 0 \\ J_2 &= \frac{1}{2}(s_1^2 + s_2^2 + s_3^2) = -I_2 - \frac{1}{3}I_1^2 \\ J_3 &= s_1 s_2 s_3 = -I_3 - \frac{1}{3}I_2 I_1 + \frac{2}{27}I_1^3 \end{aligned} \right\} \qquad (2-94)$$

第3章 应 变

在外力（或温度变化）作用下，物体内部各部分之间要产生相对运动，物体的这种运动形态称为变形。应变状态理论是专门分析研究物体变形的理论，它和应力状态理论一样，都是弹性力学的基本组成部分。它的任务有两个：①分析一点的应变状态；②建立几何方程和应变协调方程。由于这里只是从几何学观点出发分析研究物体的变形本身，并不涉及产生变形的原因和物体的物理性能，因此本章所得结果对一切连续介质都适用。

3.1　变形和应变的概念

设原来占据空间某一位置 D 的物体，在外力或温度变化的作用下占据空间另一位置 D_1，如图 3-1 所示。在这过程中，物体可能同时发生两种变化：一种是位置的变化（这部分相当于刚体运动），另一种是形状的变化。

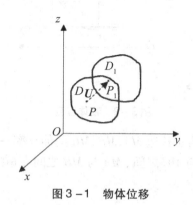

图 3-1　物体位移

物体的连续性假设要求变形前连续的物体在变形以后仍保持为连续体。这一物理要求反映在数学上，则要求区域 D 内每一点，连续变化到区域 D_1 内的相应点，而且两者成一一对应关系。具体地说，如果点 P 为 D 内任意一点，在物体变形后，它经过一个位移而变到 D_1 中的一点 P_1；若分别用 (x,y,z) 和 (x_1,y_1,z_1) 表示点 P 和点 P_1 的坐标，则根据上述要求，这里的 x_1,y_1,z_1 必须是 x,y,z 的单值连续函数。现在把点 P_1 和点 P 的 3 个坐标对应相减，可得点 P 的位移矢量 $\overrightarrow{PP_1} = U$ 在 3 个坐标轴上的分量，这 3 个分量简称为位移分量。如用 u,v,w 表示位移分量，则有

$$\left. \begin{array}{l} u = x_1(x,y,z) - x = u(x,y,z) \\ v = y_1(x,y,z) - y = v(x,y,z) \\ w = z_1(x,y,z) - z = w(x,y,z) \end{array} \right\} \qquad (3-1)$$

显然，这里的 u,v,w 也必须是 x,y,z 的单值连续函数。考虑到运算的需要，还需假定它们具有三阶连续偏导数。

为了进一步研究物体的变形情况，假想把物体分割成无数个微分平行六面体，使它们的 6 个面分别与 3 个坐标平面平行。显然，如果其中每一个微分平行六面体的变形为已知，则整个物体的变形情况就知道了。暂不考虑变形后每一个微分平行六面体的方位，则它的变形可归结为棱边的伸长（或缩短）与棱边间夹角的变化。以后分别用正应变（又称伸长率）与切应变表示棱边的伸长与棱边间夹角的变化。

现在考虑其中任意一个微分平行六面体的变形，设其变形前的三条棱边为 MA，MB，MC，变形后分别变为 $M'A'$，$M'B'$，$M'C'$，如图 3-2 所示。

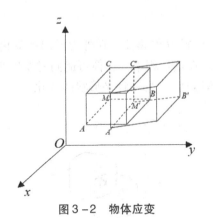

图 3-2　物体应变

如果分别用 $\varepsilon_x,\varepsilon_y,\varepsilon_z$ 表示棱边 MA,MB,MC 的伸长率——正应变，用 $\gamma_{yz},\gamma_{xz},\gamma_{xy}$ 表示 MC 与 MB 之间、MA 与 MC 之间、MA 与 MB 之间夹角的变化——切应变，则有

$$
\left.
\begin{array}{ll}
\varepsilon_x = \dfrac{M'A' - MA}{MA}, & \gamma_{yz} = \dfrac{\pi}{2} - \angle C'M'B' \\[3mm]
\varepsilon_y = \dfrac{M'B' - MB}{MB}, & \gamma_{xz} = \dfrac{\pi}{2} - \angle C'M'A' \\[3mm]
\varepsilon_z = \dfrac{M'C' - MC}{MC}, & \gamma_{xy} = \dfrac{\pi}{2} - \angle A'M'B'
\end{array}
\right\}
\qquad (3-2)
$$

这6个分量中的每一个都称为应变分量。

3.2　应变张量几何方程

本小节建立应变分量和位移分量之间的关系。为便于计算，先对问题作些简化。容易想象，在物体变形之前与坐标轴平行的微分线段 MC，在物体变形时一般都要各自旋转某一角度。由于考虑的是小变形，如果假设物体内各点的位移不包括纯属物体位置变化（即刚体运动）的那部分，也就是说，物体内各点的位移全由其自身的大小和形状的变化引起，则物体内上述微分线段各自的转角是极其微小的。因此，在以后的推导中，可以用 $M'A',M'B',M'C'$ 分别在 Ox 轴、Oy 轴和 Oz 轴上的投影来代替它们的实际长度，用 $M'B'$ 和 $M'C'$、$M'C'$ 和 $M'A'$、$M'A'$ 和 $M'B'$ 分别在 yOz 平面、xOz 平面以及 xOy 平面上投影间的夹角来代替它们实际的夹角。这样做显然不会导致明显的误差，并且使问题大大简化。

下面，将此微分平行六面体分别投影到3个坐标平面上，如图3-3所示。

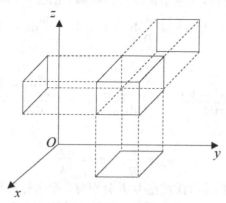

图3-3　微分六面体投影

根据上述理由，只要考虑它们的变形就可以了。譬如考虑在 xOy 平面上投影部分的变形。用 ma,mb 表示 MA,MB 在 xOy 平面上的投影，而 $m'a',m'b'$ 表示变形后的 MA,MB（即 $M'A'$ 和 $M'B'$）在 xOy 平面上的投影（图3-4）。

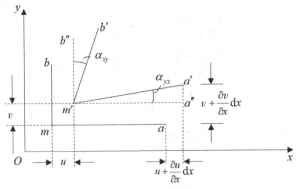

图 3-4　平面投影

设微分平行六面体的三条棱边长度为 $\mathrm{d}x,\mathrm{d}y,\mathrm{d}z$，点 M 的坐标为 (x,y,z)，于是，如果用 $u(x,y,z),v(x,y,z)$ 分别表示点 M 的位移矢量在 Ox 轴和 Oy 轴上的分量，则点 A 和点 B 相应的位移分别为

$$\left.\begin{array}{ll} u(x+\mathrm{d}x,y,z), & v(x+\mathrm{d}x,y,z) \\ u(x,y+\mathrm{d}y,z), & v(x,y+\mathrm{d}y,z) \end{array}\right\} \tag{3-3}$$

按多元函数泰勒级数展开，略去二阶以上无穷小量，则点 A 和点 B 的位移矢量在 Ox 轴和 Oy 轴上的分量可表示为

$$\left.\begin{array}{ll} u+\dfrac{\partial u}{\partial x}\mathrm{d}x, & v+\dfrac{\partial v}{\partial x}\mathrm{d}x \\ u+\dfrac{\partial u}{\partial y}\mathrm{d}y, & v+\dfrac{\partial v}{\partial y}\mathrm{d}y \end{array}\right\} \tag{3-4}$$

$m'a'$ 在 Ox 轴上的投影（等于 $M'A'$ 在 Ox 轴上的投影）$m'a''$ 为

$$m'a'' = \mathrm{d}x+u+\frac{\partial u}{\partial x}\mathrm{d}x-u = \mathrm{d}x+\frac{\partial u}{\partial x}\mathrm{d}x \approx M'A' \tag{3-5}$$

于是

$$\varepsilon_x = \frac{M'A'-MA}{MA} \approx \frac{m'a''-\mathrm{d}x}{\mathrm{d}x} = \frac{\mathrm{d}x+\dfrac{\partial u}{\partial x}\mathrm{d}x-\mathrm{d}x}{\mathrm{d}x} = \frac{\partial u}{\partial x} \tag{3-6}$$

同理

$$\varepsilon_y = \frac{\partial v}{\partial y}, \quad \varepsilon_z = \frac{\partial w}{\partial z} \tag{3-7}$$

这样，就得到了过物体内任意点 M 并分别与 3 个坐标轴平行的微分线段的伸长率——正应变。当 $\varepsilon_x,\varepsilon_y$ 和 ε_z 大于零时，表示线段伸长，反之则表示缩短。

令 α_{yx} 表示与 Ox 轴平行的微分线段 ma 向 Oy 轴转过的角度，α_{xy} 表示与 Oy 轴平行的微分线段 mb 向 Ox 轴转过的角度，如图 3-4 所示，则切应变分量为

$$\gamma_{xy} = \frac{\pi}{2}-\angle B'M'A' \approx \frac{\pi}{2}-\angle b'm'a' = \alpha_{xy}+\alpha_{yx} \tag{3-8}$$

其中

$$\alpha_{yx} \approx \tan\alpha_{yx} = \frac{a''a'}{m'a''} = \frac{v + \dfrac{\partial v}{\partial x}\mathrm{d}x - v}{\mathrm{d}x + \dfrac{\partial u}{\partial x}\mathrm{d}x} = \frac{\dfrac{\partial v}{\partial x}}{1 + \dfrac{\partial u}{\partial x}} \qquad (3-9)$$

因在小变形下 $\dfrac{\partial u}{\partial x}$ 与 1 相比是一小量，可以略去不计，于是

$$\alpha_{yx} = \frac{\partial v}{\partial x} \qquad (3-10)$$

同理

$$\alpha_{xy} = \frac{\partial u}{\partial y} \qquad (3-11)$$

α_{yx}，α_{xy} 可正也可负，其正负号有如下几何意义：当 α_{yx} 大于零时，表示 v 随 x 的增加而增加，即表明与 Ox 轴平行的微分线段 ma 从 Ox 轴的正向朝 Oy 轴的正向旋转；同理，α_{xy} 大于零表示与 Oy 轴平行的微分线段 mb 从 Oy 轴的正向朝 Ox 轴的正向旋转。将式（3-10）和式（3-11）代入式（3-8），得

$$\gamma_{xy} = \frac{\partial v}{\partial x} + \frac{\partial u}{\partial y} \qquad (3-12)$$

顺次轮换 x,y,z 和 u,v,w 则可得其他两个切应变分量

$$\gamma_{xz} = \frac{\partial u}{\partial z} + \frac{\partial w}{\partial x}, \quad \gamma_{yz} = \frac{\partial w}{\partial y} + \frac{\partial v}{\partial z} \qquad (3-13)$$

当 γ_{xz}，γ_{yz} 和 γ_{xy} 大于零时，表示角度缩小，反之则表示角度扩大。

综上所述，得到如下 6 个关系式：

$$\left.\begin{aligned}
\varepsilon_x &= \frac{\partial u}{\partial x}, \quad \gamma_{yz} = \frac{\partial w}{\partial y} + \frac{\partial v}{\partial z} \\[2mm]
\varepsilon_y &= \frac{\partial v}{\partial y}, \quad \gamma_{xz} = \frac{\partial u}{\partial z} + \frac{\partial w}{\partial x} \\[2mm]
\varepsilon_x &= \frac{\partial w}{\partial z}, \quad \gamma_{xy} = \frac{\partial v}{\partial x} + \frac{\partial u}{\partial y}
\end{aligned}\right\} \qquad (3-14)$$

方程组（3-14）称为几何方程，又称柯西方程，它给出了 6 个应变分量与 3 个位移分量之间的关系。如果已知位移分量，则不难通过式（3-14）求偏导数得到应变分量。反之，如果给出应变分量求位移分量，则问题比较复杂，后文中将对这一问题进行专门的研究。

如果对式（3-14）中后一列的 3 个式子两边同除以 2，并令

$$\frac{1}{2}\gamma_{yz} = \varepsilon_{yz}, \quad \frac{1}{2}\gamma_{xz} = \varepsilon_{xz}, \quad \frac{1}{2}\gamma_{xy} = \varepsilon_{xy} \qquad (3-15)$$

则它又可表示为

$$\varepsilon_{ij} = \frac{1}{2}(u_{i,j} + u_{j,i}) \tag{3-16}$$

3.3 相对位移张量、刚体转动张量

由式（3-14）可知，6 个应变分量是通过位移分量的 9 个一阶偏导数，即

$$\begin{bmatrix} \dfrac{\partial u}{\partial x} & \dfrac{\partial u}{\partial y} & \dfrac{\partial u}{\partial z} \\ \dfrac{\partial v}{\partial x} & \dfrac{\partial v}{\partial y} & \dfrac{\partial v}{\partial z} \\ \dfrac{\partial w}{\partial x} & \dfrac{\partial w}{\partial y} & \dfrac{\partial w}{\partial z} \end{bmatrix} \tag{3-17}$$

表示的，这 9 个量组成的集合，称为相对位移张量。对于单连通物体（无孔洞的物体），若已知其相对位移张量，并假设位移分量具有二阶或二阶以上的连续偏导数，则可以通过积分求得连续单值的位移分量。这表明，相对位移张量完全确定了物体的变形情况。

引入

$$\boldsymbol{\omega} = \nabla \times \boldsymbol{U} \tag{3-18}$$

其中，$\nabla = \boldsymbol{e}_1 \dfrac{\partial}{\partial x} + \boldsymbol{e}_2 \dfrac{\partial}{\partial y} + \boldsymbol{e}_3 \dfrac{\partial}{\partial z}$，为那勃勒算子；$\boldsymbol{U}$ 是位移矢量。不难算得 $\boldsymbol{\omega}$ 的 3 个分量为

$$\left. \begin{aligned} \omega_x &= \frac{\partial w}{\partial y} - \frac{\partial v}{\partial z} \\ \omega_y &= \frac{\partial u}{\partial z} - \frac{\partial w}{\partial x} \\ \omega_z &= \frac{\partial v}{\partial x} - \frac{\partial u}{\partial y} \end{aligned} \right\} \tag{3-19}$$

这里的 $\boldsymbol{\omega}$ 称为转动矢量，而 ω_x，ω_y，ω_z 称为转动分量。

利用式（3-8）和式（3-13），可将相对位移张量分解为两个张量：

$$\begin{bmatrix} \dfrac{\partial u}{\partial x} & \dfrac{\partial u}{\partial y} & \dfrac{\partial u}{\partial z} \\ \dfrac{\partial v}{\partial x} & \dfrac{\partial v}{\partial y} & \dfrac{\partial v}{\partial z} \\ \dfrac{\partial w}{\partial x} & \dfrac{\partial w}{\partial y} & \dfrac{\partial w}{\partial z} \end{bmatrix} = \begin{bmatrix} \varepsilon_x & \dfrac{1}{2}\gamma_{xy} & \dfrac{1}{2}\gamma_{xz} \\ \dfrac{1}{2}\gamma_{xy} & \varepsilon_y & \dfrac{1}{2}\gamma_{yz} \\ \dfrac{1}{2}\gamma_{xz} & \dfrac{1}{2}\gamma_{yz} & \varepsilon_z \end{bmatrix} + \begin{bmatrix} 0 & -\dfrac{1}{2}\omega_z & \dfrac{1}{2}\omega_y \\ \dfrac{1}{2}\omega_z & 0 & -\dfrac{1}{2}\omega_x \\ -\dfrac{1}{2}\omega_y & \dfrac{1}{2}\omega_x & 0 \end{bmatrix}$$

$$\tag{3-20}$$

式（3-20）等号右边的第一项为对称张量，表示微元体的纯变形，称为应变张量；第二项为反对称张量，下面要论证它表示微元体的刚性转动，即表示物体变形后微元体的方位变化。

试在变形前的物体内任取微分线段 AB，点 A，B 的坐标分别为 (x, y, z) 和 $(x + dx, y + dy, z + dz)$，在物体变形后，点 A 和 B 分别变为点 A' 和 B'。若用 $u(x,y,z)$，$v(x,y,z)$，$w(x,y,z)$ 表示点 A 的位移矢量 $\overrightarrow{AA'}$ 的 3 个分量，则点 B 的位移矢量 $\overrightarrow{BB'}$ 的 3 个分量为

$$\left.\begin{aligned}
u' &= u(x + dx, y + dy, z + dz) \\
v' &= v(x + dx, y + dy, z + dz) \\
w' &= w(x + dx, y + dy, z + dz)
\end{aligned}\right\} \tag{3-21}$$

按多元函数泰勒级数展开，并略去二阶以上项，得到

$$\left.\begin{aligned}
u' &= u + \frac{\partial u}{\partial x}dx + \frac{\partial u}{\partial y}dy + \frac{\partial u}{\partial z}dz \\
v' &= v + \frac{\partial v}{\partial x}dx + \frac{\partial v}{\partial y}dy + \frac{\partial v}{\partial z}dz \\
w' &= w + \frac{\partial w}{\partial x}dx + \frac{\partial w}{\partial y}dy + \frac{\partial w}{\partial z}dz
\end{aligned}\right\} \tag{3-22}$$

利用式（3-14）和式（3-19），可将式（3-22）凑成如下形式：

$$\left.\begin{aligned}
u' &= u + \varepsilon_x dx + \frac{1}{2}\gamma_{xy}dy + \frac{1}{2}\gamma_{xz}dz - \frac{1}{2}\omega_z dy + \frac{1}{2}\omega_y dz \\
v' &= v + \frac{1}{2}\gamma_{xy}dx + \varepsilon_y dy + \frac{1}{2}\gamma_{yz}dz + \frac{1}{2}\omega_z dx - \frac{1}{2}\omega_x dz \\
w' &= w + \frac{1}{2}\gamma_{xz}dx + \frac{1}{2}\gamma_{yz}dy + \varepsilon_z dz - \frac{1}{2}\omega_y dx + \frac{1}{2}\omega_x dy
\end{aligned}\right\} \tag{3-23}$$

也可表示为

$$\begin{bmatrix} u' \\ v' \\ w' \end{bmatrix} = \begin{bmatrix} u \\ v \\ w \end{bmatrix} + \begin{bmatrix} 0 & -\frac{1}{2}\omega_z & \frac{1}{2}\omega_y \\ \frac{1}{2}\omega_z & 0 & -\frac{1}{2}\omega_x \\ -\frac{1}{2}\omega_y & \frac{1}{2}\omega_x & 0 \end{bmatrix}\begin{bmatrix} dx \\ dy \\ dz \end{bmatrix} + \begin{bmatrix} \varepsilon_x & \frac{1}{2}\gamma_{xy} & \frac{1}{2}\gamma_{xz} \\ \frac{1}{2}\gamma_{xy} & \varepsilon_y & \frac{1}{2}\gamma_{yz} \\ \frac{1}{2}\gamma_{xz} & \frac{1}{2}\gamma_{yz} & \varepsilon_z \end{bmatrix}\begin{bmatrix} dx \\ dy \\ dz \end{bmatrix}$$

$$\tag{3-24}$$

现在说明式（3-23）中各项的物理意义。为此，先假想点 A 的无限小邻域没有变形，即它为绝对刚性的，于是，由刚体运动学可知，与点 A 无限邻近的一点 B 的位移应由两部分组成：①随同基点 A 的平移位移；②微元体绕基点 A 转动时在点

B 产生的位移。因此，若令式（3-8）中的应变分量为零，则 u,v,w 即表示随同基点 A 的平移位移，而 $-\frac{1}{2}\omega_z dy + \frac{1}{2}\omega_y dz$，$\frac{1}{2}\omega_z dx - \frac{1}{2}\omega_x dz$，$-\frac{1}{2}\omega_y dx + \frac{1}{2}\omega_x dy$ 表示微元体绕点 A 转动时在点 B 产生的位移。由此可见，$\frac{1}{2}\omega_x$，$\frac{1}{2}\omega_y$，$\frac{1}{2}\omega_z$ 表示微元体角位移矢量的 3 个分量。一般来说，由于微元体是要变形的，因此点 B 的位移还必须包括变形所产生的那一部分，式（3-23）中含应变分量的项就代表这部分位移。

总的来说，与点 A 无限邻近的一点 A 的位移由三部分组成：

（1）随同点 A 的平移位移，如图 3-5 中的 BB'' 所示；

（2）绕点 A 刚性转动时在点 B 产生的位移，如图 3-5 中的 $B''B'''$ 所示；

（3）邻近点 A 的微元体的变形在点 B 引起的位移，如图 3-5 中的 $B'''B'$ 所示。

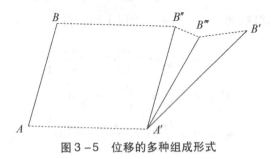

图 3-5 位移的多种组成形式

必须指出，ω_x，ω_y，ω_z 是坐标的函数，表示体内微元体的刚性转动，但对整个物体来说，属于变形的一部分，这 3 个分量和 6 个应变分量合在一起，才全面地反映物体的变形。

3.4 体积应变

下面求物体变形后单位体积的改变，即体应变。考察棱边长度为 dx，dy 和 dz 的微分平行六面体，其体积为

$$V = dxdydz \qquad (3-25)$$

在物体发生变形后，微元体的各棱边要伸长或缩短，棱边间的夹角也要改变。由于切应变引起的体积改变是高阶微量，可以略去不计，故其变形后的体积为

$$V' = dx(1 + \varepsilon_x)dy(1 + \varepsilon_y)dz(1 + \varepsilon_z) \approx dxdydz(1 + \varepsilon_x + \varepsilon_y + \varepsilon_z)$$

$$(3-26)$$

于是体应变为

$$\theta = \frac{V' - V}{V} = \varepsilon_x + \varepsilon_y + \varepsilon_z \qquad (3-27)$$

显然，它在数值上等于应变张量的第一不变量 J_1。它又可表示为

$$\theta = \frac{\partial u}{\partial x} + \frac{\partial v}{\partial y} + \frac{\partial w}{\partial z} \qquad (3-28)$$

θ 大于零表示微元体膨胀；θ 小于零表示微元体缩小；如物体内 θ 处处等于零，则表示变形后物体的体积不变，称之为等容（或称不可压缩，non-compressive）。

3.5 应变张量的性质

应变张量与应力张量都是二阶张量，因而具有与应力张量完全类似的性质，可以直接根据二阶张量的性质，给出新旧坐标下应变张量分量的变换关系和求主应变的特征方程以及不变量等的表达式。为了概念清晰起见，下面则根据应变的几何意义给出。

3.5.1 应力张量的坐标变换

设坐标系 $Oxyz$ 下，物体内某一点的 6 个应变分量为 $\varepsilon_x, \varepsilon_y, \varepsilon_z, \gamma_{yz}, \gamma_{xz}, \gamma_{xy}$。现使坐标系旋转某一角度，得新坐标系 $Ox'y'z'$，设新坐标系下的应变分量为 $\varepsilon_{x'}, \varepsilon_{y'}, \varepsilon_{z'}, \gamma_{y'z'}, \gamma_{x'z'}, \gamma_{x'y'}$，建立新老坐标系下应变分量之间的变换关系。

设新老坐标系之间有如下的关系：

新坐标系	x	y	z
x'	l_1	m_1	n_1
y'	l_2	m_2	n_2
z'	l_3	m_3	n_3

其中，$l_i, m_i, n_i (i = 1,2,3)$ 表示三个新坐标轴对老坐标轴的方向余弦。

先建立转轴时位移分量的变换关系。设位移矢量 $\boldsymbol{U}$ 在老坐标系中的 3 个分量为 u, v, w，而在新坐标系中的 3 个分量为 u', v', w'，于是有

$$\left.\begin{aligned}
u' &= \boldsymbol{U} \cdot \boldsymbol{e}_1' = ul_1 + vm_1 + wn_1 \\
v' &= \boldsymbol{U} \cdot \boldsymbol{e}_2' = ul_2 + vm_2 + wn_2 \\
w' &= \boldsymbol{U} \cdot \boldsymbol{e}_3' = ul_3 + vm_3 + wn_3
\end{aligned}\right\} \qquad (3-29)$$

其中，$\boldsymbol{e}_1', \boldsymbol{e}_2', \boldsymbol{e}_3'$ 为 3 个新坐标轴的单位矢量。

利用方向导数公式

$$\begin{aligned}
\frac{\partial}{\partial s}(\ ) &= \cos(s,x) \frac{\partial}{\partial x}(\ ) + \cos(s,y) \frac{\partial}{\partial y}(\ ) + \cos(s,z) \frac{\partial}{\partial z}(\ ) \\
&= \left(l \frac{\partial}{\partial x} + m \frac{\partial}{\partial y} + n \frac{\partial}{\partial z} \right)(\ )
\end{aligned} \qquad (3-30)$$

于是新坐标系中的应变分量为

$$\varepsilon_{x'} = \frac{\partial u'}{\partial x'} = \left(l_1 \frac{\partial}{\partial x} + m_1 \frac{\partial}{\partial y} + n_1 \frac{\partial}{\partial z} \right) (ul_1 + vm_1 + wn_1)$$

$$= \frac{\partial u}{\partial x} l_1^2 + \frac{\partial v}{\partial y} m_1^2 + \frac{\partial w}{\partial z} n_1^2 + \left(\frac{\partial w}{\partial y} + \frac{\partial v}{\partial z} \right) m_1 n_1 + \left(\frac{\partial u}{\partial z} + \frac{\partial w}{\partial x} \right) l_1 n_1$$

$$+ \left(\frac{\partial v}{\partial x} + \frac{\partial u}{\partial y} \right) l_1 m_1$$

$$\gamma_{x'y'} = \frac{\partial v'}{\partial x'} + \frac{\partial u'}{\partial y'} = \left(l_1 \frac{\partial}{\partial x} + m_1 \frac{\partial}{\partial y} + n_1 \frac{\partial}{\partial z} \right) (ul_2 + vm_2 + wn_2)$$

$$+ \left(l_2 \frac{\partial}{\partial x} + m_2 \frac{\partial}{\partial y} + n_2 \frac{\partial}{\partial z} \right) (ul_1 + vm_1 + wn_1)$$

$$= 2 \left(\frac{\partial u}{\partial x} l_1 l_2 + \frac{\partial v}{\partial y} m_1 m_2 + \frac{\partial w}{\partial z} n_1 n_2 \right) + \left(\frac{\partial w}{\partial y} + \frac{\partial v}{\partial z} \right) (m_1 n_2 + m_2 n_1)$$

$$+ \left(\frac{\partial u}{\partial z} + \frac{\partial w}{\partial x} \right) (l_1 n_2 + l_2 n_1) + \left(\frac{\partial v}{\partial x} + \frac{\partial u}{\partial y} \right) (l_1 m_2 + l_2 m_1) \qquad (3-31)$$

同理，可求得其余的应变分量。利用几何方程（3-8），最后得如下的变换公式：

$$\left. \begin{aligned}
\varepsilon_{x'} &= \varepsilon_x l_1^2 + \varepsilon_y m_1^2 + \varepsilon_z n_1^2 + \gamma_{yz} m_1 n_1 + \gamma_{xz} l_1 n_1 + \gamma_{xy} l_1 m_1 \\
\varepsilon_{y'} &= \varepsilon_x l_2^2 + \varepsilon_y m_2^2 + \varepsilon_z n_2^2 + \gamma_{yz} m_2 n_2 + \gamma_{xz} l_2 n_2 + \gamma_{xy} l_2 m_2 \\
\varepsilon_{z'} &= \varepsilon_x l_3^2 + \varepsilon_y m_3^2 + \varepsilon_z n_3^2 + \gamma_{yz} m_3 n_3 + \gamma_{xz} l_3 n_3 + \gamma_{xy} l_3 m_3 \\
\gamma_{y'z'} &= 2(\varepsilon_x l_2 l_3 + \varepsilon_y m_2 m_3 + \varepsilon_x n_2 n_3) + \gamma_{yz}(m_2 n_3 + m_3 n_2) \\
&\quad + \gamma_{xz}(l_2 n_3 + l_3 n_2) + \gamma_{xy}(l_2 m_3 + l_3 m_2) \\
\gamma_{x'z'} &= 2(\varepsilon_x l_1 l_3 + \varepsilon_y m_1 m_3 + \varepsilon_x n_1 n_3) + \gamma_{yz}(m_1 n_3 + m_3 n_1) \\
&\quad + \gamma_{xz}(l_1 n_3 + l_3 n_1) + \gamma_{xy}(l_1 m_3 + l_3 m_1) \\
\gamma_{x'y'} &= 2(\varepsilon_x l_1 l_2 + \varepsilon_y m_1 m_2 + \varepsilon_x n_1 n_2) + \gamma_{yz}(m_1 n_2 + m_2 n_1) \\
&\quad + \gamma_{xz}(l_1 n_2 + l_2 n_1) + \gamma_{xy}(l_1 m_2 + l_2 m_1)
\end{aligned} \right\} \qquad (3-32)$$

可用张量表示为

$$\varepsilon_{i'j'} = \varepsilon_{ij} n_{i'i} n_{j'j} \qquad (3-33)$$

可见 6 个应变分量组成的集合

$$[\varepsilon_{ij}] = \begin{bmatrix} \varepsilon_x & \dfrac{1}{2}\gamma_{xy} & \dfrac{1}{2}\gamma_{xz} \\ \dfrac{1}{2}\gamma_{xy} & \varepsilon_y & \dfrac{1}{2}\gamma_{yz} \\ \dfrac{1}{2}\gamma_{xz} & \dfrac{1}{2}\gamma_{yz} & \varepsilon_z \end{bmatrix} = \begin{bmatrix} \varepsilon_{11} & \varepsilon_{21} & \varepsilon_{31} \\ \varepsilon_{12} & \varepsilon_{22} & \varepsilon_{32} \\ \varepsilon_{13} & \varepsilon_{23} & \varepsilon_{33} \end{bmatrix} \qquad (3-34)$$

与应力分量组成的集合一样，也服从二阶张量的变换规律。不难理解，虽然经转轴后各应变分量都分别地改变了，但它们作为一个"整体"所描绘的一点的变形状态是不变的。

采用上面同样的方法，不难导出过物体内某一点沿任意方向微分线段的伸长率

$$\varepsilon_r = \varepsilon_x l^2 + \varepsilon_y m^2 + \varepsilon_z n^2 + \gamma_{yz} mn + \gamma_{xz} nl + \gamma_{xy} lm \qquad (3-35)$$

这里，l,m,n 为该微分线段的方向余弦。

3.5.2 主应变和应变不变量

同应力张量类似，应变张量中也存在 3 个互相垂直的方向，这些方向上只有正应变，而没有剪应变。这 3 个方向称为应变主方向或应变主轴，其应变值称为主值或主应变。

设应变主方向为 $\boldsymbol{n}$，沿该方向取线元。根据前面关于变形分解的分析，可认为线元首先经过纯变形，然后发生刚体转动而到达最终的位置。在纯变形中，由于主方向没有剪应变，线元的相对位移矢量 $\mathrm{d}\boldsymbol{u}$ 必然沿主方向 $\boldsymbol{n}$，因此，该线元的应变矢量也应沿主方向 $\boldsymbol{n}$，大小为主应变，即

$$E(\boldsymbol{n}) = \varepsilon \boldsymbol{n} \qquad (3-36)$$

或

$$E_x = \varepsilon l, \quad E_y = \varepsilon m, \quad E_z = \varepsilon n \qquad (3-37)$$

在纯变形中，转动张量 $\Omega_{ij} = 0$，由位移梯度张量与应变张量相等 $u_{i,j} = \varepsilon_{ij}$，应变矢量可表示为

$$E_i = u_{i,j} n_j = \varepsilon_{ij} n_j = \begin{bmatrix} \varepsilon_x & \dfrac{1}{2}\gamma_{xy} & \dfrac{1}{2}\gamma_{xz} \\ \dfrac{1}{2}\gamma_{xy} & \varepsilon_y & \dfrac{1}{2}\gamma_{yz} \\ \dfrac{1}{2}\gamma_{xz} & \dfrac{1}{2}\gamma_{yz} & \varepsilon_z \end{bmatrix} \begin{Bmatrix} l \\ m \\ n \end{Bmatrix} \qquad (3-38)$$

结合式（3-36）、式（3-37）和式（3-38），可得到

$$\left.\begin{aligned} (\varepsilon_x - \varepsilon)l + \frac{1}{2}\gamma_{xy}m + \frac{1}{2}\gamma_{xz}n &= 0 \\ \frac{1}{2}\gamma_{xy}l + (\varepsilon_y - \varepsilon)m + \frac{1}{2}\gamma_{yz}n &= 0 \\ \frac{1}{2}\gamma_{xz}l + \frac{1}{2}\gamma_{yz}m + (\varepsilon_z - \varepsilon)n &= 0 \end{aligned}\right\} \qquad (3-39)$$

式（3-39）中，l,m,n 非零解条件导致的特征方程将类似于应力的式（2-48），为

$$e^3 - D_1 e^2 + D_2 e - D_3 = 0 \qquad (3-40)$$

式中：

$$D_1 = \varepsilon_x + \varepsilon_y + \varepsilon_z = e_{kk}$$

$$D_2 - \varepsilon_x \varepsilon_y + \varepsilon_y \varepsilon_z + \varepsilon_z \varepsilon_x - \frac{1}{4}\gamma_{xy}^2 - \frac{1}{4}\gamma_{xz}^2 - \frac{1}{4}\gamma_{yz}^2 - \frac{1}{2}(D_1^2 - \varepsilon_{ij}\varepsilon_{ji})$$

$$D_3 = \begin{bmatrix} \varepsilon_x & \dfrac{1}{2}\gamma_{xy} & \dfrac{1}{2}\gamma_{xz} \\ \dfrac{1}{2}\gamma_{xy} & \varepsilon_y & \dfrac{1}{2}\gamma_{yz} \\ \dfrac{1}{2}\gamma_{xz} & \dfrac{1}{2}\gamma_{yz} & \varepsilon_z \end{bmatrix} = \dfrac{1}{3}e_{ij}e_{jk}e_{ji} \tag{3-41}$$

是应变张量的第一、第二和第三坐标不变量。注意：第一不变量是体积应变，它当然与坐标系的选择无关。

解特征方程式（3-40）可求出 3 个根，即 3 个主应变 $\varepsilon_1, \varepsilon_2, \varepsilon_3$，再代回式（3-39）求出 3 个主方向。

3.5.3　应变张量的分解

同应力张量类似，一点的应变张量可分解为两个张量之和：

$$\begin{bmatrix} \varepsilon_x & \dfrac{1}{2}\gamma_{xy} & \dfrac{1}{2}\gamma_{xz} \\ \dfrac{1}{2}\gamma_{xy} & \varepsilon_y & \dfrac{1}{2}\gamma_{yz} \\ \dfrac{1}{2}\gamma_{xz} & \dfrac{1}{2}\gamma_{yz} & \varepsilon_z \end{bmatrix} = \begin{bmatrix} \varepsilon_0 & 0 & 0 \\ 0 & \varepsilon_0 & 0 \\ 0 & 0 & \varepsilon_0 \end{bmatrix} + \begin{bmatrix} \varepsilon_x - \varepsilon_0 & \dfrac{1}{2}\gamma_{xy} & \dfrac{1}{2}\gamma_{xz} \\ \dfrac{1}{2}\gamma_{xy} & \varepsilon_y - \varepsilon_0 & \dfrac{1}{2}\gamma_{yz} \\ \dfrac{1}{2}\gamma_{xz} & \dfrac{1}{2}\gamma_{yz} & \varepsilon_z - \varepsilon_0 \end{bmatrix}$$

$$\tag{3-41}$$

式中：

$$\varepsilon_0 = \frac{1}{3}(\varepsilon_x + \varepsilon_y + \varepsilon_z) \tag{3-42}$$

为平均应变。

式（3-41）右边第一个张量表示为 $\varepsilon_0\delta_{ij}$，是球形张量，式（3-41）右边第二个张量称为偏应变张量，使用 e_{ij} 表示，式（3-41）可写成

$$\varepsilon_{ij} = \varepsilon_0\delta_{ij} + e_{ij} \tag{3-43}$$

类似于有关静水压力状态的讨论，可以证明：若物体一点所产生的应变仅为球形张量 $\varepsilon_{ij} = \varepsilon_0\delta_{ij}$，则每个方向上都具有相同的正应变 ε_0，而没有剪应变。因此，球形张量对应的应变状态只有体积等向膨胀或收缩，而没有形状畸变。若物体一点所产生的应变仅为偏应变张量 $\varepsilon_{ij} = e_{ij}$，则其体积应变 $\varepsilon_{kk} = e_{kk} = 0$。因此，偏应变张量对应的应变状态。只有形状畸变而没有体积改变。

偏应变张量 e_{ij} 也是一个对称的二阶张量，同样存在 3 个主值及其相应的主方向，对照求偏应力主值的特征方程式（2-88），很容易建立求偏应变主值的特征方程：

$$e^3 - D_1'e^2 - D_2'e - D_3' = 0 \tag{3-44}$$

式中：

$$D'_1 = \varepsilon_x - \varepsilon_0 + \varepsilon_y - \varepsilon_0 + \varepsilon_z - \varepsilon_0 = e_{kk} = 0$$

$$D'_2 = \frac{1}{6}\left[(\varepsilon_x - \varepsilon_y)^2 + (\varepsilon_y - \varepsilon_z)^2 + (\varepsilon_z - \varepsilon_x)^2 + \frac{3}{2}(\gamma_{xy}^2 + \gamma_{xz}^2 + \gamma_{yz}^2)\right] = \frac{1}{2}e_{ij}e_{ji}$$

$$\boldsymbol{D}'_3 = \begin{bmatrix} \varepsilon_x - \varepsilon_0 & \frac{1}{2}\gamma_{xy} & \frac{1}{2}\gamma_{xz} \\ \frac{1}{2}\gamma_{xy} & \varepsilon_y - \varepsilon_0 & \frac{1}{2}\gamma_{yz} \\ \frac{1}{2}\gamma_{xz} & \frac{1}{2}\gamma_{yz} & \varepsilon_z - \varepsilon_0 \end{bmatrix} = \frac{1}{3}e_{ij}e_{jk}e_{ji} \tag{3-45}$$

是偏应变 e_{ij} 的 3 个不变量。

求特征方程式（3-44）得偏应变的主值，对照式（2-90），应为

$$e_1 = \frac{2\sqrt{D'_2}}{\sqrt{3}}\sin\left(\theta_\varepsilon + \frac{2\pi}{3}\right)$$

$$e_2 = \frac{2\sqrt{D'_2}}{\sqrt{3}}\sin\theta_\varepsilon \tag{3-46}$$

$$e_3 = \frac{2\sqrt{D'_2}}{\sqrt{3}}\sin\left(\theta_\varepsilon - \frac{2\pi}{3}\right)$$

式中 θ_ε 称为应变 ε 的 Lode 角，类似于式（2-91），为

$$\theta_\varepsilon = \frac{1}{3}\sin^{-1}\left[\frac{-\sqrt{27}\boldsymbol{D}'_3}{2(D'_2)^{\frac{3}{2}}}\right] \tag{3-47}$$

同样地，偏应变张量与应变张量的主方向一致，而主值之间相差平均应变，即

$$e_1 = \varepsilon_1 - \varepsilon_0, e_2 = \varepsilon_2 - \varepsilon_0, e_3 = \varepsilon_3 - \varepsilon_0 \tag{3-48}$$

类似于等效应力，定义等效应变为

$$\varepsilon = \sqrt{\frac{2}{3}e_{13}e_{23}} = \sqrt{\frac{2}{9}\left[(\varepsilon_1 - \varepsilon_2)^2 + (\varepsilon_2 - \varepsilon_3)^2 + (\varepsilon_3 - \varepsilon_1)^2\right]} \tag{3-49}$$

单轴拉伸时，设拉伸方向的应变为 $\varepsilon_1 = \varepsilon$，若假定材料是体积不可压缩的，即体积应变为零，则应有 $\varepsilon_2 = \varepsilon_3 = -\dfrac{\varepsilon}{2}$，代入式（3-49），得

$$\dot{\varepsilon} = \varepsilon \tag{3-50}$$

3.6 变形协调方程

式（3-14）表明，6 个应变分量是通过 3 个位移分量表示的。因此，6 个应变分量不是互不相关的，它们之间存在着一个必然的联系。这一点很重要，因为如果

知道了位移分量，则前面已经讲过，极易通过式（3-14）的求导获得应变分量；但反过来，如纯粹从数学角度任意给出一组"应变分量"，则柯西方程给出包含6个方程而只有3个未知函数的偏微分方程组，由于方程的个数超过了未知函数的个数，方程组可能是矛盾的。要使这方程组不矛盾，则6个应变分量必须满足一定的条件，下面建立这个条件。

为此，从方程（3-14）中消去位移分量。首先把方程组（3-14）的左列第一式和第二式分别对 y 和 x 求二阶偏导数，然后相加，再利用它的右列第三式，则有

$$\frac{\partial^2 \varepsilon_y}{\partial x^2} + \frac{\partial^2 \varepsilon_x}{\partial y^2} = \frac{\partial^2}{\partial x \partial y}\left(\frac{\partial v}{\partial x} + \frac{\partial u}{\partial y}\right) = \frac{\partial^2 \gamma_{xy}}{\partial x \partial y} \tag{3-51}$$

下面再把方程（3-14）的右列第一、第二和第三式分别对 x, y, z 求一阶偏导数，然后把它们的后两式相加再减去它们的前一式，则有

$$2\frac{\partial^2 u}{\partial y \partial z} = -\frac{\partial \gamma_{yz}}{\partial x} + \frac{\partial \gamma_{xz}}{\partial y} + \frac{\partial \gamma_{xy}}{\partial z} \tag{3-52}$$

将上式等号两边对 x 求一阶偏导数，并利用式（3-14）的第一式，则有

$$\frac{\partial^2 \varepsilon_x}{\partial y \partial z} = \frac{\partial}{\partial x}\left(-\frac{\partial \gamma_{yz}}{\partial x} + \frac{\partial \gamma_{xz}}{\partial y} + \frac{\partial \gamma_{xy}}{\partial z}\right) \tag{3-53}$$

轮换 x, y, z，分别可得与式（3-52）和式（3-52）相对应的其他两式。这样，总共得到了6个关系式，现综合如下：

$$\left.\begin{aligned}
\frac{\partial^2 \varepsilon_z}{\partial y^2} + \frac{\partial^2 \varepsilon_y}{\partial z^2} &= \frac{\partial \gamma_{yz}}{\partial y \partial z} \\[2mm]
\frac{\partial^2 \varepsilon_x}{\partial z^2} + \frac{\partial^2 \varepsilon_z}{\partial x^2} &= \frac{\partial \gamma_{xz}}{\partial x \partial z} \\[2mm]
\frac{\partial^2 \varepsilon_y}{\partial x^2} + \frac{\partial^2 \varepsilon_x}{\partial y^2} &= \frac{\partial \gamma_{xy}}{\partial x \partial y} \\[2mm]
\frac{\partial}{\partial x}\left(-\frac{\partial \gamma_{yz}}{\partial x} + \frac{\partial \gamma_{xz}}{\partial y} + \frac{\partial \gamma_{xy}}{\partial z}\right) &= 2\frac{\partial^2 \varepsilon_x}{\partial y \partial z} \\[2mm]
\frac{\partial}{\partial y}\left(\frac{\partial \gamma_{yz}}{\partial x} - \frac{\partial \gamma_{xz}}{\partial y} + \frac{\partial \gamma_{xy}}{\partial z}\right) &= 2\frac{\partial^2 \varepsilon_y}{\partial x \partial z} \\[2mm]
\frac{\partial}{\partial z}\left(\frac{\partial \gamma_{yz}}{\partial x} + \frac{\partial \gamma_{xz}}{\partial y} - \frac{\partial \gamma_{xy}}{\partial z}\right) &= 2\frac{\partial^2 \varepsilon_z}{\partial x \partial y}
\end{aligned}\right\} \tag{3-54}$$

方程组（3-54）称为应变协调方程，又称圣维南方程。它表示，要使以位移分量为未知函数的6个几何方程不相矛盾，则6个应变分量必须满足应变协调方程。这个方程的意义又可从几何角度加以解释，如前所述，想象将物体分割成无数个平行六面体，并使每一个小单元体发生变形。这时，如果表示小单元体变形的6个应变分量不满足一定的关系，则在物体变形以后，就不能将这些单元体重新拼合成为

连续体，中间产生了很小的裂缝。为使变形后的小单元体能重新拼合成连续体，则应变分量就要满足一定的关系，这个关系就是应变协调方程。因此说，**应变分量满足应变协调方程，是保证物体连续的一个必要条件。**

现在要证明：如果物体是单连通的，则应变分量满足应变协调方程也是物体连续的充分条件。本章一开始就说过，"物体在变形后保持连续"这一物理上的要求，反映在数学上，则要求位移分量是单值连续的函数，即要证明：如已知应变分量满足应变协调方程，则对单连通物体来说，就一定能通过几何方程的积分求得单值连续的位移分量。

事实上，要求得位移分量，可先归结为去求它们分别对 x, y, z 的一阶偏导数。譬如，知道了 $\dfrac{\partial u}{\partial x}, \dfrac{\partial u}{\partial y}, \dfrac{\partial u}{\partial z}$，就可通过积分

$$\int \frac{\partial u}{\partial x} \mathrm{d}x + \frac{\partial u}{\partial y} \mathrm{d}y + \frac{\partial u}{\partial z} \mathrm{d}z \tag{3-55}$$

求得位移分量 u。由方程（3-14）的第一式得

$$\frac{\partial u}{\partial x} = \varepsilon_x \tag{3-56}$$

$\dfrac{\partial u}{\partial y}, \dfrac{\partial u}{\partial z}$ 不能直接由式（3-14）给出，但 $\dfrac{\partial u}{\partial y}, \dfrac{\partial u}{\partial z}$ 作为一个函数，它们对 x, y, z 的一阶偏导数，利用式（3-14）很容易通过应变分量分别表示出来。例如对 $\dfrac{\partial u}{\partial y}$ 有

$$\left.\begin{aligned}
\frac{\partial}{\partial x}\left(\frac{\partial u}{\partial y}\right) &= \frac{\partial}{\partial y}\left(\frac{\partial u}{\partial x}\right) = \frac{\partial \varepsilon_x}{\partial y} = A \\[2mm]
\frac{\partial}{\partial y}\left(\frac{\partial u}{\partial y}\right) &= \frac{\partial}{\partial y}\left(\gamma_{xy} - \frac{\partial v}{\partial x}\right) = \frac{\partial \gamma_{xy}}{\partial y} - \frac{\partial \varepsilon_y}{\partial x} = B \\[2mm]
\frac{\partial}{\partial z}\left(\frac{\partial u}{\partial y}\right) &= \frac{1}{2}\left[\frac{\partial}{\partial z}\left(\gamma_{xy} - \frac{\partial v}{\partial x}\right) + \frac{\partial}{\partial y}\left(\gamma_{xz} - \frac{\partial w}{\partial x}\right)\right] = \frac{1}{2}\left(-\frac{\partial \gamma_{yz}}{\partial x} + \frac{\partial \gamma_{xz}}{\partial y} + \frac{\partial \gamma_{xy}}{\partial z}\right) = C
\end{aligned}\right\}$$

$$\tag{3-57}$$

同理，可用应变分量表示出 $\dfrac{\partial}{\partial x}\left(\dfrac{\partial u}{\partial z}\right), \dfrac{\partial}{\partial y}\left(\dfrac{\partial u}{\partial z}\right), \dfrac{\partial}{\partial z}\left(\dfrac{\partial u}{\partial z}\right)$。将关系式（3-57）的右边看成已知，分别用 A, B, C 表示。据上所述，如果能够通过积分

$$\int A\mathrm{d}x + B\mathrm{d}y + C\mathrm{d}z \tag{3-58}$$

求得单值连续函数 $\dfrac{\partial u}{\partial y}$，并按同理求得单值连续函数 $\dfrac{\partial u}{\partial z}$，再利用式（3-56），则立刻可求得位移分量 u。但积分式（3-58）给出单值连续的 $\dfrac{\partial u}{\partial y}$ 的充分和必要的条件为

$$\frac{\partial B}{\partial z} = \frac{\partial C}{\partial y}, \quad \frac{\partial A}{\partial z} = \frac{\partial C}{\partial x}, \quad \frac{\partial A}{\partial y} = \frac{\partial B}{\partial x} \tag{3-59}$$

将式（3-57）代入，则得方程（3-54）中的第三、第四和第五式。如果对$\frac{\partial u}{\partial z}, \frac{\partial v}{\partial x}, \frac{\partial v}{\partial z}, \frac{\partial w}{\partial x}, \frac{\partial w}{\partial y}$进行同样的处理，则对每一个单值连续函数，都能得到3个条件，共18个条件，但这18个条件中只有6个是不同的，且就是方程（3-54）。

综上所述，对于单连通物体，要求得单值连续的函数$\frac{\partial u}{\partial y}, \frac{\partial u}{\partial z}, \frac{\partial v}{\partial x}, \frac{\partial v}{\partial z}, \frac{\partial w}{\partial x}, \frac{\partial w}{\partial y}$，则应变分量必须满足应变协调方程；反之，如应变分量满足了应变协调方程，则也一定能求得单值连续的$\frac{\partial u}{\partial y}, \frac{\partial u}{\partial z}, \frac{\partial v}{\partial x}, \frac{\partial v}{\partial z}, \frac{\partial w}{\partial x}, \frac{\partial w}{\partial y}$。求得了这些量，也就等于求得了位移分量。

这样就证明了，对于单连通物体，应变分量满足应变协调方程，又是保证物体连续的充分条件。事实上，在上述的证明中，还又一次用严密的方法证明了连续的必要条件。

对于多连通物体，总可以作适当的截面使它变成单连通物体（图3-6），则上述的结论在此完全适用。具体地说，如果应变分量满足应变协调方程，则在此被割开以后的区域里，一定能求得单值连续的函数u,v,w。但对求得的u^-,v^-,w^-，当点(x,y,z)分别从截面两侧趋向截面上某一点时，一般说，它们将趋向不同的值，分别用u^+,v^+,w^+和u^-,v^-,w^-表示。为使所考察的多连通物体在变形以后仍保持为连续体，则必须加上下列补充条件：

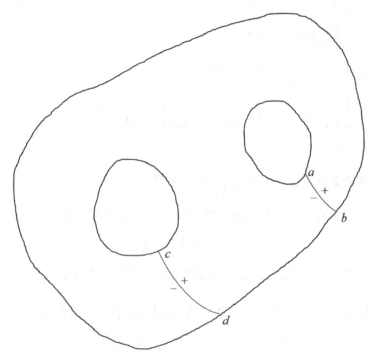

图3-6　多联通物体截断图

$$u^+ = u^-, v^+ = v^-, w^+ = w^- \tag{3-60}$$

因此，对于多连通物体，应变分量满足应变协调方程。只是物体连续的必要条件，只有加上补充条件（3-60），条件才是充分的。

方程（3-54）还可表示成

$$\varepsilon_{ijkl} \boldsymbol{e}_{jkm} \boldsymbol{e}_{jln} = 0 \tag{3-61}$$

其中，e_{ijk} 为笛卡儿坐标系中的置换张量，当 i, j, k 按 1，2，3；2，3，1；3，1，2 顺序排列时为 +1；当按 3，2，1；2，1，3；1，3，2 逆序排列时为 -1；当有两个或者三个指标重复时（例如 2，2，3；2，2，2）为零。m 和 n 有 6 个不同的选择，即 $mn = 11, 22, 33, 12, 23, 31$。由此可得方程（3-54）。

3.7　应变率和应变增量

塑性力学中经常使用到速度、应变率和应变增量等的概念，下面进行说明。首先对前文中的变形描述作简单的补充。

通常将任意时刻 t 物体所占据的区域称为构形。未变形状态（$t = 0$）所占据的区域称为初始构形。在初始构形中建立一个固定的笛卡尔坐标系，物质点的位置矢量用 $\boldsymbol{r} = x\boldsymbol{e}_x + y\boldsymbol{e}_y + z\boldsymbol{e}_z$ 描述。正如前文定义的那样，x, y, z 称为物质坐标，也称拉格朗日（Lagrangian）坐标，它们是用来标识物质点的。变形后的当前时刻所占据的区域称为即时构形或者当前构形。在即时构形中建立与初始构形相同的笛卡尔坐标系，物质点在变形后占据的空间位置使用矢量 $\boldsymbol{R} = x'\boldsymbol{e}_x + y'\boldsymbol{e}_y + z'\boldsymbol{e}_z$ 描述。其中 x', y', z' 称为空间坐标或欧拉（Euler）坐标。在物体变形过程中，对于每一个物质点，它的物质坐标将保持不变，而它的空间坐标将不断变化。或者换一种方式来说，对于一个空间固定的坐标点，经过它的物质点总是变化的。变形描述时，若以物质坐标作为基本变量，即始终跟踪每一个物质点，或者说，所考察的体积元、面积元、线元始终由同样一些物质点组成，则称为拉格朗日描述，或者物质描述。若以空间坐标作为基本变量，即始终着眼于空间中每一个固定的点，或者说，所考察的体积元、面积元、线元在空间中固定，但占据它们的物质点在不断变化，则称为欧拉描述或者空间描述。固体力学主要采用前一种方法，而后一种方法主要应用于流体力学。

本书采用了拉格朗日描述方法。应当强调，说到物体在体积元、面积元、线元、应力和应变等物理量时都必须相对某一固定的参考构形，通常选取初始构形或者即时构形作为参考构形。选取不同的参考构形，将导致同一基本物理量的不同定义。

由于本书的讨论主要限定在小变形情况，即位移是微小的，则拉格朗日和欧拉坐标之间的差别可以忽略。因此，许多初始构形上的物理量可近似当作即时构形上的物理量使用，不加以区别。

如果位移场取决于时间，表示为 $\boldsymbol{u}(x,y,z,t)$，物体内一个物质点的运动速度就是物质点的位移相对时间的变化率，在直角坐标下它的3个分量可表示为

$$v_x = \frac{\mathrm{d}u_x}{\mathrm{d}t}, \quad v_y = \frac{\mathrm{d}u_y}{\mathrm{d}t}, \quad v_z = \frac{\mathrm{d}u_z}{\mathrm{d}t} \tag{3-62}$$

上述偏导是针对固定的物质点而言的，即求导中物质坐标 x,y,z 不变，因此，又称为物质时间导数，通常在物理量上方加点号"·"表示，于是，上式简记成

$$v_x = \dot{u}_x, \quad v_y = \dot{u}_y, \quad v_z = \dot{u}_z \tag{3-63}$$

在时刻 t，已知物体的即时构形，考察一个微小的时间间隔 $\mathrm{d}t$ 内，物质点产生的位移分量是 $v_x\mathrm{d}t$、$v_y\mathrm{d}t$ 和 $v_z\mathrm{d}t$。若此时以即时构形作为参考构形，可计算得应变张量的各分量，将它们分别除以 $\mathrm{d}t$，得到单位时间所产生的应变，称为变形率，用矩阵表示为

$$[d_{ij}] = \begin{bmatrix} \dfrac{\partial v_x}{\partial x'} & \dfrac{1}{2}\left(\dfrac{\partial v_x}{\partial y'} + \dfrac{\partial v_y}{\partial x'}\right) & \dfrac{1}{2}\left(\dfrac{\partial v_x}{\partial z'} + \dfrac{\partial v_z}{\partial x'}\right) \\[3mm] \dfrac{1}{2}\left(\dfrac{\partial v_y}{\partial x'} + \dfrac{\partial v_x}{\partial y'}\right) & \dfrac{\partial v_y}{\partial y'} & \dfrac{1}{2}\left(\dfrac{\partial v_y}{\partial z'} + \dfrac{\partial v_z}{\partial y'}\right) \\[3mm] \dfrac{1}{2}\left(\dfrac{\partial v_z}{\partial x'} + \dfrac{\partial v_x}{\partial z'}\right) & \dfrac{1}{2}\left(\dfrac{\partial v_z}{\partial y'} + \dfrac{\partial v_y}{\partial z'}\right) & \dfrac{\partial v_z}{\partial z'} \end{bmatrix} \tag{3-64}$$

应当说明，变形率是相对即时构形的物理量。它在大变形的情况下仍然适用，因为当 $\mathrm{d}t$ 是微小时，$v_x\mathrm{d}t$、$v_y\mathrm{d}t$ 和 $v_z\mathrm{d}t$ 必然是小变形。

对前面定义的应变张量（仅适用于小变形假定）求物质时间导数，所得结果称为应变率张量，可得由速度表示的各分量，为

$$\begin{aligned} \dot{\varepsilon}_x &= \frac{\partial \varepsilon_x}{\partial t} = \frac{\partial v_x}{\partial x}, \quad \dot{\gamma}_{xy} = \frac{\partial \gamma_{xy}}{\partial t} = \frac{\partial v_y}{\partial x} + \frac{\partial v_x}{\partial y} \\ \dot{\varepsilon}_y &= \frac{\partial \varepsilon_y}{\partial t} = \frac{\partial v_y}{\partial y}, \quad \dot{\gamma}_{yz} = \frac{\partial \gamma_{yz}}{\partial t} = \frac{\partial v_z}{\partial y} + \frac{\partial v_y}{\partial z} \\ \dot{\varepsilon}_z &= \frac{\partial \varepsilon_z}{\partial t} = \frac{\partial v_z}{\partial z}, \quad \dot{\gamma}_{zx} = \frac{\partial \gamma_{zx}}{\partial t} = \frac{\partial v_x}{\partial z} + \frac{\partial v_z}{\partial x} \end{aligned} \right\} \tag{3-65}$$

在建立上面的关系式时，因物质坐标 x,y,z 不随时间变化，求偏导数可以交换顺序，例如对于 $\dot{\varepsilon}_x$，有

$$\dot{\varepsilon}_x = \frac{\partial}{\partial x}(\varepsilon_x) = \frac{\partial}{\partial t}\left(\frac{\partial u_x}{\partial x}\right) = \frac{\partial}{\partial x}\left(\frac{\partial u_x}{\partial t}\right) = \frac{\partial v_x}{\partial x} \tag{3-66}$$

应变率张量表示为

$$
\left[\dot{\varepsilon}_{ij}\right] = \begin{bmatrix}
\dfrac{\partial v_x}{\partial x} & \dfrac{1}{2}\left(\dfrac{\partial v_x}{\partial y} + \dfrac{\partial v_y}{\partial x}\right) & \dfrac{1}{2}\left(\dfrac{\partial v_x}{\partial z} + \dfrac{\partial v_z}{\partial x}\right) \\[3mm]
\dfrac{1}{2}\left(\dfrac{\partial v_y}{\partial x} + \dfrac{\partial v_x}{\partial y}\right) & \dfrac{\partial v_y}{\partial y} & \dfrac{1}{2}\left(\dfrac{\partial v_y}{\partial z} + \dfrac{\partial v_z}{\partial y}\right) \\[3mm]
\dfrac{1}{2}\left(\dfrac{\partial v_z}{\partial x} + \dfrac{\partial v_x}{\partial z}\right) & \dfrac{1}{2}\left(\dfrac{\partial v_z}{\partial y} + \dfrac{\partial v_y}{\partial z}\right) & \dfrac{\partial v_z}{\partial z}
\end{bmatrix} \qquad (3-67)
$$

或简记为

$$
\dot{\varepsilon}_{ij} = \frac{1}{2}(v_{i,j} - v_{j,t}) \qquad (3-68)
$$

应变率张量是相对初始构形的。在小变形假定下。正如前面指出的那样，拉格朗日坐标 (x,y,z) 和欧拉坐标 (x',y',z') 之间的差别可以忽略，变形率张量近似地等于应变率张量。于是，用张量表示就有

$$
d_{ij} = \dot{\varepsilon}_{ij} = \frac{1}{2}(v_{i,j} - v_{j,t}) \qquad (3-69)
$$

类似于应变张量 ε_{ij}，针对应变率张量 $\dot{\varepsilon}_{ij}$，也可以求主方向、主应变率和不变量以及进行张量分解，只需要在前面讨论的有关方程式（3-40）至式（3-44）中将应变张量分量上面加上点号即可。应当强调指出：应变率张量的主方向与应变张量的主方向一般是不重合的，它的不变量和主应变率也不等于应变张量的不变量和主应变求时间率，例如

$$
\dot{\varepsilon} = \sqrt{\frac{2}{3}\dot{e}_{ij}e_{jt}} = \sqrt{\frac{2}{9}\left[(\dot{\varepsilon}_1 - \dot{\varepsilon}_2)^2 + (\dot{\varepsilon}_2 - \dot{\varepsilon}_3)^2 + (\dot{\varepsilon}_3 - \dot{\varepsilon}_1)^2\right]} \qquad (3-70)
$$

是应变率张量的不变量，式中 $\dot{e}_{ij}$ 是偏应变率，而 $\dot{\varepsilon}_i(i=1,2,3)$ 是主应变率，一般来说，

$$
\dot{\varepsilon} \neq \frac{\partial}{\partial t}(\dot{\varepsilon}), \quad \dot{\varepsilon}_t \neq \frac{\partial}{\partial t}(\varepsilon_i), \quad i = 1,2,3 \qquad (3-71)
$$

即

$$
\int_0^t \dot{\varepsilon}\,\mathrm{d}t \neq \dot{\varepsilon}, \quad \int_0^t \dot{\varepsilon}_t\,\mathrm{d}t \neq \varepsilon_i, \quad i = 1,2,3 \qquad (3-72)
$$

只有在应变各分量之间的比例在整个变形过程中始终保持不变时，上面式子才能成为等式。

一些变形固体，在温度不高和缓慢变形时，其力学性质与应变率关系不大，称为率无关材料。在这种情况下，$\mathrm{d}t$ 只是来表示加载或变形的过程，可以不代表真实的时间。因此，人们经常使用应变增量的概念来代替应变率，这样更能表示应变不受时间参数的影响。应变增量记作 $\mathrm{d}\varepsilon_{ij}$，则有

$$
\mathrm{d}\varepsilon_{ij} = \dot{\varepsilon}_{ij}\mathrm{d}t \qquad (3-73)
$$

式中的 $\mathrm{d}\varepsilon_{ij}$ 并不代表应变的微分。它是加载过程中的应变改变量。使用式 (3 – 67)，它还可写成

$$\mathrm{d}\varepsilon_{ij} = \frac{1}{2}\left(\frac{\partial}{\partial x_j}(\mathrm{d}u_t) + \frac{\partial}{\partial x_t}(\mathrm{d}u_j)\right) \tag{3 – 74}$$

第4章 弹性本构方程

4.1 应力-应变关系的一般表达

上述章节从静力学和几何学的角度对物体的应力和变形进行了分析，并导出了平衡方程、几何方程和变形协调方程。这些方程都不涉及物体的材料性质，适用于任何连续物体，所以既适用于弹性力学，也适用于塑性力学。为了进一步解决问题，还需要进一步研究应力与应变之间的物理关系，即本构关系，建立相应的物理方程，即本构方程。

对于大多数工程材料而言，在单轴应力状态下，当应力小于材料的弹性极限时，材料的变形是弹性的，且一般认为其应力与应变之间存在简单的线性关系：

$$\sigma = E\varepsilon \tag{4-1}$$

式中，E 是弹性模量。这就是人们熟悉的胡克定律，这类材料称为线弹性体。

在一般三维应力状态下，对于弹性体，一点的应力取决于该点的应变状态，即应力是应变的函数。由于应力张量与应变张量的对称性 $\sigma_{ij} = \sigma_{ji}$ 和 $\varepsilon_{ij} = \varepsilon_{ji}$，只需要讨论6个应力分量与6个应变分量的关系。在数学上，弹性体的本构方程一般表示为

$$\left.\begin{array}{l}
\sigma_x = \sigma_x(\varepsilon_x, \varepsilon_y, \varepsilon_z, \gamma_{xy}, \gamma_{yz}, \gamma_{xz}) \\
\sigma_y = \sigma_y(\varepsilon_x, \varepsilon_y, \varepsilon_z, \gamma_{xy}, \gamma_{yz}, \gamma_{xz}) \\
\sigma_z = \sigma_z(\varepsilon_x, \varepsilon_y, \varepsilon_z, \gamma_{xy}, \gamma_{yz}, \gamma_{xz}) \\
\gamma_{xy} = \gamma_{xy}(\varepsilon_x, \varepsilon_y, \varepsilon_z, \gamma_{xy}, \gamma_{yz}, \gamma_{xz}) \\
\gamma_{yz} = \gamma_{yz}(\varepsilon_x, \varepsilon_y, \varepsilon_z, \gamma_{xy}, \gamma_{yz}, \gamma_{xz}) \\
\gamma_{xz} = \gamma_{xz}(\varepsilon_x, \varepsilon_y, \varepsilon_z, \gamma_{xy}, \gamma_{yz}, \gamma_{xz})
\end{array}\right\} \tag{4-2}$$

对于线弹性材料，式（4-2）的函数关系应为线性关系，一般表示成

$$
\left.
\begin{aligned}
\sigma_x &= c_{11}\varepsilon_x + c_{12}\varepsilon_y + c_{13}\varepsilon_z + c_{14}\gamma_{xy} + c_{15}\gamma_{yz} + c_{16}\gamma_{xz} \\
\sigma_y &= c_{21}\varepsilon_x + c_{22}\varepsilon_y + c_{23}\varepsilon_z + c_{24}\gamma_{xy} + c_{25}\gamma_{yz} + c_{26}\gamma_{xz} \\
\sigma_z &= c_{31}\varepsilon_x + c_{32}\varepsilon_y + c_{33}\varepsilon_z + c_{34}\gamma_{xy} + c_{35}\gamma_{yz} + c_{36}\gamma_{xz} \\
\tau_{xy} &= c_{41}\varepsilon_x + c_{42}\varepsilon_y + c_{43}\varepsilon_z + c_{44}\gamma_{xy} + c_{45}\gamma_{yz} + c_{46}\gamma_{xz} \\
\tau_{yz} &= c_{51}\varepsilon_x + c_{52}\varepsilon_y + c_{53}\varepsilon_z + c_{54}\gamma_{xy} + c_{55}\gamma_{yz} + c_{56}\gamma_{xz} \\
\tau_{xz} &= c_{61}\varepsilon_x + c_{62}\varepsilon_y + c_{63}\varepsilon_z + c_{64}\gamma_{xy} + c_{65}\gamma_{yz} + c_{66}\gamma_{xz}
\end{aligned}
\right\}
\qquad (4-3)
$$

式中，$c_{mn}(m,n=1\sim6)$ 是取决于材料弹性性质的一组系数，称为弹性常数，由上式可知弹性常数一共有 36 个。如果物体是由非均匀材料组成的，这时各处就有不同的弹性效应。因此，一般来说，c_{mn} 是坐标 x，y，z 的函数。但若物体是由均匀材料组成的，则对物体内各点来说，承受同样的应力，必产生相同的应变；反之，物体内各点有相同的应变，必承受同样的应力。这一点反映在式（4-3）中，就是 c_{mn} 为常数。

4.2　各向异性线弹性体

下面根据式（4-3）建立几种常见的各向异性弹性体的应力与应变的关系。

4.2.1　具有一个弹性对称面的各向异性弹性体

如果物体内存在这样一个面，相对于该面对称的任意两个方向具有相同的弹性关系，则该平面称为物体的弹性对称面；垂直该对称面的方向，称为物体的弹性主方向。假设 xOy 平面为弹性对称面，即 z 轴沿弹性主方向，当坐标系由 x，y，z 改为 x，y，$-z$ 时，物体的弹性关系应保持不变；坐标变换后，应力分量 τ_{xz}，τ_{yz} 和应变分量 γ_{xz}，γ_{yz} 反号，而其他分量保持不变。为保持取反后的式（4-3），这就要求：反号应力（或应变）分量和不变应变（或应力）分量间的弹性常数必须为零。以 z 轴沿弹性主方向的最后一式为例，由于 τ_{xz} 是反号应力分量，而 ε_x，ε_y，ε_z 和 γ_{xy} 是不变应变分量，因此它们前面的弹性系数应为零，即 $c_{61}=c_{62}=c_{63}=c_{64}=0$。最后，弹性矩阵为

$$
\begin{bmatrix}
c_{11} & c_{12} & c_{13} & c_{14} & 0 & 0 \\
c_{12} & c_{22} & c_{23} & c_{24} & 0 & 0 \\
c_{13} & c_{23} & c_{33} & c_{34} & 0 & 0 \\
c_{14} & c_{24} & c_{34} & c_{44} & 0 & 0 \\
0 & 0 & 0 & 0 & c_{55} & c_{56} \\
0 & 0 & 0 & 0 & c_{56} & c_{66}
\end{bmatrix}
\qquad (4-4)
$$

上面描述的对称性可理解为：在相同的坐标系下，对于同一点给定两种状态 $(\sigma_x,\sigma_y,\sigma_z,\tau_{xy},\tau_{yz},\tau_{xz})$ 和 $(\sigma_x,\sigma_y,\sigma_z,\tau_{xy},-\tau_{yz},-\tau_{xz})$，若前者产生的应变是 $(\varepsilon_x,\varepsilon_y,\varepsilon_z,\gamma_{xy},\gamma_{yz},\gamma_{xz})$，后者产生的应变必定是 $(\varepsilon_x,\varepsilon_y,\varepsilon_z,\gamma_{xy},-\gamma_{yz},-\gamma_{xz})$。

4.2.2　正交各向异性弹性体

如果再设 yOz 平面为弹性对称面，而 x 轴沿弹性主方向，则经过与上面相同的推演，发现不会得到新的结果。这表明，如果互相垂直的 3 个平面中有 2 个是弹性对称面，则第三个平面必然也是弹性对称面。

根据弹性对称面的性质可证明：独立弹性常数减少到 9 个，弹性矩阵为

$$\begin{bmatrix} c_{11} & c_{12} & c_{13} & 0 & 0 & 0 \\ c_{12} & c_{22} & c_{23} & 0 & 0 & 0 \\ c_{13} & c_{23} & c_{33} & 0 & 0 & 0 \\ 0 & 0 & 0 & c_{44} & 0 & 0 \\ 0 & 0 & 0 & 0 & c_{55} & 0 \\ 0 & 0 & 0 & 0 & 0 & c_{66} \end{bmatrix} \qquad (4-5)$$

这种弹性体，称为正交各向异性弹性体。式（4-5）表明，当坐标轴方向与弹性主方向一致时，正应力只与正应变有关，切应力只与对应的切应变有关，因此，拉压与剪切之间，以及不同平面内的切应力与切应变之间，不存在耦合作用。各种增强纤维复合材料和木材等属于这种弹性体。

4.2.3　横观各向同性弹性体

在正交各向异性的基础上，如果物体内每一点都有一个弹性对称轴，也就是说，每一点都有一个各向同性平面，在这个平面内，沿各个方向具有相同的弹性，这种弹性体，称为横观各向同性弹性体。层状结构的地壳，可认为是横观各向同性的。

取 z 轴与弹性对称轴一致时，坐标轴 x，y 建立在各向同性平面内，如图 4-1 所示。

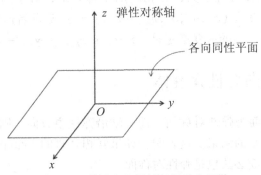

图 4-1 横观各向同性材料的坐标轴

当坐标系由 x，y，z 改为 y，x，z，即将 x，y 轴互换时，物体弹性关系不变，就必须要有

$$c_{11} = c_{22}，\quad c_{13} = c_{23}，\quad c_{55} = c_{66}$$

将坐标轴绕 z 轴旋转 $45°$，为保证 xOy 平面内的剪切应力－应变关系不变，则有

$$c_{44} = \frac{1}{2}(c_{11} - c_{12})$$

于是，独立的弹性常数减少到 5 个，弹性矩阵为

$$
\begin{bmatrix}
c_{11} & c_{12} & c_{13} & 0 & 0 & 0 \\
c_{12} & c_{22} & c_{13} & 0 & 0 & 0 \\
c_{13} & c_{13} & c_{33} & 0 & 0 & 0 \\
0 & 0 & 0 & \frac{1}{2}(c_{11} - c_{12}) & 0 & 0 \\
0 & 0 & 0 & 0 & c_{55} & 0 \\
0 & 0 & 0 & 0 & 0 & c_{55}
\end{bmatrix}
\tag{4-6}
$$

4.3 各向同性线弹性体

所谓各向同性线弹性体，指线弹性体在各个方向上的弹性性质完全相同，在数学上，就是应力与应变之间的关系式在各个不同方位的坐标系中都一样，即与选取的坐标系无关。

式（4-6）反映的是这样一个弹性体，xOy 平面既是它的各向同性面，又是它的弹性对称面，这样，既保证了沿 xOy 平面内任一方向具有相同的弹性，又保证了沿轴的正负两个方向也具有相同的弹性。但须注意，xOy 平面内的弹性性质和 z 轴方向的弹性性质对非各向同性体是不同的；对各向同性体来说，它们应该相同。为此，以式（4-6）为基础，再作如图4-2所示的坐标变换，如果在这样的变换下，应力-应变关系保持不变，则可保证是各向同性的。

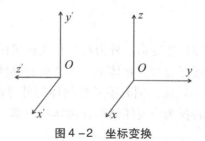

图4-2 坐标变换

将 x 轴与 z 轴互换，或将 y 轴与 z 轴互换时，材料弹性关系不变，就必须有

$$c_{11} = c_{33}, \quad c_{12} = c_{13}, \quad c_{55} = c_{66} = \frac{1}{2}(c_{11} - c_{12})$$

于是，独立的弹性常数减少到 2 个，弹性矩阵为

$$\begin{bmatrix} c_{11} & c_{12} & c_{12} & 0 & 0 & 0 \\ c_{12} & c_{11} & c_{12} & 0 & 0 & 0 \\ c_{12} & c_{12} & c_{11} & 0 & 0 & 0 \\ 0 & 0 & 0 & \frac{1}{2}(c_{11} - c_{12}) & 0 & 0 \\ 0 & 0 & 0 & 0 & \frac{1}{2}(c_{11} - c_{12}) & 0 \\ 0 & 0 & 0 & 0 & 0 & \frac{1}{2}(c_{11} - c_{12}) \end{bmatrix} \quad (4-7)$$

式（4-7）即各向同性弹性体的广义胡克定律，为使表达式简洁起见，令 $c_{12} = \lambda$，$c_{11} - c_{12} = 2\mu$，这里 λ 和 μ 称为拉梅常数。从式（4-7）容易看出，在各向同性体内的各点，应力主方向和应变主方向是一致的。事实上，如果将坐标轴取得与物体内某点的应变主方向重合，此时，所有的切应变分量为零。但由式（4-7）的后三式可知，此时切应力分量也必须为零，因此，这 3 个坐标轴的方向又是应力主方向，也即两者是一致的。

将 x, y, z 三个方向的应力相加，得

$$\Theta = \sigma_1 + \sigma_2 + \sigma_3 = (3\lambda + 2\mu)\theta \quad (4-8)$$

称为体应变的胡克定律，其中 $\theta = \varepsilon_x + \varepsilon_y + \varepsilon_z$。

4.4　弹性应变能

　　弹性体受外力作用后将产生变形，外力在其作用位置的变形上做功。在弹性力学问题中，一般认为外力缓慢施加到物体上，不会引起物体产生加速度，可视为静力，因此可忽略不计物体的动能，同时不考虑物体与外界的热交换和温度的变化。于是，外力所做的功全部转换为应变能储存在物体的内部。下面给出单位体积应变能的表达式。

4.4.1　一维情况

　　任意一细长直杆，长度为 L，横截面积为 S，两端受拉力 P 作用所产生的伸长量为 ΔL，外力在该杆件上所做的功为

$$U = \int_0^{\Delta l} P \mathrm{d}(\Delta L)$$

由于应力 $\sigma_x = \dfrac{P}{S}$，应变 $\varepsilon_x = \dfrac{\Delta L}{L}$，上式变成

$$U = SL \int_0^{\varepsilon_x} \sigma_x \mathrm{d}\varepsilon_x$$

外力所做功将转化为应变能储存，于是，单位体积的应变能 W 为

$$W = \frac{U}{SL} = \int_0^{\varepsilon_x} \sigma_x \mathrm{d}\varepsilon_x \qquad (4-9)$$

若物体为线弹性，$\sigma_x = E\varepsilon_x$，代入式（4-9），则有

$$W = \frac{1}{2} E\varepsilon_x^2 = \frac{1}{2} \sigma_x \varepsilon_x \qquad (4-10)$$

利用（4-10），求应变能相对应变的偏导，有

$$\sigma_x = \frac{\partial W}{\partial \varepsilon_x} \qquad (4-11)$$

4.4.2　三维情况

　　对于微单元体，应力就是作用在其表面上的外力，根据能量平衡，它所做功应全部转化为应变能储存。各应力分量所形成的合力都只在与它指标相同的应变分量所引起的变形位移上做功，例如作用在微单元体两侧的一对应力分量 σ_x 只在应变分量 ε_x 所引起的伸长上做功，形成的单位体积内应变能的大小由式（4-9）给出。因

此，在微单元体上外力所做功应是各应力分量在相应应变分量上所做功之和，于是，单位体积的应变能为

$$W = \int^{\varepsilon_{ij}} \sigma_x d\varepsilon_x + \sigma_y d\varepsilon_y + \sigma_z d\varepsilon_z + \tau_{xy} d\gamma_{xy} + \tau_{xz} d\gamma_{xz} + \tau_{yz} d\gamma_{yz}$$

上式使用张量简记为

$$W = \int_0^{\varepsilon_{ij}} \sigma_{ij} d\varepsilon_{ij} = \int_0^{\varepsilon_{ij}} dW \qquad (4-12)$$

式中

$$dW = \sigma_{ij} d\varepsilon_{ij} \qquad (4-13)$$

是应变能增量，它是产生应变增量 $d\varepsilon_{ij}$ 所引起的应变能增加。

对于弹性体，若存在应变能只取决于应变状态，而与达到该应变状态的路径无关，即是应变状态的单值函数 $W = W(\varepsilon_{ij})$，则要求式（4–12）的积分与路径无关，因此，应变能增量 dW 必须是全微分

$$dW = \frac{\partial W}{\partial \varepsilon_{ij}} d\varepsilon_{ij} \qquad (4-14)$$

对于任意的应变增量 $d\varepsilon_{ij}$ 都应成立，得

$$\sigma_{ij} = \frac{\partial W}{\partial \varepsilon_{ij}} \qquad (4-15)$$

满足式（4–15）的弹性材料称为超弹性（hyper-elastic）材料，这种材料的特点是在任意的加载–卸载循环下，材料都不产生能量耗散。

对应变能求二次导数，由于求偏导可以交换顺序，所以有

$$\frac{\partial}{\partial \varepsilon_{kl}} \left(\frac{\partial W}{\partial \varepsilon_{ij}} \right) = \frac{\partial}{\partial \varepsilon_{ij}} \left(\frac{\partial W}{\partial \varepsilon_{kl}} \right) \qquad (4-16)$$

根据式（4–15），显然有

$$\frac{\partial \sigma_{ij}}{\partial \varepsilon_{kl}} = \frac{\partial \sigma_{kl}}{\partial \varepsilon_{ij}}$$

在线弹性的情况下，将本构方程 $\sigma_{ij} = c_{ijkl} \varepsilon_{kl}$ 代入上式，则导出如下对称性：

$$c_{ijkl} = c_{klij} \qquad (4-17)$$

考虑本构方程 $\sigma_{ij} = c_{ijkl} \varepsilon_{kl}$ 和式（4–17）表示的对称性，则有

$$dW = c_{ijkl} \varepsilon_{kl} d\varepsilon_{ij} = \frac{1}{2} c_{ijkl} \varepsilon_{kl} d\varepsilon_{ij} + \frac{1}{2} c_{ijkl} \varepsilon_{ij} d\varepsilon_{kl} = d\left(\frac{1}{2} c_{ijkl} \varepsilon_{ij} \varepsilon_{kl} \right)$$

设初始状态无应变，则应变能为零，因此

$$W = \frac{1}{2} c_{ijkl} \varepsilon_{ij} \varepsilon_{kl} = \frac{1}{2} \sigma_{ij} \varepsilon_{ij} \qquad (4-18)$$

式（4–18）就是线弹性体在一般情况下的应变能表示式。

4.5　弹性应变余能

三维情况下应变余能定义为

$$W' = \int^{\sigma_{ij}} \varepsilon_x \mathrm{d}\sigma_x + \varepsilon_y \mathrm{d}\sigma_y + \varepsilon_z \mathrm{d}\sigma_z + \gamma_{xy} \mathrm{d}\tau_{xy} + \gamma_{xz} \mathrm{d}\tau_{xz} + \gamma_{yz} \mathrm{d}\tau_{yz}$$

或简记为

$$W' = \int_0^{\sigma_{ij}} \varepsilon_{ij} \mathrm{d}\sigma_{ij} \qquad\qquad (4-19)$$

对式（4-19）进行分部积分，显然有

$$W' = \sigma_{ij}\varepsilon_{ij} - \int_0^{\varepsilon_{ij}} \sigma_{ij} \mathrm{d}\varepsilon_{ij} = \sigma_{ij}\varepsilon_{ij} - W \qquad\qquad (4-20)$$

在线弹性的情况下，将应变能表达式（4-18）代入式（4-20），有

$$W' = W = \frac{1}{2}\sigma_{ij}\varepsilon_{ij}$$

应变余能是一个重要的概念。虽然它不像应变能那样具有明确的物理意义，但引进余能的概念后，可以使讨论的范围扩大。

第5章 弹性力学边值问题的微分提法与求解方法

5.1 弹性力学的基本方程

结合前述章节，从静力、几何和物理3个方面建立了线弹性体内任意一微小单元体，即物质点，应满足的基本方程，它们是

平衡方程

$$\left.\begin{array}{l} \dfrac{\partial \sigma_x}{\partial x} + \dfrac{\partial \tau_{yx}}{\partial y} + \dfrac{\partial \tau_{zx}}{\partial z} + F_x = 0 \\[2mm] \dfrac{\partial \tau_{xy}}{\partial x} + \dfrac{\partial \sigma_y}{\partial y} + \dfrac{\partial \tau_{zy}}{\partial z} + F_y = 0 \\[2mm] \dfrac{\partial \tau_{xz}}{\partial x} + \dfrac{\partial \tau_{yz}}{\partial y} + \dfrac{\partial \sigma_z}{\partial z} + F_z = 0 \end{array}\right\} \tag{5-1}$$

几何方程

$$\left.\begin{array}{ll} \varepsilon_x = \dfrac{\partial u_x}{\partial x}, & \gamma_{xy} = \dfrac{\partial u_x}{\partial y} + \dfrac{\partial u_y}{\partial x} \\[2mm] \varepsilon_y = \dfrac{\partial u_y}{\partial y}, & \gamma_{yz} = \dfrac{\partial u_y}{\partial z} + \dfrac{\partial u_z}{\partial y} \\[2mm] \varepsilon_z = \dfrac{\partial u_z}{\partial z}, & \gamma_{zx} = \dfrac{\partial u_z}{\partial x} + \dfrac{\partial u_x}{\partial z} \end{array}\right\} \tag{5-2}$$

本构方程

$$\left.\begin{array}{ll} \sigma_x = 2G\varepsilon_x + \lambda\varepsilon_v, & \tau_{xy} = G\gamma_{xy} \\[2mm] \sigma_y = 2G\varepsilon_y + \lambda\varepsilon_v, & \tau_{yz} = G\gamma_{yz} \\[2mm] \sigma_z = 2G\varepsilon_z + \lambda\varepsilon_v, & \tau_{zx} = G\gamma_{zx} \end{array}\right\} \tag{5-3}$$

以上3组方程共15个方程，包含15个未知函数：6个应力分量，6个应变分

量，3 个位移分量。基本方程的数目恰好等于未知函数的数目，因此在恰当的边界条件下，可从上面的基本方程求解出未知函数。

弹性力学问题归结为求解偏微分方程的边值问题。具体来说，对于已知几何形状和材料性质的弹性体，其内部受体积力 F_x，F_y，F_z 作用，力边界上受表面力 T_x，T_y，T_z 作用，在位移边界上给定已知位移 u_x，u_y，u_z，求偏微分方程组（5-1）—（5-3）满足边界条件的解。

弹性力学中的边界问题有下列 3 种情况：

（1）对于第一类边界值问题，又称为力边界问题，有

$$\sigma_x l + \tau_{yx} m + \tau_{zx} n = \overline{T_x}$$
$$\tau_{xy} l + \sigma_y m + \tau_{zy} n = \overline{T_y}$$
$$\tau_{xz} l + \tau_{yz} m + \sigma_z n = \overline{T_z}$$

（2）对于第二类边界值问题，又称为位移边界问题，有

$$u_x = \overline{u_x}, \quad u_y = \overline{u_y}, \quad u_z = \overline{u_z}$$

（3）对于第三类边界值问题，又称为混合边界问题，有

$$\sigma_x l + \tau_{yx} m + \tau_{zx} n = \overline{T_x}$$
$$\tau_{xy} l + \sigma_y m + \tau_{zy} n = \overline{T_y}$$
$$\tau_{xz} l + \tau_{yz} m + \sigma_z n = \overline{T_z}$$
$$u_x = \overline{u_x}, \quad u_y = \overline{u_y}, \quad u_z = \overline{u_z}$$

上述方程的最大特点是，它们都是线性方程。因此，线弹性力学问题是线性问题。线性问题的求解比起非线性问题要容易得多，这就是工程界常使用线弹性力学对工程问题进行初步分析的原因之一。

5.2 求解方法

求解弹性力学问题的方法主要有两种：以位移为基本未知数求解的位移解法，以应力为基本未知数求解的应力解法。

5.2.1 位移解法

将本构方程中的应变通过几何方程由位移表示，再将所得应力表达式代入平衡方程，得到由位移表示的平衡方程，为

$$
\left.
\begin{aligned}
G\,\nabla^2 u_x + (\lambda + G)\,\frac{\partial \varepsilon_v}{\partial x} + F_x = 0 \\[2mm]
G\,\nabla^2 u_y + (\lambda + G)\,\frac{\partial \varepsilon_v}{\partial y} + F_y = 0 \\[2mm]
G\,\nabla^2 u_z + (\lambda + G)\,\frac{\partial \varepsilon_v}{\partial z} + F_z = 0
\end{aligned}
\right\} \tag{5-4}
$$

式中

$$
\nabla^2 = \frac{\partial^2}{\partial x^2} + \frac{\partial^2}{\partial y^2} + \frac{\partial^2}{\partial z^2}
$$

是 Laplace 算子。

力边界条件也由位移表示成

$$
\left.
\begin{aligned}
\lambda \varepsilon_x l + G\left(\frac{\partial u_x}{\partial x}l + \frac{\partial u_x}{\partial y}m + \frac{\partial u_x}{\partial z}n\right) + G\left(\frac{\partial u_x}{\partial x}l + \frac{\partial u_y}{\partial x}m + \frac{\partial u_z}{\partial x}n\right) - \overline{T_x} = 0 \\[2mm]
\lambda \varepsilon_y l + G\left(\frac{\partial u_y}{\partial x}l + \frac{\partial u_y}{\partial y}m + \frac{\partial u_y}{\partial z}n\right) + G\left(\frac{\partial u_x}{\partial y}l + \frac{\partial u_y}{\partial y}m + \frac{\partial u_z}{\partial y}n\right) - \overline{T_y} = 0 \\[2mm]
\lambda \varepsilon_z l + G\left(\frac{\partial u_z}{\partial x}l + \frac{\partial u_z}{\partial y}m + \frac{\partial u_z}{\partial z}n\right) + G\left(\frac{\partial u_x}{\partial z}l + \frac{\partial u_y}{\partial z}m + \frac{\partial u_z}{\partial z}n\right) - \overline{T_z} = 0
\end{aligned}
\right\} \tag{5-5}
$$

三个由位移表示的平衡方程式中包含 3 个位移未知数，结合边界条件和式（5-5）可进行求解。得出位移后，由几何方程求应变，再由本构方程求应力。

5.2.2　应力解法

将由应力表示应变的本构方程式代入协调方程式，在体积力为常数的情况下，得由应力表示的协调方程为

$$
\left.
\begin{aligned}
\nabla^2 \sigma_x + \frac{1}{1+\mu}\frac{\partial^2 I_1}{\partial x^2} = 0, \quad \nabla^2 \tau_{xy} + \frac{1}{1+\mu}\frac{\partial^2 I_1}{\partial x \partial y} = 0 \\[2mm]
\nabla^2 \sigma_y + \frac{1}{1+\mu}\frac{\partial^2 I_1}{\partial y^2} = 0, \quad \nabla^2 \tau_{yz} + \frac{1}{1+\mu}\frac{\partial^2 I_1}{\partial y \partial z} = 0 \\[2mm]
\nabla^2 \sigma_z + \frac{1}{1+\mu}\frac{\partial^2 I_1}{\partial z^2} = 0, \quad \nabla^2 \tau_{zx} + \frac{1}{1+\mu}\frac{\partial^2 I_1}{\partial z \partial x} = 0
\end{aligned}
\right\} \tag{5-6}
$$

式中，$I_1 = \sigma_x + \sigma_y + \sigma_z$ 是体积应力。

上述由应力表示的协调方程式（5-6），加上应力表示的平衡方程式（5-1）以及力边界条件就可求解应力。

若一组应力仅满足平衡方程和力边界条件，由此根据本构方程求应变，然后由几何方程求位移，所得位移一般不能单值连续。只有当应力满足平衡微分方程和力边界条件外，还满足应力表示的协调方程式（5-6），才能保证位移单值连续。

5.3 解的基本性质

5.3.1 解的叠加原理

如图 5-1，设物体在表面力 $\overline{T'}$ 和体力 F' 作用下，产生的应力和位移场分别为 σ'_{ij} 和 u'_i，又设同一物体在另一组表面力 $\overline{T''}$ 和体力 F'' 作用下，产生的应力和位移场分别为 σ''_{ij} 和 u''_i，则在共同表面力和共同体力作用下，产生应力和位移场为 $\sigma'_{ij} + \sigma''_{ij}$ 和 $u'_i + u''_i$，即将同一物体上两组不同外力分别作用给出的解叠加在一起，等于这组外力共同作用的解，这就是所谓的叠加原理。

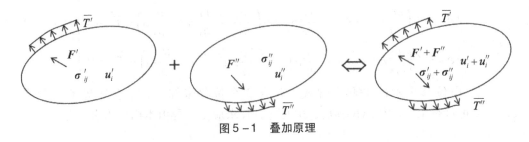

图 5-1　叠加原理

叠加原理用于位移边界时要求总位移 $u_i = u'_i + u''_i$ 满足给定的位移边界条件，而 u'_i 和 u''_i 单独并不一定满足位移边界条件。

叠加原理是线弹性理论中普遍使用的一般性原理，在分析工程问题时经常会用到。必须指出，叠加原理成立的条件除小变形线弹性这两个假设外，还要求一种荷载的作用不会引起另一种荷载的作用发生性质变化，否则此原理也不适用。例如，对于梁的纵横弯曲问题，横向荷载引起的弯曲变形将使轴向荷载产生附加的弯曲效应，而叠加原理却没有考虑这种效应，所以不适用。

5.3.2 解的唯一性

无论是使用位移解法还是应力解法求解弹性力学问题，都会得到唯一的解答。为了证明解的唯一性，假定对于受一定体力作用并具有一定边界条件的一个弹性力学问题同时存在两组解，将两组解所满足的所有方程和边界条件分别作差，由于这些方程和边界条件是线性的，作差所得到的结果可看作两组解之差应满足的方程和边界条件，由此确定两组解之差所对应的力学状态是：体内不受体力作用，且在力边界 S_σ 上表面力为零，在位移边界 S_u 上位移为零。显然该状态要求两组解之差为零，即解是唯一的，这就是所谓的唯一性定理。

弹性力学解的唯一性定理的重要性在于，它为以后常用的逆解法或半逆解法提供了一个理论依据。因此，在一般情况下，直接由给定的边界条件去求解弹性力学的基本方程是很困难的，通常是采用上述两种方法。

所谓逆解法，就是先按某种方法给出一组满足全部基本方程的应力分量或位移分量，然后考察确定坐标系下形状和几何尺寸完全确定的物体，当其表面受什么样的面力作用或具有什么样的位移时，才能得到这组解答。

所谓半逆解法，就是对于给定的问题，根据弹性体的几何形状、受力特点或材料力学已知的初等结果，假设一部分应力分量或应变分量为已知，然后由基本方程求出其他量，把这些量合在一起凑出已知的边界条件；或者把全部的应力分量或位移分量作为已知，然后校核这些假设的量是否满足弹性力学的基本方程和边界条件。

5.4　圣维南原理

在求解弹性力学问题时，只有知道作用于边界上的面力的详细分布情况，才能精确地写出它的边界条件。对于许多弹性力学问题，要使解在每一个边界点上都精确满足给定的力边界条件，往往存在比较大的困难。如图 5-2 所示，其力作用点处的边界条件无法列写。此外，有些实际工程问题往往只知道边界上总的荷载值，给不出详细的荷载分布规律。因此在这些情况下，需要找到一种边界条件的合理简化方案。

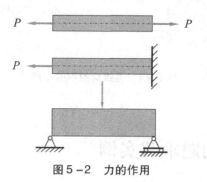

图 5-2　力的作用

圣维南原理的一种提法是：若把物体的一小部分边界上的面力，变换为分布不同但静力等效（主矢相等，绕任一点的主矩也相等）的面力，则近处的应力分布将有显著改变，而远处所受的影响很小，可忽略不计。

如图 5-3 所示的 4 种情况，它们在端部的力是静力等效的，因此按照圣维南原理，它们所产生的应力分布只是在端部不同，而在远离端部的地方，其差别可忽略不计。

受集中力作用的情况在求解时边界条件不易得到满足，而受分布表面力作用的情况，边界条件相对容易满足。因此处理集中力作用的边界时，往往用静力等效的分布表面力代替。

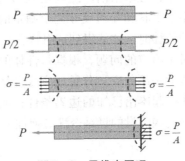

图5-3　圣维南原理

圣维南原理还可以把位移边界转化为等效的力边界。例如对于悬臂梁，其固定端属于位移边界，但可以静力等效成力边界处理。虽然固定端的应力分布并不知道，但可根据总体平衡条件算出合力和合力矩的大小，然后换算成静力等效的、沿梁高线性分布的力边界，这种处理的影响区尺寸与梁横截面的最小尺寸同量级。

值得注意的是，圣维南原理的应用必须满足静力等效条件，且只能在次要边界上使用，在主要边界上不能使用，如图5-4所示。

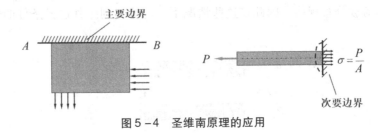

图5-4　圣维南原理的应用

5.5　简单空间问题求解实例

5.5.1　半无限空间体受均布荷载作用

设有半无限空间体，密度为ρ，在水平边界上受均匀分布压力q作用，如图5-5所示。已知半空间体的水平位移$u_x = u_y = 0$，假定在$z = h$处$u_z = 0$，使用位移法求半无限空间体中的位移与应力。

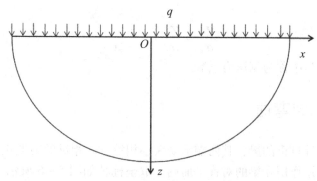

图 5 - 5　半无限体受均匀荷载

根据问题的对称性，位移只是 z 的函数，$u_z = w(z)$ 的体积应变为

$$\varepsilon_V = \frac{\partial u_x}{\partial x} + \frac{\partial u_y}{\partial y} + \frac{\partial u_z}{\partial z} = \frac{\mathrm{d}w}{\mathrm{d}z}$$

代入位移表示的平衡微分方程式（5-4），前两个式子自然满足，而第三式变为

$$(\lambda + 2G) \frac{\mathrm{d}^2 w}{\mathrm{d}z^2} + \rho g = 0$$

利用弹性常数之间的关系，整理后得

$$\frac{\mathrm{d}^2 w}{\mathrm{d}z^2} = -\frac{(1+\mu)(1-2\mu)}{E(1-\mu)} \rho g$$

积分后得

$$w = -\frac{(1+\mu)(1-2\mu)}{2E(1-\mu)} \rho g (z+A)^2 + B$$

式中，A 和 B 是积分常数。

确定积分常数需要应用边界条件。由位移计算应力得

$$\sigma_x = \sigma_y = -\frac{\mu}{1-\mu} \rho g(z+A)$$

$$\sigma_z = -\rho g(z+A)$$

$$\tau_{xy} = \tau_{yz} = \tau_{zx} = 0$$

在半空间体的表面边界上有力边界条件

$$l = m = 0, \quad \overline{T_x} = \overline{T_y} = 0, \quad \overline{T_z} = q$$

求得

$$A = q \cdot \rho g$$

将它代入位移 u_z 的表达式，并利用位移约束条件 $(u_z)_{z=h} = 0$，便得

$$B = \frac{(1+\mu)(1-2\mu)}{2E(1-\mu)} \rho g \left(h + \frac{q}{\rho g} \right)^2$$

将常数 A 和 B 的值代回位移和应力表达式中，则位移和应力完全确定。

应力分量中，$\sigma_x = \sigma_y$ 是垂直面上的水平应力，σ_z 是水平截面上的垂直正应力，它们的比值是

$$\frac{\sigma_x}{\sigma_z} = \frac{\sigma_y}{\sigma_z} = \frac{\mu}{1 - \mu}$$

这个比值在土力学中称为侧压力系数。

5.5.2 梁的纯弯曲

考虑一根不计自重的梁，其两端承受大小相等方向相反的力偶矩 M 的作用，并假设这两个力偶矩作用在梁的对称平面内。取坐标轴如图 5-6 所示（这里的 Oz 轴通过截面的形心，Ox 与 Oy 轴为截面的形心主轴）。

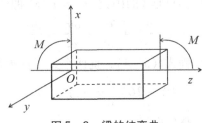

图 5-6 梁的纯弯曲

按材料力学的方法，这一问题的结果为

$$\sigma_z = -\frac{Ex}{R}$$

$$\sigma_x = \sigma_y = \tau_{xy} = \tau_{xz} = \tau_{yz} = 0 \tag{5-7}$$

这里的 R 表示弯曲后梁轴线的半径。现在校核它们是否满足平衡微分方程和应力边界条件。

根据题设，体力为零，显然满足平衡微分方程，再考察边界条件。

首先，在梁的侧面，由于

$$\overline{T_x} = \overline{T_y} = \overline{T_z} = 0, \quad n = 0$$

它们和应力表达式（5-7）显然满足边界条件。只要作用在梁的端面上各点的应力 σ_z 能简化为 Oy 轴平行的力偶矩，则由式（5-7）给出的应力分量为本问题的解。事实上，由于 Oz 轴通过截面的形心，且 Ox 与 Oy 轴为形心主轴，因此梁端面上各点应力 σ_z 的主矢量为

$$\iint \sigma_z \mathrm{d}x\mathrm{d}y = -\frac{E}{R}\iint x\mathrm{d}x\mathrm{d}y = 0$$

主矩在 Ox 轴上的分量为

$$\iint \sigma_z y\mathrm{d}x\mathrm{d}y = -\frac{E}{R}\iint xy\mathrm{d}x\mathrm{d}y = 0$$

而主矩在 Oy 轴上的分量为

$$M = -\iint \sigma_z x \mathrm{d}x \mathrm{d}y = \frac{E}{R}\iint x^2 \mathrm{d}x \mathrm{d}y = \frac{E}{R}I_y$$

由此得

$$\frac{1}{R} = \frac{M}{EI_y} \tag{5-8}$$

到此，就证明了式（5-7）表示的应力分量确实对应于梁纯弯曲的解，而且，当式（5-8）成立时，它们还满足端面处的放松边界条件。

为了求得位移分量，将应力表达式（5-7）代入本构方程式（5-3）再利用几何方程式（5-2），就得到一组方程

$$\left. \begin{array}{l} \dfrac{\partial u_x}{\partial x} = \dfrac{vx}{R}, \quad \dfrac{\partial u_y}{\partial y} = \dfrac{vx}{R}, \quad \dfrac{\partial u_z}{\partial z} = -\dfrac{x}{R} \\[3mm] \dfrac{\partial u_z}{\partial y} + \dfrac{\partial u_y}{\partial z} = 0, \quad \dfrac{\partial u_x}{\partial z} + \dfrac{\partial u_z}{\partial x} = 0, \quad \dfrac{\partial u_x}{\partial y} + \dfrac{\partial u_y}{\partial x} = 0 \end{array} \right\} \tag{5-9}$$

由上述方程的前三式，得

$$\left. \begin{array}{l} u_x = \dfrac{vx^2}{2R} + f(y,z) \\[3mm] u_y = \dfrac{vxy}{2R} + \varphi(x,z) \\[3mm] u_z = -\dfrac{xz}{R} + \psi(x,y) \end{array} \right\} \tag{5-10}$$

将式（5-10）代入方程组（5-9）的后三式，得到 f, φ, ψ 所满足的方程

$$\left. \begin{array}{l} \dfrac{\partial \psi}{\partial y} + \dfrac{\partial \varphi}{\partial z} = 0 \\[3mm] \dfrac{\partial f}{\partial z} + \dfrac{\partial \psi}{\partial x} = \dfrac{z}{R} \\[3mm] \dfrac{\partial \varphi}{\partial y} + \dfrac{\partial f}{\partial x} = -\dfrac{vy}{R} \end{array} \right\} \tag{5-11}$$

通过阶数增高，将方程（5-11）化为

$$\left. \begin{array}{l} \dfrac{\partial^2 f}{\partial y^2} = -\dfrac{v}{R}, \quad \dfrac{\partial^2 f}{\partial y \partial z} = 0, \quad \dfrac{\partial^2 f}{\partial z^2} = \dfrac{1}{R} \\[3mm] \dfrac{\partial^2 \varphi}{\partial x^2} = 0, \quad \dfrac{\partial^2 \varphi}{\partial x \partial z} = 0, \quad \dfrac{\partial^2 \varphi}{\partial z^2} = 0 \\[3mm] \dfrac{\partial^2 \psi}{\partial x^2} = 0, \quad \dfrac{\partial^2 \psi}{\partial x \partial y} = 0, \quad \dfrac{\partial^2 \psi}{\partial y^2} = 0 \end{array} \right\} \tag{5-12}$$

由此得

$$f(y,z) = -\frac{vy^2}{2R} + \frac{z^2}{2R} + ay + bz + c \left.\right\}$$

$$\varphi(x,z) = \mathrm{d}x + ez + g$$

$$\psi(x,y) = hx + iy + k \qquad\qquad (5-13)$$

将式（5-13）代入式（5-11），得

$$i + e = 0, \quad b + h = 0, \quad a + d = 0 \qquad\qquad (5-14)$$

将式（5-13）代入式（5-10），并考虑式（5-14），于是得到

$$u_x = \frac{z^2}{2R} + \frac{v(x^2 - y^2)}{2R} - dy + bz + c$$

$$u_y = \frac{vxy}{R} + dx - iz + g \qquad\qquad\left.\right\} \qquad (5-15)$$

$$u_z = -\frac{xz}{R} - bx + iy + k$$

式中的一次项与常数项分别表示梁的刚体转动和平移。为使梁不能随便平移和转动，可假设

$$(u_x)_{x=y=z=0} = 0, \quad (u_y)_{x=y=z=0} = 0, \quad (u_z)_{x=y=z=0} = 0$$

$$\left(\frac{\partial u_x}{\partial z}\right)_{x=y=z=0} = 0, \quad \left(\frac{\partial u_y}{\partial z}\right)_{x=y=z=0} = 0, \quad \left(\frac{\partial u_y}{\partial x}\right)_{x=y=z=0} = 0 \left.\right\} \quad (5-16)$$

将式（5-16）用于函数表示式（5-15），于是有

$$c = g = k = 0, \quad b = d = i = 0$$

故最后得

$$u_x = \frac{z^2 + v(x^2 - y^2)}{2R}$$

$$u_y = \frac{vxy}{R} \qquad\qquad\left.\right\} \qquad (5-17)$$

$$u_z = -\frac{xz}{R}$$

对于轴线上的各点$(x = y = 0)$，由式（5-17）得

$$u_y = u_z = 0$$

$$u_x = \frac{z^2}{2R} \qquad\qquad\left.\right\} \qquad (5-18)$$

这就是梁轴线弯曲后的方程。

第6章 平面问题

6.1 平面问题分类

任何一个弹性体都是空间物体，一般的外力都是空间力系。因此，严格说来，任何一个实际的弹性力学问题都是空间问题。但是，如果所考察的弹性体具有某种特殊的形状，并且承受的是某些特殊的外力，就可以把空间问题简化为近似的平面问题。这样处理，分析和计算的工作量将大为减少，而所得的成果却仍然可以满足工程上对精确度的要求。

第一种平面问题是平面应力问题。设有很薄的等厚度薄板（图6-1），其只在板边上受有平行于板面并且不沿厚度变化的面力，同时，体力也平行于板面并且不沿厚度变化。

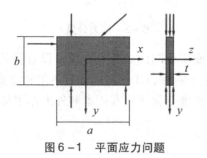

图6-1 平面应力问题

设薄板厚度为 t，以板的中面为 xy 平面，垂直于中面的任一直线为 z 轴。由于板面上 $\left(z = \pm\dfrac{t}{2}\right)$ 不受力，所以有

$$\begin{cases} (\sigma_z)_{z=\pm\frac{l}{2}} = 0 \\ (\tau_{zx})_{z=\pm\frac{l}{2}} = 0 \\ (\tau_{zy})_{z=\pm\frac{l}{2}} = 0 \end{cases}$$

因为板很薄，外力又不沿厚度变化，应力沿着板的厚度又是连续分布的，所以可以认为整个薄板的所有各点都有

$$\begin{cases} \sigma_z = 0 \\ \tau_{zx} = 0 \\ \tau_{zy} = 0 \end{cases}$$

由剪应力互等定理，有：$\tau_{zx} = \tau_{xz} = 0$，$\tau_{zy} = \tau_{yz} = 0$。

结论：平面应力问题只有三个应力分量

$$\begin{cases} \sigma_x = \sigma_x(x,y) \\ \sigma_y = \sigma_y(x,y) \\ \tau_{xy} = \tau_{yx} = \tau_{xy}(x,y) \end{cases}$$

应变分量、位移分量仅为 x，y 的函数，与 z 无关，应力状态如图 6-2 所示。

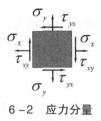

6-2　应力分量

第二种平面问题是平面应变问题。与上相反，设有很长的柱形体，它的横截面如图 6-3 所示，在柱面上受有平行于横截面而且不沿长度变化的面力，同时，体力也平行于横截面而且不沿长度变化（内在因素和外来作用都不沿长度变化）。

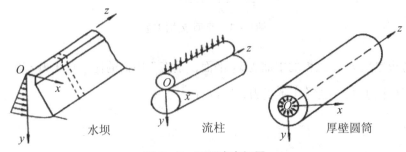

水坝　　　　流柱　　　　厚壁圆筒

图 6-3　平面应变问题

如图 6-3 所示建立直角坐标系，以任一横截面为 xy 面，任一纵线为 z 轴，则所有一切应力分量、应变分量和位移分量沿 z 方向都不变化，仅为 x，y 的函数。此外，在这种情况下，任一横截面都可视为对称面，则有

$$w = 0$$

因为所有各点的位移矢量都平行于 xy 面，所以这种问题称为平面位移问题，习惯上称为平面应变问题，有

$$\begin{cases} \varepsilon_x = \varepsilon_x(x,y) \\ \varepsilon_y = \varepsilon_y(x,y) \\ \gamma_{xy} = \gamma_{yx} = \gamma_{xy}(x,y) \end{cases}$$

由对称条件、剪应力的互等性及 z 方向的伸缩被阻止，可知

$$\begin{cases} \varepsilon_z \equiv 0 \\ \gamma_{zy} = \gamma_{yz} \equiv 0 \\ \gamma_{zx} = \gamma_{xz} \equiv 0 \end{cases}$$

有些问题，如煤矿巷道的变形与破坏分析、挡土墙、重力坝的问题等，是很接近于平面应变问题的。虽然由于这些结构不是无限长的，而且在靠近两端之处，横截面也往往是变化的，并不符合无限长柱形体的条件，但是实践证明，对于离开两端较远之处，按平面应变问题进行分析计算，得出的结果却是工程上可用的。

6.2　平面问题的基本方程

在弹性力学里面分析问题，要从三方面来考虑：静力学方面、几何学方面和物理学方面。

6.2.1　平面问题的静力学方面

首先考虑平面问题的静力学方面，根据平衡条件导出应力分量与体力分量之间的关系式，也就是平面问题的平衡微分方程。取微元体 $PABC$，$PA = \mathrm{d}x$，$PB = \mathrm{d}y$，z 方向取单位长度，如图 6-4 所示。

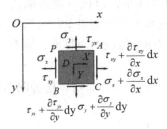

图 6-4　平面问题的平衡微分方程

设点 P 应力已知：σ_x，σ_y，$\tau_{xy} = \tau_{yx}$；体力：X，Y。

AC 面：

$$\begin{cases} \sigma_x + \dfrac{\partial \sigma_x}{\partial x}dx + \dfrac{1}{2!}\dfrac{\partial^2 \sigma_x}{\partial x^2}(dx)^2 + \cdots \approx \sigma_x + \dfrac{\partial \sigma_x}{\partial x}dx \\[3mm] \tau_{xy} + \dfrac{\partial \tau_{xy}}{\partial x}dx + \dfrac{1}{2!}\dfrac{\partial^2 \tau_{xy}}{\partial x^2}(dx)^2 + \cdots \approx \tau_{xy} + \dfrac{\partial \tau_{xy}}{\partial x}dx \end{cases}$$

BC 面：

$$\begin{cases} \sigma_y + \dfrac{\partial \sigma_y}{\partial y}dy + \dfrac{1}{2!}\dfrac{\partial^2 \sigma_y}{\partial y^2}(dy)^2 + \cdots \approx \sigma_y + \dfrac{\partial \sigma_y}{\partial y}dy \\[3mm] \tau_{yx} + \dfrac{\partial \tau_{yx}}{\partial y}dy + \dfrac{1}{2!}\dfrac{\partial^2 \tau_{yx}}{\partial y^2}(dy)^2 + \cdots \approx \tau_{yx} + \dfrac{\partial \tau_{yx}}{\partial y}dy \end{cases}$$

注意：此处用了小变形假定，以变形前尺寸代替变形后尺寸。

由微元体 $PABC$ 平衡，得

$$\sum M_D = 0$$

$$\left(\tau_{xy} + \dfrac{\partial \tau_{xy}}{\partial x}dx\right)dy \times \dfrac{dx}{2} + \tau_{xy}dy \times \dfrac{dx}{2} - \left(\tau_{yx} + \dfrac{\partial \tau_{yx}}{\partial y}dy\right)dx \times \dfrac{dy}{2} - \tau_{yx}dx \times \dfrac{dy}{2} = 0$$

整理得

$$\tau_{xy} + \dfrac{\partial \tau_{xy}}{\partial x}\dfrac{dx}{2} = \tau_{yx} + \dfrac{\partial \tau_{yx}}{\partial y}\dfrac{dy}{2}$$

当 $dx \to 0$，$dy \to 0$ 时，有 $\tau_{xy} = \tau_{yx}$，即剪应力互等定理。

$$\sum F_x = 0$$

$$\left(\sigma_x + \dfrac{\partial \sigma_x}{\partial x}dx\right)dy - \sigma_x dy + \left(\tau_{yx} + \dfrac{\partial \tau_{yx}}{\partial y}dy\right)dx - \tau_{yx}dx + Xdx \times dy = 0$$

两边同时除以 $dxdy$，并整理得

$$\dfrac{\partial \sigma_x}{\partial x} + \dfrac{\partial \tau_{yx}}{\partial y} + X = 0 \qquad (6-1)$$

$$\sum F_y = 0$$

$$\left(\sigma_y + \frac{\partial \sigma_y}{\partial y}dy\right)dx - \sigma_y dx + \left(\tau_{xy} + \frac{\partial \tau_{xy}}{\partial x}dx\right)dy - \tau_{xy}dy + Ydx \times dy = 0$$

两边同时除以 $dxdy$，并整理得

$$\frac{\partial \tau_{xy}}{\partial x} + \frac{\partial \sigma_y}{\partial y} + Y = 0 \qquad (6-2)$$

式（6-1）和式（6-2）两个平衡微分方程中包含三个未知量 $\sigma_x, \sigma_y, \tau_{xy} = \tau_{yx}$，属于超静定问题，还必须考虑形变和位移才能解决问题；对于平面应变问题，x, y 方向的平衡方程相同，z 方向自成平衡，上述方程两类平面问题均适用；平衡方程中不含 E、μ 方程，与材料性质无关。

6.2.2　平面问题的几何学方面

现在来考虑平面问题的几何学方面，导出形变分量与位移分量之间的关系式，也就是平面问题的几何方程。

考察弹性体内任意一点 P 邻域内线段的变形，沿着 x, y 轴的方向取两个微小长度的线段 $PA = dx$ 和 $PB = dy$，如图 6-5 所示。假定弹性体受力以后 P, A, B 三点分别移动到 P', A', B'。

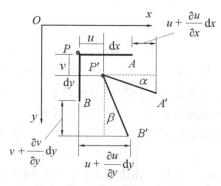

图 6-5　平面问题的几何方程

首先求出线段 PA 和 PB 的正应变，即 ε_x 和 ε_y，用位移分量来表示。设点 P 在 x 方向的位移分量是 u，则点 A 在 x 方向的位移分量是 $u + \frac{\partial u}{\partial x}dx$；同理，设点 P 在 y 方向的位移分量是 v，则点 B 在 y 方向的位移分量是 $v + \frac{\partial v}{\partial y}dy$。

在这里，由于位移是微小的，y 方向的位移 v 所引起的线段 PA 的伸缩是高一阶的微量，因此略去不计，可得线段 PA 的正应变：

$$\varepsilon_x = \frac{u + \frac{\partial u}{\partial x}dx - u}{dx} = \frac{\partial u}{\partial x} \qquad (6-3)$$

同理，线段 PB 的正应变：

$$\varepsilon_y = \frac{v + \frac{\partial v}{\partial y}dy - v}{dy} = \frac{\partial v}{\partial y} \qquad (6-4)$$

现在来求出线段 PA 与 PB 之间的直角改变量，也就是剪应变 γ_{xy}，用位移分量来表示。由图 6-5 可见，这个剪应变由两部分组成：一部分是由 y 方向的位移引起的点 P 的剪应变，即 x 方向的线段 PA 的转角 α；另一部分是由 x 方向的位移引起的点 P 的剪应变，即 y 方向的线段 PB 的转角 β。可知

$$\gamma_{xy} = \alpha + \beta$$

线段 PA 与 PB 之间的直角改变量，也就是剪应变 γ_{xy}

$$\begin{cases} \tan\alpha = \dfrac{v + \frac{\partial v}{\partial x}dx - v}{dx} = \dfrac{\partial v}{\partial x} \approx \alpha \\[4mm] \tan\beta = \dfrac{u + \frac{\partial u}{\partial y}dy - u}{dy} = \dfrac{\partial u}{\partial y} \approx \beta \end{cases}$$

整理得

$$\gamma_{xy} = \frac{\partial v}{\partial x} + \frac{\partial u}{\partial y} \qquad (6-5)$$

综合式（6-3）、式（6-4）、式（6-5），可得到平面问题形变分量与位移分量之间的关系式，即几何方程在平面问题中的简化形式。和平衡微分方程一样，上述方程对于两种平面问题都同样适用，并没有任何差别。

当 u 和 v 已知，可以完全确定 γ_{xy}，ε_x，ε_y；反之，已知 γ_{xy}，ε_x，ε_y，还不能确定 u 和 v。

当 $\gamma_{xy} = 0$，$\varepsilon_x = 0$，$\varepsilon_y = 0$ 时，物体无变形，只有刚体位移。即

$$\left. \begin{array}{l} \varepsilon_x = \dfrac{\partial u}{\partial x} = 0 \\[3mm] \varepsilon_y = \dfrac{\partial v}{\partial y} = 0 \\[3mm] \gamma_{xy} = \dfrac{\partial v}{\partial x} + \dfrac{\partial u}{\partial y} = 0 \end{array} \right\} \qquad (6-6)$$

分别对式（6-6）中的第一式和第二式积分，可求得

$$\left. \begin{array}{l} u = f_1(y) \\[2mm] v = f_2(x) \end{array} \right\} \qquad (6-7)$$

代入式（6-6）中的第三式，得

$$\frac{df_1(y)}{dy} + \frac{df_2(x)}{dx} = 0$$

上式的解只能等于同一常数，即

$$\frac{df_1(y)}{dy} = -\omega, \quad \frac{df_2(x)}{dx} = \omega \tag{6-8}$$

对式（6-8）分别进行积分，得

$$\left.\begin{array}{l} f_1(y) = u_0 - \omega y \\ f_2(x) = v_0 + \omega x \end{array}\right\} \tag{6-9}$$

其中，u_0，v_0 为积分常数。将式（6-9）代入式（6-7），得

$$\left.\begin{array}{l} u = u_0 - \omega y \\ v = v_0 + \omega x \end{array}\right\} \tag{6-10}$$

讨论：

（1）当 $u_0 \neq 0$，$\omega = v_0 = 0$ 时，则 $u = u_0$，$v = 0$，仅有 x 方向平移。

（2）当 $v_0 \neq 0$，$\omega = u_0 = 0$ 时，则 $v = v_0$，$u = 0$，仅有 y 方向平移。

（3）当 $\omega \neq 0$，$v_0 = u_0 = 0$ 时，则 $\left.\begin{array}{l} u = -\omega y \\ v = +\omega x \end{array}\right\} \rightarrow \sqrt{u^2 + v^2} = \omega\sqrt{x^2 + y^2}$

$\tan\beta = \frac{\omega y}{\omega x} = \frac{y}{x} = \tan\theta$，说明 ωr 垂直于 OP，即点 P 沿切向绕点 O 转动，如图 6-6所示。

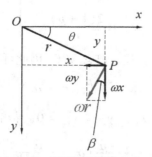

图6-6 平面问题的几何变形

既然物体在形变为零时可以有刚体位移，可见，当物体发生一定的形变时，由于约束条件的不同，它可能具有不同的刚体位移，因而它的位移并不是完全确定的。在平面问题中，常数 u_0，v_0，ω 的任意性反映了位移的不确定性，为完全确定位移，就必须有三个适当的约束条件来确定这三个常数。

6.2.3　平面问题的物理学方面

现在来考虑平面问题的物理学方面，导出形变分量与应力分量之间的关系式，也就是平面问题中的物理方程，物理方程也称为本构方程、本构关系、物性方程。

在完全弹性和各向同性情况下，物性方程即为材料力学中的广义胡克定律，其导出如下：

$$\left\{ \begin{aligned} \varepsilon_x &= \frac{1}{E}\big[\sigma_x - \mu(\sigma_y + \sigma_z)\big] \\ \varepsilon_y &= \frac{1}{E}\big[\sigma_y - \mu(\sigma_x + \sigma_z)\big] \\ \varepsilon_z &= \frac{1}{E}\big[\sigma_z - \mu(\sigma_x + \sigma_y)\big] \\ \gamma_{yz} &= \frac{1}{G}\tau_{yz}, \quad \gamma_{zx} = \frac{1}{G}\tau_{zx}, \quad \gamma_{xy} = \frac{1}{G}\tau_{xy} \end{aligned} \right.$$

其中，E 为拉压弹性模量；G 为剪切弹性模量；μ 为侧向收缩系数，又称泊松比。

$$G = \frac{E}{2(1 + \mu)}$$

在平面应力问题中，由于 $\sigma_z = \tau_{yz} = \tau_{xz} = 0$，导出物理方程如下：

$$\left. \begin{aligned} \varepsilon_x &= \frac{1}{E}(\sigma_x - \mu\sigma_y) \\ \varepsilon_y &= \frac{1}{E}(\sigma_y - \mu\sigma_x) \\ \gamma_{xy} &= \frac{2(1 + \mu)}{E}\tau_{xy} \end{aligned} \right\} \tag{6-11}$$

这就是平面应力问题中的物理方程。但 $\varepsilon_z \neq 0$，因此可导出

$$\varepsilon_z = -\frac{\mu}{E}(\sigma_x + \sigma_y) \tag{6-12}$$

在平面应变问题中，由于 $\varepsilon_z = \gamma_{yz} = \gamma_{xz} = 0$，导出物理方程如下：

$$\left. \begin{aligned} \varepsilon_x &= \frac{1 - \mu^2}{E}\left(\sigma_x - \frac{\mu}{1 - \mu}\sigma_y\right) \\ \varepsilon_y &= \frac{1 - \mu^2}{E}\left(\sigma_y - \frac{\mu}{1 - \mu}\sigma_x\right) \\ \gamma_{xy} &= \frac{2(1 + \mu)}{E}\tau_{xy} \end{aligned} \right\} \tag{6-13}$$

这就是平面应变问题中的物理方程。但 $\sigma_z \neq 0$，因此可导出

$$\sigma_z = \mu(\sigma_x + \sigma_y) \tag{6-14}$$

可以看出，两种平面问题的物理方程是不一样的。然而，如果在平面应力问题的物理方程中将 E 换为 $\dfrac{E}{1-\mu^2}$，μ 换为 $\dfrac{\mu}{1-\mu}$，就得到平面应变问题的物理方程。

6.3　平面问题的应力解法

同空间问题一样，平面问题也可使用位移和应力两种解法进行求解。平面应变问题与平面应力问题有关面内分量的基本方程，除物理方程外其余均相同。

若以应力作为基本未知量，则应力应满足平衡微分方程式和应力表示的变形协调方程，结合力边界条件可解得应力，具体如下：

平衡微分方程：

$$\frac{\partial \sigma_x}{\partial x} + \frac{\partial \tau_{yx}}{\partial y} + X = 0$$

$$\frac{\partial \tau_{xy}}{\partial x} + \frac{\partial \sigma_y}{\partial y} + Y = 0$$

相容方程：

平面应力问题：

$$\left(\frac{\partial^2}{\partial y^2} + \frac{\partial^2}{\partial x^2} \right)(\sigma_x + \sigma_y) = -(1+\mu)\left(\frac{\partial X}{\partial x} + \frac{\partial Y}{\partial y} \right)$$

平面应变问题：

$$\left(\frac{\partial^2}{\partial y^2} + \frac{\partial^2}{\partial x^2} \right)(\sigma_x + \sigma_y) = -\frac{1}{1-\mu}\left(\frac{\partial X}{\partial x} + \frac{\partial Y}{\partial y} \right)$$

边界条件：

$$l(\sigma_x)_s + m(\tau_{xy})_s = \overline{X}$$

$$m(\sigma_y)_s + l(\tau_{xy})_s = \overline{Y}$$

首先，考察平衡微分方程式，这组方程的通解等于相应的齐次方程组的通解与它本身的特解之和，其特解很容易得到，例如取

$$\sigma_x = -Xx \quad \sigma_y = -Yy \quad \tau_{xy} = 0 \tag{6-15}$$

对于齐次方程组的通解，可取

$$\sigma_x = \frac{\partial A}{\partial y}, \quad \tau_{yx} = -\frac{\partial A}{\partial x}, \quad \tau_{xy} = \frac{\partial B}{\partial y}, \quad \sigma_y = -\frac{\partial B}{\partial x} \tag{6-16}$$

式中 $A(x,y)$ 和 $B(x,y)$ 是两个任意函数。根据剪应力互等定理 $\tau_{xy} = \tau_{yx}$，因此要求

$$-\frac{\partial A}{\partial x} - \frac{\partial B}{\partial y}$$

要使上式成立，可取

$$A = \frac{\partial \varphi}{\partial y} \quad B = -\frac{\partial \varphi}{\partial x} \tag{6-17}$$

式中 $\varphi(x,y)$ 是任意函数，称为应力函数。

其次，将式（6-17）分别代入式（6-16）并考虑特解式（6-15），得平衡方程的通解为

$$\left.\begin{array}{l} \sigma_x = \dfrac{\partial^2 \varphi}{\partial y^2} - Xx \\[3mm] \sigma_y = \dfrac{\partial^2 \varphi}{\partial x^2} - Yy \\[3mm] \tau_{xy} = -\dfrac{\partial^2 \varphi}{\partial x \partial y} \end{array}\right\} \tag{6-18}$$

应指出：无论特解如何取值，对最终结果都没有影响。

将式（6-18）代入常体力下的相容方程

$$\left(\frac{\partial^2}{\partial y^2} + \frac{\partial^2}{\partial x^2}\right)(\sigma_x + \sigma_y) = 0$$

得

$$\left(\frac{\partial^2}{\partial y^2} + \frac{\partial^2}{\partial x^2}\right)\left(\frac{\partial^2 \varphi}{\partial y^2} + \frac{\partial^2 \varphi}{\partial x^2}\right) = 0 \tag{6-19}$$

将上式展开，有

$$\frac{\partial^4 \varphi}{\partial x^4} + 2\frac{\partial^4 \varphi}{\partial x^2 \partial y^2} + \frac{\partial^4 \varphi}{\partial y^4} = 0 \tag{6-20}$$

将式（6-18）中的应力分量表达式代入力边界条件式，得由应力函数表达的力边界条件：

$$\left.\begin{array}{l} \left(\dfrac{\partial^2 \varphi}{\partial y^2} - Xx\right)l - \dfrac{\partial^2 \varphi}{\partial x \partial y}m = \overline{X} \\[3mm] \left(\dfrac{\partial^2 \varphi}{\partial x^2} - Yy\right)m - \dfrac{\partial^2 \varphi}{\partial x \partial y}l = \overline{Y} \end{array}\right\} \tag{6-21}$$

最后，平面问题归结为求解由应力函数 φ 表示的变形协调方程式（6-20）并满足相应的边界条件式（6-21）。由于方程、边界条件以及应力分量表达式（6-18）中都不包含弹性常数，因此，平面问题的应力解与材料的弹性性质无关。这就是说，对于几何形状相同，所受外荷载相同，但材料不同的两个弹性体，无论是平面应力问题还是平面应变问题，它们内部的应力分布都相同。

在给定边界条件的情况下直接求解上述方程一般比较困难，只适用于比较简单的问题。因此，对于一些具体问题往往采用逆解法和半逆解法进行求解，而解的唯一性定理为弹性力学问题的逆解法提供了理论依据。

逆解法　根据具体问题的几何形状、边界条件和受力特点等，通过分析，凑出部分应力分量的形式，由此找出应力函数 φ 的形式。它们中包含有待定的函数或系数，然后通过满足应力函数表示的变形协调方程和所有的边界条件，确定这些待定的函数或常数。若不能满足，则需修改原来所设的函数形式，直到它们能满足为止。

半逆解法　根据具体问题的几何形状、边界条件和受力特点等，通过分析，假设各部分应力分量为某种函数形式。通过应力分量与应力函数 φ 及变形协调方程的关系，求出应力函数 φ 的形式，最后利用应力分量计算式计算满足边界条件和位移单值条的应力分量。

6.4　使用直角坐标系求解的几个实例

6.4.1　简支梁受均布载荷

如图 6-7 所示，简支梁受均匀分布荷载 q 作用，梁的高度为 h，跨度为 $2l$，试求应力分量和跨中的挠度。

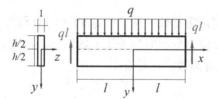

图 6-7　简支梁受均匀分布荷载作用

σ_x 主要由弯矩引起，τ_{xy} 主要由剪力引起，σ_y 主要由均匀分布荷载 q 引起。由于 q 为常数，图 6-7 所示坐标系和几何形状对称，因此 σ_y 不随 x 轴变化，推得

$$\sigma_y = f(y)，即 \sigma_y = \frac{\partial^2 \varphi}{\partial x^2} = f(y)$$

积分得

$$\varphi = \frac{x^2}{2}f(y) + xf_1(y) + f_2(y)$$

式中 $f(y)$，$f_1(y)$，$f_2(y)$ 是任意待定函数。代入协调方程 $\nabla^4 \varphi = 0$，得

$$\frac{x^2}{2}f^{(4)}(y) + xf_1^{(4)}(y) + f_2^{(4)}(y) + 2f^{(2)}(y) = 0$$

结合该方程的特点，可知其为关于 x 的二次方程，且要求 $-l \leq x \leq l$ 内方程均成立。由高等代数理论，须有 x 的一次、二次的系数和自由项同时为零，即

$$f^{(4)}(y) = 0，f_1^{(4)}(y) = 0，f_2^{(4)}(y) + 2f^{(2)}(y) = 0$$

对前三个方程积分

$$f(y) = Ay^3 + By^2 + Cy + D$$

$$f_1(y) = Ey^3 + Fy^2 + Gy$$

$$f_2(y) = -\frac{A}{10}y^5 - \frac{B}{6}y^4 + Hy^3 + Ky^2 + Ly + M$$

因此有

$$\varphi = \frac{1}{2}x^2(Ay^3 + By^2 + Cy + D) + x(Ey^3 + Fy^2 + Gy) +$$

$$(-\frac{A}{10}y^5 - \frac{1}{6}By^4 + Hy^3 + Ky^2)$$

使用上面的应力函数求得应力分量为

$$\sigma_x = \frac{\partial^2 \varphi}{\partial y^2} = x^2(3Ay + B) + x(6Ey + 2F) - 2Ay^3 - 2By^2 + 6Hy + 2K$$

$$\sigma_y = \frac{\partial^2 \varphi}{\partial x^2} = Ay^3 + By^2 + Cy + D$$

$$\tau_{xy} = -\frac{\partial^2 \varphi}{\partial x \partial y} = -x(3Ay^2 + 2By + C) - (3Ey^2 + 2Fy + G)$$

$$(6-22a)$$

在利用边界条件确定待定常数之前，考虑问题的对称性。因为均布荷载和几何形状关于 y 轴对称，所以应力分布应当关于 y 轴对称。因此，σ_x 和 σ_y 应当是 x 的偶函数，而 τ_{xy} 应当是 x 的奇函数，于是有

$$E = F = G = 0$$

考虑上下两边的边界条件，即

$$\left. \begin{array}{ll} (\sigma_y)_{y=-h/2} = -q, & (\tau_{xy})_{y=-h/2} = 0 \\ (\sigma_y)_{y=h/2} = 0, & (\tau_{xy})_{y=h/2} = 0 \end{array} \right\} \qquad (6-22b)$$

将式（6-22a）代入式（6-22b），求得

$$A = -\frac{2q}{h^3}, \quad B = 0, \quad C = \frac{3q}{2h}, \quad D = -\frac{q}{2}$$

再考虑两端边界条件，基于问题的对称性，只需考虑一端的边界条件，例如右端 $x = l$。力边界条件要求

$$\sigma_x \big|_{\substack{x=l \\ -\frac{h}{2} \leqslant y \leqslant \frac{h}{2}}} = 0 \qquad (6-22c)$$

$$\tau_{xy} \big|_{\substack{x=l \\ -\frac{h}{2} \leqslant y \leqslant \frac{h}{2}}} = -L\left(-\frac{6q}{h^3}y^2 + \frac{3q}{2h}\right) \qquad (6-22d)$$

显然，式（6-22c）不能被精确满足，而式（6-22d）要求端部截面作用分布力，而实际作用的是集中力，因此，也不能被精确满足。在梁的跨度远大于梁的高

度时，可借助于圣维南原理近似满足，即要求

$$
\left.
\begin{aligned}
N &= \int_{-\frac{h}{2}}^{\frac{h}{2}} (\sigma_x)\big|_{x=l}\mathrm{d}y = 0 \\
M &= \int_{-\frac{h}{2}}^{\frac{h}{2}} (\sigma_x)\big|_{x=l}y\mathrm{d}y = 0 \\
Q &= \int_{-\frac{h}{2}}^{\frac{h}{2}} (\tau_{xy})\big|_{x=l}\mathrm{d}y = -ql
\end{aligned}
\right\}
\tag{6-22e}
$$

将应力表达式（6-22a）代入式（6-22e），得

$$
H = \frac{qL^2}{h^3} - \frac{q}{10h}, \quad K = 0
$$

将上面的常数代入应力分量表达式（6-22a），并整理得应力解为 σ_x

$$
\left.
\begin{aligned}
\sigma_x &= \frac{6q}{h^3}(l^2 - x^2)y + q\frac{y}{h}\left(4\frac{y^2}{h^2} - \frac{3}{5}\right) \\
\sigma_y &= -\frac{q}{2}\left(1 + \frac{y}{h}\right)\left(1 - \frac{2y}{h}\right)^2 \\
\tau_{xy} &= -\frac{6q}{h^3}x\left(\frac{h^2}{4} - y^2\right)
\end{aligned}
\right\}
\tag{6-22f}
$$

现在将上述应力解答式（6-22f）与材料力学的结果相比较。在弯应力 σ_x 的表达式中，第一项是主要项，和材料力学中的解答相同；第二项则是弹性力学提出的修正项。对于通常的浅梁（$h \ll l$），修正项很小，可以忽略不计；正应力 σ_y 的表达式为梁各层纤维间的挤压应力，材料力学中不考虑；剪切应力 τ_{xy} 与材料力学中的解答相同。

6.4.2 楔形体受重力和液体压力

如图6-8所示，楔形体只受液体压力和自重作用，楔形体的密度为 ρ，液体的密度为 γ，沿楔形体轴线的各截面相等，属于平面应变问题。用纯三次多项式的应力函数求解，设应力函数为 $\varphi = ax^3 + bx^2y + cxy^2 + ey^3$。

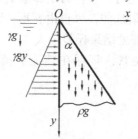

图6-8 楔形体受液体压力作用

使用应力函数并考虑常体力作用，求得应力分量为

$$\sigma_x = \frac{\partial^2 \varphi}{\partial y^2} - F_x x = 2cx + 6ey$$

$$\sigma_y = \frac{\partial^2 \varphi}{\partial x^2} - F_y y = 6ax + 2by - \rho gy$$

$$\tau_{xy} = -\frac{\partial^2 \varphi}{\partial x \partial y} = -2bx - 2cy$$

上式显然满足相容方程。利用边界条件求其中的常数。在 $x = 0$ 上的边界上

$$(\sigma_x)_{x=0} = -\gamma gy, \quad (\tau_{xy})_{x=0} = 0$$

代入应力分量表达式，得

$$c = 0, \quad e = -\frac{1}{6}\rho g$$

在斜面 $x = y\tan\alpha$ 的应力边界上，$l = \cos\alpha$，$m = -\sin\alpha$

$$l(\sigma_x)_{x=\tan\alpha} + m(\tau_{xy})_{x=\tan\alpha} = 0$$

$$l(\tau_{xy})_{x=\tan\alpha} + m(\sigma_y)_{x=\tan\alpha} = 0$$

代入应力表达式，得

$$a = \frac{1}{6}\rho g\cot\alpha - \frac{1}{3}\gamma g\cot^3\alpha$$

$$b = \frac{1}{2}\gamma g\cot^2\alpha$$

将上面的常数代入应力分量表达式，得应力解

$$\sigma_x = -\gamma gy$$

$$\sigma_y = (\rho g\cot\alpha - 2\gamma g\cot^3\alpha)x + (\gamma g\cot^2\alpha - \rho g)y$$

$$\tau_{xy} = \tau_{yx} = -\gamma gx\cot^2\alpha$$

由此可见，沿着任一水平截面上，应力 σ_x 为常数；应力 σ_y 沿水平方向线性分布，与材料力学中偏心受压公式算得的结果相同；应力 τ_{xy} 也按直线变化，但在材料力学中，τ_{xy} 按抛物线变化，这与现在的正确解答不符合。

结果的适用性：

（1）当楔形体的横截面变化时，不再为平面应变问题，其结果误差较大。

（2）假定中楔形体下端无限延伸，可自由变形；而实际工程中楔形体的高度有限，底部存在约束条件，故底部处结果误差较大。

（3）当楔形体顶部不呈尖状，且存在其他载荷时，楔形体顶部处结果误差较大。

6.5 极坐标表示的基本方程

在处理弹性力学问题时，选择什么样的坐标系，虽然不影响对问题本质的描述，但将直接关系到解决问题的难易程度。例如，对于矩形梁、矩形截面水坝和三角坝等问题，可采用直角坐标系；对于圆盘、厚壁圆筒、扇形板和半无限平面等问题，采用直角坐标系就不如极坐标系简便。在极坐标下，弹性力学基本方程的形式将发生改变，但它们所描述的物理本质不变，这是物理性质的客观性所决定的。直观起见，下面的推导同直角坐标下一样，取微单元体使用平衡条件和几何关系的方法。

6.5.1 平衡微分方程

沿弹性体的径向方向和环向方向截取一微单元体，这个微单元体的中心角为 $\mathrm{d}\theta$，内半径为 r，外半径为 $r + \mathrm{d}r$，该单元体上的受力情况如图 6-9 所示。下面根据静力平衡条件，导出径向方向和环向方向的平衡微分方程。

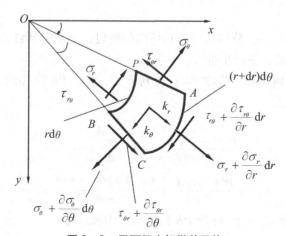

图 6-9 平面极坐标微单元体

径向方向的平衡：

$$\left(\sigma_r + \frac{\partial \sigma_r}{\partial r}\mathrm{d}r\right)(r + \mathrm{d}r)\mathrm{d}\theta - \sigma_r r\mathrm{d}\theta - \left(\sigma_\theta + \frac{\partial \sigma_\theta}{\partial \theta}\mathrm{d}\theta\right)\mathrm{d}r\frac{\mathrm{d}\theta}{2} -$$

$$\sigma_\theta \mathrm{d}r \frac{\mathrm{d}\theta}{2} + \left(\tau_{\theta r} + \frac{\partial \tau_{\theta r}}{\partial \theta}\mathrm{d}\theta\right)\mathrm{d}r - \tau_{\theta r}\mathrm{d}r + k_r r\mathrm{d}\theta\mathrm{d}r = 0$$

环向方向的平衡：

$$\left(\sigma_\theta + \frac{\partial \sigma_\theta}{\partial \theta}d\theta\right)dr - \sigma_\theta dr + \left(\tau_{r\theta} + \frac{\partial \tau_{r\theta}}{\partial r}dr\right)(r + dr)d\theta -$$

$$\tau_{r\theta}rd\theta + \left(\tau_{\theta r} + \frac{\partial \tau_{\theta r}}{\partial \theta}d\theta\right)dr\frac{d\theta}{2} + \tau_{\theta r}dr\frac{d\theta}{2} + k_\theta r d\theta dr = 0$$

式中使用 $\sin\frac{d\theta}{2} \approx \frac{d\theta}{2}$，$\cos\frac{d\theta}{2} \approx 1$。整理上两式，得极坐标下的平衡微分方程

$$\frac{\partial \sigma_r}{\partial r} + \frac{1}{r}\frac{\partial \tau_{\theta r}}{\partial \theta} + \frac{\sigma_r - \sigma_\theta}{r} + k_r = 0$$
$$\frac{\partial \tau_{r\theta}}{\partial r} + \frac{1}{r}\frac{\partial \sigma_\theta}{\partial \theta} + \frac{2\tau_{r\theta}}{r} + k_\theta = 0$$

$$(6-23)$$

与直角坐标中的平衡微分方程相比，式（6-23）增多了两项 $\frac{\sigma_r - \sigma_\theta}{r}$ 及 $\frac{2\tau_{r\theta}}{r}$，这是图 6-9 所示的微单元体对边微段"平行不相等，相等不平行"所致。这也反映了极坐标的特点。

微单元体的力矩平衡导出

$$\tau_{r\theta} = \tau_{\theta r}$$

6.5.2　几何方程

通过任一点 $P(r,\theta)$，分别作径向和环向的线段，然后分析线段上的应变分量和位移分量之间的关系，分两步进行。

（1）仅产生径向位移，线段 PA 位移到 $P'A'$，线段 PB 位移到 $P'B'$，如图 6-10（a）所示，则应变为

$$\varepsilon_{r1} = \frac{P'A' - PA}{PA} = \frac{\left(u_r + \frac{\partial u_r}{\partial r}dr\right) - u_r}{dr} = \frac{\partial u_r}{\partial r}$$

$$\varepsilon_{\theta1} = \frac{P'A' - PA}{PA} = \frac{(u_r + r)d\theta - rd\theta}{rd\theta} = \frac{u_r}{r}$$

线段 PA 的转角 $\alpha_1 = 0$，线段 PB 的转角记为 β_1，有

$$\beta_1 = \frac{BB' - PP'}{PB} = \frac{\left(u_r + \frac{\partial u_r}{\partial \theta}d\theta\right) - u_r}{rd\theta} = \frac{1}{r}\frac{\partial u_r}{\partial \theta}$$

$$\gamma_{r\theta1} = \alpha_1 + \beta_1 = \frac{1}{r}\frac{\partial u_r}{\partial \theta}$$

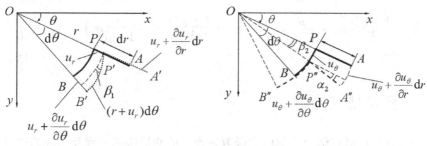

（a）线元仅产生径向位移 　　　　　（b）线元仅产生环向位移

图6-10　沿极坐标轴方向线元的位移

（2）仅产生环向位移，线段 PA 位移到 $P''A''$，线段 PB 位移到 $P''B''$，如图6-10（a）所示，则应变为

$$\varepsilon_{r2} = \frac{P''A'' - PA}{PA} = \frac{\mathrm{d}r - \mathrm{d}r}{\mathrm{d}r} = 0$$

$$\varepsilon_{\theta 2} = \frac{P''B'' - PB}{PB} = \frac{BB'' - PP''}{PB} = \frac{u_\theta + \frac{\partial u_\theta}{\partial \theta}\mathrm{d}\theta - u_\theta}{r\mathrm{d}\theta} = \frac{1}{r}\frac{\partial u_\theta}{\partial \theta}$$

线段 PA 的转角 α_2，线段 PB 的转角记为 β_2，它们分别为

$$\alpha_2 = \frac{AA'' - PP''}{PA} = \frac{u_\theta + \frac{\partial u_\theta}{\partial r}\mathrm{d}r - u_\theta}{\mathrm{d}r} = \frac{\partial u_\theta}{\partial r}$$

$$\beta_2 = -\angle POP'' = -\frac{u_\theta}{r}$$

$$\gamma_{r\theta 2} = \alpha_2 + \beta_2 = \frac{\partial u_\theta}{\partial r} - \frac{u_\theta}{r}$$

当既有径向位移又有环向位移时，几何方程为上述两种情况的叠加，即

$$\left.\begin{aligned}
\varepsilon_r &= \varepsilon_{r1} + \varepsilon_{r2} = \frac{\partial u_r}{\partial r} \\
\varepsilon_\theta &= \varepsilon_{\theta 1} + \varepsilon_{\theta 2} = \frac{u_r}{r} + \frac{1}{r}\frac{\partial u_\theta}{\partial \theta} \\
\gamma_{r\theta} &= \gamma_{r\theta 1} + \gamma_{r\theta 2} = \frac{1}{r}\frac{\partial u_r}{\partial \theta} + \frac{\partial u_\theta}{\partial r} - \frac{u_\theta}{r}
\end{aligned}\right\} \qquad (6-24)$$

由于极坐标也是正交坐标系，本构方程在极坐标下的形式与直交坐标下相同，即可表示为

平面应力问题：

$$\varepsilon_r = \frac{1}{E}(\sigma_r - \mu\sigma_\theta), \quad \varepsilon_\theta = \frac{1}{E}(\sigma_\theta - \mu\sigma_r), \quad \gamma_{\theta r} = \frac{\tau_{\theta r}}{G} \qquad (6-25a)$$

平面应变问题：

$$\varepsilon_r = \frac{1-\mu^2}{E}\left(\sigma_r - \frac{\mu}{1-\mu}\sigma_\theta\right), \quad \varepsilon_\theta = \frac{1-\mu^2}{E}\left(\sigma_\theta - \frac{\mu}{1-\mu}\sigma_r\right), \quad \gamma_{\theta r} = \frac{\tau_{\theta r}}{G}$$

$$(6-25\text{b})$$

6.5.3 变形协调方程

平面问题最后可归结为求解应力函数 φ 表示的变形协调方程及相应的边界条件。使用极坐标求解，需要得到极坐标系下的变形协调方程及应力分量由应力函数表达的关系式。直角坐标与极坐标之间的关系式为

$$r^2 = x^2 + y^2, \qquad \theta = \arctan\frac{y}{x}$$

$$\frac{\partial r}{\partial x} = \frac{x}{r} = \cos\theta, \qquad \frac{\partial r}{\partial y} = \frac{y}{r} = \sin\theta$$

$$\frac{\partial \theta}{\partial x} = -\frac{y}{r^2} = -\frac{\sin\theta}{r}, \qquad \frac{\partial \theta}{\partial y} = \frac{x}{r^2} = \frac{\cos\theta}{r}$$

应力函数 φ 是 x 和 y 的函数，也是 r 和 θ 的函数，对应力分量进行坐标变换，得

$$\frac{\partial \varphi}{\partial x} = \frac{\partial \varphi}{\partial r}\frac{\partial r}{\partial x} + \frac{\partial \varphi}{\partial \theta}\frac{\partial \theta}{\partial x} = \cos\theta\frac{\partial \varphi}{\partial r} - \frac{\sin\theta}{r}\frac{\partial \varphi}{\partial \theta}$$

$$\frac{\partial \varphi}{\partial y} = \frac{\partial \varphi}{\partial r}\frac{\partial r}{\partial y} + \frac{\partial \varphi}{\partial \theta}\frac{\partial \theta}{\partial y} = \sin\theta\frac{\partial \varphi}{\partial r}\varphi + \frac{\cos\theta}{r}\frac{\partial \varphi}{\partial \theta}$$

$$\frac{\partial^2 \varphi}{\partial x^2} = \cos^2\theta\frac{\partial^2 \varphi}{\partial r^2} + \sin^2\theta\left(\frac{1}{r}\frac{\partial \varphi}{\partial r} + \frac{1}{r^2}\frac{\partial^2 \varphi}{\partial \theta^2}\right) + \sin2\theta\left(\frac{1}{r^2}\frac{\partial \varphi}{\partial \theta} - \frac{1}{r}\frac{\partial^2 \varphi}{\partial r\partial \theta}\right)$$

$$\frac{\partial^2 \varphi}{\partial y^2} = \sin^2\theta\frac{\partial^2 \varphi}{\partial r^2} + \cos^2\theta\left(\frac{1}{r}\frac{\partial \varphi}{\partial r} + \frac{1}{r^2}\frac{\partial^2 \varphi}{\partial \theta^2}\right) + \sin2\theta\left(\frac{1}{r}\frac{\partial^2 \varphi}{\partial r\partial \theta} - \frac{1}{r^2}\frac{\partial \varphi}{\partial \theta}\right)$$

$$\frac{\partial^2 \varphi}{\partial x\partial y} = \sin\theta\cos\theta\frac{\partial^2 \varphi}{\partial r^2} + \frac{\cos^2\theta - \sin^2\theta}{r}\frac{\partial^2 \varphi}{\partial r\partial \theta} - \frac{\sin\theta\cos\theta}{r}\frac{\partial \varphi}{\partial r} -$$

$$\frac{\cos^2\theta - \sin^2\theta}{r^2}\frac{\partial \varphi}{\partial \theta} - \frac{\sin\theta\cos\theta}{r^2}\frac{\partial^2 \varphi}{\partial \theta^2}$$

$$(6-26)$$

由直角坐标系下应力函数与应力的关系，可导出极坐标与直角坐标之间的应力分量坐标变换式具有如下形式

$$\left.\begin{aligned}
\sigma_r &= \sigma_x\cos^2\theta + \sigma_y\sin^2\theta + 2\tau_{xy}\sin\theta\cos\theta \\
\sigma_\theta &= \sigma_r\cos^2\theta + \sigma_y\sin^2\theta - 2\tau_{xy}\sin\theta\cos\theta \\
\tau_{r\theta} &= -(\sigma_x - \sigma_y)\sin\theta\cos\theta + \tau_{xy}(\cos^2\theta - \sin^2\theta)
\end{aligned}\right\} \qquad (6-27)$$

将式（6-26）代入式（6-18），再将所得结果代入式（6-27），不考虑体积力的情况下，整理可得

$$\left.\begin{aligned}
\sigma_r &= \frac{1}{r}\frac{\partial \varphi}{\partial r} + \frac{1}{r^2}\frac{\partial^2 \varphi}{\partial \theta^2}\\
\sigma_\theta &= \frac{\partial^2 \varphi}{\partial r^2}\\
\tau_{r\theta} &= -\frac{\partial^2 \varphi}{\partial r^2} + \frac{1}{r^2}\frac{\partial \varphi}{\partial \theta} = -\frac{\partial}{\partial r}\left(\frac{1}{r}\frac{\partial \varphi}{\partial \theta}\right)
\end{aligned}\right\} \tag{6-28}$$

在不考虑体积力的情况下，式（6-28）就是极坐标下由应力函数表示的应力分量，也就是平衡微分方程式（6-23）的通解。

6.6　使用极坐标求解的几个问题

6.6.1　厚壁圆筒受均匀分布压力作用

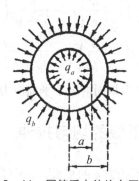

图6-11　圆筒受内外均布压力

设有一个内半径为 a、外半径为 b 的长厚壁圆筒，内外壁均受到分布均匀的压力 q_a 和 q_b 作用，如图6-11所示。这问题显然是应力轴对称的，不考虑刚体位移，位移也是轴对称的，它们是 r 的函数 $\varphi = \varphi(r)$，应力分量为

$$\sigma_r = \frac{1}{r}\frac{\mathrm{d}\varphi}{\mathrm{d}r} \quad \sigma_\theta = \frac{\mathrm{d}^2\varphi}{\mathrm{d}r^2} \quad \tau_{\theta r} = \tau_{r\theta} \tag{6-29}$$

变形协调方程简化为

$$\left(\frac{\mathrm{d}^2}{\mathrm{d}r^2} + \frac{1}{r}\frac{\mathrm{d}}{\mathrm{d}r}\right)\varphi = 0$$

协调方程的通解是

$$\varphi = A\ln r + Br^2\ln r + cr^2 + D \tag{6-30}$$

将式（6-30）代入式（6-29）中可确定应力分量的表达式

$$\left.\begin{array}{l} \sigma_r = \dfrac{A}{r^2} + B(1 + 2\ln r) + 2C \\[3mm] \sigma_\theta = -\dfrac{A}{r^2} + B(3 + 2\ln r) + 2C \\[3mm] \tau_{r\theta} = \tau_{\theta r} = 0 \end{array}\right\} \qquad (6-31)$$

本问题的力边界条件为

$$(\sigma_r)_{r=a} = -q_a, (\sigma_r)_{r=b} = -q_b, (\tau_{r\theta})_{r=a} = 0, (\tau_{r\theta})_{r=b} = 0$$

将力边界条件应用于式（6-31），得

$$\frac{A}{a^2} + 2C = -q_a, \qquad \frac{A}{b^2} + 2C = -q_b$$

解之，得

$$A = \frac{a^2 b^2 (q_b - q_a)}{b^2 - a^2}, \qquad C = \frac{q_a a^2 - q_b b^2}{2(b^2 - a^2)}$$

位移单值条件要求 $B = 0$，最后应力解是

$$\left.\begin{array}{l} \sigma_r = \dfrac{a^2}{b^2 - a^2}\left(1 - \dfrac{b^2}{r^2}\right)q_a - \dfrac{b^2}{b^2 - a^2}\left(1 - \dfrac{a^2}{r^2}\right)q_b \\[4mm] \sigma_\theta = \dfrac{a^2}{b^2 - a^2}\left(1 + \dfrac{b^2}{r^2}\right)q_a - \dfrac{b^2}{b^2 - a^2}\left(1 + \dfrac{a^2}{r^2}\right)q_b \end{array}\right\} \qquad (6-32)$$

式（6-32）这组应力解也可作为相同情况下平面应力问题的解。

6.6.2 具有小圆孔的平板的均匀拉伸

设有一个在 x 方向承受均匀拉力 q 的平板，板中有半径为 a 的小圆孔，如图 6-12 所示。小圆孔的存在，必然对板内应力分布产生影响。由圣维南原理可知，这种影响仅局限于孔的附近区域，在离孔边较远处，这种影响显著减小。

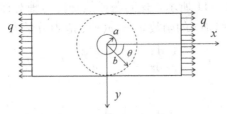

图 6-12　带小圆孔矩形薄板的均匀拉伸

假设在离圆孔中心距离为 b 的地方，应力分布已经和没有圆孔的情况相符合，于是有

$$\left.\begin{array}{l} (\sigma_r)_{r=b} = q\cos^2\theta = \dfrac{q}{2}(1+\cos2\theta) \\[3mm] (\tau_{r\theta})_{r=b} = -\dfrac{q}{2}\sin2\theta \end{array}\right\} \qquad (6-33a)$$

式（6-33a）表示，在与小圆孔同心、半径为 b 的圆周上，应力由两部分组成：一部分是沿着整个外圆周作用的不变的拉力 $\dfrac{q}{2}$，由此产生的应力可按式（6-32）计算。令其中 $q_a = 0$，$q_b = -\dfrac{q}{2}$，得

$$\left.\begin{array}{l} \sigma_r = \dfrac{b^2}{b^2-a^2}\dfrac{q}{2}\left(1-\dfrac{a^2}{r^2}\right) \\[3mm] \sigma_\theta = -\dfrac{b^2}{b^2-a^2}\dfrac{q}{2}\left(1+\dfrac{a^2}{r^2}\right) \\[3mm] \tau_{r\theta} = \tau_{\theta r} = 0 \end{array}\right\} \qquad (6-33b)$$

另一部分是随 θ 变化的法向应力 $\dfrac{q}{2}\cos\theta$ 和切向应力 $-\dfrac{q}{2}\sin2\theta$，由式（6-28）可以看出，由此产生的应力可由下列形式的应力函数求得

$$\varphi = f(r)\cos2\theta \qquad (6-33c)$$

将（6-33c）代入几何变形协调方程可得 $f(r)$ 所满足的方程

$$\left(\frac{\mathrm{d}^2}{\mathrm{d}r^2} + \frac{1}{r}\frac{\mathrm{d}}{\mathrm{d}r} - \frac{4}{r^2}\right)\left(\frac{\mathrm{d}^2 f}{\mathrm{d}r^2} + \frac{1}{r}\frac{\mathrm{d}f}{\mathrm{d}r} - \frac{4f}{r}\right) = 0 \qquad (6-33d)$$

这是欧拉方程，作 $r = e^t$ 的变换，可变成常系数线性常微分方程，求解后代回 $t = \ln r$，就可得到它的通解

$$f(r) = Ar^2 + Br^4 + \frac{C}{r^2} + D$$

由此得应力分量

$$\left.\begin{array}{l} \sigma_r = \dfrac{1}{r}\dfrac{\partial\varphi}{\partial r} + \dfrac{1}{r^2}\dfrac{\partial^2\varphi}{\partial\theta^2} = -\left(2A + \dfrac{6C}{r^4} + \dfrac{4D}{r^2}\right)\cos2\theta \\[3mm] \sigma_\theta = \dfrac{\partial^2\varphi}{\partial r^2} = \left(2A + 12Br^2 + \dfrac{6C}{r^4}\right)\cos2\theta \\[3mm] \tau_{r\theta} = \tau_{\theta r} = -\dfrac{\partial}{\partial r}\left(\dfrac{1}{r}\dfrac{\partial\varphi}{\partial\theta}\right) = \left(2A + 6Br^2 - \dfrac{6C}{r^4} - \dfrac{2D}{r^2}\right)\sin2\theta \end{array}\right\} \qquad (6-33e)$$

现在利用边界条件确定常数 A，B，C，D。本问题的边界条件为

$$\left.\begin{aligned}(\sigma_r)_{r=a} &= 0, \quad (\tau_{r\theta})_{r=a} = 0 \\ (\sigma_r)_{r=b} &= \frac{q}{2}\cos2\theta, \quad (\tau_{r\theta})_{r=b} = -\frac{q}{2}\sin2\theta\end{aligned}\right\} \tag{6-33f}$$

将边界条件（6-33f）应用于式（6-33e），并注意到 $\dfrac{a}{b} \approx 0$，可解得

$$A = -\frac{q}{4}, \quad B = 0, \quad C = -\frac{a^4 q}{4}, \quad D = \frac{a^2 q}{2}$$

即本问题的解为

$$\sigma_r = \frac{q}{2}\left(1 - \frac{a^2}{r^2}\right) + \frac{q}{2}\left(1 + \frac{3a^4}{r^4} - \frac{4a}{r^2}\right)\cos2\theta$$

$$\sigma_\theta = \frac{q}{2}\left(1 + \frac{a^2}{r^2}\right) - \frac{q}{2}\left(1 + \frac{3a^4}{r^4}\right)\cos2\theta$$

$$\tau_{r\theta} = \tau_{\theta r} = -\frac{q}{2}\left(1 - \frac{3a^4}{r^4} + \frac{2a^2}{r^2}\right)\sin2\theta$$

最大环向应力发生在小圆孔边界的 $\varphi = \pm\dfrac{\pi}{2}$ 处，其值为

$$(\sigma_\varphi)_{\max} = 3q$$

这表明，如果板很大，圆孔很小，则圆孔边上将发生应力集中现象。通常，人们将比值

$$\frac{(\sigma_\varphi)_{\max}}{q} = K$$

称为集中因子，在本问题中，$K = 3$。如果上述板在 Ox 方向和 Oy 方向同时均匀受拉，则应力集中因子 $K = 2$，请读者自己证明。

第 7 章　塑性力学简介

7.1　塑性力学概述

7.1.1　背景

随着工业技术和生产实践的发展，连续介质力学特别是弹性力学有关的理论被不断应用于解决工程中的各种问题，如坝体、金属结构的稳定性、内力分布、变形等。但是随着实践需求的不断增加，这些理论的应用也遇到了新的问题。例如，在弹性力学中，假定材料的变形是弹性的、卸载后可恢复的，但实际上，工程材料和结构往往会在荷载超过一定限度后发生较大的变形，且部分变形在卸载后仍旧保留。如此一来，如果按照弹性力学的相关假设和理论对工程结构和工程问题进行设计计算，便有可能出现偏差，难以有效指导工程实践。为更好地解决实践中产生的问题，并在考虑残余变形、大变形、破坏等弹性力学难以处理的情况下更好地对工程问题进行计算分析，塑性力学应运而生。

塑性力学是相对弹性力学而言的，总的来说，塑性力学就是对物体产生塑性变形时的应力、应变、稳定性等问题进行研究的学科。与弹性力学一样，塑性力学也是连续介质力学的一个分支，部分弹性力学基础，基于连续介质力学的假设在塑性力学中也同样适用。与其他力学理论（如弹性力学）一样，塑性力学的基本任务包含两个方面：①通过对试验现象和工程经验的分析和总结，构建塑性力学的基本理论体系；②在此基础上，塑性力学的重要任务便是有效运用这些基本理论和方法，解决工程实践中的问题，研究工程结构的稳定性、应力、变形、破坏等问题，并对塑性变形的范围进行有效估计，指导生产实践。

如上面所述，塑性力学与弹性力学都是连续介质力学的分支，两者之间有着紧密的联系。弹性力学中的一些基本假设（如连续性、应力平衡等）、关于应力变形的求解方法等基本概念和理论都可以应用到塑性力学中，但相比于弹性力学，塑性力学具有独特的复杂性。例如，在弹性力学中，材料被假设为弹性，卸载后可完全恢复，但塑性力学中会考虑塑性变形（卸载后不可恢复）。此外，塑性力学中由于材料本构关系的选择不同，计算结构和处理方式也不完全一样，并不如弹性力学中基于胡克定律的计算分析那般直接。由于残余变形、残余应力的存在，也导致塑性力学分析中，需要考虑加载历史、加载路径等的依赖性，进一步增加了计算分析的复杂性。

7.1.2　试验现象简析

在塑性力学的研究中，力学试验是重要的抓手之一。通过开展弹塑性力学试验，并对试验现象和数据进行剖析，可以为塑性相关理论的发展提供指引，并将理论结果与试验数据进行对比，进一步对塑性理论进行校验和优化。本节将通过对材料力学中最经典的金属单轴拉伸试验现象（图7-1）的简析，引出塑性力学的基本概念，并将在下一节中联系位错理论，对塑性变形的微观机理进行进一步剖析。与大多数的连续介质力学理论一样，塑性力学相关的理论也是通过对宏观统计特性的研究和总结，获得对工程问题较好的渐进解答，并不需要对微观缺陷、裂纹等进行全面的研究和考虑。

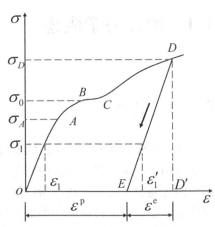

图7-1　单轴拉伸应力-应变曲线

图7-1是材料力学中常规低碳钢试件简单拉伸试验的代表性应力-应变曲线。其中点 A 所对应的应力 σ_A 称为比例极限，点 A 以下 OA 段为直线。点 B 所对应的应力 σ_0，为弹性极限，标志着弹性变形阶段终止及塑性变形阶段开始，亦称为屈服极限（或屈服应力）。当应力超过 σ_A 时，应力-应变关系不再是直线关系，但仍属弹性阶段，在点 B 之前，即 $\sigma < \sigma_0$，如卸载，则应力-应变关系按原路径恢复到原始状态。可见，应力在达到屈服应力以前经历了线弹性阶段（OA 段）和非线性弹性阶段（AB 段）。应力超过屈服应力以后，如卸载，则应力与应变关系就不再按原路径回到原始状态，而有残余应变，即有塑性应变保留下来。BC 段称为塑性平台。在 BC 段，在应力不变的情况下材料可继续发生变形，通常称之为塑性流动。

当应力达到 σ_D 时，如卸载，则应力-应变关系自点 D 沿 DE 到达点 E，OE 为塑性应变部分，ED' 为弹性应变部分。就是说，总应变可分为两部分：弹性部分 ε^e 和塑性部分 ε^p，即总应变为 $\varepsilon = \varepsilon^p + \varepsilon^e$。若在点 D 卸载后重新加载，则在 $\sigma < \sigma_D$ 以前，材料呈弹性性质；当 $\sigma > \sigma_D$ 以后才重新进入塑性阶段。这就相当于提高了屈服应力，也相当于增加了材料内部对变形的抵抗能力。材料的这种性质叫作强化。

综上所述，弹性变形是可逆的，物体在变形过程中所储存起来的能量在卸载过程中将全部释放出来，物体的变形可完全恢复到原始状态。这就是说，在弹性阶段，如已知应力值，则相应的应变可唯一确定。材料在弹塑性阶段时就不是这样，除了应变不可恢复性之外，应力和应变不再有一一对应的关系，即应变的大小和加载的历史有关（图 7-1）。

线性弹性力学只讨论应力 - 应变关系服从 *OA* 直线变化规律的问题（对于非线性弹性力学问题，即 *OB* 为曲线的情况，本书不加讨论）。塑性力学则讨论材料在破坏前的弹塑性阶段的力学问题。容易理解，塑性力学问题要比弹性力学问题复杂得多，但为更好地了解固体材料在外力作用下的性质，塑性理论的研究是十分必要的。对于工程结构的设计来说，如不进行弹塑性分析，则有可能导致浪费或不安全，乃至出现以弹性设计代替塑性设计的错误。鉴于问题的复杂性，通常在塑性理论中要采用简化措施，使在反映具体问题的主要特征的前提下，将上述应力 - 应变曲线理想化。图 7-2 是几种简化模型，这些模型是根据具体问题的特点对应力 - 应变图形（图 7-1）所进行的简化。

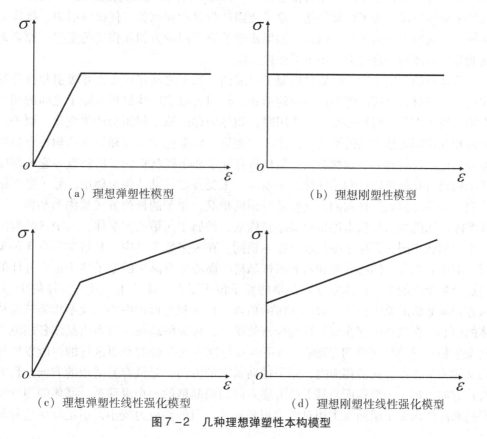

（a）理想弹塑性模型　　　　　　　　（b）理想刚塑性模型

（c）理想弹塑性线性强化模型　　　　（d）理想刚塑性线性强化模型

图 7-2　几种理想弹塑性本构模型

7.1.3　塑性变形机理简述

从上节中可以发现，固体材料在受力以后就要产生变形，从变形开始到破坏一般可能要经历两个阶段，即弹性变形阶段和塑性变形阶段。根据材料特性的不同，有的弹性阶段较明显，而塑性阶段很不明显，像一般的脆性材料那样，往往弹性阶段以后紧跟着就是破坏；有的则弹性阶段很不明显，变形一开始就伴随着塑性变形。弹塑性变形总是耦联产生，像混凝土材料就是这样。不过大部分固体材料都呈现出明显的弹性变形阶段和塑性变形阶段。今后我们主要讨论这种有弹性与塑性变形阶段的固体，并统称为弹塑性材料。

由材料力学知道，弹性变形是物体卸载以后能完全消失的那种变形；而塑性变形则是指卸载后不能消失而残留下来的那部分变形。产生以上两种变形的机理，应从材料内部原子间力的作用来分析。实际上，固体材料之所以能保持其内部结构的稳定性，是由于组成该固体材料（如金属）的原子间存在相互平衡的力。吸引力使各原子彼此接近，而短程排斥力则使各原子间保持一定的距离。在正常情况下，这两种力保持平衡，原子间的相对位置处于一种规则排列的稳定状态。受外力作用时，这种平衡被打破。为了恢复平衡，原子便需产生移动和调整，使得吸引力、排斥力和外力之间取得新的平衡。因此，如果知道了原子间的力相互作用的定律，原则上就能算出晶体在一定外力作用下的弹性反应。

从微观的角度来看，物质是由原子组成的。原子之间存在着相互吸引和排斥的作用。固体材料之所以能保持一定的形状，是因为组成固体材料的原子之间的相互作用力处于平衡，当物体受外力作用时，物体内部的原子间距会产生变化，原子之间的相互作用力达到新的平衡，物体产生变形。根据化学组成和微观结构特点材料可分为金属材料和非金属材料。金属材料有异于非金属材料的突出特点是它内部原子结构具有几何规则性和周期性。在新生、未受外部扰动的纯金属中，原子是严格按照一定的几何规则排列的，这就是所谓的单晶，原子的排列方式被称为晶格。工程实际应用的金属材料由许多单晶晶粒构成，即属于所谓的多晶体，其中各晶粒的大小和形状不同，其原子排列取向也不相同。在大多数金属中，晶格主要有 3 种类型，即面心立方、体心立方和六方密排晶格。面心立方晶格的原子位于正立方体的角点及各个面的中心；体心立方晶格的原子位于正立方体的角点及立方体的中心；六方密排晶格的原子位于六边形柱体的角点、顶面和底面的中心，及不相邻三角柱体的中心。在晶格中存在原子排列最密的平面，称为解理面，因为当晶格各层原子间发生相对滑动时（剪切变形），总是沿着与这些面平行的平面进行的，所以解理面又称为滑移面。在滑移面内，原子排列最密的方向，是最容易滑动的方向，称为滑移方向。每一个滑移面与其上的滑移方向构成晶格的一个滑移系。晶体的塑性变形是和晶体内原子层间发生相对滑动相联系的。当外加应力较小，不足以使这种滑动发生时，晶格的畸变是弹性的，因而晶体的总体变形也是弹性的。当外加应力在某一滑移面上某一滑移方向的剪应力分量（称之为分解剪应力）到达该滑移系的极限剪应力时，该滑移系开始滑动，若外力进一步增加，相邻近的滑移系也将发生滑动，从而形成滑移带，其厚度约为100个原子间距量级，滑移带逐步扩展，与晶体的表面相交，就表现出滑移线。

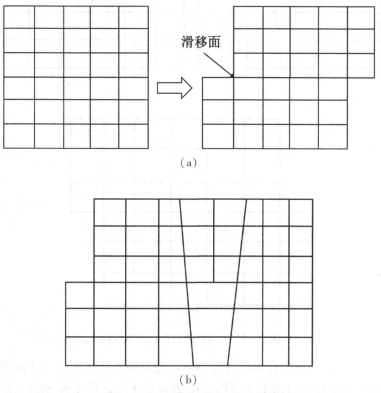

图7-3　理想晶格滑移和位错示意

在单晶体内一旦塑性变形产生，上下原子层相互之间沿滑移面至少滑动一个原子间距量级的距离，如图7-3（a）所示。早在20世纪20年代，人们提出使用位错理论来解释这种偏差。位错是实际晶体在结晶时受到杂质、温度变化时，内部质点排列变形，原子行列相互滑移，而不再符合理想晶体的有序排列所形成的线状缺陷，如图7-3（b）所示。位错的存在使得其附近的原子排列成畸形，直到很远才恢复正常。位错的存在改变了晶体的剪切滑移方式，它不是滑移面上原子层的所有原子同时一起发生滑动，而是位错上的原子首先发生滑动，同时位错线的位置也逐步移动，最终使得滑移面上下原子层滑动一个晶格的间距，如图7-4所示。由于每次只需将位错线上原子的原子键断开，因此推动滑移的剪切力很低。同时由于剪切滑动是逐步进行的，材料会表现出较好的延性。

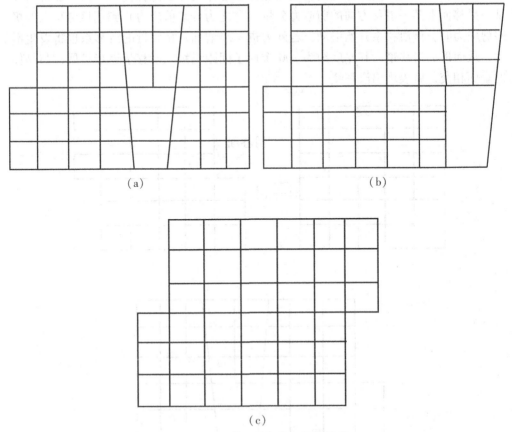

(a)　　　　　　　　　　　　　　(b)

(c)

图 7-4　位错运动与剪切滑移示意

如图 7-4 所示，位错在晶体内运动将引起晶体内原子层沿滑动面滑动，这就是金属材料产生塑性变形的主要原因。位错运动主要起因于外加的工作应力，但是，这种运动不是完全自出的要受到各种阻力。材料屈服极限的提高，归根结底是由于位错运动的阻力增加。阻力主要来自两个方面，一是位错之间的相互作用，二是金属中存在的非纯原子（所谓杂质原子）。根据上面的描述，单晶体在外力作用下的塑性变形显然与外力相对于晶体取向的方向有关。因此，单晶体是各向异性的，工程中实际应用的金属都是多晶体，由无数的单晶晶粒构成，我们所研究的物质点将包含大量的单晶晶粒，这些晶粒的取向是无序的，且大小和形状各不相同，因此，在外力不太大时，材料从宏观上是各向同性的。当它在某一方向承受很大的外力时，材料内的各个晶粒将逐渐向一共同的方向——外力施加方向转动，形成所谓的择优取向，使材料逐渐变为各向异性。实际材料中的位错形式和分布及其运动非常复杂。直接由复杂的位错模型建立材料的塑性理论是细微观塑性力学的重要内容之一。

7.2　塑性力学基本概念

7.2.1　塑性硬化

由于后继屈服的问题是一个很复杂的问题，不易用实验的方法来完全确定后继屈服函数 f 的具体形式。特别是随着塑性变形的增长，材料的各向异性效应愈益显著，问题变得更加复杂了。所以，这是一个有待进一步研究的问题。为了便于应用，通常从一些实验资料出发，作一些假定来建立一些简化的硬化模型，并由此给出硬化条件，即后继屈服条件。下面介绍几种常用的模型及其相应的硬化条件。

7.2.1.1　单一曲线假设

单一曲线假设认为，对于塑性变形中保持各向同性的材料，在各应力分量成比例增加的所谓简单加载的情况下，其硬化特性可以用应力强度 σ_i 和应变强度 ε_i 的确定的函数关系来表示，即

$$\sigma_i = \Phi(\varepsilon_i) \qquad (7-1)$$

并且认为这个函数的形式和应力状态的形式无关，而只和材料特性有关。所以可以根据在简单应力状态下的材料实验，如简单拉伸实验来确定。在简单拉伸的状态下，σ_i 正好就是拉伸应力 σ，ε_i 就是拉伸正应变 ε，所以式（7-1）所代表的曲线和拉伸应力 - 应变曲线是一致的（图 7-5）。

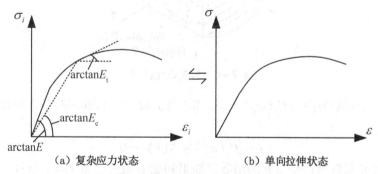

（a）复杂应力状态　　　　　　（b）单向拉伸状态

图 7-5　应力 - 应变曲线

此时，材料的硬化条件为 σ_i - ε_i 曲线的切线模量为正，即

$$E_t = \frac{\mathrm{d}\sigma_i}{\mathrm{d}\varepsilon_i} > 0 \qquad (7-2)$$

另外，要求

$$E \geq E_c \geq E_t > 0 \qquad (7-3)$$

式中，E 为弹性模量，E_c 为割线模量，E_t 为切线模量。对于体积不可压缩材料，泊松比 $\mu = 0.5$，则弹性模量 E 和剪切弹性模量 G 之间有下列关系：

$$E = 2(1 + \mu)G = 3G \qquad (7-4)$$

7.2.1.2 等向硬化模型

式（7-1）所示的条件称为单一曲线假设，它可以用于全量理论。对于复杂加载（非简单加载），寻找一个合适的描述硬化特性的数学式即硬化条件的问题就相当复杂。可以说，到目前为止，这个问题并没有得到很好的解决。但是已经提出了几种硬化模型，并在实际中得到了应用。

这些硬化模型中最简单的一种称为等向硬化模型。它既不涉及静水应力的影响，也不考虑包申格（Bauschinger）效应即由塑性变形引起的各向异性。这样，该模型假定后继屈服面在应力空间中的形状和中心位置 O 保持不变，但随着塑性变形的增加，而逐渐等向地扩大。如采用米泽斯（Mises）条件，在 π 平面上就是一系列的同心圆；若采用特雷斯卡（Tresca）条件，就是一连串的同心正六边形，如图 7-6 所示。

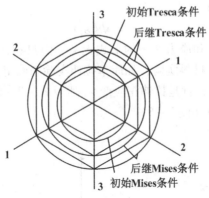

图 7-6　等向硬化模型

如果初始屈服条件为 $f^*(\sigma_{ij}) = 0$，那么等向硬化的后继屈服条件即硬化条件可表示为

$$f = f^*(\sigma_{ij}) - K(k) = 0 \qquad (7-5)$$

其中，参数 K 是标量内变量 k 的函数，如果初始屈服条件取 Mises 条件，则相应的等向硬化条件可表示为

$$f = \sigma_i - K(k) = 0 \qquad (7-6)$$

这里函数 σ_i 是决定屈服面形状的，在 π 平面，它们是以 $K(k)$ 为参数的一族同心圆，而圆的半径是由函数 $K(k)$ 决定的。对初始屈服，$K(k) = $ 常数 $= K\sigma_3$，式（7-

6) 就成为 Mises 条件的表达式。随着塑性变形的发展和硬化程度的增加，$K(k)$ 从初始值按一定的函数关系递增。关于这种关系，有多种假设。一种假设是：硬化程度只是总塑性功的函数，而与应变路径无关。根据这一假设，硬化条件可以写成

$$\sigma_i = F(W_p) \tag{7-7}$$

式中，W_p 是在某一有限变形过程中花费在单位体积上的总塑性功（即塑性比功）。

$$W_p = \int dW_p = \int (\sigma_x d\varepsilon_x^p + \sigma_y d\varepsilon_y^p + \sigma_z d\varepsilon_z^p + \tau_{xy} d\gamma_{xy}^p + \tau_{yz} d\gamma_{yz}^p + \tau_{zx} d\gamma_{zx}^p)$$

$$= \int \sigma_{ij} d\varepsilon_{ij}^p \tag{7-8}$$

积分是从初始状态沿着真实的应变路径来进行的。

7.2.1.3　随动硬化模型

随动硬化模型是考虑 Bauschinger 效应的简化模型。该模型假定材料将在塑性变形的方向 OP_+（图 7-7）上被硬化（即屈服值增大），而在其相反方向 OP_- 上被同等地软化（即屈服值减小）。这样，在加载过程中，随着塑性变形的发展，屈服面的大小和形状都不变，只是整体地在三维应力空间中作平移，如图 7-7 所示。所以，这个模型可在一定程度上反映 Bauschinger 效应。

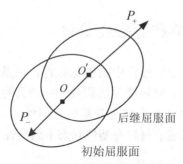

图 7-7　随动硬化示意

如初始屈服条件为 $f^*(\sigma_{ij}) - C = 0$，则对随动硬化模型，后继屈服条件即硬化条件可表示为

$$f = f^*(\sigma_{ij} - \hat{\sigma}_{ij}) - C = 0 \tag{7-9}$$

式中，C 为常数，$\hat{\sigma}_{ij}$ 为初始屈服面在应力空间内的位移。如选用中心点 O 为参考点，则 $\hat{\sigma}_{ij}$ 就是中心点的位移，它的大小反映了硬化程度，$d\hat{\sigma}_{ij}$ 就是表示硬化程度的参数，是 $d\varepsilon_{ij}^p$ 的函数。令

$$d\hat{\sigma}_{ij} = \alpha d\varepsilon_{ij}^p \tag{7-10}$$

这里的 α 为材料常数，由实验确定，这就是线性随动硬化模型。

7.2.1.4　组合硬化模型

为了更好地反映材料的 Bauschinger 效应，可以将随动硬化模型和等向硬化模型结合起来，即认为后继屈服面的形状、大小和位置一起随塑性变形的发展而变化，这种模型称为组合硬化模型（图 7－8）。虽然这种模型可以更好地去符合实验结果，但由于十分复杂，不便于应用。

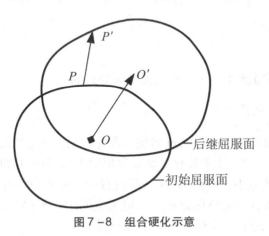

图 7－8　组合硬化示意

7.2.2　加载历史影响和德鲁克公设

前面介绍了材料在塑性变形过程中的硬化条件，以及加载、卸载和中性变载的准则。这里将要介绍一个关于材料硬化的假设——德鲁克公设。在这个公设的基础上，不但可以导出屈服面的一个重要而普遍的几何性质，即屈服面必定是外凸的，而且，根据这个公设，可以建立材料在塑性状态下的塑性变形规律即塑性本构关系。

7.2.2.1　稳定材料和不稳定材料

材料的拉伸应力－应变曲线有可能呈现如图 7－9 所示的几种形式。

对图 7－9（a）所示的材料，随着加载，应力有增量 $\Delta\sigma > 0$ 时，产生相应的应变增量 $\Delta\varepsilon > 0$，材料是硬化的。在这一变形过程中，$\Delta\sigma \cdot \Delta\varepsilon > 0$，表明附加应力 $\Delta\sigma$ 在应变增量 $\Delta\varepsilon$ 上做正功，具有这种特性的材料称为稳定材料或硬化材料。

图 7－9（b）所示的材料，应力－应变曲线在点 D 以后有一段是下降的，随着应变增加（$\Delta\varepsilon > 0$），应力减小（$\Delta\sigma < 0$）。此时，虽然总的应力仍做正功，但应力增量做负功，即 $\Delta\sigma \cdot \Delta\varepsilon < 0$。这样的材料称为不稳定材料或软化材料，而曲线下降部分称为软化阶段。

图 7－9（c）所示材料，在点 D 以后的区段内，应变随应力的增加而减小，这

表明一悬挂重物的吊杆，当增加悬挂物的重量时，重物反而上升，即重物可以从系统中"自由"提取有用功，这与能量守恒定律相矛盾，所以是不可能的。

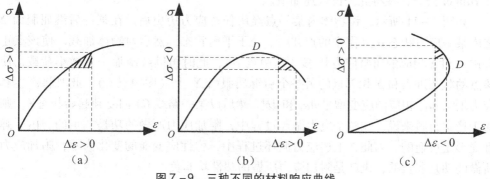

图 7-9　三种不同的材料响应曲线

7.2.2.2　德鲁克公设

以下我们将只讨论稳定材料，即硬化材料。如图 7-10 所示，对这种材料，由拉伸曲线可知，设材料由某个应力水平 σ^0 开始缓慢地加载达到 σ 时进入塑性状态；然后增加一个附加应力 $\mathrm{d}\sigma$，将引起一个相应的塑性应变增量 $\mathrm{d}\varepsilon^{\mathrm{p}}$；最后将应力重新缓慢地降回到原来的应力水平。在这一应力循环过程中，虽然应力回到原来的水平上，但变形不会回到原来的水平上；于加载阶段产生的弹性应变在卸载阶段可以恢复，相应的弹性应变能也可完全释放出来，但增加的塑性应变不可恢复而被保留，消耗于这部分塑性应变增量的塑性功（图 7-10 阴影部分）是不可逆的，将恒大于零。这部分塑性功可以分成图中所示的 A、B 两部分，这样就可以写出如下两个不等式

$$(\sigma - \sigma^0)\mathrm{d}\varepsilon^{\mathrm{p}} > 0 \qquad (7-11\mathrm{a})$$

$$\mathrm{d}\sigma\mathrm{d}\varepsilon^{\mathrm{p}} \geqslant 0 \qquad (7-11\mathrm{b})$$

式（7-11b）中的等号适用于理想塑性材料。

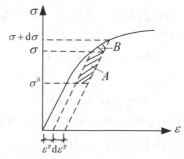

图 7-10　硬化材料应力-应变关系及功的推导

美国力学家德鲁克（D. C. Drüker）就将稳定材料的这一性质，结合热力学第一定律，推广一般应力状态的加载过程，提出一个关于稳定材料塑性功不可逆公设，即 Drüker 公设，现将此公设叙述如下。

如图 7-11 所示，设物体内某一点经历任意应力历史后，在某一后继屈服面 Σ 之内某一应力状态 σ_{ij}^0（图中的点 A）下处于平衡状态，然后对物体加载，使该点正好进入和 Σ 相应的屈服应力状态（图中点 B），此时再继续施加一个微小荷载，使该点的状态进入和 Σ 相邻近的另一个后继屈服面 Σ' 上（图中点 C），此时将产生和应力增量 $d\sigma_{ij}$ 相应的应变增量 $d\varepsilon_{ij}^e$ 和 $d\varepsilon_{ij}^p$，然后以某一路线 CA 回复到起始状态 A，则对于稳定材料来说，在整个应力循环过程中，附加应力所做的功是非负的。由于弹性变形是可逆的，因此在上述应力循环过程中，弹性应变能的变化为零，附加应力所做的功是非负的，也就是附加应力所做的塑性功非负。

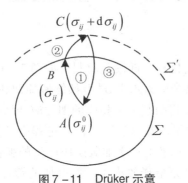

图 7-11　Drüker 示意

整个应力循环过程可以分为①、②、③三个阶段。①和③这两个阶段是弹性过程，不产生新的塑性变形，即在这些阶段，塑性应变增量为零，则塑性功增量也为零；只有在阶段②产生新的塑性变形，即产生塑性应变增量 $d\varepsilon_{ij}^p$，相应的塑性功增量即为整个应力循环中附加应力所作的塑性功。按 Drüker 公设，此塑性功为非负的，则有

$$(\sigma_{ij} + d\sigma_{ij} - \sigma_{ij}^0)d\varepsilon_{ij}^p \geq 0 \tag{7-12}$$

如果 $\sigma_{ij}^0 \neq \sigma_{ij}$，即起始应力状态点位于 Σ 之内，由于 $d\sigma_{ij}$ 是任意无穷小量，与 σ_{ij} 相比，可以略计，则式（7-12）可改写为

$$(\sigma_{ij} - \sigma_{ij}^0)d\varepsilon_{ij}^p \geq 0 \tag{7-13}$$

或写成功率的形式

$$(\sigma_{ij} - \sigma_{ij}^0)\dot{\varepsilon}_{ij}^p \geq 0 \tag{7-14}$$

这里取等号是考虑到中性变载（此时 $d\varepsilon_{ij}^p = 0$，或 $\dot{\varepsilon}_{ij}^p = 0$）的存在。

当 $\sigma_{ij}^0 = \sigma_{ij}$，即起始状态位于 Σ 上时，则有

$$d\sigma_{ij}d\dot{\varepsilon}_{ij}^p \geq 0 \tag{7-15}$$

或

$$\dot{\sigma}_{ij}\dot{\varepsilon}_{ij}^{\mathrm{p}} \geqslant 0 \qquad\qquad (7-16)$$

这两组不等式就是和单向拉伸时的不等式（7－11）相对应的。稍有不同的是第一组对应式中，式（7－13）和式（7－14）有等号，这是考虑到在复杂应力状态下，允许有中性变载存在，所以有等式关系。

由于塑性功是耗散能，所以这些不等式又称为最大塑性功原理或最大耗散能原理。这个原理是和 Drüker 公设等价的，凡是满足这些不等式的材料，就是稳定材料。

7.3　塑性本构关系

7.3.1　屈服条件简析

物体受到荷载作用以后，最初是产生弹性变形，随着荷载逐渐增加至一定程度，有可能使物体内应力较大的部位开始出现塑性变形，这种由弹性状态刚进入塑性状态的阶段叫初始屈服。问题是，当应力（或变形）发展到什么程度时，物体开始屈服呢？也就是要找出在物体内一点开始出现塑性变形时其应力状态所应满足的条件，称为初始屈服条件，有时简称为屈服条件，又称为塑性条件。有了这个条件，就不难回答上面的问题。

对简单的应力状态，这个问题是容易回答的。如对简单拉伸，当拉应力 σ 达到材料屈服极限 σ_{s} 时开始屈服，所以这个条件可写成 $\sigma = \sigma_{\mathrm{s}}$ 或 $\sigma - \sigma_{\mathrm{s}} = 0$ 的形式。对纯剪状态，是当剪应力 τ 达到材料剪切屈服极限 τ_{s} 时开始屈服，即纯剪的屈服条件为 $\tau = \tau_{\mathrm{s}}$ 或 $\tau - \tau_{\mathrm{s}} = 0$。

但是，在一般情况下，应力状态是由六个独立的应力分量确定的，显然我们不能简单地取某一个应力分量作为判断是否开始屈服的标准，何况这六个分量还和坐标轴的选择有关。但是有一点可以肯定的是，屈服条件应该和这六个应力分量有关，还和材料的性质有关，即屈服条件可以写成下面的函数关系

$$f(\sigma_x,\cdots,\tau_{xy},\cdots) = 0 \quad \text{或} \quad f(\sigma_{ij}) = 0 \qquad (7-17)$$

该函数就称为初始屈服函数。

初始屈服函数在应力空间中表示一个曲面，称为初始屈服面。它是初始弹性阶段的界限，应力点落在此曲面内的应力状态为初始弹性状态，若应力点落在此曲面上，则为塑性状态。这个曲面就是由达到初始屈服的各种应力状态点集合而成的，它相当于简单拉伸曲线上的初始屈服点。

若材料不仅是均匀的，而且是各向同性的（即对任一点的任何方向其力学性质都相同），f 应该和应力的方向无关。因此，f 应该用和坐标轴的选择无关的应力不变量来表示。如用三个主应力来表示：

$$f(\sigma_1, \sigma_2, \sigma_3) = 0 \tag{7-18}$$

或用应力张量的三个不变量来表示：

$$f(I_1(\sigma_{ij}), I_2(\sigma_{ij}), I_3(\sigma_{ij})) = 0 \tag{7-19}$$

实验结果证明，各向均匀应力状态只产生弹性的体积变化，而对材料的屈服几乎没有影响。因此，可以认为这个屈服条件和平均应力即 $I_1(\sigma_{ij})$ 无关，所以 f 又可以用应力偏张量的不变量来表示 [注意 $I_1(s_{ij}) = 0$]：

$$f(I_2(s_{ij}), I_3(s_{ij})) = 0 \tag{7-20}$$

7.3.2　特雷斯卡屈服准则

法国的特雷斯卡（H. Tresca）在 1864 年做了一系列把韧性金属挤过不同形状模子的实验。根据这些金属挤压实验，他提出的一个屈服条件是：当最大剪应力达到材料所固有的某一定值时，材料开始进入塑性状态，即开始屈服。所以这个条件就称为最大剪应力条件，又称为 Tresca 条件，它可以写成

$$\tau_{\max} = \frac{1}{2}k \tag{7-21}$$

此处 k 是和材料有关的一个常数。在知道主应力大小次序 $\sigma_1 \geqslant \sigma_2 \geqslant \sigma_3$ 时，式 (7-21) 可写成

$$\tau_{\max} = \frac{\sigma_1 - \sigma_3}{2} = \frac{k}{2} \tag{7-22}$$

即

$$\sigma_1 - \sigma_3 = k \quad \text{或} \quad \tau_{\max} = \frac{\sigma_1 - \sigma_3}{2} = \frac{k}{2} \tag{7-23}$$

在一般情况下，往往无法事先判明物体内各点的三个主应力大小的次序，所以通常将该条件写成如下形式

$$\left.\begin{array}{l} |\sigma_1 - \sigma_2| \leqslant k \\ |\sigma_2 - \sigma_3| \leqslant k \\ |\sigma_3 - \sigma_1| \leqslant k \end{array}\right\} \tag{7-24}$$

上式中至少有一个等式成立时，材料才开始塑性变形，否则仍处于弹性阶段。因为 $k > 0$，当然三个式子不能同时取等号。这个条件说明中间主应力和平均应力均不影响到材料的屈服。

如要将该条件表示成完整的式子，则可将式 (7-24) 改写成一般形式

$$[(\sigma_1 - \sigma_2)^2 - k^2][(\sigma_2 - \sigma_3)^2 - k^2][(\sigma_3 - \sigma_1)^2 - k^2] = 0 \tag{7-25}$$

将上式展开，并用不变量 $I_2(s_{ij})$、$I_3(s_{ij})$ 来表示，则为

$$4I_2^3(s_{ij}) - 27I_3^2(s_{ij}) - 9k^2I_2^2(s_{ij}) - 6k^4I_2(s_{ij}) - k^6 = 0 \tag{7-26}$$

这个式子太复杂了，一般情况下不采用。显然，在不知道主应力大小次序时，该条件使用起来是很不方便的。

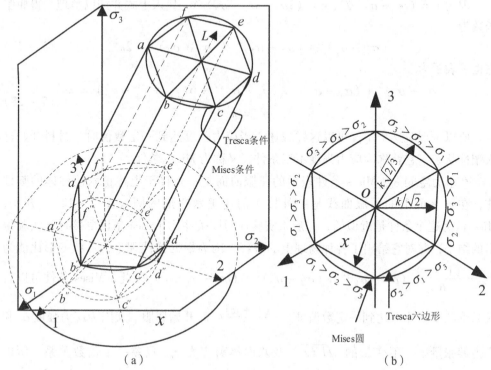

图 7 – 12　应力空间中 Tresca 和 Mises 准则所表示的屈服面

式（7 – 24）的第一式表明它和平均应力 σ_m 及 σ_3 无关。所以，在应力空间中，它表示两个平行于 σ_3 轴和 L 直线的平面。同样式（7 – 24）的第二、三两个式子分别表示平行于 σ_1 轴和 L 线的两个平面及平行于 σ_2 轴和 L 线的两个平面。由这六个平面组成的屈服曲面是一个以 L 为轴线的正六棱柱 ［图7 – 12（a）］，其在 π 平面上的投影即屈服曲线为一个正六边形，称为 Tresca 六边形。其外接圆的半径为 $k\sqrt{2/3}$，其内切圆的半径为 $k\sqrt{2}$［图 7 – 12（b）］。

7.3.3　米泽斯屈服准则

以式（7 – 24）的三个不等式表示的 Tresca 条件应用于空间问题时引起了数学上的不便，因此提出了以外接圆柱代替六棱柱的想法。根据这个想法，米泽斯（Ludwig von Mises）于 1918 年提出了一个条件。根据这个设想，屈服曲线就是 Tresca 六边形的外接圆，它的方程为 ［参见图 7 – 12（b）］

$$x^2 + y^2 = \left(k\sqrt{\frac{2}{3}} \right)^2$$

因为 $x = (\sigma_1 - \sigma_3)/\sqrt{2}$，$y = (2\sigma_2 - \sigma_1 - \sigma_3)/\sqrt{6}$，代入上式并加以整理，得屈服函数为

$$(\sigma_1 - \sigma_2)^2 + (\sigma_2 - \sigma_3)^2 + (\sigma_3 - \sigma_1)^2 = 2k^2 \qquad (7-27)$$

它也可表示为

$$(\sigma_x - \sigma_y)^2 + (\sigma_y - \sigma_z)^2 + (\sigma_z - \sigma_x)^2 + 6(\tau_{xy}^2 + \tau_{yz}^2 + \tau_{zx}^2) = 2k^2$$
$$\sigma_i = k \qquad (7-28)$$

所以，现时这个条件可以这样叙述：当应力强度达到一定数值时，材料开始进入塑性状态，它就称为应力强度不变条件，又称为 Mises 条件。

在应力空间内，Mises 条件表示的屈服曲面是一外接于上述正六棱柱体的圆柱体，在 π 平面上的屈服曲线是一外接于前述正六边形的圆（图 7 - 12）。开始，Mises认为这个条件是近似的，但后来实验证明该条件比 Tresca 条件更接近于实验得出的结果，并对它给出了各种物理上的解释。因为根据弹性理论，形状变形比能为 $W_d = \dfrac{(1+\mu)}{6E}[(\sigma_1 - \sigma_2)^2 + (\sigma_2 - \sigma_3)^2 + (\sigma_3 - \sigma_1)^2]$。因此，Mises 条件可以看成当形状变形比能达到一定数值 $W_d = \dfrac{(1+\mu)}{3E}k^2$ 时开始屈服。又因为应力强度 σ_i 和应力偏张量第二不变量的 $\sqrt{I_2(s_{ij})}$ 及八面体剪应力 τ_{oct} 只差一个倍数关系，所以 Mises 条件也可以认为是当应力偏张量第二不变量达到一定数值 $\left[I_2(s_{ij}) = \dfrac{1}{3}k^2 \right]$ 或八面体剪应力达到一定数值 $\left(\tau_{oct} = \dfrac{\sqrt{2}}{3}k \right)$ 时开始屈服。又因为过物体内一点任意平面上剪应力的均方值 $\bar{\tau}^2 = \dfrac{1}{15}[(\sigma_1 - \sigma_2)^2 + (\sigma_2 - \sigma_3)^2 + (\sigma_3 - \sigma_1)^2]$，所以 Mises 条件又可解释为 $\bar{\tau}^2$ 达到一定数值 $\left(\bar{\tau}^2 = \dfrac{2}{15}k^2 \right)$ 时材料即开始屈服。

Tresca 条件说明屈服只决定于最大和最小主应力，而 Mises 考虑了中间主应力对屈服的影响，说明屈服和三个主应力都有关系。但同样地两者都没有考虑平均应力对屈服的影响。

两个屈服条件中的常数 k 是和材料有关的量。它可以通过简单拉伸或纯剪切等简单试验来加以确定。因为这些屈服条件对各种应力状态都是适用的，当然也适用于简单的应力状态。如作简单拉伸试验，此时除 σ_1 以外其余的主应力分量为零，且 $\sigma_1 = \sigma_s$ 时屈服，将它们代入上述的屈服条件表达式，无论对 Tresca 条件或对 Mises 条件，都有 $k = \sigma_1 = \sigma_s$。所以，这里的 k 就是材料拉伸屈服极限 σ_s。

如作纯剪试验，此时除 τ_{xy} 不为零，其他应力分量都为零。从试验知道，当 τ_{xy} 达到材料剪切屈服极限 τ_s 时，即 $\tau_{xy} = \tau_s$ 时开始屈服。此时，根据表示 Tresca 条件的式 (7-21)，应有 $k = 2\tau_s$，即常数 k 是材料剪切屈服极限的两倍；而根据表示 Mises 条件的式 (7-28)，应有 $k = \sqrt{3}\tau_s$。从这里可以看出，根据 Tresca 条件，材料的剪切屈服极限 τ_s 应该是拉伸屈服极限 σ_s 的 0.5 倍；而根据 Mises 条件，应是 0.577 倍。试验表明，对一般的工程材料，$\tau_s = (0.56 \sim 0.6)\sigma_s$，因此 Mises 条件比 Tresca 条件更符合实际些。但是，在事先可判明主方向并能确定其三个主应力数值大小次序的情况下，应用 Tresca 条件更方便些。由于这两个条件在使用上各有其方便之处，所以，实际上这两个条件都在被使用。

现在，简单地说明一下两个条件的差别。设 $\sigma_1 \geqslant \sigma_2 \geqslant \sigma_3$，取 $k = 0$，则 Tresca 条件表示为

$$\frac{\sigma_1 - \sigma_3}{\sigma_3} = 1 \qquad\qquad (7-29)$$

用 μ_σ 表示 σ_2，然后代入式 (7-27)，消去其中的 σ_2，则 Mises 条件表示为

$$\frac{\sigma_1 - \sigma_3}{\sigma_3} = \frac{2}{\sqrt{3 + \mu_\sigma^2}} \qquad\qquad (7-30)$$

令

$$\beta = \frac{2}{\sqrt{3 + \mu_\sigma^2}}$$

上式改写成

$$\frac{\sigma_1 - \sigma_3}{\sigma_3} = \beta \qquad\qquad (7-31)$$

因为 $0 \leqslant |\mu_\sigma| \leqslant 1$，所以 $1 \leqslant \beta \leqslant 1.15$。即 $\mu_\sigma = 0$（纯剪状态），$\beta = 1.15$，比较式 (7-29) 和 (7-30) 可知，此时两个条件相差为 15%。而 $|\mu_\sigma| = 1$（单向拉伸或压缩状态），$\beta = 1$，则此时两个条件是一致的。所以，事实上 Tresca 条件和 Mises 条件的差别并不大，如果取处于外接圆和内切圆中间的圆作为屈服曲线，则差别将进一步减小。

Tresca 条件和 Mises 条件主要是适用于延性金属材料。虽然在工程上也有将 Tresca 条件用于一些只具有黏聚强度的土壤和岩石，以及将 Mises 条件用于某些岩石和水饱和黏土的情况，但一般来说，这两个条件用于土壤、混凝土和某些岩石这类非金属材料是不理想的。因为这两个条件都忽略了平均应力即静水应力对屈服的影响，而实验证实，平均应力对这类非金属材料的屈服起着重要的作用。

7.3.4　加载面和内变量

7.3.4.1　加载面的概念

前面几节集中讨论的屈服条件是指材料在未经受过任何塑性变形的情况下进入初始屈服时应满足的条件，对应的屈服面称之为初始屈服面。

由于屈服面是弹性区的边界，并将弹性区包含在内，当应力路径在不超出屈服面的范围内（即在屈服面内或沿着屈服面）变化时，不会产生塑性变形，材料响应是弹性的；屈服面以外是塑性区，当应力路径从屈服面上一点向屈服面外变化时，例如图7－13中从点 A 变化到点 B，将产生塑性变形。单轴拉伸下进入初始屈服后，随着塑性变形的增长屈服极限会提高，即产生硬化；类似地，复杂应力情况下材料的硬化表现为，随着塑性变形的产生，屈服面（即弹性区的边界）会随之改变。具体来说，从当前的应力状态（点 B）卸载回到弹性状态，然后沿任意路径重新施加应力，比如沿着图7－13中的路径 BDO 卸载回到零应力状态，再沿 OEF 路径施加应力，当应力状态达到初始屈服面（图中点 E）时，材料不会屈服，只有当应力状态达到新的屈服面（图中点 F）时，材料才会重新屈服，因此，屈服面改变。若沿着应力路径向新的屈服面外变化，又将产生新的塑性变形，进而使得屈服面再次改变。因此，随着塑性变形的不断发展，屈服面会不断地变化，材料不断地得到硬化。通常将变化中的屈服面称为后继屈服面或加载面，将应力空间中描述加载面的方程称为后继屈服条件或加载条件。

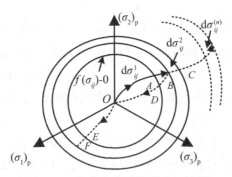

图7－13　演化中的屈服面（加载面）

显然，加载面或加载条件的变化取决于材料所经历的塑性变形历史。使用一组内变量 $\xi_\beta(\beta=1,2,\cdots,n)$ 描述塑性变形历史，它可以是一个标量，或多个标量，也可以是张量，则加载条件可表达为

$$f(\sigma_{ij},\xi_\beta)=0 \qquad (7-32)$$

式中，σ_{ij}，ξ_β 称为后继屈服函数或加载函数。式（7-32）在应力空间所代表的加载面是一簇以 ξ_β 为参数的曲面，即 ξ_β 的等值面。材料进入初始屈服时尚未产生塑性变形，$\xi_\beta = 0$，式（7-32）退化为前面讨论过的初始屈服面。随着塑性变形的产生和发展，内变量 ξ_β 不断变化，加载面将按照式（7-32）确定的关系随之产生改变，这种改变也称演化。加载面随内变量演化的规律，实质上就是材料的硬化规律。

现在的问题是：①如何定义描述塑性变形历史的内变量；②如何确定材料的硬化规律。

7.3.4.2　内变量

定义内变量的方法通常有两种：一是微细观物理方法，就是使用描述材料内部微细结构不可逆改变的微细观变量作为内变量，比如金属材料中的位错密度、晶格取向分布等；二是宏观唯象方法，内变量通过塑性应变和其他宏观变量构造而成，塑性应变本身就是这种类型的内变量。

最简单的宏观本构关系中采用的宏观唯象内变量，除塑性应变之外，是一个被称为硬化参数的变量。对于硬化参数的定义，一般要求它随塑性变形而递增，即只要产生新的塑性变形，硬化参数就应增加，否则，硬化参数不会改变。通常使用的硬化参数有两个，一个是累积塑性应变，另一个是塑性功，下面使用增量的概念对这两个量的定义进行说明。

同应变率的定义一样，单位时间内的应力增量称为应力率，即 $\dot{\sigma}_{ij} = \dfrac{\partial \sigma_{ij}}{\partial t}$，在微小时间增量 dt 内的应力增量 $d\sigma_{ij} = \dot{\sigma}_{ij}dt$。将整个加载过程看作由一系列应力增量 $d\sigma_{ij}$ 组成，如图 7-13 所示，对于任意应力增量 $d\sigma_{ij}$，若产生的塑性应变增量为 $d\varepsilon_{ij}^p$，其偏量为 de_{ij}^p，累积塑性应变增量 $\overline{d\varepsilon^p}$ 则定义为

$$\overline{d\varepsilon^p} = \sqrt{\frac{2}{3}de_{ij}^p de_{ij}^p} \qquad (7-33)$$

当屈服条件与静水压力无关时，塑性体积应变为零，即塑性体积是不可压缩的，故 $de_{ij}^p = d\varepsilon_{ij}^p$，累积塑性应变增量可表示为

$$\overline{d\varepsilon^p} = \sqrt{\frac{2}{3}d\varepsilon_{ij}^p d\varepsilon_{ij}^p} \qquad (7-34)$$

塑性功增量是指单位体积内应力在塑性应变增量 $d\varepsilon_{ij}^p$ 上所做的功，为

$$dW^p = \sigma_{ij}d\varepsilon_{ij}^p \qquad (7-35)$$

这部分能量是不可恢复的，它将在塑性变形过程中耗散。通常将单位时间内的塑性功增量称为耗散功率，使用 D_p 表示，即有 $D_p = \dfrac{dW^p}{dt} = \sigma_{ij}\dot{\varepsilon}_{ij}^p$，该式中 $\dot{\varepsilon}_{ij}^p$ 是塑性应变率。显然，塑性功增量 $dW^p = D_p dt$。由于本书仅讨论率无关材料，使用增量的概念描述问题往往更直观，因此多数情况下使用 dW^p 而不是 D_p。

将每一个应力增量下的累积塑性应变增量或塑性功增量按照上面的式子计算，然后累加起来，即计算积分 $\int \overline{d\varepsilon^{p}}$ 或 $\int dW^{p}$，得当前状态的累积塑性应变或塑性功。

类似于等效应变的定义式，定义等效塑性应变为

$$\varepsilon^{p} = \sqrt{\frac{2}{3} e_{ij}^{p} e_{ij}^{p}} \quad \text{或} \quad \varepsilon^{p} = \sqrt{\frac{2}{3} \varepsilon_{ij}^{p} \varepsilon_{ij}^{p}} \quad （当塑性体积不可压缩时）\quad （7-36）$$

一般地，存在 $\int d\varepsilon^{p} \neq \varepsilon^{p}$。故两者只有在塑性应变各分量之间的比例在整个加载过程中始终保持不变且单调变化时，才能相等。

下面以图 7-14 所示的单轴实验曲线为例说明累积塑性应变和等效塑性应变的差别。假定塑性体积不可压缩，在应力增量 $d\sigma$ 作用下，塑性应变增量状态是

$$d\varepsilon_{11}^{p} = d\varepsilon^{p}, \quad d\varepsilon_{22}^{p} = d\varepsilon_{22}^{p} = -\frac{d\varepsilon^{p}}{2}, \quad d\varepsilon_{12}^{p} = d\varepsilon_{23}^{p} = d\varepsilon_{31}^{p} = 0 \quad （7-37）$$

将式（7-37）代入式（7-34），在拉伸曲线 OB 段时，得累积塑性应变为

$$d\varepsilon_{11}^{p} = d\varepsilon^{p}, \quad d\varepsilon_{22}^{p} = d\varepsilon_{22}^{p} = -\frac{d\varepsilon^{p}}{2}, \quad d\varepsilon_{12}^{p} = d\varepsilon_{23}^{p} = d\varepsilon_{31}^{p} = 0 \quad （7-38）$$

式中，ε^{p} 是当前的塑性应变。当应力从点 B 卸载，直到在 D 进入反向加载前，它等于 OC。经过反向加载到点 E 后再卸载到达点 O，DEO 段中形成的累积塑性应变正好也是 OC，因此总的累积塑性应变是 OC 的 2 倍。使用式（7-36）计算等效塑性应变可知，在任意阶段，它始终等于当前的塑性应变 ε^{p}。因此，在 BCD 段，它等于 OC，与累积塑性应变相等，但到达点 O 时，由于点 O 的塑性应变为零，它将为零，所以两者不等。

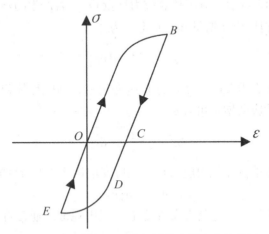

图 7-14　累积塑性应变与等效塑性应变的差别

7.3.4.3　一致性条件

根据上面的分析，应力状态（点）始终都不能位于加载面之外。当应力状态从加载而上向加载面外变化时，将产生新的塑性变形，引起内变量 ζ_β 增加，这时，加载面会随之改变，使得更新的应力状态处在更新的加载面上。具体来说，在 t 时刻，应力状态为 σ_{ij}，内变量为 ζ_β，位于加载面 $f(\sigma_{ij},\zeta_\beta)=0$ 上；在 dt 施加指向加载面外的应力增量 dσ_{ij}，在 $t+\mathrm{d}t$ 时刻，应力状态增加为 $\sigma_{ij}+\mathrm{d}\sigma_{ij}$，内变量相应地增加为 $\zeta_\beta+\mathrm{d}\zeta_\beta$，应力状态 $\sigma_{ij}+\mathrm{d}\sigma_{ij}$ 位于更新的加载面上，如图 7-15，即

$$f(\sigma_{ij}+\mathrm{d}\sigma_{ij},\zeta_\beta+\mathrm{d}\zeta_\beta)=0$$

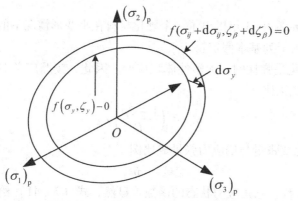

图 7-15　加载面演化与一致性条件

对上式使用泰勒级数展开，略去高阶项，并考虑到 $f(\sigma_{ij},\zeta_\beta)=0$，则得到加载过程中应力增量与内变量增量之间的关系，为

$$\frac{\partial f}{\partial \sigma_{ij}}\mathrm{d}\sigma_{ij}+\frac{\partial f}{\partial \zeta_\beta}\mathrm{d}\zeta_\beta=0 \tag{7-39}$$

式（7-39）称为一致性条件，它是根据加载过程中应力点始终保持在不断更新的加载面上这一原则导出的，它给出了内变量随应力改变的演化方程。

应当指出，对于强度、刚度等指标受到应变率影响的率相关材料，应力状态可以位于加载面之外。

7.4　增量型塑性本构关系简介

7.4.1　增量理论与全量理论

7.4.1.1　全量理论

　　A. A. Ilyushin 在 1943 年提出了一个硬化材料在小变形情况下的弹塑性全量本构理论，该理论引入下列基本假定：

　　（1）体积变化是弹性的，无塑性体积应变。因此，按照广义 Hooke 定律，体积应变与体积应力成正比

$$\varepsilon_{kk} = \left(\frac{1-2\mu}{E}\right)\sigma_{kk} \qquad (7-40)$$

　　（2）塑性应变张量与偏应力张量成比例

$$\varepsilon_{ij}^{\text{p}} = \eta s_{ij} \qquad (7-41)$$

式中，η 是比例系数，它是应力状态的函数。显然，式（7-41）给出的塑性应变是偏应变，加上弹性偏应变后得总的偏应变为

$$e_{ij} = \frac{1}{2G_{\text{s}}}s_{ij} \qquad (7-42)$$

式中

$$\frac{1}{2G_{\text{s}}} = \frac{1}{2G} + \eta \qquad (7-43)$$

　　式（7-42）形式上和广义 Hooke 定律相似，但这里的比例系数不是常数，它取决当前的应力状态，因此式（7-42）是非线性关系。

　　式（7-42）两边自身点积，得

$$e_{ij}e_{ij} = \frac{1}{4G^2}s_{ij}s_{ij}$$

　　使用等效应力和等效应变的定义式，有

$$\frac{1}{2G_{\text{s}}} = \frac{\sqrt{e_{ij}e_{ij}}}{\sqrt{s_{ij}s_{ij}}} = \frac{3\bar{\varepsilon}}{2\bar{\sigma}} \qquad (7-44)$$

　　（3）等效应力 $\bar{\sigma}$ 与等效应变 $\bar{\varepsilon}$ 之间存在一一对应的单值函数关系，即

$$\bar{\sigma} = \bar{\sigma}(\varepsilon) \ \text{或} \ \bar{\varepsilon} = \bar{\varepsilon}(\bar{\sigma})$$

　　实验证明：当材料几乎为不可压缩时，按照不同应力路径所得出的 $\bar{\sigma}-\bar{\varepsilon}$ 曲线

与单轴拉伸时的 $\sigma-\varepsilon$ 曲线十分相近，在工程计算中可视为相同，因而被称为单一曲线假定。这样，$\bar{\sigma}-\bar{\varepsilon}$ 的单值函数可通过单轴拉伸实验 $\sigma-\varepsilon$ 曲线确定。如图7－16所示，对于一般情况，使用式（7－44），故有

$$\frac{1}{2G_s(\bar{\sigma})}=\frac{3}{2}\frac{1}{E_s(\sigma)} \tag{7-45}$$

式中，$E_s(\bar{\sigma})$ 是 $\bar{\sigma}-\bar{\varepsilon}$ 关系曲线的割线模量，通过将单轴实验曲线割线模量 $E_s(\sigma)$ 中的 σ 替换成 $\bar{\sigma}$ 而获得。

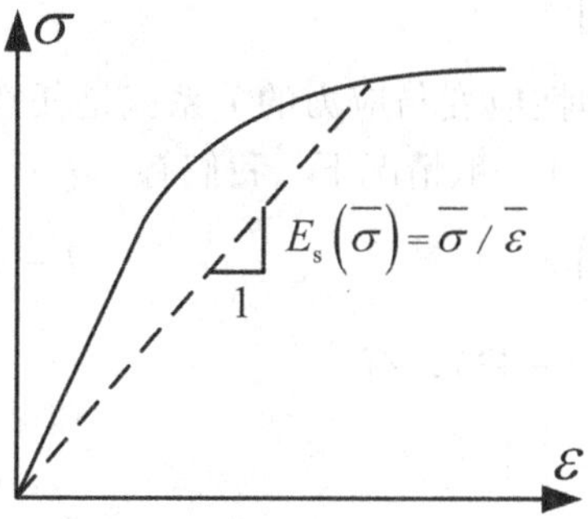

（a）复杂应力状态

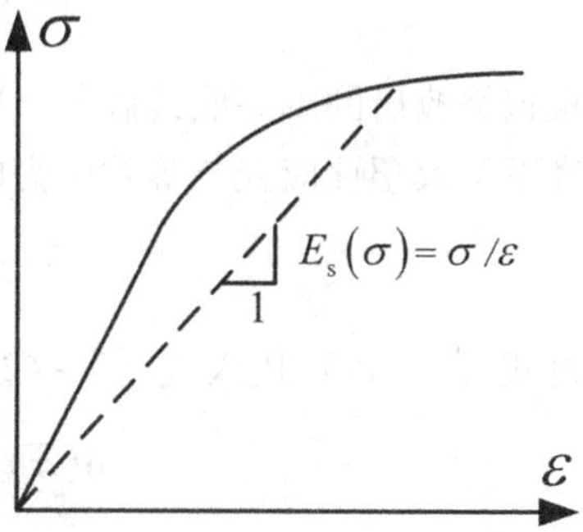

（b）单轴拉伸状态

图7－16　单一曲线假定

对于几乎不可压缩的材料，全量理论的应力－应变关系最后表示为

$$\frac{1}{2G_s(\bar{\sigma})}=\frac{3}{2}\frac{1}{E_s(\sigma)}s_{ij},\quad \varepsilon_{kk}=\left(\frac{1-2\mu}{E}\right)\sigma_{kk} \tag{7-46}$$

式（7－46）描述了加载过程中的弹塑性变形规律，在这里，加载的标志是等效应加单调增加。当 $\bar{\sigma}$ 减小或者不变时，本构关系服从广义 Hooke 定律。

应当指出：对于体积可压缩的材料（$\mu<0.5$），在弹性变形阶段，$\bar{\sigma}-\bar{\varepsilon}$ 的关系与单轴拉伸实验下 $\sigma-\varepsilon$ 的关系明显不一致。因为在单轴拉伸下，$\varepsilon=\sigma/E$，而使用式（7－43）和式（7－44），并考虑到 $\eta=0$，则有

$$\dot{\varepsilon}=\frac{\bar{\sigma}}{3G}$$

只有在体积不可压缩（$\mu=0.5$）时，$E=3G$，两者一致。所以，对于体积可压缩的材料，我们不能简单地按照式（7－45）通过 $\sigma-\varepsilon$ 的关系曲线确定 G_s，为此，将前面的单一曲线假定进行适当地修改，表述为：按照不同应力路径所得出的 $\bar{\sigma}-\bar{\varepsilon}^p$ 曲线与单轴拉伸时的 $\sigma-\varepsilon^p$ 一致。下面介绍通过 $\sigma-\varepsilon$ 曲线确定 G_s 的步骤。

式（7－41）两边自身点积，得

$$\varepsilon_{ij}^p\varepsilon_{ij}^p=\eta^2 s_{ij}s_{ij}$$

考虑到等效塑性应变的定义式，因此有

$$\eta = \frac{\sqrt{\varepsilon_{ij}^{p}\varepsilon_{ij}^{p}}}{\sqrt{s_{ij}s_{ij}}} = \frac{3\overline{\varepsilon}^{p}}{2\overline{\sigma}} \qquad (7-47)$$

在单轴拉伸实验下，塑性应变与应力之间的关系可表示为

$$\varepsilon^{p} = \varepsilon^{p} - \varepsilon = \varepsilon - \frac{\sigma}{E} = \left(\frac{\varepsilon}{\sigma} - \frac{1}{E}\right)\sigma$$

割线模量为 $E_{s}(\overline{\sigma}) = \sigma/\varepsilon$，上式可表示为

$$\varepsilon^{p} = \left[\frac{1}{E_{s}(\sigma)} - \frac{1}{E}\right]\sigma$$

根据修改后的单一曲线假定，单轴拉伸下的塑性应变与应力的关系就是任意应力路径下等效塑性应变与等效应力的关系。于是，在一般情况下，我们有

$$\overline{\varepsilon}^{p} = \left(\frac{1}{E_{s}(\overline{\sigma})} - \frac{1}{E}\right)\overline{\sigma} \qquad (7-48)$$

将式（7-48）代入式（7-42），再代入式（7-43），有

$$\eta(\overline{\sigma}) = \frac{3}{2}\left(\frac{1}{E_{s}(\overline{\sigma})} - \frac{1}{E}\right)$$

$$\frac{1}{2G_{s}} = \frac{1}{2G} + \eta(\overline{\sigma}) = \frac{1}{2G} + \frac{3}{2}\left(\frac{1}{E_{s}(\overline{\sigma})} - \frac{1}{E}\right) \qquad (7-49)$$

将式（7-49）代入式（7-42），于是，考虑材料弹性体积可压缩后，全量理论中偏应力与偏应变的本构关系变为

$$e_{ij} = \frac{s_{ij}}{2G} + \frac{3}{2}\left(\frac{1}{E_{s}(\overline{\sigma})} - \frac{1}{E}\right)s_{ij} \qquad (7-50)$$

当体积不可压缩（$\mu = 0.5$）时，$E = 3G$，式（7-49）退化为式（7-45），式（7-50）退化为式（7-46）的第一式。

7.4.1.2 全量理论的增量形式表示

在单轴拉伸下，显然有

$$d\varepsilon^{p} = d\varepsilon - d\varepsilon^{e} = \left(\frac{1}{E_{t}(\sigma)} - \frac{1}{E}\right)d\sigma$$

式中，$E_{t}(\sigma) = d\sigma/d\varepsilon$ 是切线模量。类似于上面的讨论，在一般情况下，有

$$d\overline{\varepsilon}^{p} = \left(\frac{1}{E_{s}(\overline{\sigma})} - \frac{1}{E}\right)d\overline{\sigma}$$

对式（7-48）两边取增量，并与上式比较，得

$$d\left(\frac{1}{E_{s}(\overline{\sigma})} - \frac{1}{E}\right) = \frac{d\overline{\sigma}}{\overline{\sigma}}\left(\frac{1}{E_{t}(\overline{\sigma})} - \frac{1}{E_{s}(\overline{\sigma})}\right)$$

将式（7-49）代入式（7-41），两边取增量，并考虑到上式，得全量理论本构方程的增量形式，为

$$d\varepsilon_{ij}^{p} = \frac{3}{2}\left(\frac{1}{E_s(\overline{\sigma})} - \frac{1}{E}\right)ds_{ij} + \frac{3d\overline{\sigma}}{2\overline{\sigma}}\left(\frac{1}{E_t(\overline{\sigma})} - \frac{1}{E_s(\overline{\sigma})}\right)s_{ij} \tag{7-51}$$

7.4.1.3　全量理论与增量理论的比较

（1）一致性。全量理论最大的特点是：在整个加载路径中，若不考虑卸载发生，它给出的应力、应变之间存在一一对应的确定关系，这就相当于非线性弹性应力－应变关系。因此，使用全量理论求解问题时，就不必按照增量理论考虑加载历史使用增量方式逐步进行，这给解题带来极大方便。

按照增量理论，一般来说，增量应力－增量应变本构关系是不可积的，即不能积分变成全量的形式，或者说，积分是路径相关的，即应变（塑性）不仅取决于应力状态，而且还取决于达到该状态的路径。下面将表明：在满足一定的加载条件即简单加载（比例加载）条件下，增量理论可积分得到应力与应变之间的全量关系，成为全量理论，这时两种理论一致。

对于 Mises 硬化材料，导出应力－应变的增量关系为

$$\left.\begin{aligned}de_{ij} &= \frac{1}{2G}ds_{ij} - d\lambda s_{ij} \\ d\varepsilon_{kk} &= \left(\frac{1-2\mu}{E}\right)d\sigma_{kk}\end{aligned}\right\} \tag{7-52}$$

这和理想弹塑性材料的 Prandtl－Reuss 的形式一样，只是 $d\lambda$ 的含义不一样，对于理想弹塑性材料，$d\lambda$ 不能由本构方程确定，而对于硬化材料，它应根据一致性条件确定。

在简单加载下，偏应力各分量之间的比例保持不变。对式（7－51）积分，得

$$\int_0^t de_{ij} = \frac{1}{2G}\int_0^t ds_{ij} + s_{ij}^0\int_0^t t d\lambda$$

令 $\eta = \frac{1}{t}\int_0^t t d\lambda$，因此得

$$\left.\begin{aligned}de_{ij} &= \frac{1}{2G}ds_{ij} - d\lambda s_{ij} \\ d\varepsilon_{kk} &= \left(\frac{1-2\mu}{E}\right)d\sigma_{kk}\end{aligned}\right\} \tag{7-53}$$

进一步在式（7－53）中令 $\frac{1}{2}G_s = \frac{1}{2}G + \eta$，得到的表达式与全量理论的表达式（7－42）相同。

（2）正交性。增量理论满足正交流动法则，即塑性应变增量与屈服面正交；全量理论不满足正交流动法则，由式（7－51）可知，塑性应变增量由两项组成，第二项与 s_{ij} 平行即与 Mises 屈服面正交，但第一项 ds_{ij} 一般不平行于 s_{ij}。

（3）连续性。增量理论中塑性应变增量随应力增量的变化是连续的，但全量理论不满足这种连续性。因为当应力增量从平行于 Mises 屈服面的外法线方向（$\mathrm{d}\sigma_{ij} /\!/ s_{ij}$）逐渐变为与 Mises 屈服面相切（$\mathrm{d}\sigma_{ij} \perp s_{ij}$，即 $\mathrm{d}\sigma_{ij}s_{ij} = 0$，从而 $\mathrm{d}\sigma = 0$）时，由式（7-51），$\mathrm{d}\varepsilon_{ij}^{\mathrm{p}} \neq 0$；当应力增量从屈服面内逐渐变为与屈服面相切时，由于处在弹性区，就有 $\mathrm{d}\varepsilon_{ij}^{\mathrm{p}} = 0$，因此不满足连续性，这是全量理论的重要缺点。

例如：考察到达状态 B 的两条路径，如屈服面（图7-17）。①路径 OAB：加载到点 A 后，在保持等效应力不变的情况下应力变化到点 B，根据全量理论，从点 A 到点 B 处于卸载，OAB 路径产生的塑性变形由点 A 的应力状态确定；②路径 $OA'B$：在开始同路径 OAB 一样，但在即将到达点 A，比如从与点 A 无限靠近的点 A' 处逐步增加等效应力而最终趋向点 B，由于一直处于加载状态，产生的塑性变形由点 B 的应力状态确定。状态 A 和状态 B，尽管它们的等效应力相等，且 η 相同，但应力状态不同，由此确定的塑性变形也不同。然而，这两条路径无限靠近，它们所产生的塑性变形应该相同。

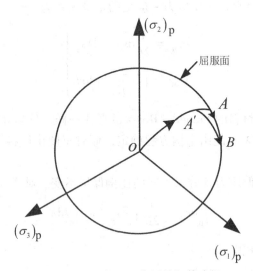

图7-17　两条无限靠近的加载路径

（4）对反向屈服的适用性。增量理论可以用于反向屈服的情况，而全量理论则不能。以单轴实验为例，如图7-14所示，当应力路径为 $OBCDEO$，对于点 E，由于该点的塑性应变为零，等效塑性应变 $\overline{\varepsilon}^{\mathrm{p}} = 0$，但该点应力不为零，等效应力 $\overline{\sigma} \neq 0$，显然不满足式（7-48）。

总结以上各点，全量理论在理论上有严重的缺陷。由于它在简单加载情况下给出了与增量理论相同的结果，所以严格地讲，全量理论只有在简单加载情况下才能使用。但通常认为，全量理论在偏离简单加载不远的加载路径中也可以近似地应用。Matin 等提出了极值路径的概念，表明在极值路径下，应力与应变之间可以写成全量的关系，从而从理论上扩展了全量理论的使用范围。

7.4.2　加/卸载准则

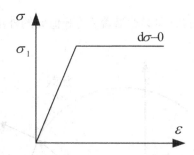

图 7 - 18　理想弹塑性材料的简单硬化模型

理想弹塑性材料的单轴拉伸应力 - 应变曲线简化为如图 7 - 18 所示，即忽略材料的硬化，认为屈服极限在加载过程中不变。在复杂应力状态下，理想弹塑性材料的屈服面不会改变，加载面与初始屈服面始终重合，应力状态只可能在屈服面上和屈服面内变化。当应力状态从屈服面上一点 σ_{ij} 移动到屈服面上另外一点 $\sigma_{ij} + \mathrm{d}\sigma_{ij}$，即 $\mathrm{d}\sigma_{ij}$ 与屈服面相切，为加载，这时可以发生任意的塑性变形。当应力状态从屈服面上移动到屈服面内，即 $\mathrm{d}\sigma_{ij}$ 指向屈服面内，则为卸载，此时不产生新的塑性变形，如图 7 - 19 所示。加载、卸载的判别准则可以用数学式表示为

$$f(\sigma_{ij}) = 0, \quad f(\sigma_{ij} + \mathrm{d}\sigma_{ij}) = 0 \quad 加载$$
$$f(\sigma_{ij}) = 0, \quad f(\sigma_{ij} + \mathrm{d}\sigma_{ij}) < 0 \quad 卸载$$

使用 Taylor 级数展开，略去高阶项，显然有

$$\mathrm{d}f = f(\sigma_{ij} + \mathrm{d}\sigma_{ij}) - f(\sigma_{ij}) = \frac{\partial f}{\partial \sigma_{ij}}\mathrm{d}\sigma_{ij} \tag{7 - 54}$$

因此，加载、卸载准则又可以写为

$$\left. \begin{array}{l} f(\sigma_{ij}) = 0, \quad \mathrm{d}f = \dfrac{\partial f}{\partial \sigma_{ij}}\mathrm{d}\sigma_{ij} = 0 \quad 加载 \\[2mm] f(\sigma_{ij}) = 0, \quad \mathrm{d}f = \dfrac{\partial f}{\partial \sigma_{ij}}\mathrm{d}\sigma_{ij} < 0 \quad 卸载 \end{array} \right\} \tag{7 - 55}$$

例如，对于 Mises 材料，加载、卸载准则可具体表示为

$$J_2(\sigma_{ij}) - \frac{\sigma_s^2}{3} = 0$$

$$\mathrm{d}J_2 = J_2(\sigma_{ij} + \mathrm{d}\sigma_{ij}) - J_2(\sigma_{ij}) = \frac{\partial J_2}{\partial \sigma_{ij}}\mathrm{d}\sigma_{ij} = s_{ij}\mathrm{d}\sigma_{ij} \begin{cases} = 0 \quad 加载 \\ < 0 \quad 卸载 \end{cases}$$

在应力空间中，$\mathrm{d}\sigma_{ij}$ 与 $\dfrac{\partial f}{\partial \sigma_{ij}}$ 分别代表两个矢量的分量。根据式（7 - 55），加载时这两个矢量的点积为零，说明两者正交；卸载时点积小于零，说明两者夹角大于

90°。根据前面的描述，加载时 $d\sigma_{ij}$ 与屈服面相切，卸载时 $d\sigma_{ij}$ 指向屈服面内。因此，$\dfrac{\partial f}{\partial \sigma_{ij}}$ 是沿着屈服面在应力值为 σ_{ij} 处的外法线方向，如图 7 - 19 所示（数学上，$\dfrac{\partial f}{\partial \sigma_{ij}}$ 是标量函数 f 的梯度，其方向必然沿着 f 的等值面的外法线方向）。

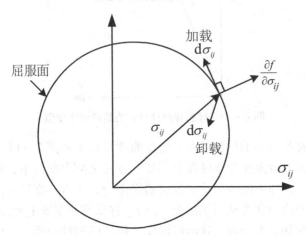

图 7 - 19　理想弹塑性材料加/卸载

　　理想弹塑性材料是一种简化的材料模型，实际材料在塑性阶段都会产生硬化。对于复杂应力状态下的硬化材料，当应力状态处在当前加载面上，再施加应力增量会出现 3 种可能性并由此产生 3 种不同的变形情形，如图 7 - 20 所示。

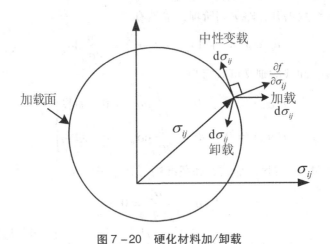

图 7 - 20　硬化材料加/卸载

　　（1）加载：应力增量指向加载面外，推动加载面变化，应力状态到达新的加载面上，会产生新的塑性变形，内变量 ζ_β 随之增加。

　　（2）中性变载：应力增量沿着加载面，即与加载面相切。因应力在同一个加载面上变化，内变量 ζ_β 将保持不变，不会产生新的塑性变形，但因为应力改变，会产生弹性应变。

（3）卸载：应力增量指向加载面内，变形从塑性状态回到弹性状态。材料相应是纯弹性的，因没有新的塑性变形产生，内变量 ζ_β 保持不变。

只有第一种情形产生新的塑性变形，其他两种情形只产生弹性变形。加、卸载的判别准则可用数学式表示如下：

$$\left.\begin{array}{lll} f(\sigma_{ij},\zeta_\beta) = 0, & f(\sigma_{ij} + \mathrm{d}\sigma_{ij},\zeta_\beta) > 0 & \text{加载} \\ f(\sigma_{ij},\zeta_\beta) = 0, & f(\sigma_{ij} + \mathrm{d}\sigma_{ij},\zeta_\beta) = 0 & \text{中性变载} \\ f(\sigma_{ij},\zeta_\beta) = 0, & f(\sigma_{ij} + \mathrm{d}\sigma_{ij},\zeta_\beta) < 0 & \text{卸载} \end{array}\right\} \qquad (7-56)$$

使用式（7-54），显然加载、卸载的判别准则又可表示为

$$\left.\begin{array}{lll} f(\sigma_{ij},\zeta_\beta) = 0, & \dfrac{\partial f}{\partial \sigma_{ij}}\mathrm{d}\sigma_{ij} > 0 & \text{加载} \\[3mm] f(\sigma_{ij},\zeta_\beta) = 0, & \dfrac{\partial f}{\partial \sigma_{ij}}\mathrm{d}\sigma_{ij} = 0 & \text{中性变载} \\[3mm] f(\sigma_{ij},\zeta_\beta) = 0, & \dfrac{\partial f}{\partial \sigma_{ij}}\mathrm{d}\sigma_{ij} < 0 & \text{卸载} \end{array}\right\} \qquad (7-57)$$

7.4.3　正交法则

外凸性的几何定义：过加载面上的任意一点作一超平面与加载面相切，该超平面若不再与加载面相交，即加载面位于超平面的一侧，则称加载面是外凸的。

设当前的应力状态为 σ_{ij}，位于加载面上的点 A，材料处于屈服状态，再施加指向加载面外的应力增量 $\mathrm{d}\sigma_{ij}$，使材料处于加载，将产生塑性应变增量 $\mathrm{d}\varepsilon_{ij}^{\mathrm{p}}$。为几何直观起见，建立塑性应变空间，并将其与应力空间重合，即与它们指标相对应的坐标轴重合，例如应力坐标轴 σ_{11} 与塑性应变坐标轴 $\varepsilon_{11}^{\mathrm{p}}$ 重合。将与空间中塑性应变增量 $\mathrm{d}\varepsilon_{ij}^{\mathrm{p}}$ 对应的矢量进行平移，让其起点位于加载面上的点 A（该点应力为 σ_{11}）。A^0 为加载面上或加载面内任意一点（该点应力为 σ_{11}^0），矢量 $\overrightarrow{A^0A}$（由 A^0 指向 A）就等于 $\sigma_{11}^0 - \sigma_{11}$，如图 7-21 所示。根据 Drüker 公设，矢量 $\overrightarrow{A^0A}$ 与 $\mathrm{d}\varepsilon_{ij}^{\mathrm{p}}$ 的点积应大于或等于零

$$\overrightarrow{A^0A} \cdot \mathrm{d}\varepsilon^{\mathrm{p}} \geqslant 0 \qquad (7-58)$$

即要求这两个矢量的夹角为锐角或直角。过点 A 作垂直于 $\mathrm{d}\varepsilon_{ij}^{\mathrm{p}}$ 的超平面，欲使式（7-58）成立，则必须有：① A^0 必须位于超平面与塑性应变增量 $\mathrm{d}\varepsilon_{ij}^{\mathrm{p}}$ 方向相反的一侧，即加载面必然是外凸的 ［图 7-21（a）］；②塑性应变增量 $\mathrm{d}\varepsilon_{ij}^{\mathrm{p}}$ 必须沿着加载面的外法线方向 $\boldsymbol{n}$，即与加载面正交 ［图 7-21（b）］。否则，总可以找到点 A^0，

使 $\overrightarrow{A^0A}$ 与 $\mathrm{d}\varepsilon_{ij}^{\mathrm{p}}$ 的夹角大于 $90°$，式（7-58）不成立。

由于 $\dfrac{\partial f}{\partial \sigma_{ij}}$ 代表加载面的外法线方向，根据上面的说明，塑性应变增量应为

$$\mathrm{d}\varepsilon_{ij}^{\mathrm{p}} = \mathrm{d}\lambda\,\frac{\partial f}{\partial \sigma_{ij}} \tag{7-59}$$

式中 $\mathrm{d}\lambda$ 是一个非负的比例因子，表示塑性应变增量的大小。由于塑性应变增量与加载面正交，式（7-59）称为塑性应变增量的正交流动法则。

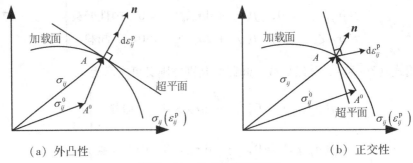

(a) 外凸性　　　　　　　　　　　　　　(b) 正交性

图 7-21　外凸性和正交性

下面应用正交流动法则使用屈服条件的一般表达式，给出塑性应变增量的一般表达式。使用复合求导法则，应有

$$\frac{\partial f}{\partial \sigma_{ij}} = \frac{\partial f}{\partial J_2}\frac{\partial J_2}{\partial \sigma_{ij}} + \frac{\partial f}{\partial J_3}\frac{\partial J_3}{\partial \sigma_{ij}} \tag{7-60}$$

根据塑性理论及偏应力张量不变量的定义，有

$$\frac{\partial J_2}{\partial \sigma_{ij}} = s_{ij}, \qquad \frac{\partial J_3}{\partial \sigma_{ij}} = s_{im}s_{mj} - \frac{2}{3}J_2\delta_{ij} = \tau_{ij} \tag{7-61}$$

将式（7-61）代入式（7-62），再代入正交流动法则式（7-59），得

$$\mathrm{d}\varepsilon_{ij}^{\mathrm{p}} = \mathrm{d}\lambda\,\frac{\partial f}{\partial \sigma_{ij}} = \mathrm{d}\lambda\left(\frac{\partial f}{\partial J_2}s_{ij} + \frac{\partial f}{\partial J_3}r_{ij}\right) \tag{7-62}$$

从式（7-62）可知，$r_{ij}=0$，是偏张量，由于 $s_{kk}=0$，有

$$\mathrm{d}\varepsilon_{kk}^{\mathrm{p}} = 0, \quad \mathrm{d}e_{ij}^{\mathrm{p}} = \mathrm{d}\varepsilon_{ij}^{\mathrm{p}} \tag{7-63}$$

这表明：塑性变形不改变体积，或者说塑性体积是不可压缩的，从而 $\mathrm{d}\varepsilon_{ij}^{\mathrm{p}}$ 是偏张量。导致这的原因是由于假定屈服函数 f 与静水压力无关，若与静水压力有关，则必然会产生塑性体积应变。

应当指出：屈服函数 f 是应力 σ_{ij} 的函数，则 $\dfrac{\partial f}{\partial \sigma_{ij}}$ 只取决于 σ_{ij} 与应力增量 $\mathrm{d}\sigma_{ij}$ 无关，塑性应变增量 $\mathrm{d}\varepsilon_{ij}^{\mathrm{p}}$ 的方向与 $\dfrac{\partial f}{\partial \sigma_{ij}}$ 一致，因此也与 $\mathrm{d}\sigma_{ij}$ 无关。

将正交流动法则式（7-59）代入 Drüker 公设的不等式，考虑到 $\mathrm{d}\lambda > 0$，则有

$$\frac{\partial f}{\partial \sigma_{ij}} \mathrm{d}\sigma_{ij} \geqslant 0$$

上式取等号和大于号时，分别是理想弹塑性材料和硬化材料的加载准则。这说明由 Drüker 公设也可导出材料的加载准则。

7.4.4　增量型本构简介

7.4.4.1　Mises 屈服条件相关联的流动法则

将 Mises 屈服条件代入关联流动法则式（7-26），得

$$\mathrm{d}\varepsilon_{ij}^{\mathrm{p}} = \mathrm{d}\lambda s_{ij} \tag{7-64}$$

式中

$$\begin{cases} \mathrm{d}\lambda = 0, \ J_2 < \dfrac{1}{3}\sigma_{ij}^2 \ \text{或} \ J_2 = \dfrac{1}{3}\sigma_{ij}^2, \ \mathrm{d}J_2 < 0 \\[3mm] \mathrm{d}\lambda \geqslant 0, \ J_2 = \dfrac{1}{3}\sigma_{ij}^2, \ \mathrm{d}J_2 = 0 \end{cases}$$

式（7-64）称为 Prandtl-Reuss 本构关系。它表明：在加载过程中，塑性应变增量与偏应力成正比，即塑性应变增量主轴与偏应力主轴重合，也就是与应力主轴重合。

式（7-64）还可表示为

$$\frac{\mathrm{d}\varepsilon_x^{\mathrm{p}}}{s_x} = \frac{\mathrm{d}\varepsilon_y^{\mathrm{p}}}{s_y} = \frac{\mathrm{d}\varepsilon_z^{\mathrm{p}}}{s_z} = \frac{\mathrm{d}\gamma_{xy}^{\mathrm{p}}}{2\tau_{xy}} = \frac{\mathrm{d}\gamma_{yz}^{\mathrm{p}}}{2\tau_{yz}} = \frac{\mathrm{d}\gamma_{zx}^{\mathrm{p}}}{2\tau_{zx}} = \mathrm{d}\lambda \tag{7-65}$$

总的应变增量是弹性应变增量和塑性应变增量之和。弹性应变增量 $\mathrm{d}\varepsilon_{ij}^{\mathrm{p}}$ 的偏量部分和体积部分可分别通过求增量得到

$$\mathrm{d}e_{ij}^{\mathrm{e}} = \frac{1}{2G}\mathrm{d}s_{ij}, \quad \mathrm{d}\varepsilon_{ij}^{\mathrm{e}} = \left(\frac{1-2\mu}{E}\right)\mathrm{d}\sigma_{kk} \tag{7-66}$$

根据式（7-63），塑性应变增量是一个偏张量，结合式（7-64）故有

$$\mathrm{d}e_{ij}^{\mathrm{p}} = \mathrm{d}\varepsilon_{ij}^{\mathrm{p}} = \mathrm{d}\lambda s_{ij}, \quad \mathrm{d}\varepsilon_{kk}^{\mathrm{p}} = 0$$

因此，总的增量应变与增量应力的关系为

$$\mathrm{d}e_{ij} = \frac{1}{2G}\mathrm{d}s_{ij} + \mathrm{d}\lambda s_{ij}$$

$$\mathrm{d}\varepsilon_{kk} = \left(\frac{1-2\mu}{E}\right)\mathrm{d}\sigma_{kk} \tag{7-67}$$

如果塑性应变增量比弹性应变增量大得多时，可将弹性应变增量忽略，应变增量与应力的关系变为

$$\mathrm{d}\varepsilon_{ij} = \mathrm{d}\varepsilon_{ij}^{\mathrm{p}} = \mathrm{d}\lambda s_{ij} \tag{7-68}$$

或

$$\frac{d\varepsilon_x^p}{s_x} = \frac{d\varepsilon_y^p}{s_y} = \frac{d\varepsilon_z^p}{s_z} = \frac{d\gamma_{xy}^p}{2\tau_{xy}} = \frac{d\gamma_{yz}^p}{2\tau_{yz}} = \frac{d\gamma_{zx}^p}{2\tau_{zx}} = d\lambda \qquad (7-69)$$

式（7-68）称为 Lévy – Mises 本构关系。

在增量本构关系的发展历程中，St. Venant 于 1870 年针对平面应变情况提出应变增量主轴与应力主轴重合；在 1871 年，P. P. Lévy 引用 St. Venant 的假设，提出应变增量分量与相应的偏应力分量成比例，即式（7-69）；在 1913 年，Mises 又独立地提出了相同的关系式，所以式（7-69）称为 Lévy – Mises 本构关系，这是一种理想刚塑性模型。L. Prandtl 在 1925 年将 Lévy – Mises 关系式扩展应用于理想弹塑性平面应变情况，提出塑性应变增量主轴与应力主轴重合。András Reuss 在 1930 年把 Prandtl 关系式扩展至三维情况，并给出式（7-64）的一般形式，所以，式（7-64）称为理想弹塑性材料的 Prandtl – Reuss 本构关系。20 世纪 50 年代，Drüker 公设的提出并由此建立的塑性应变正交流动法则，从理论上验证了这些关系式。

下面对本构关系式（7-64）作两点讨论。

（1）关于比例因子 $d\lambda$。比例因子 $d\lambda$ 不能通过本构方程确定。对于一个材料的微单元体，若给定应力 s_{ij}，使材料进入屈服后，由式（7-64）可确定塑性应变增量 $d\varepsilon_{ij}^p$ 的方向，即各分量的比例关系，但它的大小可以任意，因此 $d\lambda$ 是任意的正值。实际问题中，如果微单元体周围物体还处于弹性阶段，由于要满足变形协调条件，微单元体的塑性变形必然受到周围物体的限制，而不可能任意发展，这时 $d\lambda$ 的值是确定的，不过它不是通过微单元体本身的本构关系确定的，而是由问题的整体条件来确定。从数学上讲，相对弹性力学问题，这里的理想弹塑性问题仅在本构方程式（7-67）中增加了一个 $d\lambda$ 未知数，但也增加了一个应力应满足的方程，即屈服条件。因此，理想弹塑性问题，应在平衡、几何和本构方程的基础上，结合屈服条件一起求解。

不过，材料微单元体中若给定塑性应变增量 $d\varepsilon_{ij}^p$，则可确定 $d\lambda$，进而确定 s_{ij}。将式（7-64）的两边与自身点积，得

$$d\varepsilon_{ij}^p d\varepsilon_{ij}^p = (d\lambda)^2 s_{ij} s_{ij} \qquad (7-70)$$

在式（7-70）中使用 Mises 屈服条件 $J_2 = \frac{1}{2} s_{ij} s_{ij} = \frac{1}{3}\sigma_s^2$，并考虑定义，则有

$$d\lambda = \frac{\sqrt{d\varepsilon_{ij}^p d\varepsilon_{ij}^p}}{\sqrt{2J_2}} = \sqrt{\frac{3}{2}} \frac{\sqrt{d\varepsilon_{ij}^p d\varepsilon_{ij}^p}}{\sigma_s} = \frac{3}{2} \frac{\overline{d\varepsilon^p}}{\sigma_s} \qquad (7-71)$$

将式（7-71）代入式（7-64）可确定 s_{ij}，为

$$s_{ij} = \sqrt{\frac{2}{3}} \frac{\sigma_s}{\sqrt{d\varepsilon_{ij}^p d\varepsilon_{ij}^p}} d\varepsilon_{ij}^p \qquad (7-72)$$

从式（7-72）可知，若 $d\varepsilon_{ij}^p$ 的各分量按固定比例任意增加时，s_{ij} 保持不变，这也说明，给定应力 s_{ij}，$d\varepsilon_{ij}^p$ 的各分量可按一定比例任意增加。

将式（7 - 64）的两边与 s_{ij} 点积，采用类似于式（7 - 70）和式（7 - 71）的步骤，得

$$\mathrm{d}\lambda = \frac{s_{ij}\mathrm{d}\varepsilon_{ij}^{\mathrm{p}}}{2J_2} = \frac{3\mathrm{d}W^{\mathrm{p}}}{2\sigma_{\mathrm{s}}^2} \tag{7 - 73}$$

其中考虑到塑性应变增量是偏张量，使用了下式：

$$\mathrm{d}W^{\mathrm{p}} = \sigma_{ij}\mathrm{d}\varepsilon_{ij}^{\mathrm{p}} = \sigma_{ij}\mathrm{d}e_{ij}^{\mathrm{p}} = s_{ij}\mathrm{d}e_{ij}^{\mathrm{p}} = s_{ij}\mathrm{d}\varepsilon_{ij}^{\mathrm{p}} \tag{7 - 74}$$

对于屈服面上的任意一点，给定任意的应力增量，尽管应力状态和应力增量不同，产生的塑性应变增量也不同。但式（7 - 73）和式（7 - 74）表明，$\overline{\mathrm{d}\varepsilon^{\mathrm{p}}}\mathrm{d}\lambda$ 和 $\mathrm{d}W^{\mathrm{p}}\mathrm{d}\lambda$ 都应为常数，同时，比较这两个式子还可得出

$$\mathrm{d}W^{\mathrm{p}} = \sigma_1\overline{\mathrm{d}\varepsilon^{\mathrm{p}}} \tag{7 - 75}$$

式（7 - 75）说明：①两个内变量是相互联系的；②塑性功 $\mathrm{d}W^{\mathrm{p}}$ 取决于塑性变形，与应力无关，即材料的能量耗散是由塑性变形决定的。

我们还可以证明塑性功增量等于形状改变功增量（偏应力在偏应变增量上所做的功），即

$$\mathrm{d}W^{\mathrm{p}} = s_{ij}\mathrm{d}e_{ij} \tag{7 - 76}$$

将式（7 - 67）两边点积 s_{ij}，得

$$s_{ij}\mathrm{d}e_{ij} = \frac{1}{2G}s_{ij}\mathrm{d}s_{ij} + \mathrm{d}\lambda s_{ij}s_{ij}$$

对于 Mises 材料，加载准则可写为 $\mathrm{d}J_2 = s_{ij}\mathrm{d}\sigma_{ij} = s_{ij}\mathrm{d}s_{ij} = 0$。将该结果代入上式并考虑到式（7 - 64），式（7 - 76）得证。

（2）Prandtl - Reuss 本构关系的实验验证。类似于应力的 Lode 参数的定义式，定义塑性应变增量的 Lode 参数为

$$\mu_{\mathrm{d}\varepsilon^{\mathrm{p}}} = \frac{2\mathrm{d}\varepsilon_2^{\mathrm{p}} - \mathrm{d}\varepsilon_1^{\mathrm{p}} - \mathrm{d}\varepsilon_3^{\mathrm{p}}}{\mathrm{d}\varepsilon_1^{\mathrm{p}} - \mathrm{d}\varepsilon_3^{\mathrm{p}}} \tag{7 - 77}$$

式中，$\mathrm{d}\varepsilon_1^{\mathrm{p}}$，$\mathrm{d}\varepsilon_2^{\mathrm{p}}$ 和 $\mathrm{d}\varepsilon_3^{\mathrm{p}}$ 是塑性应变增量的主值。根据 Prandtl - Reuss 本构关系式（7 - 65），有

$$\frac{\mathrm{d}\varepsilon_1^{\mathrm{p}}}{s_1} = \frac{\mathrm{d}\varepsilon_2^{\mathrm{p}}}{s_2} = \frac{\mathrm{d}\varepsilon_3^{\mathrm{p}}}{s_3} = \mathrm{d}\lambda$$

将上式代入（7 - 77），就有

$$\mu_{\mathrm{d}\varepsilon^{\mathrm{p}}} = \mu_\sigma$$

Lode 等的实验表明，该等式大致成立，这就说明 Prandtl - Reuss 本构关系式基本符合实验结果。

7.4.4.2 Tresca 屈服条件相关联的流动法则

不规定主应力大小顺序，Tresca 屈服条件可写成

$$f_1 = \sigma_2 - \sigma_3 - \sigma_1 = 0, \quad f_2 = \sigma_3 + \sigma_1 - \sigma_2 = 0$$

$$f_3 = \sigma_1 - \sigma_2 - \sigma_3 = 0, \quad f_4 = \sigma_2 + \sigma_3 - \sigma_1 = 0$$

$$f_5 = \sigma_3 - \sigma_1 - \sigma_2 = 0, \quad f_6 = \sigma_1 + \sigma_2 - \sigma_3 = 0$$

应力状态应同时满足 $f_n(n = 1,2,\cdots,6) \leqslant 0$。当应力状态位于第 n 个面上时，则可由流动法则式（7-59）确定塑性应变增量的方向。例如，当应力状态位于 $f_1 = 0$ 上，

$$d\varepsilon_{ij}^{\mathrm{p}} = d\lambda_1 \frac{\partial f_1}{\partial \sigma_{ij}}$$

将屈服函数 f_1 代入，得塑性应变增量的主值之比为

$$(d\varepsilon_1^{\mathrm{p}} : d\varepsilon_2^{\mathrm{p}} : d\varepsilon_3^{\mathrm{p}}) = (0 : d\lambda_1 : -d\lambda_1) = (0 : 1 : -1)$$

考虑一种特殊情况 $\sigma_1 = \sigma_2 \geqslant \sigma_3$，最大剪应力发生在两对平面上，一对平面与主应力 σ_2 平行而与主应力 σ_1 和主应力 σ_3 的角度分别为 $45°$；另一对平面与主应力 σ_1 平行而与主应力 σ_2 和主应力 σ_3 的角度分别为 $45°$。这两对平面同时达到屈服，相应地，应力状态处在 $f_2 = 0$ 和 $f_1 = 0$ 的交点上，此处屈服面法线不连续。按照相交于该点的各屈服面的法线，根据流动法则可计算出两种可能的塑性应变增量：

① $\sigma_{\max} = \sigma_2, \sigma_{\min} = \sigma_3$，在 $f_1 = 0$ 上

$$(d\varepsilon_1^{\mathrm{p}} : d\varepsilon_2^{\mathrm{p}} : d\varepsilon_3^{\mathrm{p}}) = (0 : d\lambda_1 : -d\lambda_1) = (0 : 1 : -1)$$

② $\sigma_{\max} = \sigma_1, \sigma_{\min} = \sigma_3$，在 $f_2 = 0$ 上

$$(d\varepsilon_1^{\mathrm{p}} : d\varepsilon_2^{\mathrm{p}} : d\varepsilon_3^{\mathrm{p}}) = (d\lambda_2 : 0 : -d\lambda_2) = (1 : 0 : -1)$$

在这种情况下，假设实际的塑性应变增量是它们的线性组合，即按下式给出

$$d\varepsilon_i^{\mathrm{p}} = d\lambda_1 \frac{\partial f_1}{\partial \sigma_1} + d\lambda_2 \frac{\partial f_2}{\partial \sigma_2}, \quad i = 1,2,3$$

或表示为

$$(d\varepsilon_1^{\mathrm{p}} : d\varepsilon_2^{\mathrm{p}} : d\varepsilon_3^{\mathrm{p}}) = d\lambda_2 : d\lambda_1 : -(d\lambda_1 + d\lambda_2) = (1 - \bar{\lambda}) : \bar{\lambda} : -1$$

式中

$$0 \leqslant \bar{\lambda} = \frac{d\lambda_1}{d\lambda_1 + d\lambda_2} \leqslant 1$$

上式给出的塑性应变增量方向是不确定的，它随 λ 的变化而在 $f_1 = 0$ 面上的法线 $\boldsymbol{n}_1$ 与 $f_2 = 0$ 面上的法线 $\boldsymbol{n}_2$ 之间变化，这个变化区域称为尖点应变锥，如图 7-22 所示。实际上，尖点处也可以看成曲率变化很大的光滑曲面，在该处塑性应变增量从 $\boldsymbol{n}_1$ 很快变到 $\boldsymbol{n}_2$ 方向，取极限后就成为尖点的情况。

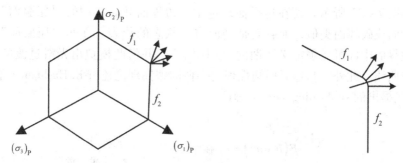

图 7 -22　Tresca 屈服条件下的尖点问题

下面计算塑性功增量。由于应力与塑性应变增量的主轴一致，则在主轴方向

$$\mathrm{d}W^{\mathrm{p}} = \sigma_{ij}\mathrm{d}\varepsilon_{ij}^{\mathrm{p}} = \sigma_1\mathrm{d}\varepsilon_1^{\mathrm{p}} + \sigma_2\mathrm{d}\varepsilon_2^{\mathrm{p}} + \sigma_3\mathrm{d}\varepsilon_3^{\mathrm{p}}$$

当应力状态处在 $f_1 = \sigma_2 - \sigma_3 - \sigma_1 = 0$ 的面上

$$\mathrm{d}W^{\mathrm{p}} = \sigma_1\mathrm{d}\varepsilon_1^{\mathrm{p}} + \sigma_2\mathrm{d}\varepsilon_2^{\mathrm{p}} + \sigma_3\mathrm{d}\varepsilon_3^{\mathrm{p}} = (\sigma_2 - \sigma_3)\mathrm{d}\lambda_1 = \sigma_2\left|\mathrm{d}\varepsilon^{\mathrm{p}}\right|_{\max}$$

式中 $\left|\mathrm{d}\varepsilon^{\mathrm{p}}\right|_{\max}$ 是绝对值最大的应变增量主值。当应力状态处在 f_1 和 f_2 两个面的交线上，由于绝对值最大的应变增量主值为 $\mathrm{d}\lambda_1 + \mathrm{d}\lambda_2 = \left|\mathrm{d}\varepsilon_3^{\mathrm{p}}\right|$，仍然有

$$\mathrm{d}W^{\mathrm{p}} = \sigma_1\mathrm{d}\lambda_2 + \sigma_2\mathrm{d}\lambda_1 + \sigma_3(\mathrm{d}\lambda_1 + \mathrm{d}\lambda_2) = \sigma_3(\mathrm{d}\lambda_1 + \mathrm{d}\lambda_2) = \sigma_2\left|\mathrm{d}\varepsilon^{\mathrm{p}}\right|_{\max}$$

对于其他交点也可得出同样的结果。因此，对于 Tresca 材料，均可写成

$$\mathrm{d}W^{\mathrm{p}} = \sigma_{\mathrm{s}}\left|\mathrm{d}\varepsilon^{\mathrm{p}}\right|_{\max} \tag{7-78}$$

同 Mises 材料一样，能量耗散只取决于塑性变形。

7.4.5　边界面塑性理论简介

7.4.5.1　边界面塑性理论

从上述关于塑性力学和本构关系的介绍中可以发现，屈服面/强度面的定义和演化对于弹塑性变形的描述至关重要。但也可以发现，在上述的介绍中，所有的塑性变形都发生在应力/变形状态跨越了一个预先定义好的"屈服面"后才出现。实际上，对于这一个屈服面的定义和相关参数的确定，在一定程度上影响着计算的准确性。不仅如此，在屈服面内的弹性阶段以及屈服面外的塑性阶段之间，由于存在状态的变动，弹塑性应力 - 应变响应曲线上出现尖峰，这与实验所得到的曲线是不同的。

为此，在 20 世纪 70 年代左右，K. D. Krieg 以及 Y. F. Dafalias 和 E. P. Popov 分别提出了边界面塑性理论。边界面塑性理论参考借鉴了 Z. Mróz 所提出的多屈服面理论，利用"边界面"（bounding surface）限制了应力状态的范围，使之不能越过这一边界面，又将当前的应力状态定义在与边界面形状相似的"加载面"（loading surface）上，而边界面与加载面则通过一定的映射法则（mapping rule）相互联系，相关概念如图 7 – 23 所示。而在边界面理论中，边界面并非所谓的"屈服面"，而与最大强度面或破坏面类似，加载面是当前应力状态的代表，亦非"屈服面"。如此一来，边界面中即可无须定义所谓的"屈服面"，并借此模拟出光滑过渡的应力 – 应变响应曲线。此外，与边界面塑性理论类似的塑性理论还有 K. Hashiguchi 在 20 世纪 80 年代提出的 subloading surface 理论。

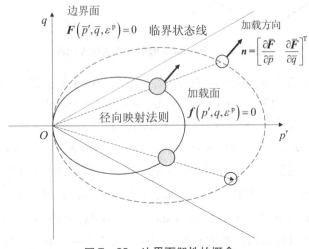

图 7 –23　边界面塑性的概念

与传统的塑性理论类似，在边界面中，也将按照一定的原则定义一个塑性势面 g，并通过塑性势面的偏导数和塑性乘子 Λ 建立起塑性应变分量的关系如下：

$$d\varepsilon_{ij}^{p} = \Lambda \frac{\partial g}{\partial \sigma_{ij}} \qquad (7-79)$$

式中，ε_{ij}^{p} 为对应的塑性应变分量，σ_{ij} 为应力分量。

与上述的经典塑性理论类似，对边界面求导，并利用一致性理论可以得到在边界面上的塑性模量的表达式如下：

$$\frac{\partial \overline{F}}{\partial \overline{\sigma}} d\overline{\sigma} + \frac{\partial \overline{F}}{\partial \varepsilon^{p}} d\varepsilon^{p} = 0 \qquad (7-80)$$

式中，ε^{p} 为边界面的内变量，结合上式和塑性理论常用形式，即可得到边界面上的塑性模量 H_{b}，并可根据映射法则定义一个反映加载面和边界面距离的塑性模量 H_{f}（此部分随着边界面与加载面逐步靠近而由接近 ∞ 变成接近 0），两者相加即总的塑性模量 $H = H_{b} + H_{f}$。

结合图 7 –23 所示加载方向向量，以及根据塑性势面、流动法则定义的塑性流动向量 $m = \begin{bmatrix} m_{p} & m_{q} \end{bmatrix}^{T}$，即可得到边界面塑性理论下的塑性应力 – 应变关系式(7 – 81)，加上弹性部分即可得到弹塑性应力 – 应变增量关系。

$$\delta\varepsilon^{p} = \frac{1}{H} mn^{T}\delta\sigma \qquad (7-81)$$

7.4.5.2　边界面塑性动力本构模型

为更好地预测混凝土等材料在高应变率及不同温度下的力学响应，马建军等基于边界面塑性理论，提出了一个考虑温度、加载速率的边界面动力本构模型，在该模型下，边界面采用如式（7 – 82）所示的形式，该模型的边界面、加载面、映射法则如图 7 – 24 所示。

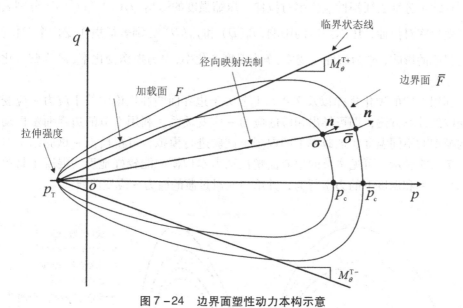

图 7 – 24　边界面塑性动力本构示意

$$F = \left[\frac{q}{M_\theta^{\mathrm{T}}(p + p_{\mathrm{T}})} \right]^N - \frac{\ln((p_{\mathrm{c}} + p_{\mathrm{T}})/(p + p_{\mathrm{T}}))}{\ln R} = 0 \qquad (7 - 82)$$

式中，p_{c} 为边界面在静水压力方向上的压缩强度，p_{T} 为拉伸强度，两者均为表征加载率硬化、温度硬化等效应的内变量，所采用的映射法则为 $\dfrac{\bar{q}}{q} = \dfrac{\bar{p} + \bar{p}_{\mathrm{T}}}{p + p_{\mathrm{T}}} = \dfrac{\bar{p}_{\mathrm{c}} + \bar{p}_{\mathrm{T}}}{p_{\mathrm{c}} + p_{\mathrm{T}}}$；$R$ 为边界面的形状参数。具体地，两个内变量的加载率硬化和温度硬化表达式如下：

$$\bar{p}_{\mathrm{c}} = \bar{p}_{\mathrm{c0}} f_v(\mathrm{d}\varepsilon_p^{\mathrm{p}}) f_r(\mathrm{d}\dot{\varepsilon}_p^{\mathrm{p}}) f_T(\dot{T}) f_D(\dot{D}) \qquad (7 - 83)$$

$$p_{\mathrm{T}} = p_{\mathrm{T0}} f_v^{\mathrm{T}}(\mathrm{d}\varepsilon_p^{\mathrm{p}}) f_r^{\mathrm{T}}(\mathrm{d}\dot{\varepsilon}_p^{\mathrm{p}}) f_T^{\mathrm{T}}(\dot{T}) f_D^{\mathrm{T}}(\dot{D}) \qquad (7 - 84)$$

$$\mathrm{d}p_{\mathrm{T}} = \frac{\partial p_{\mathrm{T}}}{\partial \varepsilon_p^{\mathrm{p}}} \dot{\varepsilon}_p^{\mathrm{p}} + \frac{\partial p_{\mathrm{T}}}{\partial D} \dot{D} + \frac{\partial p_{\mathrm{T}}}{\partial T} \dot{T} + \frac{\partial p_{\mathrm{T}}}{\partial \varepsilon^{\mathrm{r}}} \dot{\varepsilon}^{\mathrm{r}}$$

$$\qquad (7 - 85)$$

$$- \left(\frac{\partial p_{\mathrm{T}}}{\partial \varepsilon_p^{\mathrm{p}}} + \frac{\partial p_{\mathrm{T}}}{\partial D} \frac{\dot{D}}{\dot{\varepsilon}_p^{\mathrm{p}}} + \frac{\partial p_{\mathrm{T}}}{\partial T} \frac{\dot{T}}{\dot{\varepsilon}_p^{\mathrm{p}}} + \frac{\partial p_{\mathrm{T}}}{\partial \varepsilon^{\mathrm{r}}} \frac{\dot{\varepsilon}^{\mathrm{r}}}{\dot{\varepsilon}_p^{\mathrm{p}}} \right) \dot{\varepsilon}_p^{\mathrm{p}}$$

$$d\bar{p}_c = \frac{\partial \bar{p}_c}{\partial \varepsilon_p^p}\dot{\varepsilon}_p^p + \frac{\partial \bar{p}_c}{\partial D}\dot{D} + \frac{\partial \bar{p}_c}{\partial T}\dot{T} + \frac{\partial \bar{p}_c}{\partial \varepsilon^r}\dot{\varepsilon}^r$$

$$= \left(\frac{\partial \bar{p}_c}{\partial \varepsilon_p^p} + \frac{\partial \bar{p}_c}{\partial D}\frac{\dot{D}}{\dot{\varepsilon}_p^p} + \frac{\partial \bar{p}_c}{\partial T}\frac{\dot{T}}{\dot{\varepsilon}_p^p} + \frac{\partial \bar{p}_c}{\partial \varepsilon^r}\frac{\dot{\varepsilon}^r}{\dot{\varepsilon}_p^p} \right)\dot{\varepsilon}_p^p$$

$$(7-86)$$

式中，$f_v(d\varepsilon_p^p)$ 和 $f_v^T(d\varepsilon_p^p)$ 分别表征塑性应变增量对拉伸、压缩强度的影响，$f_r(d\dot{\varepsilon}_p^p)$ 和 $f_r^T(d\dot{\varepsilon}_p^p)$ 分别表征塑性应变率对拉伸、压缩强度的影响，$f_T(\dot{T})$ 和 $f_T^T(\dot{T})$ 分别表征温度变化率对拉伸、压缩强度的影响，$f_D(\dot{D})$ 和 $f_D^T(\dot{D})$ 分别表征损伤变化率对拉伸、压缩强度的影响，$\dot{\varepsilon}_p^p$ 为塑性应变率，$\dot{T}$ 为温度变化率，$\dot{D}$ 为损伤变化率，$\dot{\varepsilon}^r$ 为归一化塑性应变变化率。

利用上述的硬化规律以及 7.4.5.1 节关于边界面塑性理论中关于应力 – 应变关系获取的计算方法，即可导出相应的应力 – 应变关系。利用本节的边界面塑性动力本构模型对不同温度、加载率下的混凝土试验进行模拟，可得模拟 – 试验结果对比如图 7 – 25 所示，可见本节的边界面塑性动力本构模型能较好地反映混凝土材料在不同加载率和温度下的力学行为，并给出光滑过渡的应力 – 应变曲线。

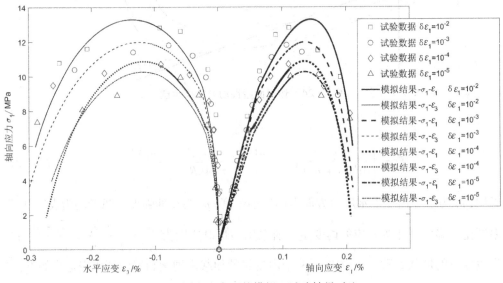

（a）不同应变率下的模拟 – 试验结果对比

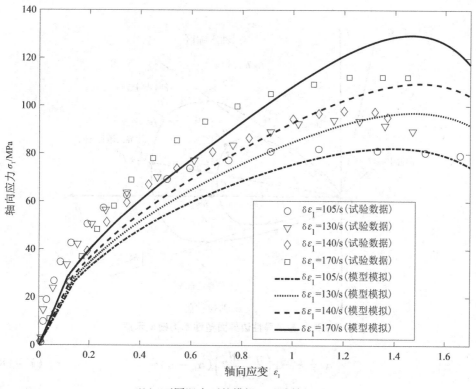

（b）不同温度下的模拟－试验结果对比

图7－25 边界面塑性动力本构校验

7.4.5.3 各向异性边界面塑性本构模型

为更好地预测多孔介质（多孔岩石、软土）在天然及后续加载过程中因各向异性影响而出现的力学行为，马建军等基于边界面塑性理论，建立了各向异性边界面塑性本构模型。在该模型下，边界面采用如式（7－87）所示的形式，该模型的边界面、加载面、映射法则如图7－26所示。该模型考虑了各向异性存在而造成的边界面旋转。

$$\bar{f}(\bar{p}',\bar{q},\bar{p}_c',\alpha_f,R_f) = \left[\frac{(\bar{q}-\alpha_f\bar{p}')}{(M_{cs}-\alpha_f)\bar{p}'}\right]^N - \frac{\ln(\bar{p}_c'/\bar{p}')}{\ln R} = 0 \qquad (7-87)$$

式中，$\bar{p}'$为旋转后的边界面在静水压力方向上的压缩强度，R为边界面的形状参数，α_f为表征边界面旋转硬化的参数，M_{cs}为临界状态的应力比，所采用的映射法则为
$$\frac{\bar{q}}{q} = \frac{\bar{p}'}{p'}\frac{\bar{p}_c'}{p_c'}。$$

具体地，两个内变量的边界面旋转硬化和边界面形状硬化表达式如下：

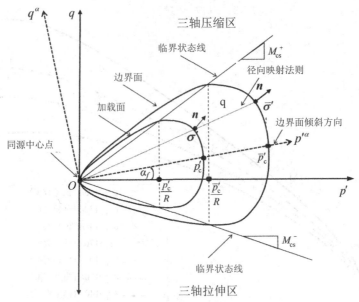

图 7-26　各向异性边界面塑性本构模型示意

$$\dot{\alpha} = k_\alpha \exp\left(\frac{\eta + M_{cs}}{2M_{cs}}\right)(\alpha_b - \alpha)\dot{\gamma}_p \qquad (7-88)$$

$$\dot{R}_f = -k_R \exp\left(\frac{\eta + M_{cs}}{2M_{cs}}\right)(\alpha_b - \alpha)\dot{\gamma}_p \qquad (7-89)$$

式中，k_α 为控制边界面旋转硬化的参数，$\dot{\gamma}_p$ 为描述各向异性演化而引入的塑性应变代表值，α_b 为边界面旋转参数，M_{cs} 为应力比 $\eta = q/p'$，k_R 为控制边界面形状变化的参数。

在该模型中，考虑到旋转硬化和形状变化的存在，需将两个硬化机制与塑性体变增量联系起来，引入一致性对边界面表达式（7-87）求导可得一致性条件如下

$$\partial \bar{f} = \frac{\left[\partial \bar{f}/\partial \bar{\boldsymbol{\sigma}}'\right]^T}{\|\partial \bar{f}/\partial \bar{\boldsymbol{\sigma}}'^T\|}\dot{\bar{\boldsymbol{\sigma}}}' + \frac{1}{\|\partial \bar{f}/\partial \bar{\boldsymbol{\sigma}}'\|}\left(\frac{\partial \bar{f}}{\partial p_c'}\frac{\partial \bar{p}_c'}{\partial \varepsilon_p^p} + \frac{\partial \bar{f}}{\partial R_f}\frac{\dot{R}_f}{\dot{\varepsilon}_p^p} + \frac{\partial \bar{f}}{\partial \alpha_f}\frac{\dot{\alpha}_f}{\dot{\varepsilon}_p^p}\right)\dot{\varepsilon}_p^p = 0 \quad (7-90)$$

利用上述的表达式以及 7.4.5.1 节关于边界面塑性理论中关于应力-应变关系获取的计算方法，即可导出相应的应力-应变关系。利用本节的各向异性边界面塑性本构模型对不同应力路径下的多孔介质力学试验进行模拟，可得模拟与试验结果对比如图 7-27 所示。可见本节的各向异性边界面塑性本构模型能较好地反映多孔介质在不同应力路径下的各向异性力学行为，并给出光滑过渡的应力-应变曲线。

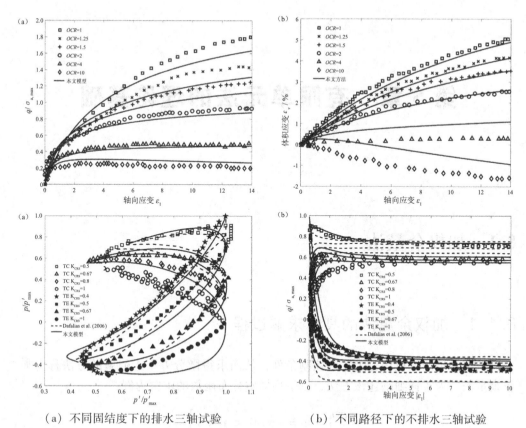

（a）不同固结度下的排水三轴试验　　　　　　（b）不同路径下的不排水三轴试验

图 7-27　各向异性边界面塑性本构校验

第 8 章　有限单元法的理论基础

8.1　加权余量法

8.1.1　加权余量法的具体求解过程

采用余量的加权积分为零的控制条件，从而求得微分方程近似解的方法称为加权余量法。为了详细阐述该方法，以下列样本分布函数的求解为例：

$$\left.\begin{array}{l} \dfrac{\mathrm{d}^2 u}{\mathrm{d}x^2} - u = -x,\ 0 < x < 1 \\[2mm] u(0) = 0,\ u(1) = 0 \end{array}\right\} \qquad (8-1)$$

运用加权余量法求解的第一步：假设一个试探函数（基函数、形状函数），该试探函数中包含待确定的未知系数。以等式（8-1）为例，根据该等式中的边界条件 $[\tilde{u}(0) = 0,\ \tilde{u}(1) = 1]$，为尽可能得到与精确解接近的近似解并在一定程度上减少运算量，可以选择较为简单的试探函数，如二元试探函数 $\tilde{u} = ax(1-x)$ 作为该等式的近似解，并且该试探函数中存在一个待确定的未知系数 a，需要注意：这里所选取的试探函数与精确解存在一定的差距。本章选择了一种形式较为简单的试探函数，该试探函数的形式为三元函数，并且存在一个待确定的未知系数。

一般来说，近似解的精度取决于试探函数的选择，试探函数选取的阶次越高，一般具有越高的精度。但是，为较大程度减少运算量及更好地阐述加权余量法的基本求解步骤，本例并没有选择高阶次的试探函数，而是选择了一种简单形式的试探函数。选择好试探函数后，通过将试探函数代入微分方程（8-1）来计算残差（余量）R，如式（8-2）所示：

$$R = \frac{\partial^2 \tilde{u}}{\partial x^2} - \tilde{u} + x = -2a - ax(1-x) + x \qquad (8-2)$$

由于 $\tilde{u}$ 只是一个近似解，其一定存在误差，因此在 x 所处的定义域内，残差 R 始终存在，不会消失。

运用加权余量法求解的第二步：确定试探函数中待定系数 a，并使得其尽可能接近精确解。求解试探函数中待定系数 a 的主要思路是：通过引入一个权函数 w，使得残差 R 在某种平均意义上等于零进行求解。引入权函数 w 后的方程形式如式（8-3）所示：

$$I = \int_0^1 wR\mathrm{d}x = \int_0^1 w\left(\frac{\partial^2 \tilde{u}}{\partial x^2} - \tilde{u} + x\right)\mathrm{d}x$$

$$= \int_0^1 w\{-2a - ax(1-x) + x\}\mathrm{d}x = 0 \qquad (8-3)$$

运用加权余量法求解的第三步：选择合适的权函数进行求解。显然，任何独立的完全函数集都可以用来作为权函数，按照对权函数的不同选择就可以得到不同的加权余量的计算方法，具体方法可参考文献[1-3]。常用的权函数的选择主要有以下三种：

（1）配点法：

$$w = \delta(x - x_i) \qquad (8-4)$$

式中，自变量 x_i 的取值必须在其定义域内。举例来说，当 $x_i \in (0,1)$，可以取 $x_i = 0.5$，然后将该权函数代入式（8-3）中进行求解，确定系数 $a = 0.2222$，于是试探函数的形式可以进一步简化为 $\tilde{u} = 0.2222x(1-x)$。

（2）最小二乘法：

$$w = \frac{\mathrm{d}R}{\mathrm{d}a} \qquad (8-5)$$

若选择式（8-5）中的权函数形式，将其代入式（8-2）中进行求解，可以得到权函数的具体表达式为 $w = -2 - x(1-x)$。然后将该权函数代入式（8-3）中进行求解，确定系数 $a = 0.2305$，于是试探函数的形式可以进一步简化为 $\tilde{u} = 0.2305x(1-x)$。

（3）伽辽金法：

$$w = \frac{\mathrm{d}\tilde{u}}{\mathrm{d}a} \qquad (8-6)$$

若选择式（8-6）中的权函数形式，将其代入式（8-2）中进行求解，可以得到权函数的具体表达式为 $w = x(1-x)$。然后将该权函数代入式（8-3）中进行求解，确定系数 $a = 0.2272$，于是试探函数的形式可以进一步简化为 $\tilde{u} = 0.2272x(1-x)$。

表 8-1 提供了分别采用这三种加权余量方法时（选取 $x = 0.5$）计算得到的近似解与精确解。

表 8 - 1　三种方法计算得到的近似解与精确解（选取 $x = 0.5$）

精确解	配点法	最小二乘法	伽辽金法
0.0566	0.0556	0.0576	0.0568

从表 8 - 1 中可以看出，三种加权余量法都具有较高的精度，其中权函数采用伽辽金法的精度在这三种方法中最高。

同时，为了进一步提高近似解的精度，可以适当改变试探函数的表达式。以式（8 - 1）为例，可以增加试探函数中待定系数的数量，将试探函数 $\tilde{u} = ax(1 - x)$ 转化为 $\tilde{u} = a_1 x(1 - x) + a_2 x^2(1 - x)$，经过转化，该试探函数中存在两个需要确定的系数。使用转化过后的试探函数计算残差 R，如下式（8 - 7）所示：

$$R = a_1(-2 - x + x^2) + a_2(2 - 6x - x^2 + x^3) + x \tag{8 - 7}$$

根据上述加权余量法的求解步骤，要确定转化后试探函数中两个待定系数 a_1 和 a_2，需要与之数量相对应的权函数。表 8 - 2 中总结了对于需要确定 n 个待定系数时权函数的表达形式。

表 8 - 2　含有 n 个待定系数时权函数的表达形式

方法	形式
配点法	$w_i = \delta(x - x_i), \quad i = 1, 2, \ldots, n$ 其中 x_i 为定义域内的点
最小二乘法	$w_i = \partial R / \partial a_i, \quad i = 1, 2, \ldots, n$ 其中 R 为残差；a_i 为待确定的系数
伽辽金法	$w_i = \partial \tilde{u} / \partial a_i, \quad i = 1, 2, \ldots, n$ 其中 $\tilde{u}$ 为选择的试探函数

根据表 8 - 2，分别采用三种方法的权函数表达式如式（8 - 8）、式（8 - 9）和式（8 - 10）所示。

（1）配点法：

$$w_1 = \delta(x - x_1), \quad w_2 = \delta(x - x_2) \tag{8 - 8}$$

（2）最小二乘法：

$$w_1 = -2 - x + x^2, \quad w_2 = 2 - 6x - x^2 + x^3 \tag{8 - 9}$$

（3）伽辽金法：

$$w_1 = x(1 - x), \quad w_2 = x^2(1 - x) \tag{8 - 10}$$

综上所述，对于配点法而言，以式（8 - 3）为例，必须选取好两个自变量 x_1 和 x_2 的值才能够分别确定未知系数 a_1 和 a_2；对于最小二乘法而言，其产生了一个对称矩阵，且该矩阵与所选取的试探函数无关。关于最小二乘法产生的矩阵具有对称性的原因，本章下一小节将会说明；对于伽辽金法而言，以式（8-1）为例，其本身代入式（8-1）中进行求解的过程中并不会产生对称矩阵，但是在某些特定的情况下，其可能仍会产生对称矩阵，关于这一问题，本章下一小节亦将会进行说明。

8.1.2　加权余量法求解的进一步说明

以某微分方程的求解为例，其表达形式如下：

$$L(u) = f \tag{8-11}$$

式中，L 为线性微分算子。根据微分方程的表达形式，选择相应的试探函数

$$\tilde{u} = \sum_{i=1}^{n} a_i g_i \tag{8-12}$$

式中，g_i 为笛卡尔坐标系中的函数，且其满足上述微分方程的边界条件。将式（8-12）代入式（8-11）中，可得残差 R：

$$R = \sum_{i=1}^{n} a_i h_i + p \tag{8-13}$$

式中，h_i 和 p 为笛卡尔坐标系中的函数。若采用最小二乘法，则选择为

$$w_j = h_j, \quad j = 1,2,\ldots,n \tag{8-14}$$

通过令残差 R 在定义域内的加权平均数等于零，得到相关矩阵方程：

$$I = \int_{\Omega} w_j R \mathrm{d}\Omega = \sum_{i=1}^{n} A_{ij} a_i - b_j = 0, \quad j = 1,2,\ldots,n \tag{8-15}$$

$$A_{ij} = \int_{\Omega} h_i h_j \mathrm{d}\Omega \tag{8-16}$$

显然，式（8-16）中可以得出 $A_{ij} = A_{ji}$，即最小二乘法产生的矩阵具有对称性。

8.2　等效积分的弱形式

本节依旧以式（8-1）中所表述的样本分布函数为例。上节所阐述的加权余量法的公式为强形式，运用强形式计算权函数 $w(\partial^2 u / \partial x^2)$ 在 $[0,1]$ 的积分时，其中包括微分方程导数项中的最高阶。同时该积分必须是可积的，且积分结果等于零，这同样要求选择的试探函数可微且存在二阶导数，只有满足这些条件，才能够得到一个有意义的近似解。

为了降低试探函数在可微性方面的要求，对强积分形式应用分部积分，进一步将式（8-3）转化为

$$I = \int_0^1 w\left(\frac{\partial^2 \tilde{u}}{\partial x^2} - \tilde{u} + x\right)\mathrm{d}x$$

$$= \int_0^1 \left(-\frac{\mathrm{d}w}{\mathrm{d}x}\frac{\mathrm{d}\tilde{u}}{\mathrm{d}x} - w\tilde{u} + xw\right)\mathrm{d}x + \left[w\frac{\mathrm{d}\tilde{u}}{\mathrm{d}x}\right]_0^1 = 0 \tag{8-17}$$

如式（8-17）所示，试探函数只需要一阶微分而不需要二阶微分。经过转化，式（8-17）明显降低了试探函数在可微性方面的要求，这样的表达形式就被称为等效积分的弱形式。

对于伽辽金法而言，该权函数直接与试探函数相关联，如果采用弱形式的计算方法，会具有一定优势。假设控制微分方程具有自伴随的性质（即含有自伴随微分算子），结合伽辽金法和等效积分的弱形式，可以得到试探函数中有关待定系数的对称矩阵。同时，若选取 $\tilde{u} = ax(1-x)$ 作为试探函数，并将其代入式（8-17）中的弱形式进行求解，其结果与采用加权余量法的强形式没有差别，但是，当试探函数为分段连续函数时，采用弱形式优于强形式。

8.3　分段且连续的试探函数

无论是采用等效积分的弱形式还是加权余量法的强形式，在很大程度上，近似解的准确性取决于所选的试验函数。然而，根据样本分布函数及相关的边界条件，假设一个与之相匹配的试探函数并不是一件容易的工作。尤其是当未知的精确解在定义域上有很大的变化、在二维或三维中域具有复杂的形状或者具有复杂的边界条件时，更加难以进行选择。为了克服这些问题，需要选择分段且连续的试探函数（即，使用分段连续函数来描述试探函数）。

考虑在一维定义域中的分段连续函数，如式（8-18）所示：

$$\varphi_i(x) = \begin{cases} (x - x_{i-1})/h_i, & x_{i-1} < x < x_i \\ (x_{i+1} - x)/h_{i+1}, & x_i < x < x_{i+1} \\ 0, & \text{其他} \end{cases} \tag{8-18}$$

式（8-18）中表示的函数如图8-1所示。对于该一维定义域中的分段连续函数的使用，本章节例8-1将会进行详细阐述。

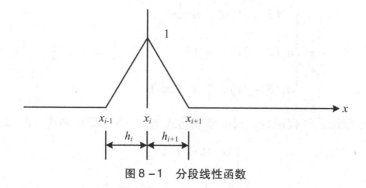

图 8 - 1　分段线性函数

【例 8 - 1】以式（8 - 1）中表述的样本分布函数为例，采用等效积分的弱形式，如式（8 - 17）所示。

选择 $\tilde{u} = a_1\varphi_1(x) + a_2\varphi_2(x)$ 作为试探函数，其中 a_1 和 a_2 为待确定的系数，φ_1 和 φ_2 如式（8 - 19）和（8 - 20）所示：

$$\varphi_1(x) = \begin{cases} 3x, \ 0 \leq x \leq \dfrac{1}{3} \\[2mm] 2 - 3x, \quad \dfrac{1}{3} \leq x \leq \dfrac{2}{3} \\[2mm] 0, \ \dfrac{2}{3} \leq x \leq 1 \end{cases} \quad (8 - 19)$$

$$\varphi_2(x) = \begin{cases} 0, \ 0 \leq x \leq \dfrac{1}{3} \\[2mm] 3x - 1, \quad \dfrac{1}{3} \leq x \leq \dfrac{2}{3} \\[2mm] 3 - 3x, \quad \dfrac{2}{3} \leq x \leq 1 \end{cases} \quad (8 - 20)$$

式（8 - 19）和式（8 - 20）表示的函数如图 8 - 2 所示。

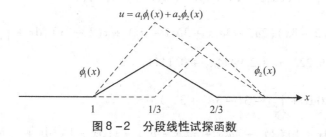

图 8 - 2　分段线性试探函数

对于上述选取的试探函数，定义域被划分为三个子域，并使用两个分段线性函数来表示。当然，可以通过使用更多的分段函数和划分更多的子域来提高近似解的精度。如此，试探函数可以重新表示为

$$\tilde{u} = \begin{cases} a_1(3x), \ 0 \leqslant x \leqslant \dfrac{1}{3} \\[2mm] a_1(2-3x)+a_2(3x-1), \quad \dfrac{1}{3} \leqslant x \leqslant \dfrac{2}{3} \\[2mm] a_2(3-3x), \ \dfrac{2}{3} \leqslant x \leqslant 1 \end{cases} \quad (8-21)$$

使用伽辽金法选择权函数，权函数表达式如式（8-22）和式（8-23）所示：

$$w_1 = \begin{cases} 3x, \ 0 \leqslant x \leqslant \dfrac{1}{3} \\[2mm] 2-3x, \quad \dfrac{1}{3} \leqslant x \leqslant \dfrac{2}{3} \\[2mm] 0, \ \dfrac{2}{3} \leqslant x \leqslant 1 \end{cases} \quad (8-22)$$

$$w_2 = \begin{cases} 0, \ 0 \leqslant x \leqslant \dfrac{1}{3} \\[2mm] 3x-1, \quad \dfrac{1}{3} \leqslant x \leqslant \dfrac{2}{3} \\[2mm] 3-3x, \quad \dfrac{2}{3} \leqslant x \leqslant 1 \end{cases} \quad (8-23)$$

平均加权残差如式（8-24）和式（8-25）所示：

$$I_1 = \int_0^1 \left(-\frac{\mathrm{d}w_1}{\mathrm{d}x}\frac{\mathrm{d}\tilde{u}}{\mathrm{d}x} - w_1\tilde{u} + xw_1 \right)\mathrm{d}x = 0 \quad (8-24)$$

$$I_2 = \int_0^1 \left(-\frac{\mathrm{d}w_2}{\mathrm{d}x}\frac{\mathrm{d}\tilde{u}}{\mathrm{d}x} - w_2\tilde{u} + xw_2 \right)\mathrm{d}x = 0 \quad (8-25)$$

将式（8-21）、式（8-22）和式（8-23）代入式（8-24）和式（8-25）进行化简，得

$$I_1 = \int_0^{\frac{1}{3}}\left[-3(3a_1)-3x(3a_1x)+x(3x) \right]\mathrm{d}x + \int_{\frac{1}{3}}^{\frac{2}{3}}\left[3(-3a_1+3a_2)- \right.$$

$$\left. (2-3x)(2a_1-3a_1x+3a_2x-a_2)+x(2-3x) \right]\mathrm{d}x + \int_{\frac{2}{3}}^1 0\mathrm{d}x$$

$$= -6.2222a_1 + 2.9444a_2 + 0.1111 = 0 \quad (8-26)$$

$$I_2 = \int_0^{\frac{1}{3}} 0\mathrm{d}x + \int_{\frac{1}{3}}^{\frac{2}{3}}\left[-3(-3a_1+3a_2)- \right.$$

$$(3x-1)(2a_1-3a_1x+3a_2x-a_2)+x(3x-1) \right]\mathrm{d}x +$$

$$\int_{\frac{2}{3}}^1 \left[3(-3a_2)+3a_2-(3-3x)(3a_2-3a_2x)+x(3-3x) \right]\mathrm{d}x$$

$$= 2.9444a_2 - 6.2222a_2 + 0.2222 = 0 \quad (8-27)$$

联立式（8-26）和式（8-27），解得 $a_1 = 0.0488$，$a_2 = 0.0569$。若式（8-21）采用加权余量法的强形式，则解不出一个合理的近似解，因为试探函数的二阶导数在其定义域内并不存在。

8.4　伽辽金有限单元法

根据前一节的阐述，使用分段且连续的函数作为试探函数具有一定的优势。通过增加分段函数的段数（即增加划分的子域数），可以将复杂形式的试探函数表示为有限个分段线性函数的叠加，而划分的子域就被称为有限元。

本节将介绍如何系统地结合有限元和分段连续函数计算加权残差。上一节中，分段连续函数通过待确定的系数 a_1 和 a_2 进行定义，而对于一个系统而言，该分段连续函数应采用节点变量进行定义。

以图 8-3 中所示的一个子域与有限元为例。该有限元存在两个节点，每端各一个。且在每个节点上，分别对应着相应的坐标值 (x_i, x_{i+1}) 和节点变量 (u_i, u_{i+1})，从而假设未知的试探函数为

$$u = c_1 x + c_2 \tag{8-28}$$

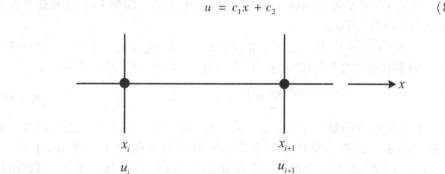

图 8-3　两节点线性单元

同时将系数 c_1 和 c_2 用节点变量进行表示，式（8-28）可以进一步转化为

$$u(x_i) = c_1 x_i + c_2 = u_i \tag{8-29}$$

$$u(x_{i+1}) = c_1 x_{i+1} + c_2 = u_{i+1} \tag{8-30}$$

根据式（8-29）和式（8-30），解得系数 c_1 和 c_2 的表达式：

$$c_1 = \frac{u_{i+1} - u_i}{x_{i+1} - x_i} \tag{8-31}$$

$$c_2 = \frac{u_i x_{i+1} - u_{i+1} x_i}{x_{i+1} - x_i} \tag{8-32}$$

将式（8-31）和式（8-32）重新代回式（8-28）进行整理，得

$$u = H_1(x)u_i + H_2(x)u_{i+1} \tag{8-33}$$

$$H_1(x) = \frac{x_{i+1} - x_i}{h_i} \tag{8-34}$$

$$H_2(x) = \frac{x - x_i}{h_i} \tag{8-35}$$

$$h_i = x_{i+1} - x_i \tag{8-36}$$

式（8-33）给出了变量 u 的节点变量表达式，同时，式（8-34）和式（8-35）被称为线性形状函数，如图8-4所示。

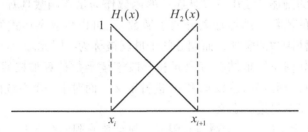

图8-4　线性形状函数

这些形状函数具有以下两种性质：

（1）与节点 i 关联的形状函数在节点 i 处具有单位值（即是1），在其他节点处为零。如式（8-37）所示：

$$H_1(x_i) = 1, \ H_1(x_{i+1}) = 0, \ H_2(x_i) = 0, \ H_2(x_{i+1}) = 1 \tag{8-37}$$

（2）所有形状函数之和是统一的，和值均为1。如式（8-38）所示：

$$\sum_{i=1}^{2} H_i(x_i) = 1 \tag{8-38}$$

这两个性质是形状函数十分重要的性质。对于形状函数的第一个性质而言，如式（8-37）所示，其表示变量 u 每个节点所对应的节点变量［即 $u(x_i) = u_i$，$u(x_{i+1}) = u_{i+1}$］；对于形状函数的第二个性质而言，如式（8-38）所示，可以结合变量 u 进一步表示有限单元的一个统一解。假设该统一解在有限单元内保持不变，即 $u = u_i = u_{i+1}$，将此条件代入式（8-33）中，得

$$u = \{H_1(x) + H_2(x)\}u_i = u_i \tag{8-39}$$

式（8-39）解释了形状函数之和为1。

【例8-2】根据例8-1，在同样的前提条件下，使用线性有限元的方法进行求解，得到加权残差的表达式如式（8-40）所示：

$$I = \sum_{i=1}^{n} \int_{x_i}^{x_{i+1}} \left(-\frac{dw}{dx}\frac{du}{dx} - wu + xw \right)dx + \left[u'w\right]_0^1 = 0 \tag{8-40}$$

对于 n 个单元而言，如果将该定义域离散为三个大小相等的单元，即 $n = 3$，图8-5显示了其对应的有限元网格。

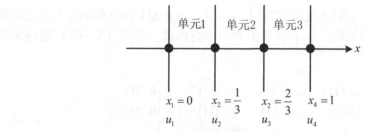

图 8-5 含 3 个线性单元的有限元网格

同时考虑第 i 个单元（即 $i = 1,2,3$），该单元的全积分为

$$\int_{x_i}^{x_{i+1}} \left(-\frac{\mathrm{d}w}{\mathrm{d}x}\frac{\mathrm{d}u}{\mathrm{d}x} - wu + xw \right)\mathrm{d}x \qquad (8-41)$$

联立 $w_1 = H_1(x)$，$w_2 = H_2(x)$ 及式（8-33），将其代入式（8-41），得

$$-\int_{x_i}^{x_{i+1}} \left(\begin{Bmatrix} H_1' \\ H_2' \end{Bmatrix} \begin{bmatrix} H_1' & H_2' \end{bmatrix} + \begin{Bmatrix} H_1 \\ H_2 \end{Bmatrix} \begin{bmatrix} H_1 & H_2 \end{bmatrix} \right)\mathrm{d}x \begin{Bmatrix} u_i \\ u_{i+1} \end{Bmatrix} + \int_{x_i}^{x_{i+1}} x \begin{Bmatrix} H_1 \\ H_2 \end{Bmatrix}\mathrm{d}x \qquad (8-42)$$

联立式（8-34）和式（8-35），将式（8-42）进一步计算，得

$$-\begin{bmatrix} \dfrac{1}{h_i} + \dfrac{h_i}{3} & -\dfrac{1}{h_i} + \dfrac{h_i}{6} \\[2mm] -\dfrac{1}{h_i} + \dfrac{h_i}{6} & \dfrac{1}{h_i} + \dfrac{h_i}{3} \end{bmatrix} \begin{Bmatrix} u_i \\ u_{i+1} \end{Bmatrix} + \begin{Bmatrix} \dfrac{h_i}{6}(x_{i+1} + 2x_i) \\[2mm] \dfrac{h_i}{6}(2x_{i+1} + x_i) \end{Bmatrix} \qquad (8-43)$$

对于每一个单元而言，式（8-43）可以进一步简化，如式（8-44）、式（8-45）和式（8-46）所示：

单元 1：

$$\begin{bmatrix} -3.1111 & 2.9444 \\ 2.9444 & -3.1111 \end{bmatrix} \begin{Bmatrix} u_1 \\ u_2 \end{Bmatrix} + \begin{Bmatrix} 0.0185 \\ 0.0370 \end{Bmatrix} \qquad (8-44)$$

单元 2：

$$\begin{bmatrix} -3.1111 & 2.9444 \\ 2.9444 & -3.1111 \end{bmatrix} \begin{Bmatrix} u_2 \\ u_3 \end{Bmatrix} + \begin{Bmatrix} 0.0741 \\ 0.0926 \end{Bmatrix} \qquad (8-45)$$

单元 3：

$$\begin{bmatrix} -3.1111 & 2.9444 \\ 2.9444 & -3.1111 \end{bmatrix} \begin{Bmatrix} u_3 \\ u_4 \end{Bmatrix} + \begin{Bmatrix} 0.1296 \\ 0.1481 \end{Bmatrix} \qquad (8-46)$$

如式（8-40）所示，每个单元都有与其相关联的不同节点。因此，通过展开每个方程，使方程产生一个对称的 m 阶矩阵和一个 m 阶列向量，m 同样代表着整个系统中全部的自由度。而以上述问题为例，$m=4$。其中总自由度的数量与节点的总数量相同，因为对于该问题，每个节点都有一个自由度。将式（8-44）进行矩阵和列向量展开：

$$\begin{bmatrix} -3.1111 & 2.9444 & 0 & 0 \\ 2.9444 & -3.1111 & 0 & 0 \\ 0 & 0 & 0 & 0 \\ 0 & 0 & 0 & 0 \end{bmatrix} \begin{Bmatrix} u_1 \\ u_2 \\ u_3 \\ u_4 \end{Bmatrix} + \begin{Bmatrix} 0.0185 \\ 0.0370 \\ 0 \\ 0 \end{Bmatrix} \tag{8-47}$$

同理，将式（8-45）和式（8-46）进行矩阵和列向量展开：

$$\begin{bmatrix} 0 & 0 & 0 & 0 \\ 0 & -3.1111 & 2.9444 & 0 \\ 0 & 2.9444 & -3.1111 & 0 \\ 0 & 0 & 0 & 0 \end{bmatrix} \begin{Bmatrix} u_1 \\ u_2 \\ u_3 \\ u_4 \end{Bmatrix} + \begin{Bmatrix} 0 \\ 0.0741 \\ 0.0926 \\ 0 \end{Bmatrix} \tag{8-48}$$

$$\begin{bmatrix} 0 & 0 & 0 & 0 \\ 0 & 0 & 0 & 0 \\ 0 & 0 & -3.1111 & 2.9444 \\ 0 & 0 & 2.9444 & -3.1111 \end{bmatrix} \begin{Bmatrix} u_1 \\ u_2 \\ u_3 \\ u_4 \end{Bmatrix} + \begin{Bmatrix} 0 \\ 0 \\ 0.1296 \\ 0.1481 \end{Bmatrix} \tag{8-49}$$

将式（8-47）、式（8-48）代入式（8-49），得

$$\begin{bmatrix} -3.1111 & 2.9444 & 0 & 0 \\ 2.9444 & -6.2222 & 2.9444 & 0 \\ 0 & 2.9444 & -6.2222 & 2.9444 \\ 0 & 0 & 2.9444 & -3.1111 \end{bmatrix} \begin{Bmatrix} u_1 \\ u_2 \\ u_3 \\ u_4 \end{Bmatrix} + \begin{Bmatrix} 0.0185 - u'(0) \\ 0.1111 \\ 0.2222 \\ 0.1481 + u'(1) \end{Bmatrix} = 0$$

$$\tag{8-50}$$

根据例8-1，在同样的前提条件下，如式（8-40）所示，尽管纽曼边界条件被添加到该等式的右侧向量中，并在等式两端提供了狄利克雷边界条件（即 $u_1=0$，$u_4=0$），但依旧存在一个问题：等式两端并没有提供纽曼边界条件 [即 $u'(0)$，$u'(1)$]。而根据式（8-50），可以通过给定的边界条件（$u_1=0, u_4=0$）来求解，以找到剩余的节点变量和未知的纽曼边界条件。事实上，在实际的有限元编程过程中，不需要使用式（8-47）和式（8-49），式（8-44）和式（8-46）可以直接合并转化为式（8-50）。这里使用式（8-47）和式（8-49）是为了帮助读者理解整个公式的推导过程。此外，在计算机编程过程中，为了先求解未知节点值（即主变量），然后求解未知边界条件，可以通过式（8-50）对已知的边界条件进行修

改。如式（8 - 51）所示：

$$
\begin{bmatrix}
1 & 0 & 0 & 0 \\
2.9444 & -6.2222 & 2.9444 & 0 \\
0 & 2.9444 & -6.2222 & 2.9444 \\
0 & 0 & 0 & 1
\end{bmatrix}
\begin{Bmatrix}
u_1 \\
u_2 \\
u_3 \\
u_4
\end{Bmatrix}
=
\begin{Bmatrix}
0 \\
-0.1111 \\
-0.2222 \\
0
\end{Bmatrix}
\tag{8-51}
$$

根据式（8 - 51），可以得出四个点的节点变量值：$u_1 = 0$，$u_2 = 0.0448$，$u_3 = 0.0569$，$u_4 = 0$。将确定的节点变量值代入式（8 - 50），求解纽曼边界条件〔即 $u'(0)$，$u'(1)$〕。一旦确定了节点变量值，就可以从相应的节点变量和形状函数中获得每个单元内的解。例如，第一个单元的解是 $u = H_1(x)u_1 + H_2(x)u_2 = 0.1344x$。

8.5　变分原理

变分原理通常被用来推导和求解有限元矩阵。本节依旧以式（8 - 1）中所表述的样本分布函数为例，采用变分原理推导其泛函的变分形式如下：

$$
\delta J = \int_0^1 \left(-\frac{d^2 u}{dx^2} + u - x\delta u \right) dx + \left[\frac{du}{dx}\delta u \right]_0^1
\tag{8-52}
$$

式中，δ 表示变分算子，第一项是微分方程，第二项是未知的普通边界条件（或自然边界条件）。对式中的第一项进行分部积分：

$$
\delta J = \int_0^1 \left(\frac{du}{dx}\frac{d(\delta u)}{dx} + u\delta u - x\delta u \right) dx
\tag{8-53}
$$

由于变分算子、微分算子和积分算子可以通过一定的关系 $\left[\dfrac{d(\delta u)}{dx} = \delta\left(\dfrac{du}{dx} \right), \int \delta u dx = \delta \int u dx \right]$ 进行转化，因此式（8 - 53）可以进一步转化为

$$
\delta J = \delta \int_0^1 \left[\frac{1}{2}\left(\frac{du}{dx} \right)^2 + \frac{1}{2}u^2 - xu \right] dx
\tag{8-54}
$$

根据式（8 - 54），可以得到泛函的变分形式：

$$
J = \int_0^1 \left[\frac{1}{2}\left(\frac{du}{dx} \right)^2 + \frac{1}{2}u^2 - xu \right] dx
\tag{8-55}
$$

另一方面，如果改变式（8 - 55）中的积分区域，将会推导出与式（8 - 1）不

同的泛函方程。在许多的工程应用中，泛函一般表示能量。例如，固体力学中的总势能是一个泛函，其控制方程的解是通过将泛函最小化计算得出。同时，固体力学中的最小总势能原理也是确定稳定解[4,5]的一个典型例子。能量原理将在后面章节进行讨论；关于变分原理的详细说明，读者可参阅相关文献[6-8]。

8.6 瑞利－里茨法

瑞利－里茨法以最小势能原理为理论基础，通过将试探函数代入某个科学问题的泛函中，然后对泛函求驻值，以确定试探函数中的待定参数，从而获得该问题的近似解。该方法的求解过程可总结为以下两个步骤：

（1）假设一个近似解，其中该近似解需要满足狄利克雷边界条件（基本边界条件）以及包含待确定的系数。

（2）将假设解的近似解代入某个科学问题的泛函中，通过求解泛函的最小值，确定待定系数。

【例8－3】以式（8－1）中所表述的样本分布函数为例，采用瑞利－里茨法进行求解。假设以下试探函数为近似解：

$$u = ax(1 - x) \tag{8-56}$$

式中，a 表示待定的未知系数。该试探函数满足狄利克雷边界条件，将该试探函数代入式（8－55）中，化简得

$$J = \frac{1}{2}a^2 \int_0^1 [(1 - 2x)^2 + x^2(1 - x)^2]\,dx - a\int_0^1 x^2(1 - x)\,dx \tag{8-57}$$

令 $\frac{dJ}{da} = 0$，通过求解泛函的最小值，得到 $a = 0.2272$。因此，与前述章节中采用伽辽金法得到的近似解一样，采用瑞利－里茨法得到的近似解为 $u = 0.2272x(1 - x)$。同时为了提高近似解的进度，需要添加更多的项（即在试探函数中添加更多的待确定系数），例如，可以将试探函数变为

$$u = a_1x(1 - x) + a_2x^2(1 - x) \tag{8-58}$$

式中，a_1 和 a_2 表示两个待定的未知系数。将式（8－58）代入式（8－57）中，通过求解泛函的最小值（即令其对 a_1 和 a_2 的导数为零），可以得到待定系数 a_1 和 a_2 的值：

$$\frac{\partial J}{\partial a_1} = 0, \frac{\partial J}{\partial a_2} = 0 \tag{8-59}$$

8.7　瑞利 – 里茨有限单元法

瑞利 – 里茨法可以应用于将连续分段函数作为试探函数的科学问题。因此，以 8.4 节为例，当该科学问题的定义域被划分为有限个单元的子域，对于每个有两个节点的单元，式（8 – 34）和式（8 – 35）的线性形状函数可用瑞利 – 里茨法进行表示及求解。以下示例说明了使用瑞利 – 里茨有限单元法的步骤。

【例 8 – 4】根据例 8 – 2，在同样的前提条件下，使用瑞利 – 里茨法进行求解，其中该问题的定义域及其对应的离散化如前图 8 – 5 所示。对于已经离散化的定义域，泛函可以表示为

$$J = \sum_{i=1}^{n} \int_{x_i}^{x_{i+1}} \left\{ \frac{1}{2} \left(\frac{\mathrm{d}u}{\mathrm{d}x} \right)^2 + \frac{1}{2} u^2 - xu \right\} \mathrm{d}x \qquad (8-60)$$

式中，$n = 3$，$ux_1 = 0$，$x_2 = 1/3$，$x_3 = 2/3$，$x_4 = 1$（前图 8 – 5）。使用线性形状函数，第 i 个单元的近似解

$$u = H_1(x) u_i + H_2(x) u_{i+1} = [H] \{u^i\} \qquad (8-61)$$

其中

$$[H] = [H_1 \quad H_2] \qquad (8-62)$$

$$\{u^i\} = \{u_i \quad u_{i+1}\}^{\mathrm{T}} \qquad (8-63)$$

联立式（8 – 34）和式（8 – 35），将其代入式（8 – 61）中，得

$$\int_{x_i}^{x_{i+1}} \left\{ \frac{1}{2} \left(\frac{\mathrm{d}u}{\mathrm{d}x} \right)^2 + \frac{1}{2} u^2 - xu \right\} \mathrm{d}x = \int_{x_i}^{x_{i+1}} \left\{ \frac{1}{2} \{u^i\}^{\mathrm{T}} \left[\frac{\mathrm{d}H}{\mathrm{d}x} \right]^{\mathrm{T}} \left[\frac{\mathrm{d}H}{\mathrm{d}x} \right] \{u^i\} + \right.$$

$$\qquad (8-64)$$

$$\left. \frac{1}{2} \{u^i\}^{\mathrm{T}} [H]^{\mathrm{T}} [H] \{u^i\} - \{u^i\}^{\mathrm{T}} [H]^{\mathrm{T}} x \right\} \mathrm{d}x$$

$$\left[\frac{\mathrm{d}H}{\mathrm{d}x} \right] = \left[\frac{\mathrm{d}H_1}{\mathrm{d}x} \quad \frac{\mathrm{d}H_2}{\mathrm{d}x} \right] \qquad (8-65)$$

计算式（8 – 64）中的积分，得

$$\frac{1}{2} \{u_i \quad u_{i+1}\} \begin{bmatrix} \dfrac{1}{h_i} + \dfrac{h_i}{3} & -\dfrac{1}{h_i} + \dfrac{h_i}{6} \\[2mm] -\dfrac{1}{h_i} + \dfrac{h_i}{6} & \dfrac{1}{h_i} + \dfrac{h_i}{3} \end{bmatrix} \begin{Bmatrix} u_i \\ u_{i+1} \end{Bmatrix} - \{u_i \quad u_{i+1}\} \begin{Bmatrix} \dfrac{h_i}{6}(x_{i+1} + 2x_i) \\[2mm] \dfrac{h_i}{6}(2x_{i+1} + x_i) \end{Bmatrix}$$

$$\qquad (8-66)$$

式中，矩阵表示的是式（8－64）右侧等式中的第一项和第二项，向量表示的是式（8－64）右侧等式中的最后一项。根据式（8－66），将问题中所有单元相加，并通过赋予合适的函数值进行求解，泛函可表示为

$$J = \frac{1}{2}\{u_1 \quad u_2 \quad u_3 \quad u_4\}\begin{bmatrix} 3.1111 & -2.9444 & 0 & 0 \\ -2.9444 & 6.2222 & -2.9444 & 0 \\ 0 & -2.9444 & 6.2222 & -2.9444 \\ 0 & 0 & -2.9444 & 3.1111 \end{bmatrix}\begin{Bmatrix} u_1 \\ u_2 \\ u_3 \\ u_4 \end{Bmatrix} -$$

$$\{u_1 \quad u_2 \quad u_3 \quad u_4\}\begin{Bmatrix} 0.0185 \\ 0.1111 \\ 0.2222 \\ 0.1481 \end{Bmatrix}$$

$$(8-67)$$

式（8－67）中求和的步骤与例 8－2 中的过程类似。同时，求解泛函的最小值（即令其对节点变量 u_1，u_2，u_3 和 u_4 的导数为零）。如式（8－68）所示：

$$\begin{bmatrix} 3.1111 & -2.9444 & 0 & 0 \\ -2.9444 & 6.2222 & -2.9444 & 0 \\ 0 & -2.9444 & 6.2222 & -2.9444 \\ 0 & 0 & -2.9444 & 3.1111 \end{bmatrix}\begin{Bmatrix} u_1 \\ u_2 \\ u_3 \\ u_4 \end{Bmatrix} - \begin{Bmatrix} 0.0185 \\ 0.1111 \\ 0.2222 \\ 0.1481 \end{Bmatrix} = 0 \quad (8-68)$$

与例 8－2 中的求解过程类似，将边界条件 $u_1 = 0$ 和 $u_4 = 0$ 代入式（8－68）中进行求解，解得的节点变量值与例 8－2 中的结果一致，均为 $u_1 = 0$，$u_2 = 0.0448$，$u_3 = 0.0569$，$u_4 = 0$。

本章习题

1. 求解满足以下边界条件的近似解。其中选择 $u = ax(1-x)$ 作为试探函数，该试探函数中含有一个待定系数 a，并且采用配点法进行计算，选取的点为 $x = 0.5$。

$$\begin{cases} \dfrac{\mathrm{d}^2 u}{\mathrm{d}x^2} - u = -x, & 0 < x < 1 \\ u(0) = 0, & u(1) = 0 \end{cases}$$

2. 使用配点法计算以下两点边值问题。其中选择 $u = a(x-1)(x-2)$ 作为试探函数，该试探函数中含有一个待定系数 a。

$$\begin{cases} x^2 \dfrac{\mathrm{d}^2 u}{\mathrm{d}x^2} - 2u = 1, & 1 < x < 2 \\ u(1) = 0, \quad u(2) = 1 \end{cases}$$

3. 使用配点法求解以下微分方程。其中选择二次多项式作为试探函数。

$$\begin{cases} x^2 \dfrac{\mathrm{d}^2 u}{\mathrm{d}x^2} - 2x \dfrac{\mathrm{d}u}{\mathrm{d}x} + 2u = 0, & 1 < x < 4 \\ u(1) = 0, \quad u(4) = 12 \end{cases}$$

4. 采用最小二乘法求解习题 7。

5. 采用伽辽金法求解习题 7。

6. 使用伽辽金法求解以下微分方程。其中选择二次多项式和三次多项式作为试探函数。

$$\begin{cases} \dfrac{\mathrm{d}^2 u}{\mathrm{d}x^2} + \dfrac{\mathrm{d}u}{\mathrm{d}x} - 2u = 0, & 0 < x < 1 \\ u(0) = 0, \quad u(1) = 1 \end{cases}$$

7. 使用伽辽金法求解以下微分方程。其中选择二次多项式作为试探函数。

$$\begin{cases} \dfrac{\mathrm{d}^2 u}{\mathrm{d}x^2} + \dfrac{\mathrm{d}u}{\mathrm{d}x} - 2u = x, & 0 < x < 1 \\ u(0) = 0, \quad u(1) = 1 \end{cases}$$

8. 使用伽辽金法和分段线性函数求解以下问题。其中分段线性函数如图 8-6 所示。

$$\begin{cases} \dfrac{\mathrm{d}^2 u}{\mathrm{d}x^2} = 1, & 0 < x < 2 \\ u(0) = 0, \quad u(2) = 0 \end{cases}$$

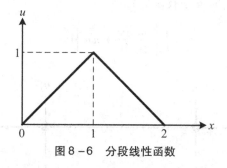

图 8-6　分段线性函数

9. 使用分段线性函数求解以下边值问题：①推导等效积分的弱形式；②使用二

个大小相等的子域建立矩阵方程；③当 $x = 1.5$ 时，求解其近似解。

$$\begin{cases} \dfrac{d^2u}{dx^2} = 1, & 0 < x < 3 \\ u(0) = 0, & u(3) = 0 \end{cases}$$

10. 使用线性形状函数将以下问题的定域划分为三个大小相等的子域。

$$\begin{cases} \dfrac{d^2u}{dx^2} + \dfrac{du}{dx} - 2u = 0, & 0 < x < 1 \\ u(0) = 0, & u(1) = 1 \end{cases}$$

11. 一带有边界条件的微分方程如下所示，其中线性单元的有限元网格划分如图 8-7 所示，求解以下问题：①推导等效积分的弱形式；②使用线性形状函数计算给定网格离散化单元的矩阵和向量；③推导总单元矩阵和向量；④应用已知边界条件求解节点变量值。

$$\begin{cases} x^2 \dfrac{d^2u}{dx^2} + 2x \dfrac{du}{dx} + 2 = 0, & 1 < x < 4 \\ u(1) = 1, & u(4) = 0 \end{cases}$$

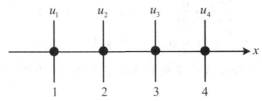

图 8-7 线性单元的有限元网格划分（1）

12. 使用伽辽金法求解以下问题，其中线性单元的有限元网格划分如图 8-8 所示：①使用二次函数 $u(x) = a + bx^2$ 推导形状函数；②使用①中推导得出的形状函数计算以下积分（式中，w 表示权函数）。

$$\int_0^1 \left(\dfrac{du}{dx} \dfrac{dw}{dx} + wu \right) dx$$

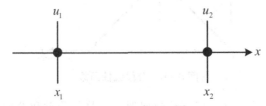

图 8-8 线性单元的有限元网格划分（2）

13. 对于一个两节点单元（图 8 - 9），求解以下问题：①使用二次函数 $u(x) = ax + bx^2$ 推导形状函数；②使用①中推导得出的形状函数计算以下积分；（式中，w 表示权函数）③进一步进行网格细化时，这些单元是否会重叠？解释原因。

$$\int_{-1}^{1} \left(w \frac{\mathrm{d}u}{\mathrm{d}x} \right) \mathrm{d}x$$

图 8 - 9　线性单元的有限元网格划分（3）

参考文献

［1］ Crandall S H. Engineering Analysis：A Survey of Numerical Procedures ［M］. New York：McGraw-Hill，1956.

［2］ Finlayson B A. The Method of Weighted Residuals and Variational Principles ［M］. New York：Academic Press，1972.

［3］ Cook R D. Concepts and Applications of Finite Element Analysis ［M］. 2nd ed. New York：John Wiley & Sons，1981.

［4］ Langhaar H L. Energy Methods in Applied Mechanics ［M］. Malabar，Florida：Krieger，1989.

［5］ Boresi A P，Schmidt R J，Sidebottom O M. Advanced Mechanics of Materials ［M］. 5th ed. New York：John Willey & Sons，1993.

［6］ Mikhlin S G. Variational Methods in Mathematical Physics ［M］. New York：Pergamon，1964.

［7］ Washizu K. Variational Methods in Elasticity and Plasticity ［M］. New York：Pergamon，1975.

［8］ Reddy J N. Applied Functional Analysis and Variational Methods in Engineering ［M］. New York：MrGraw-Hill，1986.

第 9 章 编 程 基 础

9.1 程序总体结构

为了理解有限元法的基本概念，理解程序的框架是非常有用的（有时是必不可少的）。这一章解释了该程序的基本结构，其中，有限元分析的主要步骤是：

（1）读取输入数据并分配适当的数组大小。

（2）计算每个单元的单元刚度矩阵和变量向量。

（3）将单元矩阵和变量向量组合成系统刚度矩阵和变量向量。

（4）将约束应用于系统矩阵和向量。

（5）求解主节点变量的矩阵方程。

（6）计算二阶变量。

（7）绘制或打印计算的结果。

每个过程将在后续部分中使用以下二阶或二元微分方程进行解释：

$$a\frac{\mathrm{d}^2u}{\mathrm{d}x^2} + b\frac{\mathrm{d}u}{\mathrm{d}x} + cu = f(x),\quad 0 < x < L \tag{9-1}$$

$$u(0) = 0,\quad u(L) = 0$$

方程的弱形式是

$$\int_0^L\left(-a\frac{\mathrm{d}w}{\mathrm{d}z}\frac{\mathrm{d}u}{\mathrm{d}x} + bw\frac{\mathrm{d}u}{\mathrm{d}x} + cwu\right)\mathrm{d}x = \int_0^L wf(x)\,\mathrm{d}x - \left[aw\frac{\mathrm{d}u}{\mathrm{d}x}\right]_0^L \tag{9-2}$$

当使用线性形状函数时，单元刚度矩阵的第 i 个单元则变为

$$[K^e] = \int_{x_i}^{x_{i+1}}\left(-a\begin{Bmatrix}H_1'\\H_2'\end{Bmatrix}[H_1'\quad H_2'] + b\begin{Bmatrix}H_1\\H_2\end{Bmatrix}[H_1'\quad H_2'] + c\begin{Bmatrix}H_1\\H_2\end{Bmatrix}[H_1\quad H_2]\right)\mathrm{d}x$$

$$\tag{9-3}$$

其中 $(\ )'$ 表示与 x 有关的导数。给出积分的求值

$$\left[K^e \right] = -\frac{a}{h_i}\begin{bmatrix} 1 & -1 \\ -1 & 1 \end{bmatrix} + \frac{b}{2}\begin{bmatrix} -1 & 1 \\ -1 & 1 \end{bmatrix} + \frac{ch_i}{6}\begin{bmatrix} 2 & 1 \\ 1 & 2 \end{bmatrix} \tag{9-4}$$

另一方面，单元向量为

$$\boldsymbol{F}^e = \int_{x_i}^{x_{i+1}} f(x)\begin{Bmatrix} H_1 \\ H_2 \end{Bmatrix}\mathrm{d}x \tag{9-5}$$

当 $f(x) = 1$，单个单元的向量可简化为

$$\boldsymbol{F}^e = \frac{h_i}{2}\begin{Bmatrix} 1 \\ 1 \end{Bmatrix} \tag{9-6}$$

9.2　输入数据

有限元分析程序所需的主要输入方程（9-1）的参数有：系统中的节点总数、系统中的总单元数、每个节点在全局坐标系中的坐标值、每种单元的类型、关于边界条件的信息和方程（9-1）的系数。

这些输入数据大部分与有限元网格相关，读者可在有限元网格上自行决定，也可以使用自动网格生成来生成网格，即程序所谓的预处理器或手动输入。单元的类型包含了多少每个单元的节点以及单元每个节点的自由度。如果在整个域中使用相同类型的单元，则以下信息为只需要一个单元。但是，如果系统（或域）有许多不同的类型单元在要素中，应为每一个不同的要素提供这些单元信息。简单起见，我们使用相同类型的单元。问题域在图 9-1 中被离散化，使用线性单元，进行五等分。因此，系统中的总节点数（*Num_Nod_In_System*）为 6，系统中的总单元数（*Num_Element*）为 5。这是一个一维问题，每个节点只有 x 个坐标值。如 *Coord_Nod* 表示存储坐标值的数组，其中有

　　Coord_Nod (1) = 0.0；*Coord_Nod* (2) = 0.2；*Coord_Nod* (3) = 0.4；

　　Coord_Nod (4) = 0.6；*Coord_Nod* (5) = 0.8；*Coord_Nod* (6) = 1.0

其中，圆括号中的索引是从 1 到 6 之间变化的节点数，并且数组 *Coord_Nod* 的大小与节点总数 *Num_Nod_In_System* 相同。每个单元的节点数（*Num_Nod_In_Elem*）为 2，每个节点的自由度（*Num_DOFs_In_Nod*）为 2，则每个系统的自由度数为 *Num_DOFs_In_System* = *Num_Nod System* * *Num_DOFs_In_Nod*。

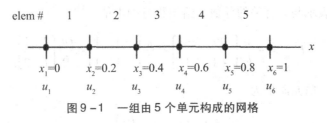

图 9-1 一组由 5 个单元构成的网格

通常，每个单元的节点连接信息是通过程序输入的，这也称为单元拓扑。此信息对于评估单元刚度矩阵和变量向量以及将这些矩阵和向量组合成系统（或全局）矩阵和向量非常重要。对于目前使用线性单元的一维问题，如果节点编号和单元编号从域的一端到域的另一端是连续的，则可以以简单的方式在程序中构造此信息。它存储在称为节点的数组中。该数组是一个二维数组。第一个索引表示单元编号，第二个索引表示与单元关联的节点。对于示例问题，第 i 个单元有两个节点，即第 i 个和第 $i+1$ 个节点，即

$$Nod\_Belong\_Elem(i,1) = i;$$
$$Nod\_Belong\_Elem(i,2) = i+1; \text{ 此时 } i = 1,2,3,4,5$$

这样的编写方式使得程序编写变得很容易，在后续的代码中即可体现。

边界条件信息包括应用约束和外力的节点自由度。为了指定节点的自由度，需要提供指定节点的节点号和对应的自由度。此外，其他的相应约束值也需要进行输入。对于当前问题，约束节点的信息是

$$Bound\_Con\_DOFs(1) = 1; Bound\_Con\_DOFs(2) = 6$$

其中，$Bound\_Con\_DOFs$ 包含约束的节点号。换句话说，数组 $Bound\_Con\_DOFs$ 的大小为 2，因为有两个受约束的节点，第一个约束节点和第二个约束节点数分别为 1 和 6。

此外，约束值在 $Bound\_Con\_Values$ 中读取，如

$$Bound\_Con\_Values(1) = 0.0; Bound\_Con\_Values(2) = 0.0$$

其中，第一个值用于节点 1，第二个值用于节点 6。

方程（9-4）中的相关系数 a,b,c 应从方程（9-1）中导出。因此，应该提供这些相应的参数。对于目前的问题而言，可设 $a = 1, b = -1, c = 2$。

9.3 输入单元几何参数

单元刚度矩阵和变量向量用方程（9-4）和方程（9-6）表示。这些表达式是每个单元长度的函数。因此，每个单元的长度是根据与该单元关联的节点的坐标值计算的。例如，第 i 个单元与第 i 个和第 $(i+1)$ 个节点相关联。节点的坐标值为

$Coord\_Nod(i)$ 和 $Coord\_Nod(i+1)$。结果，单元长度 h_i 等于 $Coord\_Nod(i+1) -$ $Coord\_Nod(i)$。如果 W 域的单元长度相同，则可以提供该长度作为输入。

一旦计算了这些刚度矩阵和变量向量，就需要将它们组装成系统刚度矩阵和向量。为此，我们需要单元刚度矩阵和变量向量在系统刚度矩阵和变量向量中的位置信息。该信息是从数组 $Index\_Sys\_Elem$ 中获得的，其大小等于每个单元的自由度数。因为每个节点都有一个单一的自由度（即 $Num\_DOFs\_In\_Nod = 1$），所以数组 $Index\_Sys\_Elem$ 的大小与数组 Nod_Belong_Elem 的大小相同。

第 i 个单元刚度矩阵和变量在系统中对应位置为 $Index\_Sys\_Elem(1) = i$ 和 $Index\_Sys\_Elem(2) = i + 1$

下面的示例显示单元刚度矩阵和变量向量的组装。

【例 9-1】设 $K\_Element$ 和 $F\_Element$ 是单元的刚度矩阵和变量向量。另外，KK_System 和 FF_System 是系统的刚度矩阵和变量向量。数组 $index$ 包含与单元关联的自由度。那么，$K\_Element$ 和 $F\_Element$ 以如下方式储存在 KK_System 和 FF_System 中。每个单元均重复该计算方法。

```
% 例9-1
Nums_DOFs_In_Element = Num_Nod_In_Elem * Num_DOFs_In_Nod;
                                        % 每个单元的自由度数量
for ir = 1:Nums_DOFs_In_Element;        % 循环单元行号
    irs = Index_Sys_Elem(ir);           % 定位系统行号
    FF_System(irs) = F_Element(ir);     % 整合进系统向量
for ic = 1:Nums_DOFs_In_Element;        % 循环单元列号
    ics = Index_Sys_Elem(ic);           % 定位系统列号
    KK_System(irs,ics) = KK_Element(irs,ics) + K_Element (ir,ic);
                                        % 整合进系统矩阵
end                                     % 结束列号循环
end                                     % 结束行号循环
```

9.4　应用约束

约束或边界条件的信息在数组中提供，如上一节所述，称为 $Bound\_Con\_DOFs$ 和 $Bound\_Con\_Values$。系统刚度矩阵方程使用此信息进行修改。系统刚度矩阵方程的大小等于系统中的自由度总数。不将约束直接应用于方程组，因为矩阵方程是奇异的，不能倒置。在固体/结构力学的背景下，这意味着刚度矩阵方程包含刚体运动。因此，这些约束防止了矩阵方程是单数。如果对矩阵中的第 n 个自由度施加约束，用约束方程代替矩阵中的第 n 个方程。

【例9-2】对于现有的案例而言，系统的平衡方程为

$$[kk]\{u\} = [ff] \tag{9-7}$$

矩阵方程的大小为 $Num\_DOFs\_In\_System = 6$，并且有两个约束。这些约束应用于系统矩阵方程，如下所示。

```
% 例9-2
for ic = 1:2;                              % 循环两个约束
    id = Bound_Con_DOFs(ic);               % 提取一个约束的自由度
    val = Bound_Con_Values(ic);            % 提取该自由度对应的约束值
    for i = 1:Num_DOFs_In_System;          % 循环系统中的方程个数
        KK_System(id,i) = 0;               % 设置第 id 行为0
    end
    KK_System(id,id) = 1;                  % 将第 id 条对角线统一
    FF_System(id) = val;                   % 将约束值输入列
end
```

例9-2所示的算法破坏了系统的对称性，矩阵在应用边界条件之前是对称的。如果我们想保持应用边界条件后的对称性，参考下一个例子中的显示算法。

【例9-3】此示例展示了在不破坏系统矩阵对称性的情况下应用边界条件的另一种方法。

```
% 例9-3
for ic = 1:2;                              % 循环两个约束
    id = Bound_Con_DOFs(ic);               % 提取一个约束的自由度
    val = Bound_Con_Values(ic);            % 提取该自由度对应的约束值
    for i = 1:Num_DOFs_In_System;          % 循环系统中的方程个数
        FF_System(i) = FF_System(i) - val * KK_System(i,id);
                                           % 使用约束值修改列
        KK_System(id,i) = 0;               % 设置所有第 i 列为0
        KK_System(i,id) = 0;               % 设置所有第 i 行为0
    end
    KK_System(id,id) = 1;                  % 将第 id 条对角线统一
    FF_System(id) = val;                   % 将约束值输入列
end
```

一旦系统矩阵方程按照以上例子修改，修改的系统矩阵方程对主要节点未知数（变量向量）进行求解。在 MATLAB 程序中为

$$u = kk' \setminus ff$$

其中，kk' 表示修改后的矩阵方程。一旦从矩阵方程确定了主要节点变量 u，自然边界条件（即次要变量）为

$$ff = kk * u$$

9.5　示例程序

本节给出了有限元分析程序的实例，其中控制方程为二阶常微分方程。

【例 9-4】通过有限元法解决方程式（9-1）。其中微分方程中的系数假定 $a = 1, b = -3, c = 2$，而函数 $f(x)$ 假定为 1。域大小等于 1（即 $L = 1$），并采用 5 个大小相等的线性单元用于分析。用 MATLAB 编写的计算机程序连同结果展示如下。

```
%————————————————————————————————
% 例 9 - 4
% 为求解所给定的初始微分方程
%   a u″ + b u′ + c u = 1,  0 < x < 1
%   u(0) = 0  and  u(1) = 0
% 使用 5 个线性单元
%
% 变量描述
%   K_Element = 单元矩阵
%   F_Element = 单元向量
%   KK_System = 系统矩阵
%   FF_System = 系统向量
%   Index_Sys_Elem = 包含与每个单元关联的系统自由度的索引向量
%   Bound_Con_DOFs = 包含与边界条件相关的自由度的向量
%   Bound_Con_Values = 包含与 'Bound_Con_DOFs' 中自由度相关的边界条件的向量
%————————————————————————————————
%————————————————————————————————
% 输入控制参数的数据
%————————————————————————————————
```

```
clear
Num_Element = 5;                                    % 单元数量
Num_Nod_In_Elem = 2;                               % 每个单元的节点数量
Num_DOFs_In_Nod = 1;                               % 每个节点的自由度数量
Num_Nod_In_System = 6;                             % 系统中的节点总数
Num_DOFs_In_System = Num_Nod_In_System * Num_DOFs_In_Nod;
% 整个系统中自由度总数
%————————————————————————————————————
% 输入节点坐标数据值
%————————————————————————————————————
Coord_Nod(1) = 0.0; Coord_Nod(2) = 0.2; Coord_Nod(3) = 0.4;
Coord_Nod(4) = 0.6; Coord_Nod(5) = 0.8; Coord_Nod(6) = 1.0;
%————————————————————————————————————
% 输入单元与节点的从属关系
%————————————————————————————————————
Nod_Belong_Elem(1,1) = 1;
Nod_Belong_Elem(1,2) = 2;
Nod_Belong_Elem(2,1) = 2;
Nod_Belong_Elem(2,2) = 3;
Nod_Belong_Elem(3,1) = 3;
Nod_Belong_Elem(3,2) = 4;
Nod_Belong_Elem(4,1) = 4;
Nod_Belong_Elem(4,2) = 5;
Nod_Belong_Elem(5,1) = 5;
Nod_Belong_Elem(5,2) = 6;
%————————————————————————————————————
% 输入微分方程的系数数据
%————————————————————————————————————
A_Coefficient = 1;                                  % 微分方程的系数 a
B_Coefficient = - 3;                                % 微分方程的系数 b
C_Coefficient = 2;                                  % 微分方程的系数 c
%————————————————————————————————————
% 输入边界条件数据
%————————————————————————————————————
Bound_Con_DOFs(1) = 1;                              % 1 号节点受到约束
Bound_Con_Values(1) = 0;                            % 1 号节点的值为 0
```

```
Bound_Con_DOFs(2) = 6;                          % 6 号节点受到约束
Bound_Con_Values(2) = 0;                         % 6 号节点的值为 0
%————————————————————————————
% 初始化系统矩阵与向量
%————————————————————————————
FF_System = zeros(Num_DOFs_In_System,1);
                                                % 系统向量的初始化
KK_System = zeros(Num_DOFs_In_System,Num_DOFs_In_System);
                                                % 整体矩阵的初始化
Index_Sys_Elem = zeros(Num_Nod_In_Elem * Num_DOFs_In_Nod,1);
                                                % 索引向量的初始化
%————————————————————————————
% 单元矩阵和向量的计算与整合
%————————————————————————————
for iel = 1:Num_Element                         % 遍历所有单元
Nod_Left = Nod_Belong_Elem(iel,1); Nod_Right = Nod_Belong_Elem(iel,2);
% 提取第 iel 个单元的节点号
Coord_Left = Coord_Nod(Nod_Left); Coord_Right = Coord_Nod(Nod_Right);
% 提取单元内部的节点坐标
Length_Element = Coord_Right − Coord_Left;      % 单元长度
Index_Sys_Elem = feeldof1(iel,Num_Nod_In_Elem,Num_DOFs_In_Nod);
% 提取与单元关联的系统自由度
K_Element = feode2l(A_Coefficient,B_Coefficient,C_Coefficient,Length_Element);
                                                % 计算单元矩阵
F_Element = fef1l(Coord_Left,Coord_Right);      % 计算单元向量
[KK_System,FF_System] = feasmbl2(KK_System,FF_System,K_Element,F_Element,
Index_Sys_Elem); % 将单元矩阵和向量整合入系统矩阵与向量
end
%————————————————————————————
% 适用边界条件
%————————————————————————————
[KK_System,FF_System] = feaplyc2(KK_System,FF_System,Bound_Con_DOFs,
Bound_Con_Values);
%————————————————————————————
% 求解矩阵方程
%————————————————————————————
```

```
fsol = KK_System \ FF_System;
%——————————————————————
% 分析解
%——————————————————————
c1 = 0.5/exp(1);
c2 = -0.5*(1 + 1/exp(1));
for i = 1:Num_Nod_In_System
x = Coord_Nod(i);
esol(i) = c1*exp(2*x) + c2*exp(x) + 1/2;
end
%——————————————————————————
% 打印和提取有限元解
%——————————————————————————
num = 1:1:Num_DOFs_In_System;
store = [num'fsol esol']
%——————————————————————————————————————————
```

其中计算功能函数分别如下。

```
%————————————————————————————————————————
function
[KK_System,FF_System] = feaplyc2(KK_System,FF_System,Bound_Con_DOFs,
Bound_Con_Values)
```

```
%————————————————————————————————————————
% 目的:
%     代入约束进矩阵方程 [kk]{x} = {ff}
%
% 简介:
%     [KK_System,FF_System] = feaplyc2(KK_System,FF_System,Bound_Con_DOFs,
% Bound_Con_Values)
%
% 变量描述:
%     KK_System - 系统矩阵
%     FF_System - 系统向量
%     Bound_Con_DOFs - 包含与边界条件相关的自由度的向量
```

%　　　　Bound_Con_Values − 包含与'Bound_Con_DOFs'中的自由度相关的边界条件
值的向量
%
% 比如,在 d. o. f = 2 和 10 有约束且约束值为 0. 0 和 2. 5
%　　　　Bound_Con_DOFs(1) = 2 and Bound_Con_DOFs(2) = 10; and
%　　　　Bound_Con_Values(1) = 1. 0 and Bound_Con_Values(2) = 2. 5.
%——

```
n = length(Bound_Con_DOFs);
Num_DOFs_In_System = size(KK_System);

for i = 1:n
    c = Bound_Con_DOFs(i);
    for j = 1:Num_DOFs_In_System
       KK_System(c, j) = 0;

    end

    KK_System(c,c) = 1;
    FF_System(c) = Bound_Con_Values(i);
end
```
%——

```
function
[KK_System,FF_System] = feasmbl2(KK_System,FF_System,K_Element,F_Element,
Index_Sys_Elem)
```
%——
% 目的:
%　　　　整合单元矩阵进入系统矩阵 &
%　　　　整合单元向量进入系统向量
%
% 简介:
%　　[KK_System,FF_System] = feasmbl2(KK_System,FF_System,K_Element,F_
% Element,Index_Sys_Elem)
% 变量描述:
%　　　　KK_System − 系统矩阵

```
%      FF_System - 系统向量
%      K_Element   - 单元矩阵
%      F_Element   - 单元向量
%      Index_Sys_Elem - 单元矩阵与整体矩阵的对应关系
%————————————————————————————————————————


edof = length(Index_Sys_Elem);
for i = 1:edof
  ii = Index_Sys_Elem(i);
    FF_System(ii) = FF_System(ii) + F_Element(i);
    for j = 1:edof
      jj = Index_Sys_Elem(j);
        KK_System(ii, jj) = KK_System(ii, jj) + K_Element(i, j);
    end
end
%————————————————————————————————————————


function
[Index_Sys_Elem] = feeldof1(iel,Num_Nod_In_Elem,Num_DOFs_In_Nod)
%————————————————————————————————————————
% 目的:
%      计算一维问题中与每个单元相关的系统自由度
%
% 简介:
%  [Index_Sys_Elem] = feeldof1(iel,Num_Nod_In_Elem,Num_DOFs_In_Nod)
%
% 变量描述:
%      Index_Sys_Elem - 与单元 iel 相关的系统自由度
%      iel - 要确定其系统自由度的单元编号
%      Num_Nod_In_Elem - 每个单元的节点数量
%      Num_DOFs_In_Nod - 每个节点的自由度数量


%————————————————————————————————————————


edof = Num_Nod_In_Elem * Num_DOFs_In_Nod;
start = (iel - 1) * (Num_Nod_In_Elem - 1) * Num_DOFs_In_Nod;
```

```
    for i = 1:edof
        Index_Sys_Elem(i) = start + i;
    end
%————————————————————————————————————————————————
function [F_Element] = fef11(Coord_Left,Coord_Right)


%————————————————————————————————————————————————
% 目的:
%      单元向量 f(x) = 1
%      使用线性单元
%
% 简介:
%      [F_Element] = fef11(Coord_Left,Coord_Right)
%
% 变量描述:
%      F_Element - 单元向量
%      Coord_Left - 左节点坐标值
%      Coord_Right - 右节点坐标值
%————————————————————————————————————————————————


% 单元向量

Length_Element = Coord_Right - Coord_Left;            % 单元长度
F_Element = [Length_Element/2; Length_Element/2];
%————————————————————————————————————————————————


function
[K_Element] = feode2l(A_Coefficient,B_Coefficient,C_Coefficient,Length_Element)
%————————————————————————————————————————————————
% 目的:
%      单元矩阵 (a u″ + b u′ + c u)
%      使用线性单元
%
% 简介·
% [K_Element] = feode2l(A_Coefficient,B_Coefficient,C_Coefficient, Length_
```

% Element)
% 变量描述：
%   K_Element - 单元矩阵
%   A_Coefficient - 二阶导数项的系数
%   B_Coefficient - 一阶导数项的系数
%   C_Coefficient - 常数系数
%   Length_Element - 单元长度
%——

% 单元矩阵

a1 = - (A_Coefficient/Length_Element);a2 = B_Coefficient/2;a3 = C_Coefficient * Length
_Element/6;
K_Element = [a1 - a2 + 2 * a3   - a1 + a2 + a3;...
      - a1 - a2 + a3   a1 + a2 + 2 * a3];
%——

计算结果如下：

%——
  store =

        node#   fem sol   exact sol
        1.0000   - 0.0000   0   % solution at x = 0

        2.0000   - 0.0621   - 0.0610   % solution at x = 0.2

        3.0000   - 0.1133   - 0.1110   % solution at x = 0.4

        4.0000   - 0.1388   - 0.1355   % solution at x = 0.6

        5.0000   - 0.1142   - 0.1111   % solution at x = 0.8

        6.0000   0   - 0.0000   % solution at x = 1.0

%——

【例 9 - 5】 求解与例 9 - 4 相同的微分方程，但边界条件不同：

$$u(0) = 0, \quad \frac{du(1)}{dx} = 1 \tag{9-8}$$

左端是本质边界条件，右端是自然边界条件。如方程式（9-2）所示，具有已知 $\frac{du}{dx}$ 值的边界条件有助于右侧列向量。因为列向量移动到矩阵方程的右侧，所以我们以从右侧的列向量中减去 $\frac{du(1)}{dx} = 1$ 结束。为了完整起见，下面给出了程序列表。将程序与前面示例中给出的程序进行比较，可以看出本质边界条件〔即 $u(1) = 0$〕和自然边界条件〔即 $\frac{du(1)}{dx} = 1$〕之间的区别。

```
%—————————————————————————————————————————
% 例 9 - 5

% 为求解给定的初始微分方程
%     x^2 u″ - 2 b u′ + c u = 1,  0 < x < 1
%     u(0) = 0  and  u′(1) = 1
% 使用 5 个或者 10 个线性单元
%
% 变量描述
%    K_Element = 单元矩阵
%    F_Element = 单元向量
%    KK_System = 系统矩阵
%    FF_System = 系统向量
%    Index_Sys_Elem = 包含与每个单元关联的系统自由度的索引向量
%    Bound_Con_DOFs = 包含与边界条件相关的自由度的向量
%    Bound_Con_Values = 包含与 'Bound_Con_DOFs' 中自由度相关的边界条件的向量
%—————————————————————————————————————————


%———————————————————————————
% 输入控制参数的数据
%———————————————————————————
clear
Num_Element = 5;                        % 单元数量
Num_Nod_In_Elem = 2;                    % 每个单元的节点数量
Num_DOFs_In_Nod = 1;                    % 每个节点的自由度数量
```

```
Num_Nod_In_System = 6;                          % 系统中的节点总数
Num_DOFs_In_System = Num_Nod_In_System * Num_DOFs_In_Nod;
% 整个系统中自由度总数
%————————————————————————————————
% 输入节点坐标数据
%————————————————————————————————

Coord_Nod(1) = 0.0; Coord_Nod(2) = 0.2; Coord_Nod(3) = 0.4;
Coord_Nod(4) = 0.6; Coord_Nod(5) = 0.8; Coord_Nod(6) = 1.0;
%————————————————————————————————
% 输入单元与节点的从属关系
%————————————————————————————————
Nod_Belong_Elem(1,1) = 1;
Nod_Belong_Elem(1,2) = 2;
Nod_Belong_Elem(2,1) = 2;
Nod_Belong_Elem(2,2) = 3;
Nod_Belong_Elem(3,1) = 3;
Nod_Belong_Elem(3,2) = 4;
Nod_Belong_Elem(4,1) = 4;
Nod_Belong_Elem(4,2) = 5;
Nod_Belong_Elem(5,1) = 5;
Nod_Belong_Elem(5,2) = 6;


%————————————————————————————————
% 输入微分方程的系数
%————————————————————————————————

A_Coefficient = 1;                          % 微分方程的系数 a
B_Coefficient = - 3;                        % 微分方程的系数 b
C_Coefficient = 2;                          % 微分方程的系数 c


%————————————————————————————————
% 输入边界条件数据
%————————————————————————————————
```

```
Bound_Con_DOFs(1) = 1;                      % 1 号节点受到约束
Bound_Con_Values(1) = 0;                     % 1 号节点的值为 0


%————————————————————————
% 初始化系统矩阵与向量
%————————————————————————


FF_System = zeros(Num_DOFs_In_System,1);     % 系统向量的初始化
KK_System = zeros(Num_DOFs_In_System,Num_DOFs_In_System);
                                             % 系统矩阵的初始化
Index_Sys_Elem = zeros(Num_Nod_In_Elem * Num_DOFs_In_Nod,1);
                                             % 索引向量的初始化


%——————————————————————————————
% 单元矩阵和向量的计算与整合
%——————————————————————————————


for iel = 1:Num_Element                      % 遍历所有单元

Nod_Left = Nod_Belong_Elem(iel,1); Nod_Right = Nod_Belong_Elem(iel,2);
                                             % 提取第 iel 个单元的节点号
Coord_Left = Coord_Nod(Nod_Left); Coord_Right = Coord_Nod(Nod_Right);
                                             % 提取单元内部的节点坐标
Length_Element = Coord_Right - Coord_Left;   % 单元长度
Index_Sys_Elem = feeldof1(iel,Num_Nod_In_Elem,Num_DOFs_In_Nod);
                                             % 提取与单元关联的系统自由度
K_Element = feode2l(A_Coefficient,B_Coefficient,C_Coefficient,Length_Element);
                                             % 计算单元矩阵
F_Element = fef11(Coord_Left,Coord_Right);   % 计算单元向量
[KK_System,FF_System] = feasmbl2(KK_System,FF_System,K_Element,F_Element,
Index_Sys_Elem);                  % 将单元矩阵和向量整合入系统矩阵与向量

end


%————————————————————————
% 在最后一个节点应用自然边界条件
```

%——

FF_System(Num_Nod_In_System) = FF_System(Num_Nod_In_System) − 1;
% 在列向量中包含 u′(1) = 1

%————————————————————————

% 适用边界条件
%————————————————————————

[KK_System,FF_System] = feaplyc2(KK_System,FF_System,Bound_Con_
DOFs,Bound_Con_Values);

%————————————————————————

% 求解矩阵方程
%————————————————————————

fsol = KK_System \ FF_System;

%————————————————

% 分析解
%————————————————

c1 = (1 + 0.5 ∗ exp(1))/(2 ∗ exp(2) − exp(1));
c2 = − (1 + exp(2))/(2 ∗ exp(2) − exp(1));
for i = 1:Num_Nod_In_System
x = Coord_Nod(i);
esol(i) = c1 ∗ exp(2 ∗ x) + c2 ∗ exp(x) + 1/2;
end
%————————————————————

% 打印和提取有限元解
%————————————————————

num = 1:1:Num_DOFs_In_System;
store = [num′fsol esol′]
%——

　　下面分别显示了使用 5 个单元和 10 个单元的解决方案。将这两种有限元解与精确解进行比较，结果表明，当网格化时，有限元解的收敛性得到改进。

```
%—————————————————————————————————————
store  =

     node#      fem sol     exact sol
     1. 0000    – 0. 0000        0              % solution at x = 0
     2. 0000    – 0. 0588    – 0. 0578          % solution at x = 0. 2
     3. 0000    – 0. 1043    – 0. 1024          % solution at x = 0. 4
     4. 0000    – 0. 1203    – 0. 1180          % solution at x = 0. 6
     5. 0000    – 0. 0802    – 0. 0792          % solution at x = 0. 8
     6. 0000      0. 0586      0. 0546          % solution at x = 1. 0
%—————————————————————————————————————
%—————————————————————————————————————
store  =

     node#      fem sol     exact sol
     1. 0000    – 0. 0000        0              % solution at x = 0
     2. 0000    – 0. 0588    – 0. 0295          % solution at x = 0. 1
     3. 0000    – 0. 1043    – 0. 0578          % solution at x = 0. 2
     4. 0000    – 0. 1203    – 0. 0825          % solution at x = 0. 3
     5. 0000    – 0. 0802    – 0. 1024          % solution at x = 0. 4
     6. 0000      0. 0586    – 0. 1151          % solution at x = 0. 5
     7. 0000    – 0. 1203    – 0. 1180          % solution at x = 0. 6
     8. 0000    – 0. 0802    – 0. 1075          % solution at x = 0. 7
     9. 0000      0. 0586    – 0. 0792          % solution at x = 0. 8
    10. 0000    – 0. 1203    – 0. 0275          % solution at x = 0. 9
    11. 0000    – 0. 1203      0. 0546          % solution at x = 1. 0

%—————————————————————————————————————
```

【例 9 – 6】这个例子解决如下方程的问题：

$$x^2 \frac{\partial^2 u}{\partial x^2} - 2x \frac{\partial u}{\partial x} - 4u = x^2, \quad 10 < x < 20 \qquad (9-9)$$

其中边界条件为 $u(10) = 0$ 和 $u(20) = 100$。方程 (9 – 9) 的弱形式为

$$\int_{10}^{20} \left(x^2 \frac{\partial w}{\partial x} \frac{\partial u}{\partial x} + 4xw \frac{\partial u}{\partial x} + 4wu \right) \mathrm{d}x = -\int_{10}^{20} wx^2 \mathrm{d}x + \left[x^2 w \frac{\partial u}{\partial x} \right]_{10}^{20} \qquad (9-10)$$

将域离散为多个线性单元并使用 Galerkin 方法计算单元矩阵和向量：

$$[K^e] = \frac{1}{h_e^2}\begin{bmatrix} 4x_r^2x_1 - 6x_rx_1^2 - x_r^3 + 3x_1^3 & 2x_rx_1^2 - x_r^3 - x_1^3 \\ -2x_rx_1^2 + x_r^3 + x_1^3 & 6x_r^2x_1 - 4x_rx_1^2 - 3x_r^3 + x_1^3 \end{bmatrix} \quad (9-11)$$

$$\{F^e\} = \frac{1}{12h_e}\begin{Bmatrix} -4x_rx_1^3 + x_r^4 + 3x_1^4 \\ -4x_r^3x_1 + 3x_r^4 + x_1^4 \end{Bmatrix} \quad (9-12)$$

其中，h_e 是线性单元的长度，x_1 和 x_r 是单元左右节点的节点坐标值。下面提供了使用 10 个单元的 MATLAB 程序以及新的必要函数。

```
%————————————————————————————————
% 例 9 - 6
% 为解决给定初始微分方程
%     x^2 u″ - 2x u′ - 4u = x^2,   10 < x < 20
%     u(10) = 0   and   u(20) = 100
% 使用 10 个线性单元
%
% 变量描述
% K_Element = 单元矩阵
% F_Element = 单元向量
% KK_System = 系统矩阵
% FF_System = 系统向量
% Index_Sys_Elem = 包含与每个单元关联的系统自由度的索引向量
% Bound_Con_DOFs = 包含与边界条件相关的自由度的向量
% Bound_Con_Values = 包含与 'Bound_Con_DOFs' 中自由度相关的边界条件的向量
%————————————————————————————————


%————————————————————————————————
% 输入控制参数的数据
%————————————————————————————————

clear
Num_Element = 10;                    % 单元数量
Num_Nod_In_Elem = 2;                 % 每个单元的节点数量
Num_DOFs_In_Nod = 1;                 % 每个节点的自由度数量
Num_Nod_In_System = 11;              % 系统中的节点总数
```

```
Num_DOFs_In_System = Num_Nod_In_System * Num_DOFs_In_Nod;
% 整个系统中自由度总数


%————————————————————————————————————
% 输入节点坐标值数据
%————————————————————————————————————


Coord_Nod(1) = 10;Coord_Nod(2) = 11;Coord_Nod(3) = 12;Coord_Nod(4) = 13;
Coord_Nod(5) = 14;Coord_Nod(6) = 15;Coord_Nod(7) = 16;Coord_Nod(8) = 17;
Coord_Nod(9) = 18;Coord_Nod(10) = 19;Coord_Nod(11) = 20;


%——————————————————————————————————————————————————
% 输入单元与节点的从属关系
%——————————————————————————————————————————————————


Nod_Belong_Elem(1,1) = 1;
Nod_Belong_Elem(1,2) = 2;
Nod_Belong_Elem(2,1) = 2;
Nod_Belong_Elem(2,2) = 3;
Nod_Belong_Elem(3,1) = 3;
Nod_Belong_Elem(3,2) = 4;
Nod_Belong_Elem(4,1) = 4;
Nod_Belong_Elem(4,2) = 5;
Nod_Belong_Elem(5,1) = 5;
Nod_Belong_Elem(5,2) = 6;
Nod_Belong_Elem(6,1) = 6;
Nod_Belong_Elem(6,2) = 7;
Nod_Belong_Elem(7,1) = 7;
Nod_Belong_Elem(7,2) = 8;
Nod_Belong_Elem(8,1) = 8;
Nod_Belong_Elem(8,2) = 9;
Nod_Belong_Elem(9,1) = 9;
Nod_Belong_Elem(9,2) = 10;
Nod_Belong_Elem(10,1) = 10;
Nod_Belong_Elem(10,2) = 11;
```

```
%————————————————————————
% 输入边界条件数据
%————————————————————————


Bound_Con_DOFs(1) = 1;                        % 1 号节点受到约束
Bound_Con_Values(1) = 0;                       % 1 号节点的约束值为 0
Bound_Con_DOFs(2) = 11;                        % 11 号节点受到约束
Bound_Con_Values(2) = 100;                     % 11 号节点的约束值为 100


%————————————————————————
% 初始化系统矩阵与向量
%————————————————————————


FF_System = zeros(Num_DOFs_In_System,1);         % 系统向量的初始化
KK_System = zeros(Num_DOFs_In_System,Num_DOFs_In_System);
                                               % 整体矩阵的初始化
Index_Sys_Elem = zeros(Num_Nod_In_Elem * Num_DOFs_In_Nod,1);
                                               % 索引向量的初始化


%————————————————————————————————
% 单元刚度矩阵和荷载向量的计算与整合
%————————————————————————————————


for iel = 1:Num_Element                        % 遍历所有单元
Nod_Left = Nod_Belong_Elem(iel,1); Nod_Right = Nod_Belong_Elem(iel,2);
                                               % 提取第 i 个单元的节点号
Coord_Left = Coord_Nod(Nod_Left); Coord_Right = Coord_Nod(Nod_Right);
                                               % 提取单元内的节点坐标值
Length_Element = Coord_Right - Coord_Left;       % 单元长度
Index_Sys_Elem = feeldof1(iel,Num_Nod_In_Elem,Num_DOFs_In_Nod);
                                               % 提取与单元关联的系统自由度
K_Element = feodex2l(Coord_Left,Coord_Right);      % 计算单元矩阵
F_Element = fefx2l(Coord_Left,Coord_Right);        % 计算单元向量
[KK_System,FF_System] = feasmbl2(KK_System,FF_System,K_Element,F_Element,
Index_Sys_Elem);              % 将单元矩阵和向量整合入系统矩阵与向量
```

end

```
%—————————————————————————————
% 适用边界条件
%—————————————————————————————


[KK_System,FF_System] = feaplyc2(KK_System,FF_System,Bound_Con_DOFs,
Bound_Con_Values);


%—————————————————————————————
% 求解矩阵方程
%—————————————————————————————


fsol = KK_System \ FF_System;


%—————————————————————
% 分析解
%—————————————————————


esol(1) = 0.0;
for i = 2:Num_Nod_In_System
x = Coord_Nod(i);
esol(i) = 0.00102 * x^4 - 0.16667 * x^2 + 64.5187/x;


end


%————————————————————————————————
% 打印和提取有限元解
%————————————————————————————


num = 1:1:Num_DOFs_In_System;
store = [num' fsol esol']
%————————————————————————————————————————


%————————————————————————————————————————
function [K_Element] = feodex2l(Coord_Left,Coord_Right)
```

```
%--------------------------------------------------------------------
% 目的：
%      单元矩阵 ( x^2 u″ − 2x u′ − 4 u )
%      使用线性单元
%
% 简介：
%      [ K_Element ] = feodex2l( Coord_Left, Coord_Right )
%
% 变量描述：
%      K_Element − 单元矩阵
%      Coord_Left − 线性单元左节点的坐标值
%      Coord_Right − 线性单元右节点的坐标值
%--------------------------------------------------------------------
% 单元矩阵
Length_Element = Coord_Right − Coord_Left;
K_Element = (1/Length_Element^2) * [ ( 4 * Coord_Right^2 * Coord_Left − 6 * Coord_
Right * Coord_Left^2 − Coord_Right^3 + 3 * Coord_Left^3 ) ...
( 2 * Coord_Right^2 * Coord_Left − Coord_Right^3 − Coord_Left^3 ); ...
( − 2 * Coord_Right * Coord_Left^2 + Coord_Right^3 + Coord_Left^3 ) ...
( 6 * Coord_Right^2 * Coord_Left − 4 * Coord_Right * Coord_Left^2 − 3 * Coord_Right^3
+ Coord_Left^3 ) ];
%--------------------------------------------------------------------


%--------------------------------------------------------------------
function [ F_Element ] = fefx2l( Coord_Left, Coord_Right )
%--------------------------------------------------------------------
% 目的：
%      单元向量 f( x ) = x^2
%      使用线性单元
%
% 简介：
%      [ F_Element ] = fefx2l( Coord_Left, Coord_Right )
%
% 变量描述：
%      F_Element − 单元向量
%      Coord_Left − 左节点的坐标值
```

```
%        Coord_Right - 右节点的坐标值
%——————————————————————————————————————————————
% 单元向量
Length_Element = Coord_Right - Coord_Left ;            % 单元长度
F_Element = (1/(12 * Length_Element)) * [ ( - 4 * Coord_Right * Coord_Left^3 + Coord_
Right^4 + 3 * Coord_Left^4) ; ...
( - 4 * Coord_Right^3 * Coord_Left + 3 * Coord_Right^4 + Coord_Left^4) ];
%——————————————————————————————————————————————
store =
```

node#	fem sol	exact sol	
1. 0000	- 0. 0000	0%	solution at x = 0
2. 0000	0. 6046	0. 6321%	solution at x = 0. 1
3. 0000	2. 4650	2. 5268%	solution at x = 0. 2
4. 0000	5. 8421	5. 9280%	solution at x = 0. 3
5. 0000	11. 0278	11. 1255%	solution at x = 0. 4
6. 0000	18. 3432	18. 4380%	solution at x = 0. 5
7. 0000	28. 1371	28. 2116%	solution at x = 0. 6
8. 0000	40. 7850	40. 8190%	solution at x = 0. 7
9. 0000	56. 6888	56. 6588%	solution at x = 0. 8
10. 0000	76. 2761	76. 1553%	solution at x = 0. 9
11. 0000	100. 0000	99. 7579%	solution at x = 1. 0

本章习题

1. 使用 9.5 节中提供的 MATLAB 程序解决第 8 章习题 9 中的问题。

2. 使用修改后的计算机程序解决第 8 章习题 10 的问题。

3. 使用修改后的计算机程序解决第 8 章习题 11 的问题。

4. 使用两倍数量的单元重做习题 1，比较两种有限元解决方案的异同。

5. 使用更多数量的单元重做习题 2，观察不同方法的收敛性。

第 10 章　直接刚度法

10.1　线性弹簧

考虑如图 10-1（a）所示的线性弹簧，假设该线性弹簧两个端点的位移分别为 u_1 和 u_2，并且这两个端点分别受到轴向力 f_1 和 f_2 的作用，位移和力均假定为右侧方向，该方向在目前的有限元公式中假定为正。

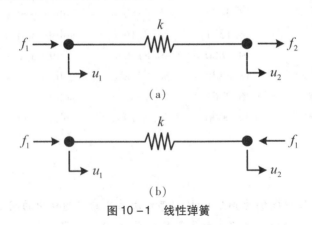

图 10-1　线性弹簧

如果弹簧此时处于平衡状态，则水平方向合力为零：

$$f_1 + f_2 = 0 \tag{10-1}$$

因此，通过式（10-1）可知轴向力 f_1 和 f_2 大小相等且方向相反，如图 10-1（b）所示。同时，该线性弹簧被轴向力 f_1 和 f_2 压缩，所受到的力的大小与其压缩量成正比，假定弹簧的刚度系数为弹簧常数 k，则力和位移关系变为

$$k(u_1 - u_2) = f_1 \tag{10-2}$$

联立式（10-1）和式（10-2），得到

$$k(-u_1 + u_2) = f_2 \tag{10-3}$$

采用矩阵的形式对式（10-2）和式（10-3）进行化简，得

$$\begin{bmatrix} k & -k \\ -k & k \end{bmatrix} \begin{Bmatrix} u_1 \\ u_2 \end{Bmatrix} = \begin{Bmatrix} f_1 \\ f_2 \end{Bmatrix} \qquad (10-4)$$

式（10-4）表示的是线性弹簧的矩阵方程。从该式中可以看出：弹簧与线性有限单元的形式类似，其刚度系数组成的矩阵称为单元刚度矩阵，而所受到的合力可以表示为一个或多个单元力向量。因此，由串联和并联线性弹簧组成的系统可以使用有限元的概念进行分析。

【例 10-1】考虑 3 个串联的线性弹簧，如图 10-2 所示。每个线性弹簧的矩阵方程类似于式（10-4），将这些单个弹簧的矩阵方程组合成矩阵方程组：

$$\begin{bmatrix} k_1 & -k_1 & 0 & 0 \\ -k_1 & (k_1+k_2) & -k_2 & 0 \\ 0 & -k_2 & (k_2+k_3) & -k_3 \\ 0 & 0 & -k_3 & k_3 \end{bmatrix} \begin{Bmatrix} u_1 \\ u_2 \\ u_3 \\ u_4 \end{Bmatrix} = \begin{Bmatrix} f_1 \\ f_2 \\ f_3 \\ f_4 \end{Bmatrix} \qquad (10-5)$$

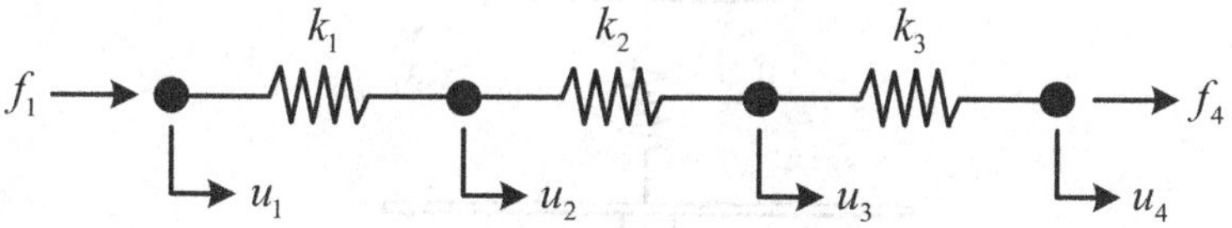

图 10-2　3 个串联的线性弹簧

根据不同的约束条件，三个串联的线性弹簧所组成的系统既可能是静定的，也可能是超静定的。例如，u_1 被限制为零时，则系统是静定的。另一方面，如果 u_1 和 u_4 都被限制为零，那么系统将变成超静定。但是，在有限元公式中，静定和超静定系统之间没有区别，因为有限元公式不仅使用了平衡方程，而且运用了位移协调关系。以该超静定系统为例，假设 $k_1 = 20 \text{ MN/m}$，$k_2 = 30 \text{ MN/m}$，$k_3 = 10 \text{ MN/m}$，此外，在节点 2 处施加外力，即 $f_2 = 1000 \text{ N}$，该矩阵方程变为

$$10^6 \begin{bmatrix} 20 & -20 & 0 & 0 \\ -20 & 50 & -30 & 0 \\ 0 & -30 & 40 & -10 \\ 0 & 0 & -10 & 10 \end{bmatrix} \begin{Bmatrix} u_1 \\ u_2 \\ u_3 \\ u_4 \end{Bmatrix} = \begin{Bmatrix} f_1 \\ 1000 \\ 0 \\ f_4 \end{Bmatrix} \qquad (10-6)$$

需要注意的是：因为节点 3 没有施加外力，所以 $f_3 = 0 \text{ N}$。同时，将约束条件 $u_1 = 0$ 和 $u_4 = 0$ 应用于上述等式，则该矩阵方程转化为

$$10^6 \begin{bmatrix} 1 & 0 & 0 & 0 \\ -20 & 50 & -30 & 0 \\ 0 & -30 & 40 & -10 \\ 0 & 0 & 0 & 1 \end{bmatrix} \begin{Bmatrix} u_1 \\ u_2 \\ u_3 \\ u_4 \end{Bmatrix} = \begin{Bmatrix} 0 \\ 1000 \\ 0 \\ 0 \end{Bmatrix} \qquad (10-7)$$

求解式（10-7），得位移 $\mu_2 = 3.636 \times 10^{-7}$ m，$\mu_1 = 2.727 \times 10^{-7}$ m。同时，将约束条件和已求得的位移代入式（10-6），得出作用在弹簧系统两端的约束力 $f_1 = 727.3$ N，$f_2 = 272.7$ N。

【例10-2】线性弹簧的连接如图10-3所示。假设刚性且质量忽略不计的板在不旋转的情况下垂直移动，求解弹簧系统中的位移量。该系统中每个弹簧构成一个线性单元，系统中有7个单元。同时，由于一些节点由两个或两个以上的单元所共享，系统中的总节点数为6，因此，该系统的初始自由度为6。将这些单元组合为矩阵方程组，得

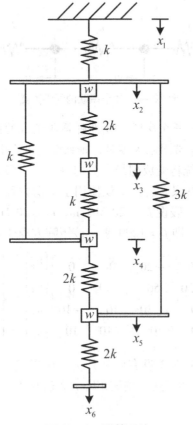

图10-3　弹簧系统

$$k\begin{bmatrix} 1 & -1 & 0 & 0 & 0 & 0 \\ -1 & 7 & -2 & -1 & -3 & 0 \\ 0 & -2 & 3 & -1 & 0 & 0 \\ 0 & -1 & -1 & 4 & -2 & 0 \\ 0 & -3 & 0 & -2 & 7 & -2 \\ 0 & 0 & 0 & 0 & -2 & 2 \end{bmatrix}\begin{Bmatrix} x_1 \\ x_2 \\ x_3 \\ x_4 \\ x_5 \\ x_6 \end{Bmatrix} = \begin{Bmatrix} f_1 \\ w \\ w \\ w \\ w \\ 0 \end{Bmatrix} \tag{10-8}$$

需要注意的是：节点 6 没有外力，因此等式右侧列向量的第六个分量为零。此外，由于 $x_1 = 0$，f_1 在等式中是未知的。同时，将相应的约束条件应用于式（10-8）中，得

$$k\begin{bmatrix} 1 & -1 & 0 & 0 & 0 & 0 \\ -1 & 7 & -2 & -1 & -3 & 0 \\ 0 & -2 & 3 & -1 & 0 & 0 \\ 0 & -1 & -1 & 4 & -2 & 0 \\ 0 & -3 & 0 & -2 & 7 & -2 \\ 0 & 0 & 0 & 0 & -2 & 2 \end{bmatrix}\begin{Bmatrix} x_1 \\ x_2 \\ x_3 \\ x_4 \\ x_5 \\ x_6 \end{Bmatrix} = \begin{Bmatrix} 0 \\ w \\ w \\ w \\ w \\ 0 \end{Bmatrix} \tag{10-9}$$

式（10-9）表示的矩阵方程决定了弹簧系统的位移。

10.2　轴向构件

在工程应用中，线性弹簧可以代表各种系统。其中一种直接应用是轴向构件，假设轴向构件的轴向长度为 L，截面均匀且面积为 A，弹性模量为 E，并且承受轴向力 $\boldsymbol{P}$ 的作用，则其伸长量根据以下公式进行计算：

$$\boldsymbol{\sigma} = \frac{PL}{AE} \tag{10-10}$$

将式（10-10）进行转化：

$$P = \frac{AE}{L}\boldsymbol{\sigma} \tag{10-11}$$

因此，该轴向构件的等效弹簧系数为

$$k_{eq} = \frac{\boldsymbol{P}}{\boldsymbol{\sigma}} = \frac{AE}{L} \tag{10-12}$$

【例 10-3】轴向构件可用串联或并联的线性弹簧表示。例如，一根可伸缩的杆可以用一系列线性弹簧代替，如图 10-4 所示。该杆件有 3 个线性弹簧单元，每个单元都有其矩阵表达形式，如式（10-13）所示。利用弹簧的刚度系数 k_i 进行矩

阵转化：

$$\begin{bmatrix} k_1 & -k_1 & 0 & 0 \\ -k_1 & (k_1+k_2) & -k_2 & 0 \\ 0 & -k_2 & (k_2+k_3) & -k_3 \\ 0 & 0 & -k_3 & k_3 \end{bmatrix} \begin{Bmatrix} u_1 \\ u_2 \\ u_3 \\ u_4 \end{Bmatrix} = \begin{Bmatrix} f_1 \\ 0 \\ 0 \\ P \end{Bmatrix} \qquad (10-13)$$

式中，f_1 是左端支承处的未知反作用力，$u_1 = 0$ 为给定的边界条件。在此边界条件的前提下，可以求解得到 $f_1 = -P$，同样通过水平方向平衡方程也可以得到相同的解。然而，该有限元公式已经包含了水平方向的平衡方程，因此不必使用额外的平衡方程。

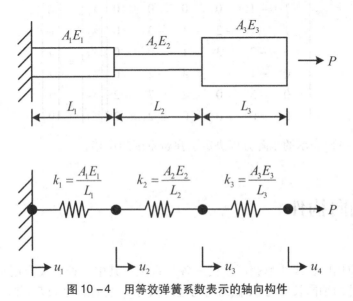

图 10 - 4 用等效弹簧系数表示的轴向构件

【例 10 - 4】考虑一个静态超静定系统，如图 10 - 5 所示。该图中，轴向构件由两个线性弹簧代替，该系统的有限单元矩阵方程为

$$\begin{bmatrix} 0.5k & -0.5k & 0 \\ -0.5k & 1.5k & -k \\ 0 & -k & k \end{bmatrix} \begin{Bmatrix} u_1 \\ u_2 \\ u_3 \end{Bmatrix} = \begin{Bmatrix} f_1 \\ 0 \\ f_3 \end{Bmatrix} \qquad (10-14)$$

式中，f_1 和 f_3 是左右两端支承处的未知反作用力。同时由于系统为超静定，仅通过静定平衡方程，无法进行求解。然而，该有限元公式不仅包括静定平衡方程，同时还包括变形协调方程。因此，结合式（10 - 14）和边界条件 $u_1 = u_3 = 0$ 可以求解变形和反作用力。

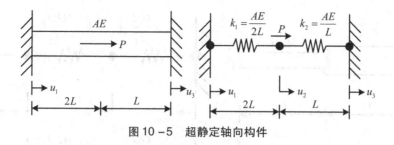

图 10 - 5　超静定轴向构件

另一个由轴向杆组成的超静定系统可以用弹簧刚度系数表示，如图 10 - 6 所示。

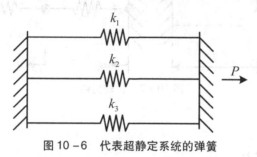

图 10 - 6　代表超静定系统的弹簧

10.3　扭转构件

某圆杆受到扭转力矩的作用会产生扭转角，扭转角计算如下：

$$\theta = \frac{TL}{GJ} \tag{10-15}$$

式中，θ 为扭转角，T 为施加的扭矩，L 为构件的长度，G 为构件的剪切模量，J 为构件圆形横截面的极惯性矩。将该式进行进一步转化：

$$T = \frac{GJ}{L}\theta \tag{10-16}$$

式中，扭矩 T 类似于 10.2 节中弹簧的轴向力 P，扭转角 θ 类似于 10.2 节中弹簧的位移 u。同时作为示例，静定和超静定扭转构件及其等效弹簧系统如图 10 - 7 所示。

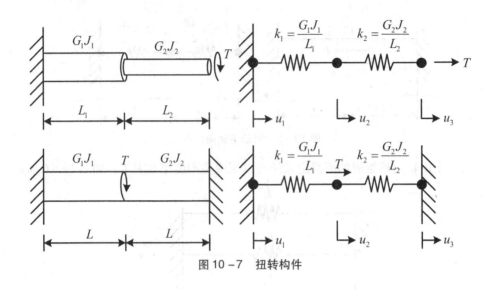

图 10 – 7   扭转构件

10.4   其他系统

其他常用的工程系统，例如热传导系统、简单的流体流动系统及电路系统等，都可以采用弹簧系统进行代替。对于一维热传导系统而言，其热流密度与温差成正比。也就是说，热通量 q 可以表示为

$$q = -k_t \Delta T \tag{10 – 17}$$

式中，k_t 为热传导系数，ΔT 为一维杆件两个端点之间的温差。同时，该等效弹簧系统具有等效弹簧系数 $k_{eq} = -k_t$，弹簧力 $F = q$，以及弹簧位移 $u = T$。式中的负号表示：温度升高，弹簧的伸长量增大，通量方向相反。

对于简单的流体流动系统而言，由于通过恒定横截面管道的流体其流速与两端的压差成正比，流速可表示为

$$Q = -k_p \Delta p \tag{10 – 18}$$

式中，Q 为流速，Δp 为压力差，k_p 为比例常数。对于层流而言，比例常数可以表示为

$$k_p = \frac{\pi d^4}{128\mu L} \tag{10 – 19}$$

式中，μ 为流体黏度，d 为管径，L 为管道长度。同时，该等效弹簧系统具有等效弹簧系数 $k_{eq} = -k_p$，弹簧力 $F = Q$，以及弹簧位移 $u = p$。

对于电路系统而言，流经电阻 R 上的电流 i 为

$$i = \frac{V}{R} \tag{10 – 20}$$

式中，V 为电压。同时，该等效弹簧系统具有等效弹簧系数 $k_{eq} = 1/R$，弹簧力 $F = i$，以及弹簧位移 $u = V$。读者可能会进行另一种情况的思考：该等效弹簧系统也可能具有等效弹簧系数 $k_{eq} = R$、弹簧力 $F = V$ 以及弹簧位移 $u = i$。究竟哪一种等效形式是正确的，需要进一步了解弹簧力的性质，并找到与弹簧力等效的参数。然后，才可以准确地确定其余的参数。

当两个弹簧相互分离时，两个弹簧之间会产生内力，并且这些力的大小相等，方向相反。因此，当两个弹簧放在一起时，如果在接头处没有施加如图 10-8 所示的外力，则力会相互抵消并变为零，这就是牛顿第三定律。同理，当考虑电流时，其在电阻接合处（即图 10-8 中的中点）的电流一样也是零。然而，在这样的接头处，电压不会消失。因此，电流与弹簧力类似，即电路的等效弹簧系数为 $1/R$，而不是 R。

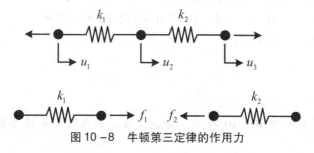

图 10-8　牛顿第三定律的作用力

【例 10-5】考虑如图 10-9 所示的流体流经的管道系统，假设入口水压为 200，出口水的流速为 50，比例常数 k_p 的取值如图中所示，并假设所有单位一致，确定节点 3 和节点 4 之间的流量。

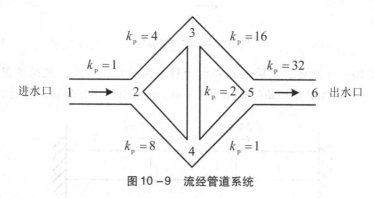

图 10-9　流经管道系统

运用线性弹簧的等效性，同时根据式（10-4），得到矩阵方程如下：

$$\begin{bmatrix} 1 & -1 & 0 & 0 & 0 & 0 \\ 1 & -13 & 4 & -8 & 0 & 0 \\ 0 & 4 & -22 & 2 & 16 & 0 \\ 0 & 8 & 2 & -11 & 1 & 0 \\ 0 & 0 & 16 & 1 & -46 & 32 \\ 0 & 0 & 0 & 0 & 32 & -32 \end{bmatrix} \begin{Bmatrix} p_1 = 200 \\ p_2 \\ p_3 \\ p_4 \\ p_5 \\ p_6 \end{Bmatrix} = \begin{Bmatrix} Q_1 \\ 0 \\ 0 \\ 0 \\ 0 \\ Q_6 = 50 \end{Bmatrix}$$

$$(10-21)$$

将入口水压为 200 的已知条件代入式（10 – 21）中，得出其他各点的水压为

$$p_2 = 150, p_3 = 142.2, p_4 = 147.6, p_5 = 139.6, p_6 = 138$$

因此，节点 3 和节点 4 之间的流量为

$$Q_{3-4} = -2 \times (147.6 - 142.2) = -10.8$$

流速为 10.8，且方向向上。

本章习题

1. 某弹簧系统如图 10 – 10 所示，请找出该弹簧系统的矩阵方程组，求解其节点的位移。

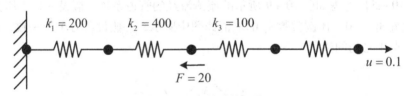

图 10.10　某弹簧系统

2. 如图 10 – 11 所示，某圆形轴杆由两种不同的材料制成，且两端固定并受到扭转力矩的作用，其中圆形轴的直径为 0.1 m。请求出节点处的扭转角度。

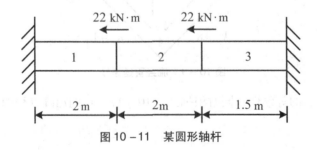

图 10 – 11　某圆形轴杆

3. 对于某质量弹簧系统而言（图 10 – 12），请求解以下问题：①建立系统质量

和刚度矩阵，确定系统的固有频率；②将给定的边界条件应用于问题中建立的质量和刚度矩阵。

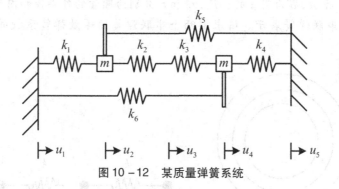

图 10 - 12　某质量弹簧系统

4. 某电路如图 10 - 13 所示，请运用等效弹簧系数求解该电路中的电流。

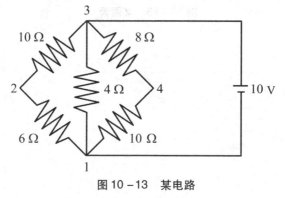

图 10 - 13　某电路

5. 某层流管道系统如图 10 - 14 所示，请构建给定管道流量的方程组，求解通过每根管道的流量。

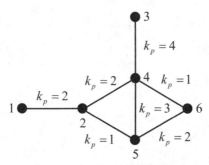

图 10 - 14　某层流管道系统

6. 某圆管如图 10 - 15 所示，通过该圆管的热传导可表示为

$$q = \frac{2\pi kL}{\ln(r_0/r_i)}\Delta T$$

式中，k 为导热系数，L 为圆管的长度，r_0 和 r_i 分别为圆管的外半径和内半径，同时该圆管可由两个串联弹簧表示。请求解两个串联弹簧的等效弹簧系数并建立矩阵方程组。

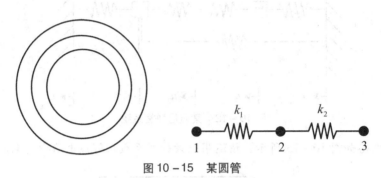

图 10 - 15　某圆管

第11章　等参单元

11.1　一维单元

  等参单元是从一个坐标系到另一个坐标系的数学映射，前者称为自然坐标系，后者称为物理坐标系。在下面的讨论中，物理坐标系 xyz 轴提供了问题域，而单元形状函数是根据自然坐标系 $\xi\eta\zeta$ 轴定义的，因此，需要在两个坐标系之间进行映射。

  我们通过线性一维等参单元来讨论等参单元的基本特征，多维等参单元将在之后讨论。如图 11-1 所示，根据自然坐标系给出了等参单元的形状函数。这两个节点分别位于 $\xi_1 = -1.0$ 和 $\xi_2 = 1.0$。虽然这些节点位置是任意选择的，但是由于自然坐标系中的单元在 -1 和 1 之间进行了归一化，所以推荐的取值便于数值积分，形状函数可以写成

$$H_1(\xi) = \frac{1}{2}(1 - \xi) \tag{11-1}$$

$$H_2(\xi) = \frac{1}{2}(1 + \xi) \tag{11-2}$$

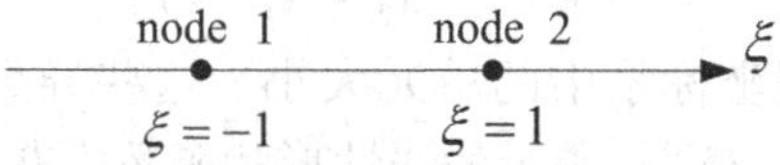

图 11-1　自然坐标系中的线性单元

  物理线性单元可位于物理坐标系中的任何位置，如图 11-2 所示。该单元有两个节点坐标值 x_1 和 x_2，以及相应的节点变量 u_1 和 u_2。

  自然坐标系中 $\xi_1 = -1.0$ 和 $\xi_2 = 1.0$ 之间的任何点都可以使用式（11-1）和式（11-2）中定义的形状函数映射到物理坐标系中 x_1 和 x_2 之间的点。

$$x = H_1(\xi)x_1 + H_2(\xi)x_2 \tag{11-3}$$

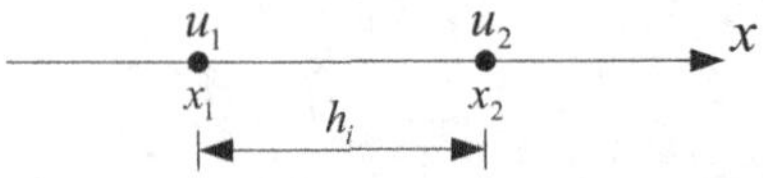

图 11-2 物理坐标中的线性单元

同样的形状函数也用于在单元内插值变量 u 。

$$u = H_1(\xi)u_1 + H_2(\xi)u_2 \qquad (11-4)$$

如果相同的形状函数用于几何映射以及节点变量插值，如式（11-3）和式（11-4），则该单元称为等参单元。

为了计算 $\dfrac{\mathrm{d}u}{\mathrm{d}x}$——这在大多数情况下是计算单元矩阵所必需的——我们使用链式法则：

$$\begin{aligned}\frac{\mathrm{d}u}{\mathrm{d}x} &= \frac{\mathrm{d}H_1(\xi)}{\mathrm{d}x}u_1 + \frac{\mathrm{d}H_2(\xi)}{\mathrm{d}x}u_2 \\ &= \frac{\mathrm{d}H_1(\xi)}{\mathrm{d}\xi}\frac{\mathrm{d}\xi}{\mathrm{d}x}u_1 + \frac{\mathrm{d}H_2(\xi)}{\mathrm{d}\xi}\frac{\mathrm{d}\xi}{\mathrm{d}x}u_2 \end{aligned} \qquad (11-5)$$

式中，表达式 $\dfrac{\mathrm{d}\xi}{\mathrm{d}x}$ 是 $\dfrac{\mathrm{d}x}{\mathrm{d}\xi}$ 的倒数，后者可根据式（11-3）计算。

$$\frac{\mathrm{d}x}{\mathrm{d}\xi} = \frac{\mathrm{d}H_1(\xi)}{\mathrm{d}\xi}x_1 + \frac{\mathrm{d}H_2(\xi)}{\mathrm{d}\xi}x_2 = \frac{1}{2}(x_2 - x_1) \qquad (11-6)$$

将式（11-6）代入式（11-5），可得

$$\frac{\mathrm{d}u}{\mathrm{d}x} = -\frac{1}{x_2 - x_1}u_1 + \frac{1}{x_2 - x_1}u_2 \qquad (11-7)$$

因此，形状函数相对于物理坐标系的导数为

$$\frac{\mathrm{d}H_1(\xi)}{\mathrm{d}x} = -\frac{1}{x_2 - x_1} = -\frac{1}{h_i} \qquad (11-8)$$

$$\frac{\mathrm{d}H_2(\xi)}{\mathrm{d}x} = \frac{1}{x_2 - x_1} = \frac{1}{h_i} \qquad (11-9)$$

其中，$h_i = x_2 - x_1$ 是物理坐标系中的单元大小。这些导数值与直接从物理坐标系〔如式（8-34）和式（8-35）〕表示的线性形状函数中获得的导数值相同。

我们可以使用线性等参单元计算以下积分。

$$\int_{x_3}^{x_2}\left(\frac{\mathrm{d}w}{\mathrm{d}x}\frac{\mathrm{d}u}{\mathrm{d}x} + wu\right)\mathrm{d}x \qquad (11-10)$$

该积分以物理坐标系的形式表示，而被积函数以自然坐标系的形式表示。由于等参形状函数用于测试函数 u 和 w，因此我们希望以自然坐标系的形式编写积分。为此，我们获得

$$\int_{-1}^{1}\left(\frac{\mathrm{d}w}{\mathrm{d}x}\frac{\mathrm{d}u}{\mathrm{d}x} + wu\right)\boldsymbol{J}\mathrm{d}\xi \qquad (11-11)$$

其中，$J = \dfrac{\mathrm{d}\boldsymbol{x}}{\mathrm{d}\xi}$，称为雅可比矩阵。

用等参形状函数代替 u 和 w，为

$$\int_{-1}^{1} \left(\frac{1}{h_i^2} \begin{bmatrix} 1 & -1 \\ -1 & 1 \end{bmatrix} + \frac{1}{4} \begin{bmatrix} (1-\xi)^2 & (1-\xi^2) \\ (1-\xi^2) & (1+\xi)^2 \end{bmatrix} \right) \frac{h_i}{2} \mathrm{d}\xi \begin{Bmatrix} u_1 \\ u_2 \end{Bmatrix}$$

$$= \begin{bmatrix} \dfrac{1}{h_i} + \dfrac{h_i}{3} & -\dfrac{1}{h_1} + \dfrac{h_1}{6} \\[2mm] -\dfrac{1}{h_2} + \dfrac{h_i}{6} & \dfrac{h_n}{3} \end{bmatrix} \begin{Bmatrix} u_1 \\ u_2 \end{Bmatrix} \qquad (11-12)$$

该表达式与从常规线性单元得到的表达式相同。

在这一点上，等参单元似乎并不比传统单元有优势，因为等参单元需要更多的步骤，如映射和链式法则。当计算单元矩阵和列向量的分析积分非常复杂时，等参单元比传统单元有优势。在这种情况下，要么物理域中的单元形状不规则，比如多维问题，要么微分方程相当复杂，因此，需要数值积分技术。因为每个等参单元都是根据归一化域定义的，比如 $\varepsilon_1 = -1.0$ 和 $\varepsilon_2 = 1.0$，所以应用任何数值积分技术都要容易得多。本章后面将讨论数值积分技术的应用。

【例 11-1】如图 11-3 所示的二次一维等参单元的形状函数为

$$H_1(\xi) = \frac{(\xi^2 - \xi)}{2} \qquad (11-13)$$

$$H_2(\xi) = 1 - \xi^2 \qquad (11-14)$$

$$H_3(\xi) = \frac{(\xi^2 + \xi)}{2} \qquad (11-15)$$

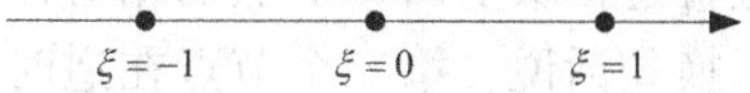

图 11-3　二次等参单元

变量 u 可以使用这些形状函数进行插值。

$$u = H_1(\xi)u_1 + H_2(\xi)u_2 + H_3(\xi)u_3 \qquad (11-16)$$

从自然坐标到物理坐标的几何映射是

$$x = H_1(\xi)x_1 + H_2(\xi)x_2 + H_3(\xi)x_3 \qquad (11-17)$$

此时，J 变为

$$J = \frac{\mathrm{d}x}{\mathrm{d}\xi} = \sum_{i=1}^{3} \frac{\mathrm{d}H_i(\xi)}{\mathrm{d}\xi} x_i = (\xi - 0.5)x_1 - 2\xi x_2 + (\xi + 0.5)x_3 \qquad (11-18)$$

如果中间节点 x_2 位于两个末端节点 x_1 和 x_3 之间 [即 $x_2 = \dfrac{(x_1 + x_3)}{2}$]，雅可比

矩阵变成 $\dfrac{h_i}{2}$，其中 $h_i = x_3 - x_1$ 是单元长度。

从形状函数式（11 – 13）到式（11 – 15）的导数为

$$\frac{dH_1(\xi)}{dx} = \frac{1}{J}\frac{dH_1}{d\xi} = \frac{1}{h_i}(2\xi - 1) \tag{11 – 19}$$

$$\frac{dH_2(\xi)}{dx} = \frac{1}{J}\frac{dH_2}{d\xi} = -\frac{4\xi}{h_i} \tag{11 – 20}$$

$$\frac{dH_3(\xi)}{dx} = \frac{1}{J}\frac{dH_3}{d\xi} = \frac{1}{h_i}(2\xi + 1) \tag{11 – 21}$$

11.2　四边形单元

双线性等参单元的形状函数如下所示：

$$H_1(\xi,\eta) = \frac{1}{4}(1 - \xi)(1 - \eta) \tag{11 – 22}$$

$$H_2(\xi,\eta) = \frac{1}{4}(1 + \xi)(1 - \eta) \tag{11 – 23}$$

$$H_3(\xi,\eta) = \frac{1}{4}(1 + \xi)(1 + \eta) \tag{11 – 24}$$

$$H_4(\xi,\eta) = \frac{1}{4}(1 - \xi)(1 + \eta) \tag{11 – 25}$$

对于图 11 – 4 所示的节点，这些形状函数是根据归一的自然域来定义的（即 $-1 \leqslant \xi \leqslant 1$ 和 $-1 \leqslant \eta \leqslant 1$）。

虽然单元形状在自然坐标系中是正方形，但可以将其映射为有变形的一般四边形，如图 11 – 5 所示。当进行这种映射时，节点的相对位置应在自然域和物理域中的两个单元之间保持一致。换句话说，第二个节点在逆时针方向上紧挨着第一个节点，其他节点也是如此。然后，使用式（11 – 22）至式（11 – 25）中给出的形状函数，将自然单元内的点 (ξ,η) 映射到物理单元内的点 (x,y)，如下所示：

$$x = \sum_{i=1}^{4} H_i(\xi,\eta)x_i \tag{11 – 26}$$

$$y = \sum_{i=1}^{4} H_i(\xi,\eta)y_i \tag{11 – 27}$$

其中，x_i 和 y_i 是第 i 个节点的坐标值。类似地，任何物理变量都可以使用相同的形状函数进行插值。

$$u = \sum_{i=1}^{4} H_i(\xi,\eta)u_i \tag{11 – 28}$$

其中，u_i 是节点 i 处的节点变量。

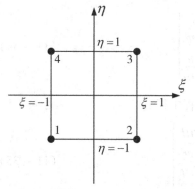

图 11-4 自然坐标系中的双线性单元

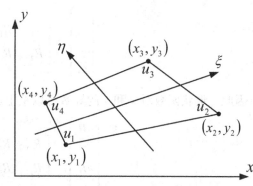

图 11-5 物理坐标系中的双线性单元

我们把这个双线性等参单元应用到第 5 章讨论的拉普拉斯方程中。然后，我们需要分别计算 $\dfrac{\partial H_i(\xi,\eta)}{\partial x}$ 和 $\dfrac{\partial H_i(\xi,\eta)}{\partial y}$。为了计算这些导数，我们再次使用链式法则。

$$\frac{\partial}{\partial \xi} = \frac{\partial}{\partial x}\frac{\partial x}{\partial \xi} + \frac{\partial}{\partial y}\frac{\partial y}{\partial \xi} \tag{11-29}$$

$$\frac{\partial}{\partial \eta} = \frac{\partial}{\partial x}\frac{\partial x}{\partial \eta} + \frac{\partial}{\partial y}\frac{\partial y}{\partial \eta} \tag{11-30}$$

重写成矩阵形式：

$$\left\{\begin{array}{c} \dfrac{\partial}{\partial \xi} \\[2mm] \dfrac{\partial}{\partial \eta} \end{array}\right\} = \left[\begin{array}{cc} \dfrac{\partial x}{\partial \xi} & \dfrac{\partial y}{\partial \xi} \\[2mm] \dfrac{\partial x}{\partial \eta} & \dfrac{\partial y}{\partial \eta} \end{array}\right] \left\{\begin{array}{c} \dfrac{\partial}{\partial x} \\[2mm] \dfrac{\partial}{\partial y} \end{array}\right\} \tag{11-31}$$

其中，左侧列向量中显示的导数称为局部导数，而右侧列向量中显示的导数称为全局导数。此外，该方程中的方阵称为二维域的雅可比矩阵，表示为

$$[J] = \left[\begin{array}{cc} J_{11} & J_{12} \\ J_{21} & J_{22} \end{array}\right] = \left[\begin{array}{cc} \dfrac{\partial x}{\partial \xi} & \dfrac{\partial y}{\partial \xi} \\[2mm] \dfrac{\partial x}{\partial \eta} & \dfrac{\partial y}{\partial \eta} \end{array}\right] \tag{11-32}$$

雅可比矩阵可以很容易地扩展到三维区域。

雅可比矩阵的逆矩阵为

$$[R] = [J]^{-1} = \left[\begin{array}{cc} R_{11} & R_{12} \\ R_{21} & R_{22} \end{array}\right] \tag{11-33}$$

然后，式（11 – 31）可以表示为

$$\left\{\begin{array}{c} \dfrac{\partial}{\partial x} \\[2mm] \dfrac{\partial}{\partial y} \end{array}\right\} = \left[\begin{array}{cc} R_{11} & R_{12} \\ R_{21} & R_{22} \end{array}\right] \left\{\begin{array}{c} \dfrac{\partial}{\partial \xi} \\[2mm] \dfrac{\partial}{\partial \eta} \end{array}\right\} \tag{11 – 34}$$

因此，形状函数对 x 和 y 的导数可以从上述方程中得到。

$$\left\{\begin{array}{c} \dfrac{\partial H_i}{\partial x} \\[2mm] \dfrac{\partial H_i}{\partial y} \end{array}\right\} = \left[\begin{array}{cc} R_{11} & R_{12} \\ R_{21} & R_{22} \end{array}\right] \left\{\begin{array}{c} \dfrac{\partial H_i}{\partial \xi} \\[2mm] \dfrac{\partial H_i}{\partial \eta} \end{array}\right\} \tag{11 – 35}$$

雅可比矩阵中的分量计算如下所示：

$$J_{11} = \frac{\partial x}{\partial \xi} = \sum_{i=1}^{4} \frac{\partial H_i(\xi,\eta)}{\partial \xi} x_i \tag{11 – 36}$$

$$J_{12} = \frac{\partial y}{\partial \xi} = \sum_{i=1}^{4} \frac{\partial H_i(\xi,\eta)}{\partial \xi} y_i \tag{11 – 37}$$

$$J_{21} = \frac{\partial x}{\partial \eta} = \sum_{i=1}^{4} \frac{\partial H_i(\xi,\eta)}{\partial \eta} x_i \tag{11 – 38}$$

$$J_{22} = \frac{\partial y}{\partial \eta} = \sum_{i=1}^{4} \frac{\partial H_i(\xi,\eta)}{\partial \eta} y_i \tag{11 – 39}$$

将双线性形状函数式（11 – 22）至式（11 – 25）代入上述表达式可得

$$J_{11} = -\frac{1}{4}(1-\eta)x_1 + \frac{1}{4}(1-\eta)x_2 + \frac{1}{4}(1+\eta)x_3 - \frac{1}{4}(1+\eta)x_4 \tag{11 – 40}$$

$$J_{12} = -\frac{1}{4}(1-\eta)y_1 + \frac{1}{4}(1-\eta)y_2 + \frac{1}{4}(1+\eta)y_3 - \frac{1}{4}(1+\eta)y_4 \tag{11 – 41}$$

$$J_{21} = -\frac{1}{4}(1-\xi)x_1 - \frac{1}{4}(1+\xi)x_2 + \frac{1}{4}(1+\xi)x_3 + \frac{1}{4}(1-\xi)x_4 \tag{11 – 42}$$

$$J_{22} = -\frac{1}{4}(1-\xi)y_1 - \frac{1}{4}(1+\xi)y_2 + \frac{1}{4}(1+\xi)y_3 + \frac{1}{4}(1-\xi)y_4 \tag{11 – 43}$$

这些分量通常是 ξ 和 η 的函数。但是，在以下示例所示的特殊情况下，它们可能是常数。根据式（11 – 40）至式（11 – 43）计算雅可比矩阵后，形状函数的全局导数计算如下：

$$\frac{\partial H_i(\xi,\eta)}{\partial x} = R_{11} \frac{\partial H_i(\xi,\eta)}{\partial \xi} + R_{12} \frac{\partial H_i(\xi,\eta)}{\partial \eta} \tag{11 – 44}$$

$$\frac{\partial H_i(\xi,\eta)}{\partial y} = R_{21} \frac{\partial H_i(\xi,\eta)}{\partial \xi} + R_{22} \frac{\partial H_i(\xi,\eta)}{\partial \eta} \tag{11 – 45}$$

【例 11 - 2】计算图 11 - 6 所示的物理单元的雅可比矩阵。

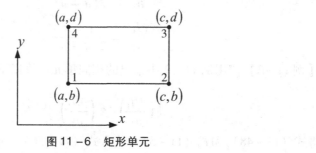

图 11 - 6 矩形单元

将节点坐标值代入式（11 - 40）至式（11 - 43），得到以下矩阵：

$$[J] = \begin{bmatrix} \dfrac{c-a}{2} & 0 \\[2mm] 0 & \dfrac{d-b}{2} \end{bmatrix} \qquad (11 - 46)$$

如本例所示，当物理域中的单元为矩形时，雅可比矩阵变为对角矩阵（即所有非对角分量消失）。此外，对角线分量是常数，不是 ξ 和 η 的函数。

雅可比矩阵的逆矩阵变成

$$[R] = \begin{bmatrix} \dfrac{2}{c-a} & 0 \\[2mm] 0 & \dfrac{2}{d-b} \end{bmatrix} \qquad (11 - 47)$$

形状函数的整体导数变为

$$\frac{\partial H_1}{\partial x} = -\frac{1-\eta}{2(c-a)} \qquad (11 - 48)$$

$$\frac{\partial H_2}{\partial x} = \frac{1-\eta}{2(c-a)} \qquad (11 - 49)$$

$$\frac{\partial H_3}{\partial x} = \frac{1+\eta}{2(c-a)} \qquad (11 - 50)$$

$$\frac{\partial H_4}{\partial x} = -\frac{1+\eta}{2(c-a)} \qquad (11 - 51)$$

$$\frac{\partial H_1}{\partial y} = -\frac{1-\xi}{2(d-b)} \qquad (11 - 52)$$

$$\frac{\partial H_2}{\partial y} = -\frac{1+\xi}{2(d-b)} \qquad (11 - 53)$$

$$\frac{\partial H_3}{\partial y} = \frac{1 + \xi}{2(d - b)} \qquad (11 - 54)$$

$$\frac{\partial H_4}{\partial y} = \frac{1 - \xi}{2(d - b)} \qquad (11 - 55)$$

【例11-3】使用例11-2中给出的相同单元计算以下积分：

$$\int_{\Omega^e} \left[\left(\frac{\partial H_1}{\partial x} \right)^2 + \left(\frac{\partial H_1}{\partial y} \right)^2 \right] \mathrm{d}x\mathrm{d}y \qquad (11 - 56)$$

将式（11-48）和式（11-52）代入式（11-56），可得

$$\int_b^d \int_a^c \left[\frac{1}{4(c - a)^2} (1 - \eta)^2 + \frac{1}{4(d - b)^2} (1 - \xi)^2 \right] \mathrm{d}x\mathrm{d}y \qquad (11 - 57)$$

积分的下限和上限可以用以下等式替换：

$$\mathrm{d}x\mathrm{d}y = |\boldsymbol{J}|\mathrm{d}\xi\mathrm{d}\eta \qquad (11 - 58)$$

其中，$|\boldsymbol{J}|$ 是雅可比矩阵的行列式，对于当前单元等于 $\dfrac{(c - a)(d - b)}{4}$。也就是说，$|\boldsymbol{J}|$ 是物理单元矩形形状的常数值。然后，我们得到

$$\int_{-1}^1 \int_{-1}^1 \left[\frac{1}{4(c - a)^2} (1 - \eta)^2 + \frac{1}{4(d - b)^2} (1 - \xi)^2 \right] \frac{(c - a)(d - b)}{4} \mathrm{d}\xi\mathrm{d}\eta$$

$$(11 - 59)$$

积分最终得出 $\dfrac{(c - a)^2 + (d - b)^2}{3(c - a)(d - b)}$。

【例11-4】求出图11-7所示的四边形单元的雅可比矩阵。

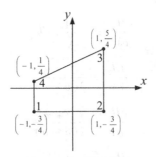

图 11-7　梯形单元

根据方程式（11-40）至式（11-43）以及图11-7中所示的节点坐标值，可得

$$[J] = \begin{bmatrix} 1 & \frac{1}{4}(1+\eta) \\ 0 & \frac{1}{4}(3+\xi) \end{bmatrix} \qquad (11-60)$$

雅可比矩阵的行列式 $|J| = \dfrac{3+\xi}{4}$，它对 $-1 \leqslant \xi \leqslant 1$ 总是正的。将矩阵即式（11 -60）求逆可得

$$[R] = \begin{bmatrix} 1 & -\dfrac{1+\eta}{3+\xi} \\ 0 & \dfrac{4}{3+\xi} \end{bmatrix} \qquad (11-61)$$

为了对当前单元计算式（11 -56）中给出的积分，我们首先计算

$$\frac{\partial H_1}{\partial x} = -\frac{1-\eta}{4} + \frac{(1-\xi)(1+\eta)}{4(3+\xi)} \qquad (11-62)$$

$$\frac{\partial H_1}{\partial y} = \frac{\xi-1}{3+\xi} \qquad (11-63)$$

积分的表达式变成

$$\int_{-1}^{1} \int_{-1}^{1} \left\{ \left[-\frac{1-\eta}{4} + \frac{(1-\xi)(1+\eta)}{4(3+\xi)} \right]^2 + \left[\frac{\xi-1}{3+\xi} \right]^2 \right\} \frac{(3+\xi)}{4} \mathrm{d}\xi \mathrm{d}\eta \qquad (11-64)$$

这个积分可以进行求解。然而，如果物理单元的形状有更大的变形，积分将变得更复杂，可能超出分析计算范围。即使可以进行解析积分，但对不同形状的每个单元进行解析积分实际上是难以实现的。因此，数值积分方法需要与等参数单元一起使用。

【例 11 -5】如图 11 -8 所示，物理单元存在严重变形。

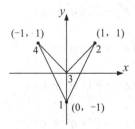

图 11 -8 四边形单元

相应的雅可比矩阵为

$$[\boldsymbol{J}] = \begin{bmatrix} \dfrac{1}{2} & \dfrac{1-3\eta}{4} \\ -\dfrac{1}{2} & \dfrac{1-3\xi}{4} \end{bmatrix} \tag{11-65}$$

它的行列式是 $\dfrac{1}{8}(2-3\xi-3\eta)$。这个行列式可以是零，也可以是负的，其中 $-1 \leqslant$ $\xi \leqslant 1$ 和 $-1 \leqslant \eta \leqslant 1$。因此，在对物理域进行离散化时，应避免这种单元形状。

其他一些常用的四边形等参单元是八节点单元和九节点单元，如图 11-9、图 11-10 所示，它们的形状函数如下所示。

八节点单元：

$$H_1 = \frac{1}{4}(1-\xi)(1-\eta)(-1-\xi-\eta) \tag{11-66}$$

$$H_2 = \frac{1}{4}(1+\xi)(1-\eta)(-1+\xi-\eta) \tag{11-67}$$

$$H_3 = \frac{1}{4}(1+\xi)(1+\eta)(-1+\xi+\eta) \tag{11-68}$$

$$H_4 = \frac{1}{4}(1-\xi)(1+\eta)(-1-\xi+\eta) \tag{11-69}$$

$$H_5 = \frac{1}{2}(1-\xi^2)(1-\eta) \tag{11-70}$$

$$H_6 = \frac{1}{2}(1+\xi)(1-\eta^2) \tag{11-71}$$

$$H_7 = \frac{1}{2}(1-\xi^2)(1+\eta) \tag{11-72}$$

$$H_8 = \frac{1}{2}(1-\xi)(1-\eta^2) \tag{11-73}$$

九节点单元：

$$H_1 = \frac{1}{4}(\xi^2-\xi)(\eta^2-\eta) \tag{11-74}$$

$$H_2 = \frac{1}{4}(\xi^2+\xi)(\eta^2-\eta) \tag{11-75}$$

$$H_3 = \frac{1}{4}(\xi^2+\xi)(\eta^2+\eta) \tag{11-76}$$

$$H_4 = \frac{1}{4}(\xi^2-\xi)(\eta^2+\eta) \tag{11-77}$$

$$H_5 = \frac{1}{2}(1-\xi^2)(\eta^2-\eta) \tag{11-78}$$

$$H_6 = \frac{1}{2}(\xi^2+\xi)(1-\eta^2) \tag{11-79}$$

$$H_7 = \frac{1}{2}(1 - \xi^2)(\eta^2 + \eta) \tag{11-80}$$

$$H_8 = \frac{1}{2}(\xi^2 - \xi)(1 - \eta^2) \tag{11-81}$$

$$H_9 = (1 - \xi^2)(1 - \eta^2) \tag{11-82}$$

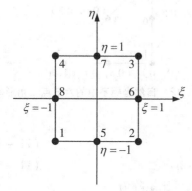

图 11-9　八节点等参单元

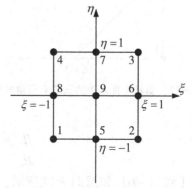

图 11-10　九节点等参单元

11.3　三角形单元

与四边形等参单元一样，可以定义三角形等参单元。线性三角形单元的形状函数以自然坐标系表示：

$$H_1 = 1 - \xi - \eta \tag{11-83}$$
$$H_2 = \xi \tag{11-84}$$
$$H_3 = \eta \tag{11-85}$$

对于图 11-11 所示的节点，参考图 11-12，二次三角形单元具有以下形状函数。

$$H_1 = (1 - \xi - \eta)(1 - 2\xi - 2\eta) \tag{11-86}$$
$$H_2 = \xi(2\xi - 1) \tag{11-87}$$
$$H_3 = \eta(2\eta - 1) \tag{11-88}$$
$$H_4 = 4\xi(1 - \xi - \eta) \tag{11-89}$$

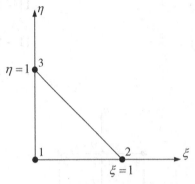

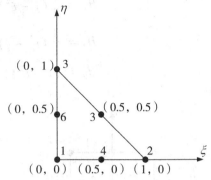

图 11 −11　自然坐标系中的三节点三角形单元　　图 11 −12　自然坐标系中的六节点三角形单元

$$H_5 = 4\xi\eta \qquad\qquad\qquad (11-90)$$
$$H_6 = 4\eta(1-\xi-\eta) \qquad\qquad (11-91)$$

【例 11 −6】如图 11 −13 所示，该单元的雅可比矩阵为

$$[J] = \begin{bmatrix} x_2 - x_1 & y_2 - y_1 \\ x_3 - x_1 & y_3 - y_1 \end{bmatrix} \qquad\qquad (11-92)$$

它的行列式是 $|J| = (x_2 - x_1)(y_3 - y_1) - (x_3 - x_1)(y_2 - y_1)$，等于物理域中三角形面积的两倍。

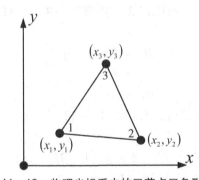

图 11 −13　物理坐标系中的三节点三角形单元

11.4　高斯积分

积分的定义是

$$\int_a^b f(x)\,dx = \lim_{n \to \infty} \sum_{i=1}^n f(x_i)\,dx_i \qquad (11-93)$$

如图 11-14 所示，在数值积分中，我们进行有限次的计算。因此，式（11-93）近似为

$$\int_a^b f(x)\,dx = \sum_{i=1}^N f(x_i)\,\Delta x_i \qquad (11-94)$$

其中，N 是一个有限数。用一般的方式重写这个表达式：

$$\int_a^b f(x)\,dx = \sum_{i=1}^M f(x_i) W_i \qquad (11-95)$$

其中，M 为积分点数，x_i 为积分点，W_i 为加权系数。通过比较式（11-94）和式（11-95），加权系数可以解释为高度为 $f(x_i)$ 的矩形带的宽度，任何数值积分都可以用这种形式表示。为了推导积分点和加权系数的标准值，对积分域进行归一化，使 $-1 \leqslant x \leqslant 1$。

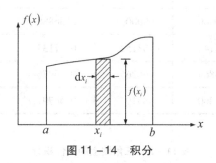

图 11-14　积分

【例 11-7】为两点梯形法则找到合适的积分点和加权系数，梯形法则给出：

$$\int_{-1}^1 g(\xi)\,d\xi = g(-1) + g(1) \qquad (11-96)$$

将式（11-96）与式（11-95）进行比较表明，上述情况下的积分点为 $x_1 = -1$ 和 $x_2 = 1$，加权系数为 $W_1 = 1$ 和 $W_2 = 1$。

【例 11-8】使用辛普森的 1/3 法则和三点积分重复例 11-7，可得

$$\int_{-1}^1 g(\xi)\,d\xi = \frac{1}{3}\big[g(-1) + 4g(0) + g(1)\big] \qquad (11-97)$$

因此，我们可得到：$x_1 = -1, x_2 = 0, x_3 = 1, W_1 = \dfrac{1}{3}, W_2 = \dfrac{4}{3}$ 以及 $W_3 = \dfrac{1}{3}$。

高斯-勒让德求积对于多项式函数的积分非常有用。它可以使用 n 点求积精确地积分 $2n-1$ 阶多项式函数。高斯-勒让德求积的积分点和加权系数见表 11-1。同样，表 11-2 给出了图 11-11 和图 11-12 所示三角形区域的积分点和加权系数。如果被积函数不是多项式的表达式，高斯-勒让德求积给出了一个近似结果。在这种情况下，应考虑精度和计算成本，选择最佳积分点数量。

表 11 - 1   高斯 - 勒让德数值积分中的积分点和权重

n	积分点			权重		
1	0. 00000	00000	00000	2. 00000	00000	00000
2	± 0. 57735	02691	89626	1. 00000	00000	00000
3	± 0. 77459	66692	41483	0. 55555	55555	55556
4	0. 00000	00000	00000	0. 88888	88888	88889
	± 0. 86113	63115	94053	0. 34785	48451	37454
	± 0. 33998	10435	84856	0. 65214	51548	62546
5	± 0. 90617	98459	38664	0. 23692	68850	56189
	± 0. 53846	93101	05683	0. 47862	86704	99366
	0. 0000	00000	00000	0. 56888	88888	88889
6	± 0. 93246	95142	03152	0. 17132	44923	79170
	± 0. 66120	93864	66265	0. 36076	15730	48139
	± 0. 23961	91860	83197	0. 46791	39345	72691

表 11 - 2   三角域上的数值积分

积分阶次	ξ 坐标			η 坐标			权重		
3 点	0. 16666	66666	667	0. 16666	66666	667	0. 33333	33333	333
	0. 66666	66666	667	0. 16666	66666	667	0. 33333	33333	333
	0. 16666	66666	667	0. 36666	66666	667	0. 33333	33333	333
7 点	0. 10128	65073	235	0. 10128	65073	235	0. 12593	91805	448
	0. 79742	69853	531	0. 10128	65073	235	0. 12593	91805	448
	0. 10128	65073	235	0. 79742	69853	531	0. 12593	91805	448
	0. 47014	20641	051	0. 05971	58717	898	0. 13239	41527	885
	0. 47014	20641	051	0. 47014	20641	051	0. 13239	41528	885
	0. 05971	58717	898	0. 47014	20641	051	0. 13239	41528	885
	0. 33333	33333	333	0. 33333	33333	333	0. 22500	00000	000

续表

积分阶次	ξ 坐标			η 坐标			权重		
	0.06513	01029	022	0.06513	01029	022	0.05334	72356	088
	0.86973	97941	956	0.06513	01029	022	0.05334	72356	088
	0.06513	01029	022	0.86973	97941	956	0.05334	72356	088
	0.31286	54960	049	0.04869	03154	253	0.07711	37608	903
	0.63844	41885	698	0.31286	54960	049	0.07711	37608	903
	0.04869	03154	253	0.63844	41885	698	0.07711	37608	903
13 点	0.63844	41885	698	0.04869	03154	253	0.07711	37608	903
	0.31286	54960	049	0.63844	41885	698	0.07711	37608	903
	0.04869	03154	253	0.04869	03154	253	0.07711	37608	903
	0.26034	59660	790	0.26034	59660	790	0.17561	52574	332
	0.47930	80678	419	0.26034	59660	790	0.17561	52574	332
	0.26034	59660	790	0.47930	80678	419	0.17561	52574	332
	0.33333	33333	333	0.33333	33333	333	− 0.14957	00444	677

【例 11 – 9】如图 11 – 15 所示的三次多项式的例子展示了如何计算高斯 – 勒让德求积的积分点和加权系数。

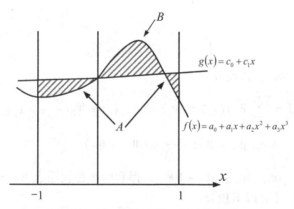

图 11 – 15　两点高斯 – 勒让德求积

在高斯 – 勒让德求积中，我们希望使三次多项式的积分与线性函数的积分相同。换句话说，图 11 – 15 中的两个不同阴影区域是相同的（即图 11 – 15 中的面积 A = 面积 B）。然后我们就可以写作

$$\int_{-1}^{1} f(x)\,\mathrm{d}x = \int_{-1}^{1} g(x)\,\mathrm{d}x = \sum_{s=1}^{2} W_s f(x_s) \qquad (11-98)$$

其中

$$f(x) = a_0 + a_1 x + a_2 x^2 + a_3 x^3 \qquad (11-99)$$

$$g(x) = c_0 + c_1 x \qquad (11-100)$$

因为两点法则精确地积分了一个三次多项式，所以 W_s 和 x_s 是两点高斯 - 勒让德求积的加权系数和积分点。

用下面的方法重新构造三次多项式

$$f(x) = c_0 + c_1 x + (x - x_1)(x - x_2)(b_0 + b_1 x) \qquad (11-101)$$

在这个表达式中，x_1 和 x_2 是固定常数，之后再确定。然而，仍有四个通用常数 c_0, c_1, b_0 和 b_1 待确定。

式（11 - 101）与任意常数 a_i 的式（11 - 99）相同。将式（11 - 101）代入式（11 - 98）：

$$\int_{-1}^{1} (x - x_1)(x - x_2)(b_0 + b_1 x) \, dx = 0 \qquad (11-102)$$

因为积分法则适用于一般三次多项式，所以方程（11 - 102）必须与 b_0 和 b_1 无关。因此有

$$\int_{-1}^{1} (x - x_1)(x - x_2) \, dx = 0 \qquad (11-103)$$

$$\int_{-1}^{1} x(x - x_1)(x - x_2) \, dx = 0 \qquad (11-104)$$

上述两个方程决定了 $x_1 = -\dfrac{1}{\sqrt{3}}$ 和 $x_2 = \dfrac{1}{\sqrt{3}}$。对式（11 - 105）进行积分，可得相应的权重系数。

$$\int_{-1}^{1} (c_0 + c_1 x) \, dx = 2c_0 \qquad (11-105)$$

根据式（11 - 98），该积分等于

$$I = \sum_{s=1}^{2} W_s f(x_s) = W_1(c_0 + c_1 x_1) + W_2(c_0 + c_1 x_2)$$

$$= c_0(W_1 + W_2) - \frac{1}{\sqrt{3}} c_1(W_1 - W_2) \qquad (11-106)$$

联立式（11 - 105）和式（11 - 106），得到两个加权系数 $W_1 = 1$ 和 $W_2 = 1$。

【例 11 - 10】 计算以下积分：

$$\int_{-1}^{1} (1 + 2\xi + 3\xi^2) \, d\xi \qquad (11-107)$$

因为多项式的阶数是 2，$2n - 1 = 2$。由此，我们得到 $n = 1.5$。积分点数应为整数，所以，我们使用两点求积法则。根据表 11 - 1，两个积分点分别为 $-\dfrac{1}{\sqrt{3}}$ 和 $\dfrac{1}{\sqrt{3}}$，每个积分点的加权系数为 1。数值积分变为

$$\int_{-1}^{1}(1+2\xi+3\xi^2)\,\mathrm{d}x = (1)\left[1+2\left(-\frac{1}{\sqrt{3}}\right)+3\left(-\frac{1}{\sqrt{3}}\right)^2\right]+$$

$$(1)\left[1+2\left(\frac{1}{\sqrt{3}}\right)+3\left(\frac{1}{\sqrt{3}}\right)^2\right]=4 \qquad (11-108)$$

此为精确解。如果我们使用三点求积来积分式（11-107）（即 $\xi_1 = -\frac{\sqrt{15}}{5}, \xi_2$

$= 0, \xi_1 = \frac{\sqrt{15}}{5}, W_1 = \frac{5}{9}, W_2 = \frac{8}{9}$ 和 $W_3 = \frac{5}{9}$），也会得到相同的精确解。因此，使用两个或更多积分点的求积法则可得到该问题的精确解。

求积法则可以扩展到多维积分。例如，规范化二维域中的数值积分可以通过以下方式进行。

$$\int_{-1}^{1}\int_{-1}^{1}g(\xi,\eta)\,\mathrm{d}\xi\mathrm{d}\eta = \int_{-1}^{1}\sum_{i=1}^{M_1}W_ig(\xi_i,\eta)\,\mathrm{d}\eta$$

$$= \sum_{j=1}^{M_2}\overline{W}_j\sum_{i=1}^{M_1}W_ig(\xi_i,\eta_j)$$

$$= \sum_{i=1}^{M_1}\sum_{j=1}^{M_2}W_i\overline{W}_jg(\xi_i,\eta_j) \qquad (11-109)$$

其中，M_1 和 M_2 分别是 ξ 轴和 η 轴上的积分点数量。此外，(ξ_i,η_j) 是积分点，W_i 和 $\overline{W}_j$ 是加权系数。表 11-1 可用于这些值。类似地，三维数值积分也变得更加复杂：

$$\int_{-1}^{1}\int_{-1}^{1}\int_{-1}^{1}g(\xi,\eta,\zeta)\,\mathrm{d}\xi\mathrm{d}\eta d\zeta = \sum_{i=1}^{M_1}\sum_{j=1}^{M_2}\sum_{k=1}^{M_3}W_i\overline{W}_j\widehat{W}_kg(\xi_i,\eta_j,\zeta_k) \quad (11-110)$$

【例 11-11】整合下面的表达式：

$$\int_{-1}^{1}\int_{-1}^{1}9\xi^2\eta^2\,\mathrm{d}\xi\mathrm{d}\eta \qquad (11-111)$$

被积函数是关于 ξ 和 η 的积分。对于两个轴，有 $2M_1-1=2M_2-1=2$。因此，我们在 ξ 和 η 方向上使用两点求积，积分点为 $\xi_1=\eta_1=-\frac{1}{\sqrt{3}}$ 和 $\xi_2=\eta_2=\frac{1}{\sqrt{3}}$。加权系数为 $W_1=\overline{W}_1=1$ 和 $W_2=\overline{W}_2=1$。将这些值应用于式（11-109）得到 4。

【例 11-12】将下列积分整合：

$$\int_{-1}^{1}\int_{-1}^{1}15\xi^2\eta^4\,\mathrm{d}\xi\mathrm{d}\eta \qquad (11-112)$$

$M_1=2$，$M_2=3$。使用表 11-1 中 ξ 方向上的两点求积和 η 方向上的三点求积，我们得到解为 4。

11.5 MATLAB 在高斯积分的应用

本节展示了一些使用高斯 – 勒让德求积方法对一维、二维、三维函数进行数值积分的 MATLAB 例子，积分域为每个坐标轴的 –1 到 1。

【例 11 – 13】我们想要对

$$f(x) = 1 + x^2 - 3x^3 + 4x^5 \tag{11-113}$$

在区域 $-1 < x < 1$ 上进行积分，使用高斯 – 勒让德求积。因为最高阶的多项式为 5，我们需要采用 3 点求积准则。为了从 $2n - 1 = 5$ 正确积分，数值计算结果为 8/3，MATLAB 程序如下。

```
%————————————————————————————————————————————
% 例 11 – 13
% 一维函数的 Gauss – Legendre 求积
%
% 问题描述
% 对 f( x) = 1 + x^2 – 3x^3 + 4x^5 在 x = – 1 与 x = 1 之间积分
%
% 变量描述
%   Point_Integration_1 = 积分(或者采样) 点
%   Weight_Coefficient_1 = 加权系数
%   Num_Point_Integration = 积分点的数量
%————————————————————————————————————————————
clear
Num_Point_Integration = 3;                % 2 * Num_Point_Integration – 1 = 5
[Point_Integration_1,Weight_Coefficient_1] = feglqd1(Num_Point_Integration);
                            % 提取积分点和权重


%————————————————————————————————————————
% 数值积分求和
%————————————————————————————————————————

Value_Solution = 0.0;
```

```
for int = 1:Num_Point_Integration
    x = Point_Integration_1(int);
    wt = Weight_Coefficient_1(int);
    func = 1 + x^2 - 3 * x^3 + 4 * x^5;          % 在积分点处计算函数
    Value_Solution = Value_Solution + func * wt;
end
Value_Solution                               % 打印解
%————————————————————————————————————————————————————————————————
function [Point_Integration_1,Weight_Coefficient_1] = feglqd1(Num_Point_Integration)
%————————————————————————————————————————————————————————————————
% 目的:
% 确定 Gauss - Legendre quadrature 一维积分的积分点和权重系数
%
%
% 简介:
%     [Point_Integration_1,Weight_Coefficient_1] = feglqd1(Num_Point_Integration)
%
% 变量描述:
%     Num_Point_Integration - 积分点的数量
%     Point_Integration_1 - 包含积分点的向量
%     Weight_Coefficient_1 - 包含权重系数的向量
%————————————————————————————————————————————————————————————————


% 初始化

Point_Integration_1 = zeros(Num_Point_Integration,1);
Weight_Coefficient_1 = zeros(Num_Point_Integration,1);


% 找到对应的积分点与权重

if Num_Point_Integration == 1               % 1 号点求积准则
    Point_Integration_1(1) = 0.0;
    Weight_Coefficient_1(1) = 2.0;

elseif Num_Point_Integration == 2           % 2 号点求积准则
    Point_Integration_1(1) = - 0.577350269189626;
```

```
    Point_Integration_1(2) = - Point_Integration_1(1);
    Weight_Coefficient_1(1) = 1.0;
    Weight_Coefficient_1(2) = Weight_Coefficient_1(1);

elseif Num_Point_Integration = = 3        % 3 号点求积准则
    Point_Integration_1(1) = - 0.774596669241483;
    Point_Integration_1(2) = 0.0;
    Point_Integration_1(3) = - Point_Integration_1(1);
    Weight_Coefficient_1(1) = 0.555555555555556;
    Weight_Coefficient_1(2) = 0.888888888888889;
    Weight_Coefficient_1(3) = Weight_Coefficient_1(1);

elseif Num_Point_Integration = = 4        % 4 号点求积准则
    Point_Integration_1(1) = - 0.861136311594053;
    Point_Integration_1(2) = - 0.339981043584856;
    Point_Integration_1(3) = - Point_Integration_1(2);
    Point_Integration_1(4) = - Point_Integration_1(1);
    Weight_Coefficient_1(1) = 0.347854845137454;
    Weight_Coefficient_1(2) = 0.652145154862546;
    Weight_Coefficient_1(3) = Weight_Coefficient_1(2);
    Weight_Coefficient_1(4) = Weight_Coefficient_1(1);
else                                        % 5 号点求积准则
    Point_Integration_1(1) = - 0.906179845938664;
    Point_Integration_1(2) = - 0.538469310105683;
    Point_Integration_1(3) = 0.0;
    Point_Integration_1(4) = - Point_Integration_1(2);
    Point_Integration_1(5) = - Point_Integration_1(1);
    Weight_Coefficient_1(1) = 0.236926885056189;
    Weight_Coefficient_1(2) = 0.478628670499366;
    Weight_Coefficient_1(3) = 0.568888888888889;
    Weight_Coefficient_1(4) = Weight_Coefficient_1(2);
    Weight_Coefficient_1(5) = Weight_Coefficient_1(1);

end
%----------------------------------------------------------------
```

【例 11 - 14】使用高斯 - 勒让德求积方法对

$$f(x, y) = 1 + 4xy - 3x^2y^2 + x^4y^6 \qquad (11 - 114)$$

在区域 $-1 < x < 1$ 和 $-1 < y < 1$ 上求积, x 轴采用三点求积准则, y 轴采用四点求积准则, 结果为 2.7810。

```
%————————————————————————————————————————
% 例 11 - 14
% 二维函数的 Gauss - Legendre 求积
%
% 问题描述:
% 对 f(x,y) = 1 + 4xy - 3x^2y^2 + x^4y^6 在 -1 < x < 1 和 -1 < y < 1 区域内积分
%
% 变量描述:
%   Point_Integration_2 = 积分(或者采样) 点
%   Weight_Coefficient_2 = 加权系数
%   Num_Point_Integration_X = 沿着 x 轴的积分点数量
%   Num_Point_Integration_Y = 沿着 y 轴的积分点数量
%————————————————————————————————————————


clear
Num_Point_Integration_X = 3;          % 2 * (Num_Point_Integration_X - 1) = 4
Num_Point_Integration_Y = 4;          % 2 * (Num_Point_Integration_Y - 1) = 6
[Point_Integration_2, Weight_Coefficient_2] = feglqd2(Num_Point_Integration_X,
Num_Point_Integration_Y);             % integration points and weights


%————————————————————————————————————————
% 数值积分求和
%————————————————————————————————————————


Value_Solution = 0.0;


for intx = 1:Num_Point_Integration_X
x = Point_Integration_2(intx,1);          % x 轴的采样点
wtx = Weight_Coefficient_2(intx,1);       % x 轴的加权系数
for inty = 1:Num_Point_Integration_Y
y = Point_Integration_2(inty,2);          % y 轴的采样点
```

```
wty = Weight_Coefficient_2(inty,2);            % y 轴的加权系数
func = 1 + 4 * x * y − 3 * x^2 * y^2 + x^4 * y^6;    % 计算采样点处的函数
Value_Solution = Value_Solution + func * wtx * wty;
end
end


Value_Solution                                % 打印解


%————————————————————————————————————————————————————————————————
function [Point_Integration_2, Weight_Coefficient_2] = feglqd2(Num_Point_Integra
tion_X, Num_Point_Integration_Y)


%————————————————————————————————————————————————————————————————
% 目的:
%      定义 Gauss − Legendre 二维积分的积分点和权重系数
%
% 简介:
%      [Point_Integration_2, Weight_Coefficient_2] = feglqd2(Num_Point_Integration_X,
% Num_Point_Integration_Y)
%
% 变量描述:
%      Num_Point_Integration_X − x 轴积分点的数量
%      Num_Point_Integration_Y − y 轴积分点的数量
%      Point_Integration_2 − 包含积分点的向量
%      Weight_Coefficient_2 − 包含加权系数的向量
%————————————————————————————————————————————————————————————————


% 定义 Num_Point_Integration_X 和 Num_Point_Integration_Y 的最大值

if Num_Point_Integration_X > Num_Point_Integration_Y
  ngl = Num_Point_Integration_X;
else
  ngl = Num_Point_Integration_Y;
end


% 初始化
```

```
Point_Integration_2 = zeros(ngl,2);
Weight_Coefficient_2 = zeros(ngl,2);
```

% 寻找相应的积分点和权重

```
[pointx,weightx] = feglqd1(Num_Point_Integration_X); % x 轴求积准则
[pointy,weighty] = feglqd1(Num_Point_Integration_Y); % y 轴求积准则
```

% quadrature for two-dimension

```
for intx = 1:Num_Point_Integration_X          % quadrature in x-axis
    Point_Integration_2(intx,1) = pointx(intx);
    Weight_Coefficient_2(intx,1) = weightx(intx);
end
```

```
for inty = 1:Num_Point_Integration_Y          % quadrature in y-axis
    Point_Integration_2(inty,2) = pointy(inty);
    Weight_Coefficient_2(inty,2) = weighty(inty);
end
```
%——

【例 11 - 15】使用 Gauss - Legendre 求积方法对下列三维函数

$$f(x,y,z) = 1 + 4x^2y^2 - 3x^2z^4 + y^4z^6 \qquad (11-115)$$

在区域 $-1 < x < 1$, $-1 < y < 1$ 和 $-1 < z < 1$ 上求积, 结果为 10.1841。

%——
% 例 11 - 15
% 三维函数的 Gauss - Legendre 求积
%
% 问题描述
% 对 f(x,y,z) = 1 + 4x^2y^2 - 3x^2z^4 + y^4z^6 在 -1 < (x,y,z) < 1 范围内积分
%
% 变量描述
%　Point_Integration_3 - 积分(或者采样) 点
%　Weight_Coefficient_3 = 加权系数

```
%    Num_Point_Integration_X = 沿着 x 轴的积分点数量
%    Num_Point_Integration_Y = 沿着 y 轴的积分点数量
%    Num_Point_Integration_Z = 沿着 z 轴的积分点数量
%————————————————————————————————————————————————

clear
Num_Point_Integration_X = 2;    % 2 * (Num_Point_Integration_X - 1) = 2
Num_Point_Integration_Y = 3;    % 2 * (Num_Point_Integration_Y - 1) = 4
Num_Point_Integration_Z = 4;    % 2 * (Num_Point_Integration_Z - 1) = 6

[Point_Integration_3,Weight_Coefficient_3] = feglqd3(Num_Point_Integration_X,Num_
Point_Integration_Y,Num_Point_Integration_Z);         % 提取积分点和权重


%————————————————————————————————————————————
% 数值积分求和
%————————————————————————————————————————————

Value_Solution = 0.0;

for intx = 1:Num_Point_Integration_X
x = Point_Integration_3(intx,1);               % x 轴的采样点
wtx = Weight_Coefficient_3(intx,1);            % x 轴的加权系数
for inty = 1:Num_Point_Integration_Y
y = Point_Integration_3(inty,2);               % y 轴的采样点
wty = Weight_Coefficient_3(inty,2);            % y 轴的加权系数
for intz = 1:Num_Point_Integration_Z
z = Point_Integration_3(intz,3);               % z 轴的采样点
wtz = Weight_Coefficient_3(intz,3);            % z 轴的加权系数
func = 1 + 4 * x^2 * y^2 - 3 * x^2 * z^4 + y^4 * z^6;    % 计算函数
Value_Solution = Value_Solution + func * wtx * wty * wtz;
end
end
end

Value_Solution                                % 打印解
```

```
%————————————————————————————————————————

function [Point_Integration_3,Weight_Coefficient_3] = feglqd3(Num_Point_Integration_X,
Num_Point_Integration_Y,Num_Point_Integration_Z)


%————————————————————————————————————————
% 目的:
%      定义 Gauss – Legendre 三维积分的积分点和权重系数
%
% 简介:
%      [Point_Integration_3,Weight_Coefficient_3] = feglqd3(Num_Point_Integration_X,
% Num_Point_Integration_Y,Num_Point_Integration_Z)
%
% 变量描述:
%      Num_Point_Integration_X – x 轴的积分点数量
%      Num_Point_Integration_Y – y 轴的积分点数量
%      Num_Point_Integration_Z – z 轴的积分点数量
%      Point_Integration_3 – 包含积分点的向量
%      Weight_Coefficient_3 – 包含加权系数的向量
%————————————————————————————————————————

% 定义 Num_Point_Integration_X,Num_Point_Integration_Y,Num_Point_Integration_
% Z 的最大值

if Num_Point_Integration_X > Num_Point_Integration_Y
  if Num_Point_Integration_X > Num_Point_Integration_Z
    ngl = Num_Point_Integration_X;
  else
    ngl = Num_Point_Integration_Z;
  end
else
  if Num_Point_Integration_Y > Num_Point_Integration_Z
    ngl = Num_Point_Integration_Y;
  else
    ngl = Num_Point_Integration_Z;
  end
```

```
end

% 初始化
  Point_Integration_3 = zeros(ngl,3);
  Weight_Coefficient_3 = zeros(ngl,3);

% 找到对应的积分点和权重

[pointx,weightx] = feglqd1(Num_Point_Integration_X);    % x 轴的积分准则
[pointy,weighty] = feglqd1(Num_Point_Integration_Y);    % y 轴的积分准则
[pointz,weightz] = feglqd1(Num_Point_Integration_Z);    % z 轴的积分准则

% 二维求积

for intx = 1:Num_Point_Integration_X                    % x 轴上求积
  Point_Integration_3(intx,1) = pointx(intx);
  Weight_Coefficient_3(intx,1) = weightx(intx);
end

for inty = 1:Num_Point_Integration_Y                    % y 轴上求积
  Point_Integration_3(inty,2) = pointy(inty);
  Weight_Coefficient_3(inty,2) = weighty(inty);
end

for intz = 1:Num_Point_Integration_Z                    % z 轴上求积
  Point_Integration_3(intz,3) = pointz(intz);
  Weight_Coefficient_3(intz,3) = weightz(intz);
end
```

11.6　MATLAB 在拉普拉斯方程的应用

【例 11 - 16】这个例子展示了如何使用 Laplace 方程计算单元矩阵。单元矩阵为

$$K_{ij}^e = \int_{\Omega^e} \left\{ \frac{\partial H_i}{\partial x} \frac{\partial H_j}{\partial x} + \frac{\partial H_i}{\partial y} \frac{\partial H_j}{\partial y} \right\} \mathrm{d}\Omega \qquad (11 - 116)$$

单元域如前图 11-7 所示，MATLAB 程序如下。

```
%————————————————————————————————
% 例 11-16
% 为解二维拉普拉斯方程,计算单元矩阵
%
%
% 问题描述
% 拉普拉斯方程定义单元矩阵
% 等参四节点四边形单元和 Gauss-Legendre
% 单个单元四边形展示在图 11-7 中
%
% 变量描述
% K_Element - 单元矩阵
% Point_Integration_2 - 积分(或采样) 点
% Weight_Coefficient_2 - 加权系数
% Num_Point_Integration_X - x 轴上积分点的数量
% Num_Point_Integration_Y - y 轴上积分点的数量
% Coord_X - 节点的 x 坐标值
% Coord_Y - 节点的 y 坐标值
% Jacob_Matrix_2 - 雅可比矩阵
% Functions_Shape - 四节点四边形状函数
% R_De_Shape_Func_Natural - 形状函数 w.r.t. 求导后自然坐标系下的 r 坐标值
% S_De_Shape_Func_Natural - 形状函数 w.r.t. 求导后自然坐标系下的 s 坐标值
% X_De_Shape_Func_Physical - 形状函数 w.r.t. 求导后物理坐标系下的 x 坐标值
% Y_De_Shape_Func_Physical - 形状函数 w.r.t. 求导后物理坐标系下的 y 坐标值
%————————————————————————————————

clear
Num_Nod_In_Elem = 4;                        % 每个单元的节点数量
Num_DOFs_In_Nod = 1;                        % 每个节点的自由度数量
Num_DOFs_In_Element = Num_Nod_In_Elem * Num_DOFs_In_Nod;
                                            % 每个单元的自由度数量
Num_Point_Integration_X = 2; Num_Point_Integration_Y = 2;
                                            % 使用 2*2 积分规则
Coord_X = [-1 1 1 -1];                      % 节点的 x 坐标值
```

```
Coord_Y = [ - 0. 75 - 0. 75 1. 25 0. 25];                    % 节点的 y 坐标值
[Point_Integration_2,Weight_Coefficient_2] = feglqd2(Num_Point_Integration_X,
Num_Point_Integration_Y);                                    % 采样点和权重


%—————————————————————————————
% 数值积分
%—————————————————————————————

K_Element = zeros(Num_DOFs_In_Element,Num_DOFs_In_Element);
                                                             % 初始化为 0


for intx = 1:Num_Point_Integration_X
X_Points_Integration = Point_Integration_2(intx,1);% x 轴上的采样点 x 值
Weight_X_Points_Integration = Weight_Coefficient_2(intx,1);
                                                             % x 轴上的加权系数
for inty = 1:Num_Point_Integration_Y
Y_Points_Integration = Point_Integration_2(inty,2);% y 轴上的采样点 y 值
Weight_Y_Points_Integration = Weight_Coefficient_2(inty,2);
                                                             % y 轴上的加权系数

[Functions_Shape,R_De_Shape_Func_Natural,S_De_Shape_Func_Natural] = feisoq4
(X_Points_Integration,Y_Points_Integration);% 计算形状函数并且在采样点处求导

Jacob_Matrix_2 = fejacob2(Num_Nod_In_Elem,R_De_Shape_Func_Natural,S_De_Shape_
Func_Natural,Coord_X,Coord_Y);                    % 计算雅可比矩阵

Det_Jacab = det(Jacob_Matrix_2);                  % 雅可比矩阵的行列式
Inv_Jacob = inv(Jacob_Matrix_2);                  % 雅可比矩阵的求逆

[X_De_Shape_Func_Physical,Y_De_Shape_Func_Physical] = federiv2(Num_Nod_
In_Elem,R_De_Shape_Func_Natural,S_De_Shape_Func_Natural,Inv_Jacob);
                                                  % w. r. t. 物理坐标系的求导


%—————————————————————————————
% 单元矩阵循环
%—————————————————————————————
```

```
for i = 1:Num_DOFs_In_Element
for j = 1:Num_DOFs_In_Element
K_Element(i,j) = K_Element(i,j) + (X_De_Shape_Func_Physical(i) * X_De_
Shape_Func_Physical(j) + Y_De_Shape_Func_Physical(i) * Y_De_Func_
Physical(j)) * Weight_X_Points_Integration * Weight_Y_Points_Integration
* Det_Jacab;
end
end


end
end


K_Element                                    % 打印单元矩阵
%————————————————————————————————————————————————————
function [X_De_Shape_Func_Physical,Y_De_Shape_Func_Physical] = federiv2(Num_
Nod_In_Elem,R_De_Shape_Func_Natural,S_De_Shape_Func_Natural,Inv_Jacob)


%————————————————————————————————————————————————————
% 目的:
% 定义二维等参形状函数的导数与物理坐标系相对应
%
% 简介:
% [X_De_Shape_Func_Physical,Y_De_Shape_Func_Physical] = federiv2(Num_
% Nod_In_Elem,R_De_Shape_Func_Natural,S_De_Shape_Func_Natural,Inv_Jacob)
%
% 变量定义:
% X_De_Shape_Func_Physical - 形状函数 w.r.t. 求导后物理坐标系下的 x 坐标值
% Y_De_Shape_Func_Physical - 形状函数 w.r.t. 求导后物理坐标系下的 y 坐标值
% Num_Nod_In_Elem - 单元的节点数
% R_De_Shape_Func_Natural - 形状函数 w.r.t. 求导后自然坐标系下的 r 坐标值
% S_De_Shape_Func_Natural - 形状函数 w.r.t. 求导后自然坐标系下的 s 坐标值
% Inv_Jacob - 插入二维雅可比矩阵
%————————————————————————————————————————————————————


for i = 1:Num_Nod_In_Elem
```

X_De_Shape_Func_Physical(i) = Inv_Jacob(1,1) * R_De_Shape_Func_Natural(i)
+ Inv_Jacob(1,2) * S_De_Shape_Func_Natural(i);
Y_De_Shape_Func_Physical(i) = Inv_Jacob(2,1) * R_De_Shape_Func_Natural(i)
+ Inv_Jacob(2,2) * S_De_Shape_Func_Natural(i);
end
%——
function [Functions_Shape,R_De_Shape_Func_Natural,S_De_Shape_Func_Natural]
= feisoq4(X_Points_Integration,Y_Points_Integration)

%——
% 目的:
% 计算等参四节点四边形的形状函数,并且在自然坐标系下的采样点处求导
%
% 简介:
% [Functions_Shape,R_De_Shape_Func_Natural,S_De_Shape_Func_Natural] = feisoq4
% (X_Points_Integration,Y_Points_Integration)
%
% 变量描述:
% Functions_Shape - 四节点单元的形状函数
% R_De_Shape_Func_Natural - 形状函数 w. r. t. 求导后自然坐标系下的 r 坐标值
% S_De_Shape_Func_Natural - 形状函数 w. r. t. 求导后自然坐标系下的 s 坐标值
% X_Points_Integration - 所选点的 x 坐标值
% Y_Points_Integration - 所选点的 y 坐标值
%
% Notes:
% 第一个节点 (-1, -1),第二个节点 (1, -1)
% 第三个节点 (1,1),第四个节点 (-1,1)
%——

% 形状函数

Functions_Shape(1) = 0.25 * (1 - X_Points_Integration) * (1 - Y_Points_Integration);
Functions_Shape(2) = 0.25 * (1 + X_Points_Integration) * (1 - Y_Points_Integration);
Functions_Shape(3) = 0.25 * (1 + X_Points_Integration) * (1 + Y_Points_Integration);
Functions_Shape(4) = 0.25 * (1 - X_Points_Integration) * (1 + Y_Points_Integration);

% 求导

```
R_De_Shape_Func_Natural(1) = -0.25 * (1 - Y_Points_Integration);
R_De_Shape_Func_Natural(2) = 0.25 * (1 - Y_Points_Integration);
R_De_Shape_Func_Natural(3) = 0.25 * (1 + Y_Points_Integration);
R_De_Shape_Func_Natural(4) = -0.25 * (1 + Y_Points_Integration);


S_De_Shape_Func_Natural(1) = -0.25 * (1 - X_Points_Integration);
S_De_Shape_Func_Natural(2) = -0.25 * (1 + X_Points_Integration);
S_De_Shape_Func_Natural(3) = 0.25 * (1 + X_Points_Integration);
S_De_Shape_Func_Natural(4) = 0.25 * (1 - X_Points_Integration);
%----------------------------------------------------------------
function [Jacob_Matrix_2] = fejacob2(Num_Nod_In_Elem,R_De_Shape_Func_
Natural,S_De_Shape_Func_Natural,Coord_X,Coord_Y)


%----------------------------------------------------------------
% 目的:
% 定义二维雅可比矩阵
%
% 简介:
% [Jacob_Matrix_2] = fejacob2(Num_Nod_In_Elem,R_De_Shape_Func_Natural,S_De_
% Shape_Func_Natural,Coord_X,Coord_Y)
% 变量描述:
% Jacob_Matrix_2 - 一维雅可比矩阵
% Num_Nod_In_Elem - 每个单元的节点数
% R_De_Shape_Func_Natural - 形状函数 w.r.t. 求导后自然坐标系下的 r 坐标值
% S_De_Shape_Func_Natural - 形状函数 w.r.t. 求导后自然坐标系下的 s 坐标值
% Coord_X - 节点的 x 坐标值
% Coord_Y - 节点的 y 坐标值
%----------------------------------------------------------------


Jacob_Matrix_2 = zeros(2,2);
for i = 1:Num_Nod_In_Elem
Jacob_Matrix_2(1,1) = Jacob_Matrix_2(1,1) + R_De_Shape_Func_Natural(i) *
Coord_X(i);
Jacob_Matrix_2(1,2) = Jacob_Matrix_2(1,2) + R_De_Shape_Func_Natural(i) *
```

Coord_Y(i);
Jacob_Matrix_2(2,1) = Jacob_Matrix_2(2,1) + S_De_Shape_Func_Natural(i) *
Coord_X(i);
Jacob_Matrix_2(2,2) = Jacob_Matrix_2(2,2) + S_De_Shape_Func_Natural(i) *
Coord_Y(i);
end
%——
计算结果为
K_Element =

0.7500	− 0.0000	− 0.2500	− 0.5000
− 0.0000	0.7500	− 0.2500	− 0.5000
− 0.2500	− 0.2500	0.5000	− 0.0000
− 0.5000	− 0.5000	− 0.0000	1.0000

【例 11 – 17】我们想要采用四节点四边形的等参单元求解给定情况下的二维 Laplace 方程，计算域和有限单元划分如图 11 – 16 所示。

$$\frac{\partial^2 u}{\partial x^2} + \frac{\partial^2 u}{\partial y^2} = 0 \tag{11 – 117}$$

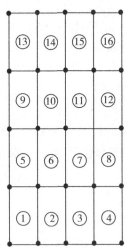

图 11 – 16　有限单元的划分情况

函数区域为 $0 < x < 5, 0 < y < 10$。当 $0 < x < 5$ 时，边界条件为 $u(x,0) = 0$；当 $0 < y < 10$ 时，边界条件为 $u(0,y) = 0$；当 $0 < x < 5$ 时，$u(x,10) = $

$100\sin(\pi x/10)$ ；当 $0 < y < 10$ 时，$\dfrac{\partial u(5,y)}{\partial x} = 0$ 。MATLAB 主程序和函数程序如下所示。

```
%────────────────────────────────────
% 例 11 - 17
% 为求解给定的二维拉普拉斯方程
% u,xx + u,yy = 0,  0 < x < 5, 0 < y < 10
% u(x,0) = 0, u(x,10) = 100sin(pi * x/10),
% u(0,y) = 0, u,x(5,y) = 0
% 使用等参四节点方形单元
% 有限元网格如图 11 - 16 所示
%
% K_Element = 单元矩阵
% F_Element = 单元向量
% KK_System = 系统矩阵
% FF_System = 系统向量
% Coord_Nod = 每一个节点的坐标值
% Nod_Belong_Elem = 每一个单元内部的从属节点
% Index_Sys_Elem = 包含与每个单元关联的系统自由度的索引向量
% Bound_Con_DOFs = 包含与边界条件相关的自由度的向量
% Bound_Con_Values = 包含与'Bound_Con_DOFs'中自由度相关的边界条件的向量
% Point_Integration_2 - 积分(或采样)点
% Weight_Coefficient_2 - 加权系数
% Num_Point_Integration_X - x 轴上积分点的数量
% Num_Point_Integration_Y - y 轴上积分点的数量
% Coord_X - 节点的 x 坐标值
% Coord_Y - 节点的 y 坐标值
% Jacob_Matrix_2 - 雅可比矩阵
% Functions_Shape - 四节点四边形状函数
% R_De_Shape_Func_Natural - 形状函数 w.r.t. 求导后自然坐标系下的 r 坐标值
%  S_De_Shape_Func_Natural - 形状函数 w.r.t. 求导后自然坐标系下的 s 坐标值
%  X_De_Shape_Func_Physical - 形状函数 w.r.t. 求导后物理坐标系下的 x 坐标值
%  Y_De_Shape_Func_Physical - 形状函数 w.r.t. 求导后物理坐标系下的 y 坐标值
%────────────────────────────────────
clear
```

```
%————————————————————————
% 输入控制参数数据
%————————————————————————

Num_Element = 16;                         % 单元数量
Num_Nod_In_Elem = 4;                      % 每个单元的节点数
Num_DOFs_In_Nod = 1;                      % 每个节点的自由度数
Num_Nod_In_System = 25;                   % 系统中的节点总数
Num_Point_Integration_X = 2; Num_Point_Integration_Y = 2;
                                          % 使用2*2积分规则
Num_DOFs_In_System = Num_Nod_In_System * Num_DOFs_In_Nod;
                                          % 系统中的总自由度数
Num_DOFs_In_Element = Num_Nod_In_Elem * Num_DOFs_In_Nod;
                                          % 每个单元的自由度数量


%————————————————————————
% 输入节点的坐标值数据
% Coord_Nod(i,j)中i指的是节点序号,j指的是x坐标或者y坐标
%————————————————————————

Coord_Nod(1,1) = 0.0; Coord_Nod(1,2) = 0.0; Coord_Nod(2,1) = 1.25; Coord_Nod(2,2)
    = 0.0;
Coord_Nod(3,1) = 2.5; Coord_Nod(3,2) = 0.0; Coord_Nod(4,1) = 3.75; Coord_Nod(4,2)
    = 0.0;
Coord_Nod(5,1) = 5.0; Coord_Nod(5,2) = 0.0; Coord_Nod(6,1) = 0.0; Coord_Nod(6,2)
    = 2.5;
Coord_Nod(7,1) = 1.25; Coord_Nod(7,2) = 2.5; Coord_Nod(8,1) = 2.5; Coord_Nod(8,2)
    = 2.5;
Coord_Nod(9,1) = 3.75; Coord_Nod(9,2) = 2.5; Coord_Nod(10,1) = 5.0; Coord_Nod(10,
    2) = 2.5;
Coord_Nod(11,1) = 0.0; Coord_Nod(11,2) = 5.0; Coord_Nod(12,1) = 1.25; Coord_Nod(12,2)
    = 5.0;
Coord_Nod(13,1) = 2.5; Coord_Nod(13,2) = 5.0; Coord_Nod(14,1) = 3.75; Coord_Nod(14,2)
    = 5.0;
Coord_Nod(15,1) = 5.0; Coord_Nod(15,2) = 5.0; Coord_Nod(16,1) = 0.0; Coord_Nod(16,2)
    = 7.5;
```

Coord_Nod(17,1) = 1.25；Coord_Nod(17,2) = 7.5；Coord_Nod(18,1) = 2.5；Coord_Nod(18,2) = 7.5；

Coord_Nod(19,1) = 3.75；Coord_Nod(19,2) = 7.5；Coord_Nod(20,1) = 5.0；Coord_Nod(20,2) = 7.5；

Coord_Nod(21,1) = 0.0；Coord_Nod(21,2) = 10.0；Coord_Nod(22,1) = 1.25；Coord_Nod(22,2) = 10.0；

Coord_Nod(23,1) = 2.5；Coord_Nod(23,2) = 10.0；Coord_Nod(24,1) = 3.75；Coord_Nod(24,2) = 10.0；

Coord_Nod(25,1) = 5.0；Coord_Nod(25,2) = 10.0；

%——
% 输入单元与节点的从属关系
%　Nod_Belong_Elem(i,j) 中 i 指单元序号，j 指单元内部的节点序号
%——

Nod_Belong_Elem(1,1) = 1；　　　　Nod_Belong_Elem(1,2) = 2；
Nod_Belong_Elem(1,3) = 7；　　　　Nod_Belong_Elem(1,4) = 6；
Nod_Belong_Elem(2,1) = 2；　　　　Nod_Belong_Elem(2,2) = 3；
Nod_Belong_Elem(2,3) = 8；　　　　Nod_Belong_Elem(2,4) = 7；
Nod_Belong_Elem(3,1) = 3；　　　　Nod_Belong_Elem(3,2) = 4；
Nod_Belong_Elem(3,3) = 9；　　　　Nod_Belong_Elem(3,4) = 8；
Nod_Belong_Elem(4,1) = 4；　　　　Nod_Belong_Elem(4,2) = 5；
Nod_Belong_Elem(4,3) = 10；　　　　Nod_Belong_Elem(4,4) = 9；
Nod_Belong_Elem(5,1) = 6；　　　　Nod_Belong_Elem(5,2) = 7；
Nod_Belong_Elem(5,3) = 12；　　　　Nod_Belong_Elem(5,4) = 11；
Nod_Belong_Elem(6,1) = 7；　　　　Nod_Belong_Elem(6,2) = 8；
Nod_Belong_Elem(6,3) = 13；　　　　Nod_Belong_Elem(6,4) = 12；
Nod_Belong_Elem(7,1) = 8；　　　　Nod_Belong_Elem(7,2) = 9；
Nod_Belong_Elem(7,3) = 14；　　　　Nod_Belong_Elem(7,4) = 13；
Nod_Belong_Elem(8,1) = 9；　　　　Nod_Belong_Elem(8,2) = 10；
Nod_Belong_Elem(8,3) = 15；　　　　Nod_Belong_Elem(8,4) = 14；
Nod_Belong_Elem(9,1) = 11；　　　　Nod_Belong_Elem(9,2) = 12；
Nod_Belong_Elem(9,3) = 17；　　　　Nod_Belong_Elem(9,4) = 16；
Nod_Belong_Elem(10,1) = 12；　　　　Nod_Belong_Elem(10,2) = 13；
Nod_Belong_Elem(10,3) = 18；　　　　Nod_Belong_Elem(10,4) = 17；
Nod_Belong_Elem(11,1) = 13；　　　　Nod_Belong_Elem(11,2) = 14；

Nod_Belong_Elem(11,3) = 19;   Nod_Belong_Elem(11,4) = 18;
Nod_Belong_Elem(12,1) = 14;   Nod_Belong_Elem(12,2) = 15;
Nod_Belong_Elem(12,3) = 20;   Nod_Belong_Elem(12,4) = 19;
Nod_Belong_Elem(13,1) = 16;   Nod_Belong_Elem(13,2) = 17;
Nod_Belong_Elem(13,3) = 22;   Nod_Belong_Elem(13,4) = 21;
Nod_Belong_Elem(14,1) = 17;   Nod_Belong_Elem(14,2) = 18;
Nod_Belong_Elem(14,3) = 23;   Nod_Belong_Elem(14,4) = 22;
Nod_Belong_Elem(15,1) = 18;   Nod_Belong_Elem(15,2) = 19;
Nod_Belong_Elem(15,3) = 24;   Nod_Belong_Elem(15,4) = 23;
Nod_Belong_Elem(16,1) = 19;   Nod_Belong_Elem(16,2) = 20;
Nod_Belong_Elem(16,3) = 25;   Nod_Belong_Elem(16,4) = 24;

%————————————————————————
% 输入边界条件数据
%————————————————————————

Bound_Con_DOFs(1) = 1;   % 第一个节点被约束
Bound_Con_Values(1) = 0;   % 第一个节点约束值为0
Bound_Con_DOFs(2) = 2;   % 第二个节点被约束
Bound_Con_Values(2) = 0;   % 第二个节点约束值为0
Bound_Con_DOFs(3) = 3;   % 第三个节点被约束
Bound_Con_Values(3) = 0;   % 第三个节点约束值为0
Bound_Con_DOFs(4) = 4;   % 第四个节点被约束
Bound_Con_Values(4) = 0;   % 第四个节点约束值为0
Bound_Con_DOFs(5) = 5;   % 第五个节点被约束
Bound_Con_Values(5) = 0;   % 第五个节点约束值为0
Bound_Con_DOFs(6) = 6;   % 第六个节点被约束
Bound_Con_Values(6) = 0;   % 第六个节点约束值为0
Bound_Con_DOFs(7) = 11;   % 第十一个节点被约束
Bound_Con_Values(7) = 0;   % 第十一个节点约束值为0
Bound_Con_DOFs(8) = 16;   % 第十六个节点被约束
Bound_Con_Values(8) = 0;   % 第十六个节点约束值为0
Bound_Con_DOFs(9) = 21;   % 第二十一个节点被约束
Bound_Con_Values(9) = 0;   % 第二十一个节点约束值为0
Bound_Con_DOFs(10) = 22;   % 第二十二个节点被约束
Bound_Con_Values(10) = 38.2683;   % 第二十二个节点约束值为38.2683

```
Bound_Con_DOFs(11) = 23;                    % 第二十三个节点被约束
Bound_Con_Values(11) = 70.7107;             % 第二十三个节点约束值为 70.7107
Bound_Con_DOFs(12) = 24;                    % 第二十四个节点被约束
Bound_Con_Values(12) = 92.3880;            % 第二十四个节点约束值为 92.3880
Bound_Con_DOFs(13) = 25;                    % 第二十五个节点被约束
Bound_Con_Values(13) = 100;                % 第二十五个节点约束值为 100


%————————————————————————————————————————
% 矩阵和向量的初始化
%————————————————————————————————————————


FF_System = zeros(Num_DOFs_In_System,1);    % 系统力向量的初始化
KK_System = zeros(Num_DOFs_In_System,Num_DOFs_In_System);
                                            % 系统矩阵的初始化
Index_Sys_Elem = zeros(Num_Nod_In_Elem * Num_DOFs_In_Nod,1);
                                            % 索引向量的初始化


%————————————————————————————————————————
% 循环进行单元矩阵的计算和组装
%————————————————————————————————————————


[Point_Integration_2,Weight_Coefficient_2] = feglqd2(Num_Point_Integration_X,
Num_Point_Integration_Y);                   % 提取积分点和权重


for iel = 1:Num_Element                     % 循环所有单元


for i = 1:Num_Nod_In_Elem
Nod_In_Elem(i) = Nod_Belong_Elem(iel,i);    % 提取第 i 个单元连接节点
xcoord(i) = Coord_Nod(Nod_In_Elem(i),1);    % 提取节点的 x 值
ycoord(i) = Coord_Nod(Nod_In_Elem(i),2);    % 提取节点的 y 值
end


K_Element = zeros(Num_DOFs_In_Element,Num_DOFs_In_Element);
                                            % 单元矩阵的初始化


%————————————————————————————————————————
```

```
%    numerical integration
%——————————————————————————

for intx = 1:Num_Point_Integration_X
X_Points_Integration = Point_Integration_2(intx,1);
                              % x 轴上的采样点
Weight_X_Points_Integration = Weight_Coefficient_2(intx,1);
                              % x 轴上的加权系数
for inty = 1:Num_Point_Integration_Y
Y_Points_Integration = Point_Integration_2(inty,2);
                              % y 轴上的采样点
Weight_Y_Points_Integration = Weight_Coefficient_2(inty,2);
                              % y 轴上的加权系数
[Functions_Shape,R_De_Shape_Func_Natural,S_De_Shape_Func_Natural] = feisoq4(X_
Points_Integration,Y_Points_Integration);
                              % 计算形状函数并且在采样点处求导

Jacob_Matrix_2 = fejacob2(Num_Nod_In_Elem,R_De_Shape_Func_Natural,S_De_
Shape_Func_Natural,xcoord,ycoord);        % 计算雅可比矩阵

Det_Jacab = det(Jacob_Matrix_2);          % 雅可比矩阵的行列式
Inv_Jacob = inv(Jacob_Matrix_2);          % 雅可比矩阵的求逆

[X_De_Shape_Func_Physical,Y_De_Shape_Func_Physical] = federiv2(Num_Nod_
In_Elem,R_De_Shape_Func_Natural,S_De_Shape_Func_Natural,Inv_Jacob);
                              % w.r.t. 物理坐标系下的求导


%——————————————————————————
% 计算单元矩阵
%——————————————————————————

for i = 1:Num_DOFs_In_Element
for j = 1:Num_DOFs_In_Element
K_Element(i,j) = K_Element(i,j) + (X_De_Shape_Func_Physical(i) * X_De_Shape_
Func_Physical(j) + Y_De_Shape_Func_Physical(i) * Y_De_Shape_Func_Physical(j)) *
Weight_X_Points_Integration * Weight_Y_Points_Integration * Det_Jacab;
```

```
end
end

end
end                                        % 数值积分循环结束

Index_Sys_Elem = feeldof(Nod_In_Elem,Num_Nod_In_Elem,Num_DOFs_In_Nod);
% 提取与单元相关的系统自由度

%———————————————————————————
% 整合单元矩阵
%———————————————————————————

KK_System = feasmbl1(KK_System,K_Element,Index_Sys_Elem);

end                                        % 单元循环的结束

%———————————————————————————
% 适用边界条件
%———————————————————————————

[KK_System,FF_System] = feaplyc2(KK_System,FF_System,Bound_Con_DOFs,
Bound_Con_Values);

%———————————————————————————
% 求解矩阵方程
%———————————————————————————

fsol = KK_System \ FF_System;

%———————————————————————————

% 分析解
%———————————————————————————

for i = 1:Num_Nod_In_System
```

X_Points_Integration = Coord_Nod(i,1); Y_Points_Integration = Coord_Nod(i,2);
esol(i) = 100 * sinh(0.31415927 * Y_Points_Integration) * sin(0.31415927 * X_Points
_Integration)/sinh(3.1415927);
end

%————————————————————————————
% 打印和提取有限元解
%————————————————————————————

num = 1:1:Num_DOFs_In_System;
store = [num 'fsol esol']

store =

dof#	fem sol	exact	
1.0000	0.0000	0.0000	% x = 0.00 and y = 0.0
2.0000	0.0000	0.0000	% x = 1.25 and y = 0.0
3.0000	0.0000	0.0000	% x = 2.50 and y = 0.0
4.0000	0.0000	0.0000	% x = 3.75 and y = 0.0
5.0000	0.0000	0.0000	% x = 5.00 and y = 0.0
6.0000	-0.0000	0.0000	% x = 0.00 and y = 2.5
7.0000	2.6888	2.8785	% x = 1.25 and y = 2.5
8.0000	4.9683	5.3187	% x = 2.50 and y = 2.5
9.0000	6.4914	6.9492	% x = 3.75 and y = 2.5
10.0000	7.0263	7.5218	% x = 5.00 and y = 2.5
11.0000	-0.0000	0.0000	% x = 0.00 and y = 5.0
12.0000	7.2530	7.6257	% x = 1.25 and y = 5.0
13.0000	13.4018	14.0904	% x = 2.50 and y = 5.0
14.0000	17.5103	18.4100	% x = 3.75 and y = 5.0
15.0000	18.9530	19.9268	% x = 5.00 and y = 5.0
16.0000	0.0000	0.0000	% x = 0.00 and y = 7.5

17. 0000	16. 8757	17. 3236	% x = 1. 25 and y = 7. 5
18. 0000	31. 1822	32. 0099	% x = 2. 50 and y = 7. 5
19. 0000	40. 7416	41. 8229	% x = 3. 75 and y = 7. 5
20. 0000	44. 0984	45. 2688	% x = 5. 00 and y = 7. 5
21. 0000	0. 0000	0. 0000	% x = 0. 00 and y = 10. 0
22. 0000	38. 2683	38. 2683	% x = 1. 25 and y = 10. 0
23. 0000	70. 7107	70. 7107	% x = 2. 50 and y = 10. 0
24. 0000	92. 3880	92. 3880	% x = 3. 75 and y = 10. 0
25. 0000	100. 0000	100. 0000	% x = 5. 00 and y = 10. 0

%————————————————————————————————————

本章习题

1. 使用二次等参单元计算以下积分：

$$K_{11} = \int_2^6 \left[\left(\frac{\mathrm{d}H_1}{\mathrm{d}x} \right)^2 + (H_1)^2 \right] \mathrm{d}x$$

形状函数在式（11 - 13）至式（11 - 15）中给出，单元在物理坐标系中具有节点 $x_1 = 2$，$x_2 = 4$ 和 $x_3 = 6$。

2. 考虑式（11 - 13）至式（11 - 15）中给出的一维等参形状函数。将等参单元映射到一个物理域中，其中节点位于 $x_1 = 0$，$x_2 = a$ 和 $x_3 = 4$，其中 $a = 1.5$，$a = 1$ 或 $a = 0.5$。计算这些情况下的雅可比矩阵 J 及其逆。

3. 计算图 11 - 17 所示的双线性单元的雅可比矩阵，并计算

$$K_{12} = \int_\Omega \left(\frac{\partial H_1}{\partial x} \frac{\partial H_2}{\partial x} + \frac{\partial H_1}{\partial y} \frac{\partial H_2}{\partial y} \right) \mathrm{d}\Omega$$

使用等参单元和 3×3 高斯 - 勒让德求积。形状函数见式（11 - 22）至式（11 - 25）。

4. 对于图 11 - 18 所示的线性三角形等参单元，计算雅可比矩阵并计算 $\frac{\partial H_1}{\partial x}$，其中 H_1 已由式（11 - 83）给出。

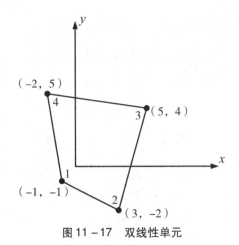

图 11 – 17　双线性单元

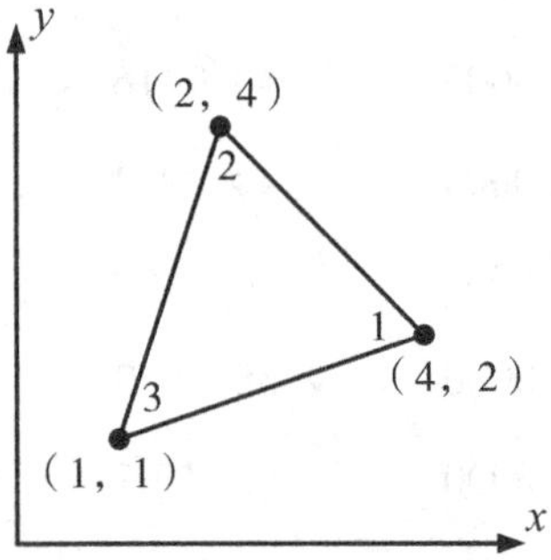

图 11 – 18　线性三角形等参单元

5. 使用双线性等参单元计算图 11 – 19 所示的四节点单元的雅可比矩阵。

6. 使用高斯 – 勒让德求积法则计算积分

$$\int_{-1}^{1} \int_{-1}^{1} H_1(\xi, \eta) H_2(\xi, \eta) \, |J| \, \mathrm{d}\xi \mathrm{d}\eta$$

其中，H_1 和 H_2 分别是 ξ 和 η 的二次型函数。如果单元没有变形（即物理域中单元的矩形形状），那么精确积分需要什么积分阶？

7. 如图 11 – 20 所示，两个不同的等参单元一起使用。在 $(x, y) = (1,1)$ 和 $(x, y) = (2,2)$ 之间有一个单元间边界，表明变量在界面边界上是连续的。换句话说，四边形单元的变量插值与界面处三角形单元的变量插值相同。

8. 再考虑图 11 – 20 所示的两个单元。对于单元，我们对每个单元使用以下插值。对于三角形单元，我们使用

$$u = a_0 + a_1 x + a_2 y$$

对于四边形单元，我们使用

$$u = b_0 + b_1 x + b_2 y + b_3 xy$$

u 在两个单元的单元界面上兼容吗？

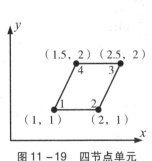

图 11 – 19　四节点单元

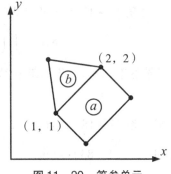

图 11 – 20　等参单元

232

9. 两种四边形等参单元一起用于网格区域，如图 11 – 21 所示。一个是双线性单元，另一个是双二次单元，单元接口之间是否兼容？

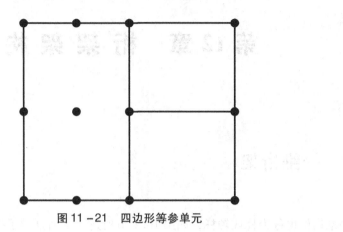

图 11 – 21   四边形等参单元

第12章 桁架架构

12.1 一维桁架

一维桁架也称为杆或轴杆，如第 10.1 节所述。下面推导了描述杆运动的控制方程。设 E、A 和 ρ 分别表示杆的弹性模量、横截面积和密度，将牛顿第二定律应用于图 12-1 所示的自由体。

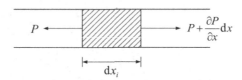

图 12-1 轴向构件的自由体

$$\rho A \mathrm{d}x \frac{\partial^2 u}{\partial t^2} = \left(P + \frac{\partial P}{\partial x}\mathrm{d}x \right) - P \tag{12-1}$$

其中，u 是沿杆方向的轴向位移，x 和 t 分别是空间轴和时间轴。胡克定律规定

$$\frac{P}{A} = E\varepsilon \tag{12-2}$$

应变-位移关系为

$$\varepsilon = \frac{\partial u}{\partial x} \tag{12-3}$$

将式（12-3）代入式（12-2），并将结果代入式（12-1），得出

$$\rho A \frac{\partial^2 u}{\partial t^2} = \frac{\partial}{\partial x}\left(AE \frac{\partial u}{\partial x} \right) \tag{12-4}$$

在式（12-4）中，ρ、A 和 E 可能随 x 的变化而变化。

式（12-4）的弱形式为

$$I = \int_0^L \left(\rho A w \frac{\partial^2 u}{\partial t^2} + AE \frac{\partial w}{\partial x} \frac{\partial u}{\partial x} \right)\mathrm{d}x - \left[AEw \frac{\partial u}{\partial x} \right]_0^L \tag{12-5}$$

其中，w 是测试函数。等号右边第一项是惯性项，第二项是刚度项。将区域离散为多个单元，将式（12－5）中的整体积分分解为单元区域上的单元积分。

对于长度为 l 的杆单元，使用伽辽金法和线性形状函数可得到以下刚度矩阵：

$$\begin{bmatrix} K^e \end{bmatrix} = \int_0^L AE \begin{Bmatrix} \dfrac{\mathrm{d}H_1}{\mathrm{d}x} \\ \dfrac{\mathrm{d}H_2}{\mathrm{d}x} \end{Bmatrix} \begin{Bmatrix} \dfrac{\mathrm{d}H_1}{\mathrm{d}x} & \dfrac{\mathrm{d}H_2}{\mathrm{d}x} \end{Bmatrix} \mathrm{d}x \tag{12-6}$$

其中，上标 e 表示单元，H_i 表示线性形状函数。对于单元节点自由度 $\{u_1 \quad u_2\}$，如图 12－2 所示。

$$H_1 = \frac{l-x}{l} \tag{12-7}$$

$$H_2 = \frac{x}{l} \tag{12-8}$$

将这些形状函数代入式（12－6），得到杆的单元刚度矩阵

$$\begin{bmatrix} K^e \end{bmatrix} = \frac{AE}{l} \begin{bmatrix} 1 & -1 \\ -1 & 1 \end{bmatrix} \tag{12-9}$$

通过线性形状函数，从式（12－5）中的第一项获得杆的单元质量矩阵

$$\begin{bmatrix} M^e \end{bmatrix} = \frac{\rho A l}{6} \begin{bmatrix} 2 & 1 \\ 1 & 2 \end{bmatrix} \tag{12-10}$$

对于恒定的密度和横截面积，这被称为杆的一致质量矩阵。集中质量矩阵是

$$\begin{bmatrix} M^e \end{bmatrix} = \frac{\rho A l}{2} \begin{bmatrix} 1 & 0 \\ 0 & 1 \end{bmatrix} \tag{12-11}$$

如图 12－3 所示，这是通过将元件内的分布质量集中到两个节点处的集中质量来实现的。

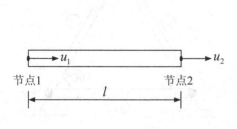

图 12－2　双节点轴杆

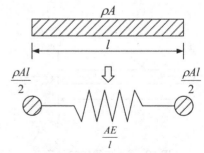

图 12－3　等效弹簧质量系统

12.2　平面桁架

　　桁架是一种由销接头连接的轴向构件组成的结构。因此，桁架结构的每个构件都通过其轴向力来支撑外部荷载，并且不会发生弯曲变形。图 12 – 4 所示的桁架构件的刚度矩阵如式（12 – 9）所示。然而，由于桁架单元的节点自由度表示为

$$\{d^e\} = \{u_1 \quad v_1 \quad u_2 \quad v_2\}^T \tag{12 – 12}$$

上标 e 表示单元级别。相应的刚度矩阵为

$$[K^e] = \begin{bmatrix} k & 0 & -k & 0 \\ 0 & 0 & 0 & 0 \\ -k & 0 & k & 0 \\ 0 & 0 & 0 & 0 \end{bmatrix} \tag{12 – 13}$$

其中

$$k = \frac{AE}{l} \tag{12 – 14}$$

　　对于均匀构件，A 和 E 分别是横截面面积和弹性模量。此外，l 是构件的长度。由于桁架构件仅具有轴向变形，与横向位移 v 相关的刚度矩阵的第二和第四列（行）为零。

　　平面桁架结构由不同方向的轴向构件组成。例如，图 12 – 5 显示了构件 a，b 和 c 位于三个不同的方向。我们需要根据公共参考轴给出单元自由度，组合与这些桁架构件相关的刚度矩阵。也就是说，单元节点位移用固定的全局坐标系表示。

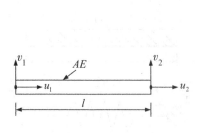

图 12 – 4　二维桁架单元

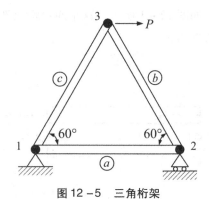

图 12 – 5　三角桁架

图 12-6 显示了相对于水平轴 $\bar{x}$ 以任意角度 β 定向的平面桁架元件。该图显示了两组节点位移。一组具有沿元件轴和垂直于元件轴的节点位移（即 u 和 v），而另一组具有关于全局参考轴的位移（即 $\bar{u}$ 和 $\bar{v}$）。由于单元刚度矩阵式（12-13）以 u 和 v 表示，因此应进行转换，使刚度矩阵以 $\bar{u}$ 和 $\bar{v}$ 表示。

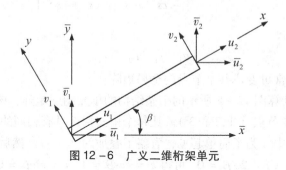

图 12-6　广义二维桁架单元

然后，得到 xy 和 $\bar{x}\,\bar{y}$ 坐标系之间的坐标变换关系。这种关系被称为坐标变换，同样的关系适用于两组节点位移（即 u，v，$\bar{u}$ 和 $\bar{v}$）。这种关系是

$$\begin{Bmatrix} u_1 \\ v_1 \\ u_2 \\ v_2 \end{Bmatrix} = \begin{bmatrix} c & s & 0 & 0 \\ -s & c & 0 & 0 \\ 0 & 0 & c & s \\ 0 & 0 & -s & c \end{bmatrix} \begin{Bmatrix} \bar{u}_1 \\ \bar{v}_1 \\ \bar{u}_2 \\ \bar{v}_2 \end{Bmatrix} \tag{12-15}$$

其中，$c = \cos\beta$ 和 $s = \sin\beta$。式（12-15）也可写成

$$\{d^e\} = [T]\{\bar{d}^e\} \tag{12-16}$$

为了将单元刚度矩阵从 xy 坐标系转换为 $\bar{x}\,\bar{y}$ 坐标系，考虑应变能的概念。应变能表示为

$$U = \frac{1}{2}\{d^e\}^T[K^e]\{d^e\} \tag{12-17}$$

就 $\bar{x}\,\bar{y}$ 坐标系而言，如果我们将式（12-16）代入式（12-17），可得

$$U = \frac{1}{2}\{\bar{d}^e\}^T[T]^T[K^e][T]\{\bar{d}^e\} \tag{12-18}$$

应变能用 $\bar{x}\,\bar{y}$ 坐标系表示为

$$U = \frac{1}{2}\{\bar{d}^e\}^T[\bar{K}^e]\{\bar{d}^e\} \tag{12-19}$$

其中，$[\bar{K}^e]$ 是 $x\bar{x}$ 坐标系下的转换单元刚度矩阵。式（12-19）中的应变能应与式（12-18）中的应变能相同，因为应变能与坐标系无关。将式（12-18）等同于式（12-19），可得

$$[\bar{K}^e] - [T]^T[K^e][T] \tag{12-20}$$

将式（12-13）和式（12-15）代入式（12-20），得到转换后的刚度矩阵

$$[\bar{K}^{\mathrm{e}}] = \frac{AE}{l}\begin{bmatrix} c^2 & cs & -c^2 & -cs \\ cs & s^2 & -cs & -s^2 \\ -c^2 & -cs & c^2 & cs \\ -cs & -s^2 & cs & s^2 \end{bmatrix} \tag{12-21}$$

对于节点自由度

$$\{\bar{u}_1 \quad \bar{v}_1 \quad \bar{u}_2 \quad \bar{v}_2\} \tag{12-22}$$

该单元刚度矩阵通常可变成共享节点的全局矩阵。

【例 12-1】 计算图 12-5 所示的桁架结构的单元刚度矩阵，该结构有三个单元（a,b 和 c）和三个节点（1,2 和 3）。让每个桁架构件具有相同的材料和几何特性。

在下面的推导中，为了简单起见，省略了叠加的（$^{-}$）。然后，可得

A：假设 $i=1$，$j=2$，$\beta=0$，可得 $c=\cos\beta=1$，$s=\sin\beta=0$。单元刚度矩阵为

$$[K^{\mathrm{a}}] = \frac{AE}{l}\begin{bmatrix} 1 & 0 & -1 & 0 \\ 0 & 0 & 0 & 0 \\ -1 & 0 & 1 & 0 \\ 0 & 0 & 0 & 0 \end{bmatrix} \tag{12-23}$$

B：假设 $i=2$，$j=3$，$\beta=\dfrac{2\pi}{3}$，可得 $c=\cos\beta=-0.5$，$s=\sin\beta=\dfrac{\sqrt{3}}{2}$。单元刚度矩阵为

$$[K^{\mathrm{b}}] = \frac{AE}{l}\begin{bmatrix} 0.250 & -0.433 & -0.250 & 0.433 \\ -0.433 & 0.750 & 0.433 & -0.750 \\ -0.250 & 0.433 & 0.250 & -0.433 \\ 0.433 & -0.750 & -0.433 & 0.750 \end{bmatrix} \tag{12-24}$$

C：假设 $i=1$，$j=3$，$\beta=\dfrac{\pi}{3}$，可得 $c=\cos\beta=0.5$，$s=\sin\beta=\dfrac{\sqrt{3}}{2}$。单元刚度矩阵为

$$[K^{\mathrm{c}}] = \frac{AE}{l}\begin{bmatrix} 0.250 & 0.433 & -0.250 & -0.433 \\ 0.433 & 0.750 & -0.433 & -0.750 \\ -0.250 & -0.433 & 0.250 & 0.433 \\ -0.433 & -0.750 & 0.433 & 0.750 \end{bmatrix} \tag{12-25}$$

平面桁架构件的单元质量矩阵可以使用相同的坐标变换进行计算。使用动能表达式，就像推导单元刚度矩阵的应变能表达式一样，可得

$$[\overline{M}^{\mathrm{e}}] = [T]^{\mathrm{T}}[M^{\mathrm{e}}][T] \tag{12-26}$$

通过连续的质量矩阵进行矩阵乘法得到

$$[\overline{M}^{\mathrm{e}}] = \frac{\rho A l}{6}\begin{bmatrix} 2c^2 & 2cs & c^2 & cs \\ 2cs & 2s^2 & cs & s^2 \\ c^2 & cs & 2c^2 & 2cs \\ cs & s^2 & 2cs & 2s^2 \end{bmatrix} \tag{12-27}$$

集中质量矩阵可以类似地获得，如下所示：

$$[\overline{M}^{\mathrm{e}}] = \frac{\rho A l}{2}\begin{bmatrix} c^2 & cs & 0 & 0 \\ cs & s^2 & 0 & 0 \\ 0 & 0 & c^2 & cs \\ 0 & 0 & cs & s^2 \end{bmatrix} \tag{12-28}$$

12.3　空间桁架

空间桁架构件的单元刚度矩阵的发展与平面桁架构件的单元刚度矩阵的发展相似。以整体笛卡尔坐标系表示的单元刚度矩阵的获得方式与式（12-20）中给出的相同。然而，对于空间桁架构件，转换矩阵和单元刚度矩阵在体坐标系下的大小均为 6×6。这里，体坐标系表示其中一个轴位于构件方向的坐标系。以体坐标系表示的刚度矩阵为

$$[K^{\mathrm{e}}] = \frac{AE}{l}\begin{bmatrix} 1 & 0 & 0 & -1 & 0 & 0 \\ 0 & 0 & 0 & 0 & 0 & 0 \\ 0 & 0 & 0 & 0 & 0 & 0 \\ -1 & 0 & 0 & 1 & 0 & 0 \\ 0 & 0 & 0 & 0 & 0 & 0 \\ 0 & 0 & 0 & 0 & 0 & 0 \end{bmatrix} \tag{12-29}$$

对于节点自由度

$$\{d^{\mathrm{e}}\} = \{u_1 \quad v_1 \quad w_1 \quad u_2 \quad v_2 \quad w_2\} \tag{12-30}$$

其中，u 是沿 x 轴的位移，如图 12-7 所示。

两个坐标系之间的转换矩阵如下所示：

$$[T] = \begin{bmatrix} \xi_1 & \xi_2 & \xi_3 & 0 & 0 & 0 \\ \eta_1 & \eta_2 & \eta_3 & 0 & 0 & 0 \\ \zeta_1 & \zeta_2 & \zeta_3 & 0 & 0 & 0 \\ 0 & 0 & 0 & \xi_1 & \xi_2 & \xi_3 \\ 0 & 0 & 0 & \eta_1 & \eta_2 & \eta_3 \\ 0 & 0 & 0 & \zeta_1 & \zeta_2 & \zeta_3 \end{bmatrix} \tag{12-31}$$

其中，$\{\xi_1 \quad \eta_1 \quad \zeta_1\}$ 是 $\bar{x}$ 轴相对于 xyz 坐标系的方向余弦。类似地，$\{\xi_2 \quad \eta_2 \quad \zeta_2\}$ 和 $\{\xi_3 \quad \eta_3 \quad \zeta_3\}$ 分别是 $\bar{y}$ 轴、$\bar{z}$ 轴相对于 xyz 坐标系的方向余弦。进行矩阵变换可得

$$[\bar{K}^e] = \frac{AE}{l} \begin{bmatrix} \xi_1^2 & \xi_1\xi_2 & \xi_1\xi_3 & -\xi_1^2 & -\xi_1\xi_2 & -\xi_1\xi_3 \\ \xi_1\xi_2 & \xi_2^2 & \xi_2\xi_3 & -\xi_1\xi_2 & -\xi_2^2 & -\xi_2\xi_3 \\ \xi_1\xi_3 & \xi_2\xi_3 & \xi_3^2 & -\xi_1\xi_3 & -\xi_2\xi_3 & -\xi_3^2 \\ -\xi_1^2 & -\xi_1\xi_2 & -\xi_1\xi_3 & \xi_1^2 & \xi_1\xi_2 & \xi_1\xi_3 \\ -\xi_1\xi_2 & -\xi_2^2 & -\xi_2\xi_3 & \xi_1\xi_2 & \xi_2^2 & \xi_2\xi_3 \\ -\xi_1\xi_3 & -\xi_2\xi_3 & -\xi_3^2 & \xi_1\xi_3 & \xi_2\xi_3 & \xi_3^2 \end{bmatrix} \tag{12-32}$$

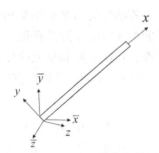

图 12-7　广义三维桁架单元

相应的单元自由度为

$$\{\bar{d}^e\} = \{\bar{u}_1 \quad \bar{v}_1 \quad \bar{w}_1 \quad \bar{u}_2 \quad \bar{v}_2 \quad \bar{w}_2\} \tag{12-33}$$

空间桁架单元的连续质量矩阵为

$$[\overline{M}^e] = \frac{\rho Al}{6} \begin{bmatrix} 2\xi_1^2 & 2\xi_1\xi_2 & 2\xi_1\xi_3 & \xi_1^2 & \xi_1\xi_2 & \xi_1\xi_3 \\ 2\xi_1\xi_2 & 2\xi_2^2 & 2\xi_2\xi_3 & \xi_1\xi_2 & \xi_2^2 & \xi_2\xi_3 \\ 2\xi_1\xi_3 & 2\xi_2\xi_3 & 2\xi_3^2 & \xi_1\xi_3 & \xi_2\xi_3 & \xi_3^2 \\ \xi_1^2 & \xi_1\xi_2 & \xi_1\xi_3 & 2\xi_1^2 & 2\xi_1\xi_2 & 2\xi_1\xi_3 \\ \xi_1\xi_2 & \xi_2^2 & \xi_2\xi_3 & 2\xi_1\xi_2 & 2\xi_2^2 & 2\xi_2\xi_3 \\ \xi_1\xi_3 & \xi_2\xi_3 & \xi_3^2 & 2\xi_1\xi_3 & 2\xi_2\xi_3 & 2\xi_3^2 \end{bmatrix} \qquad (12-34)$$

此时，集中质量矩阵是

$$[\overline{M}^e] = \frac{\rho Al}{6} \begin{bmatrix} \xi_1^2 & \xi_1\xi_2 & \xi_1\xi_3 & 0 & 0 & 0 \\ \xi_1\xi_2 & \xi_2^2 & \xi_2\xi_3 & 0 & 0 & 0 \\ \xi_1\xi_3 & \xi_2\xi_3 & \xi_3^2 & 0 & 0 & 0 \\ 0 & 0 & 0 & \xi_1^2 & \xi_1\xi_2 & \xi_1\xi_3 \\ 0 & 0 & 0 & \xi_1\xi_2 & \xi_2^2 & \xi_2\xi_3 \\ 0 & 0 & 0 & \xi_1\xi_3 & \xi_2\xi_3 & \xi_3^2 \end{bmatrix} \qquad (12-35)$$

12.4　MATLAB 在静态分析中的应用

桁架结构的静态分析是为了求解下列矩阵方程：

$$[K]\{d\} = \{F\} \qquad (12-36)$$

系统刚度矩阵 $[K]$ 和系统荷载向量 $\{F\}$ 通过整合单元刚度矩阵和荷载向量得到，本节展示了一些二维桁架结构静态分析的 MATLAB 例子和 m 文件。

【例 12-2】图 12-8 展示了一个由两个组件组成的简单桁架结构，单个组件的弹性模量 $E = 30 \times 10^6$ psi，横截面积 $A_1 = 0.4$ in^2，$A_2 = 0.5$ in^2，一个 1000 lb 的力作用于头部，方向朝下，计算杆件的位移和应力，MATLAB 程序和 m 文件如下。

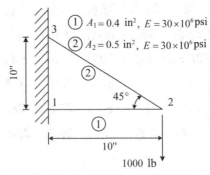

图 12 - 8 两个轴向杆件的桁架

```
%————————————————————————————————————————

% 例 12 - 2
% 求解二维桁架结构静力的问题
%
% 问题描述
% 求出由两个构件组成的桁架的挠度和应力
% 如图 12 - 8 所示
%
% 变量描述
%   K_Element = 单元矩阵
%   KK_System = 系统矩阵
%   FF_System = 系统向量
%   Index_Sys_Elem = 包含与每个单元关联的系统自由度的索引向量
%   Coord_Nod = 每一个节点的坐标值
%   Disp_Node = 节点的位移向量
%   F_Element = 单元力向量
%   Disp_Node_Element = 单元的节点位移
%   Stress_Element = 每个单元的应力向量
%   Property_Element = 单元属性矩阵
%   Nod_Belong_Elem = 每一个单元内部的从属节点矩阵
%   Bound_Con_DOFs = 包含与边界条件相关的自由度的向量
%   Bound_Con_Values = 包含与 'Bound_Con_DOFs' 中自由度相关的边界条件的向量
%————————————————————————————————————————


%————————————————————————————————————
```

```
% 控制输入数据
%————————————————————————


clear
Num_Element = 2;                              % 单元数量
Num_Nod_In_Elem = 2;                         % 每个单元的节点数量
Num_DOFs_In_Nod = 2;                         % 每个节点的自由度数量
Num_Nod_In_System = 3;                       % 系统中的节点总数
Num_DOFs_In_System = Num_Nod_In_System * Num_DOFs_In_Nod;
                                             % 系统中的自由度总数


%————————————————————————
% 节点坐标
%————————————————————————


Coord_Nod(1,1) = 0.0; Coord_Nod(1,2) = 0.0;   % 第一个节点的 x,y 坐标
Coord_Nod(2,1) = 10.0; Coord_Nod(2,2) = 0.0;  % 第二个节点的 x,y 坐标
Coord_Nod(3,1) = 0.0; Coord_Nod(3,2) = 10.0;  % 第三个节点的 x,y 坐标


%————————————————————————
% 材料和几何特性
%————————————————————————


Property_Element(1,1) = 30000000;            % 第一个单元的弹性模量
Property_Element(1,2) = 0.4;                 % 第一个单元的横截面面积
Property_Element(2,1) = 30000000;            % 第二个单元的弹性模量
Property_Element(2,2) = 0.5;                 % 第二个单元的横截面面积


%————————————————————————
% 节点联系
%————————————————————————


Nod_Belong_Elem(1,1) = 1; Nod_Belong_Elem(1,2) = 2;   % 单元 1 内节点
Nod_Belong_Elem(2,1) = 2; Nod_Belong_Elem(2,2) = 3;   % 单元 2 内节点


%————————————————————————
```

```
% 适用约束
%————————————————————

Bound_Con_DOFs(1)  = 1;                    % 第一个自由度(横向位移)被约束
Bound_Con_Values(1) = 0;                   % 约束的值为 0
Bound_Con_DOFs(2)  = 2;                    % 第二个自由度(竖向位移)被约束
Bound_Con_Values(2) = 0;                   % 约束的值为 0
Bound_Con_DOFs(3)  = 5;                    % 第五个自由度(横向位移)被约束
Bound_Con_Values(3) = 0;                   % 约束的值为 0
Bound_Con_DOFs(4)  = 6;                    % 第六个自由度(竖向位移)被约束
Bound_Con_Values(4) = 0;                   % 约束的值为 0


%————————————————————
% 初始化
%————————————————————


FF_System = zeros(Num_DOFs_In_System,1);
                                % 系统力向量
KK_System = zeros(Num_DOFs_In_System,Num_DOFs_In_System);
                                % 系统刚度矩阵

Index_Sys_Elem = zeros(Num_Nod_In_Elem * Num_DOFs_In_Nod,1);
                                % 索引向量
F_Element = zeros(Num_Nod_In_Elem * Num_DOFs_In_Nod,1);
                                % 单元力向量
Disp_Node_Element = zeros(Num_Nod_In_Elem * Num_DOFs_In_Nod,1);
                                % 单元节点位移向量

K_Element = zeros(Num_Nod_In_Elem * Num_DOFs_In_Nod,Num_Nod_In_Elem *
Num_DOFs_In_Nod);                          % 单元刚度矩阵
Stress_Element = zeros(Num_Element,1);     % 每个单元的应力向量


%————————————————————
% 适用单元力
%————————————————————
```

```
FF_System(4) = -1000;      % 第二个节点在朝下方向上有 1000 lb 的力


%————————————————————
% 循环单元
%————————————————————


for iel = 1:Num_Element                    % 循环单元总数

Nod_In_Elem(1) = Nod_Belong_Elem(iel,1);         % 第 i 个单元的第一个节点
Nod_In_Elem(2) = Nod_Belong_Elem(iel,2);         % 第 i 个单元的第二个节点

x1 = Coord_Nod(Nod_In_Elem(1),1); y1 = Coord_Nod(Nod_In_Elem(1),2);
                                    % 第一个节点的坐标
x2 = Coord_Nod(Nod_In_Elem(2),1); y2 = Coord_Nod(Nod_In_Elem(2),2);
                                    % 第二个节点的坐标

Length_Element = sqrt((x2 - x1)^2 + (y2 - y1)^2); % 单元长度

if (x2 - x1) = = 0;
if y2 > y1;
   beta = 2 * atan(1);                     % 局部轴和全局轴之间的角度
else
   beta = -2 * atan(1);
end
else
beta = atan((y2 - y1)/(x2 - x1));
end

el = Property_Element(iel,1);               % 提取弹性模量

area = Property_Element(iel,2);             % 提取横截面面积

Index_Sys_Elem = feeldof(Nod_In_Elem,Num_Nod_In_Elem,Num_DOFs_In_Nod);
                                    % 提取单元的系统自由度

K_Element = fetruss2(el,Length_Element,area,0,beta,1); % 计算单元矩阵
```

```
KK_System = feasmbl1(KK_System,K_Element,Index_Sys_Elem);
                                        % 整合系统矩阵

end

%————————————————————————————————
% 适用约束和求解矩阵
%————————————————————————————————

[KK_System,FF_System] = feaplyc2(KK_System,FF_System,Bound_Con_DOFs,
Bound_Con_Values);                      % 适用边界条件
Disp_Node = KK_System \ FF_System;      % 求解矩阵方程和节点位移

%————————————————————————————————
% 应力计算的后处理
%————————————————————————————————

for iel = 1:Num_Element                 % 循环所有单元

Nod_In_Elem(1) = Nod_Belong_Elem(iel,1);  % 第i个单元的第一个节点
Nod_In_Elem(2) = Nod_Belong_Elem(iel,2);  % 第i个单元的第二个节点

x1 = Coord_Nod(Nod_In_Elem(1),1); y1 = Coord_Nod(Nod_In_Elem(1),2);
                                        % 第一个节点的坐标
x2 = Coord_Nod(Nod_In_Elem(2),1); y2 = Coord_Nod(Nod_In_Elem(2),2);
                                        % 第二个节点的坐标

Length_Element = sqrt((x2 - x1)^2 + (y2 - y1)^2); % 单元长度

if (x2 - x1) = = 0;
if y2 > y1;
  beta = 2 * atan(1);                   % 局部轴和全局轴之间的角度
else
  beta = - 2 * atan(1);
end
```

```
else
beta = atan((y2 - y1)/(x2 - x1));
end


el = Property_Element(iel,1);                    % 提取弹性模量
area = Property_Element(iel,2);                  % 提取横截面面积
Index_Sys_Elem = feeldof(Nod_In_Elem,Num_Nod_In_Elem,Num_DOFs_In_Nod);
                                                 % 提取单元的系统自由度


K_Element = fetruss2(el,Length_Element,area,0,beta,1);  % 计算单元矩阵


for i = 1:(Num_Nod_In_Elem * Num_DOFs_In_Nod)    % 提取第 i 单元的节点位移
Disp_Node_Element(i) = Disp_Node(Index_Sys_Elem(i));
end


F_Element = K_Element * Disp_Node_Element;       % 单元力向量


Stress_Element(iel) = sqrt(F_Element(1)^2 + F_Element(2)^2)/area;
                                                 % 应力计算


if ((x2 - x1) * F_Element(3)) < 0;
Stress_Element(iel) = - Stress_Element(iel);
end


end


%——————————————————————————————
% 打印有限元解
%——————————————————————————————


num = 1:1:Num_DOFs_In_System;
displ = [num ' Disp_Node]                        % 打印位移


numm = 1:1:Num_Element;
stresses = [numm ' Stress_Element]               % 打印应力
```

```
%————————————————————————————————————————
function [K_Element,m] = fetruss2(el,Length_Element,area,rho,beta,ipt)

%————————————————————————————————————————
% 目的:
%      二维桁架单元的刚度和质量矩阵
%
%
% 简介:
%      [K_Element,m] = fetruss2(el,Length_Element,area,rho,beta,ipt)
%
% 变量描述:
%      K_Element - 单元刚度矩阵
%      m - 单元质量矩阵
%      el - 弹性模量
%      Length_Element - 单元长度
%      area - 杆件横截面面积
%      rho - 质量密度
%      beta - 局部轴和全局轴之间的角度
%      ipt = 1 - 一致质量矩阵
%      ipt = 2 - 集中质量矩阵
%————————————————————————————————————————

% 刚度矩阵

c = cos(beta); s = sin(beta);
K_Element = (area*el/Length_Element)*
         = [ c*c      c*s      -c*c     -c*s;...
             c*s      s*s      -c*s     -s*s;...
            -c*c     -c*s      c*c       c*s;...
            -c*s     -s*s      c*s       s*s];

% 一致质量矩阵

if ipt == 1
    m = (rho*area*Length_Element/6)*
```

$$= [2*c*c+2*s*s \quad 0 \quad c*c+s*s \quad 0;\ldots$$
$$0 \quad 2*c*c+2*s*s \quad 0 \quad c*c+s*s;\ldots$$
$$c*c+s*s \quad 0 \quad 2*c*c+2*s*s \quad 0;\ldots$$
$$0 \quad c*c+s*s \quad 0 \quad 2*c*c+2*s*s];$$

% 集中质量矩阵

else

$$m = (rho*area*Length\_Element/2)*$$
$$= [c*c+s*s \quad 0 \quad 0 \quad 0;\ldots$$
$$0 \quad c*c+s*s \quad 0 \quad 0;\ldots$$
$$0 \quad 0 \quad c*c+s*s \quad 0;\ldots$$
$$0 \quad 0 \quad 0 \quad c*c+s*s];$$

end
%——

有限元计算结果如下所示，应力表示压应力。

displ =

dofs	displacement	
1. 0000	0. 0000	% horizontaldispl. of node 1
2. 0000	0. 0000	% verticaldispl. of node 1
3. 0000	− 0. 0008	% horizontaldispl. of node 2
4. 0000	− 0. 0027	% verticaldispl. of node 2
5. 0000	0. 0000	% horizontaldispl. of node 3
6. 0000	0. 0000	% verticaldispl. of node 3

stresses =

element	stress	
1. 0e + 03 *		
0. 0010	− 2. 5000	% 单元 1 的压应力
0. 0020	2. 8284	% 单元 2 的拉应力

【例 12 −3】探究图 12 −9 所示的桁架单元的应力。所有组件的弹性模量为

200 GPa，横截面面积为 2.5×10^{-3} m^2。

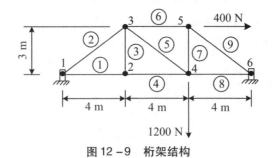

图 12-9　桁架结构

%───%
% 例 12 - 3
% 求解二维桁架结构的静力问题
%
% 问题描述
% 求两个构件组成的桁架的挠度和应力
% 如图 12 - 9 所示
%
% 变量描述
%　K_Element = 单元矩阵
%　KK_System = 系统矩阵
%　FF_System = 系统向量
%　Index_Sys_Elem = 包含与每个单元关联的系统自由度的索引向量
%　Coord_Nod = 每一个节点的坐标值
%　Disp_Node = 节点的位移向量
%　F_Element = 单元力向量
%　Disp_Node_Element = 单元的节点位移
%　Stress_Element = 每个单元的应力位移
%　Property_Element = 单元属性矩阵
%　Nod_Belong_Elem = 每一个单元内部的从属节点矩阵
%　Bound_Con_DOFs = 包含与边界条件相关的自由度的向量
%　Bound_Con_Values = 包含与 ' Bound_Con_DOFs ' 中自由度相关的边界条件的
向量
%───%

```
%————————————————
%    control input data
%————————————————

clear
Num_Element = 9;                        % 单元数量
Num_Nod_In_Elem = 2;                    % 每个单元的节点数量
Num_DOFs_In_Nod = 2;                    % 每个节点的自由度数量
Num_Nod_In_System = 6;                  % 系统中的节点总数
Num_DOFs_In_System = Num_Nod_In_System * Num_DOFs_In_Nod;
                                        % 系统中的自由度总数


%————————————————
% 节点坐标
%————————————————

Coord_Nod(1,1) = 0.0; Coord_Nod(1,2) = 0.0;
Coord_Nod(2,1) = 4.0; Coord_Nod(2,2) = 0.0;
Coord_Nod(3,1) = 4.0; Coord_Nod(3,2) = 3.0;
Coord_Nod(4,1) = 8.0; Coord_Nod(4,2) = 0.0;
Coord_Nod(5,1) = 8.0; Coord_Nod(5,2) = 3.0;
Coord_Nod(6,1) = 12.0; Coord_Nod(6,2) = 0.0;


%————————————————
% 材料和几何特性
%————————————————

Property_Element(1) = 200e9;            % 弹性模量
Property_Element(2) = 0.0025;           % 横截面面积


%————————————————
% 节点联系
%————————————————

Nod_Belong_Elem(1,1) = 1; Nod_Belong_Elem(1,2) = 2;
Nod_Belong_Elem(2,1) = 1; Nod_Belong_Elem(2,2) = 3;
```

Nod_Belong_Elem(3,1) = 2; Nod_Belong_Elem(3,2) = 3;
Nod_Belong_Elem(4,1) = 2; Nod_Belong_Elem(4,2) = 4;
Nod_Belong_Elem(5,1) = 3; Nod_Belong_Elem(5,2) = 4;
Nod_Belong_Elem(6,1) = 3; Nod_Belong_Elem(6,2) = 5;
Nod_Belong_Elem(7,1) = 4; Nod_Belong_Elem(7,2) = 5;
Nod_Belong_Elem(8,1) = 4; Nod_Belong_Elem(8,2) = 6;
Nod_Belong_Elem(9,1) = 5; Nod_Belong_Elem(9,2) = 6;

%————————————————————
% 适用约束
%————————————————————

Bound_Con_DOFs(1) = 1;   % 第一个自由度(横向位移) 被约束
Bound_Con_Values(1) = 0;   % 约束值为 0
Bound_Con_DOFs(2) = 2;   % 第二个自由度(竖向位移) 被约束
Bound_Con_Values(2) = 0;   % 约束值为 0
Bound_Con_DOFs(3) = 12;   % 第十二个自由度(横向位移) 被约束
Bound_Con_Values(3) = 0;   % 约束值为 0

%————————————————————
% 初始化为 0
%————————————————————

FF_System = zeros(Num_DOFs_In_System,1);   % 系统力向量
KK_System = zeros(Num_DOFs_In_System,Num_DOFs_In_System);
                                        % 系统刚度矩阵
Index_Sys_Elem = zeros(Num_Nod_In_Elem*Num_DOFs_In_Nod,1);
                                        % 索引向量
F_Element = zeros(Num_Nod_In_Elem*Num_DOFs_In_Nod,1);
                                        % 单元力向量
Disp_Node_Element = zeros(Num_Nod_In_Elem*Num_DOFs_In_Nod,1);
                                        % 单元节点位移向量
K_Element = zeros(Num_Nod_In_Elem*Num_DOFs_In_Nod,Num_Nod_In_Elem*Num_DOFs_In_Nod);   % 单元刚度矩阵
Stress_Element = zeros(Num_Element,1);   % 每个单元的应力向量

```
%————————————————
% 适用单元力
%————————————————

FF_System(8) = -600;              % 第四个节点在朝下方向上有 600 N 的力
FF_System(9) = 200;               % 第五个节点在向右方向上有 200 N 的力


%————————————————
% 循环单元
%————————————————


for iel = 1:Num_Element                   % 循环单元总数
Nod_In_Elem(1) = Nod_Belong_Elem(iel,1);  % 第 i 单元的第一个节点
Nod_In_Elem(2) = Nod_Belong_Elem(iel,2);  % 第 i 单元的第二个节点
x1 = Coord_Nod(Nod_In_Elem(1),1); y1 = Coord_Nod(Nod_In_Elem(1),2);
                                          % 第一个节点的坐标
x2 = Coord_Nod(Nod_In_Elem(2),1); y2 = Coord_Nod(Nod_In_Elem(2),2);
                                          % 第二个节点的坐标

Length_Element = sqrt((x2 - x1)^2 + (y2 - y1)^2);  % 单元长度

if (x2 - x1) == 0;
if y2 > y1;
  beta = 2 * atan(1);                     % 局部轴和全局轴之间的角度
else
  beta = -2 * atan(1);
end
else
beta = atan((y2 - y1)/(x2 - x1));
end

el = Property_Element(1);                 % 提取弹性模量
area = Property_Element(2);               % 提取横截面面积

Index_Sys_Elem = feeldof(Nod_In_Elem,Num_Nod_In_Elem,Num_DOFs_In_Nod);
                                          % 提取单元的系统自由度
```

```
K_Element = fetruss2(el,Length_Element,area,0,beta,1);
                                        % 计算单元矩阵
KK_System = feasmbl1(KK_System,K_Element,Index_Sys_Elem);
                                        % 整合系统矩阵
end
%————————————————————————————————
% 适用约束并求解矩阵
%————————————————————————————————

[KK_System,FF_System] = feaplyc2(KK_System,FF_System,Bound_Con_DOFs,
Bound_Con_Values);                      % 适用边界条件

Disp_Node = KK_System \ FF_System;      % 求解矩阵方程和节点位移


%————————————————————————————————
% 应力计算的后处理
%————————————————————————————————

for iel = 1:Num_Element               % 循环所有单元

Nod_In_Elem(1) = Nod_Belong_Elem(iel,1);   % 第 i 单元的第一个节点
Nod_In_Elem(2) = Nod_Belong_Elem(iel,2);   % 第 i 单元的第二个节点

x1 = Coord_Nod(Nod_In_Elem(1),1); y1 = Coord_Nod(Nod_In_Elem(1),2);
                                        % 第一个节点的坐标
x2 = Coord_Nod(Nod_In_Elem(2),1); y2 = Coord_Nod(Nod_In_Elem(2),2);
                                        % 第二个节点的坐标

Length_Element = sqrt((x2 - x1)^2 + (y2 - y1)^2);
                                        % 单元长度

if (x2 - x1) == 0;
beta = 2 * atan(1);                     % 局部轴和全局轴之间的角度
else
```

```matlab
beta = atan((y2 - y1)/(x2 - x1));
end

el = Property_Element(1);                        % 提取弹性模量
area = Property_Element(2);                       % 提取横截面面积
Index_Sys_Elem = feeldof(Nod_In_Elem,Num_Nod_In_Elem,Num_DOFs_In_Nod);
                                                 % 提取单元的系统自由度
K_Element = fetruss2(el,Length_Element,area,0,beta,1); % 计算单元矩阵
for i = 1:(Num_Nod_In_Elem * Num_DOFs_In_Nod)    % 提取第 i 单元的节点位移
Disp_Node_Element(i) = Disp_Node(Index_Sys_Elem(i));
end

F_Element = K_Element * Disp_Node_Element;       % 单元力向量
Stress_Element(iel) = sqrt(F_Element(1)^2 + F_Element(2)^2)/area;
                                                 % 应力计算

if ((x2 - x1) * F_Element(3)) < 0;
Stress_Element(iel) = - Stress_Element(iel);
end

end

%————————————————
% 打印有限元解
%————————————————

num = 1:1:Num_DOFs_In_System;
displ = [num 'Disp_Node]                          % 打印位移
numm = 1:1:Num_Element;
stresses = [numm 'Stress_Element]                 % 打印应力
%————————————————————————————————
```

　　节点位移和组件应力如下所示。

displ =

1. 0000	− 0. 0000
2. 0000	0. 0000
3. 0000	0. 0000
4. 0000	− 0. 0000
5. 0000	0. 0000
6. 0000	− 0. 0000
7. 0000	0. 0000
8. 0000	− 0. 0000
9. 0000	0. 0000
10. 0000	− 0. 0000
11. 0000	0. 0000
12. 0000	0. 0000

stresses =

1. 0e + 05 ∗

0. 0000	1. 6000
0. 0000	− 1. 0000
0. 0000	0. 0000
0. 0000	1. 6000
0. 0001	1. 0000
0. 0001	− 1. 6000
0. 0001	1. 8000
0. 0001	2. 4000
0. 0001	− 3. 0000

12. 5　MATLAB 在特征值分析中的应用

列出系统质量和刚度矩阵都是为了计算桁架结构，矩阵方程可以写为

$$[M]\{\ddot{u}\} + [K]\{u\} = 0 \qquad (12-37)$$

为计算结构固有频率，我们假定一个位移的响应状态所导致的特征值问题的方程如下：

$$([K] - \omega^2[M])\{\bar{u}\} = 0 \qquad (12-38)$$

其中，ω 为固有频率，$\bar{u}$ 为振型向量。

【例 12 - 4】使用有限元方法确定自由杆的固有频率，自由杆如图 12 - 10 所示，弹性模量为 200 GPa，横截面面积为 0. 001 m^2，密度为 7860 kg/m^3。

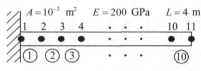

A=10⁻³ m²
E=200 GPa
L=4 m
1 2 3 4
10 11
① ② ③
⑩

图 12－10　自由杆有限元离散化

```
%——————————————————————————————————————————————————%
% 例 12 －4
% 求解一维杆结构的固有频率
%
% 问题描述
% 求解一维杆结构的固有频率
% 如图 12 － 10 所示
%
% 变量描述
%   K_Element = 单元刚度矩阵
%   M_Element = 单元质量矩阵
%   KK_System = 系统刚度矩阵
%   MM_System = 系统质量向量
%   Index_Sys_Elem = 包含与每个单元关联的系统自由度的索引向量
%   Coord_Nod = 全局坐标矩阵
%   Property_Element = 单元属性矩阵
%   Nod_Belong_Elem = 每一个单元内部的从属节点矩阵
%   Bound_Con_DOFs = 包含与边界条件相关的自由度的向量
%   Bound_Con_Values = 包含与 'Bound_Con_DOFs' 中自由度相关的边界条件的
向量
%——————————————————————————————————————————————————%

%————————————————————————
% 输入控制数据
%————————————————————————
clear

Num_Element = 4;                              % 单元数量
Num_Nod_In_Elem = 2;                          % 每个单元的节点数量
Num_DOFs_In_Nod = 1;                          % 每个节点的自由度数量
```

```
Num_Nod_In_System = 5;                          % 系统中的节点数量
Num_DOFs_In_System = Num_Nod_In_System * Num_DOFs_In_Nod;
                                                % 系统中的总自由度数量


%——————————————————————
% 节点坐标
%——————————————————————

Coord_Nod(1,1) = 0.0;
Coord_Nod(2,1) = 1.0;
Coord_Nod(3,1) = 2.0;
Coord_Nod(4,1) = 3.0;
Coord_Nod(5,1) = 4.0;
%——————————————————————
% 材料与几何特性
%——————————————————————
Property_Element(1) = 200e9;                     % 弹性模量
Property_Element(2) = 0.001;                     % 横截面面积
Property_Element(3) = 7860;                      % 密度


%——————————————————————
% 节点联系
%——————————————————————

Nod_Belong_Elem(1,1) = 1; Nod_Belong_Elem(1,2) = 2;
Nod_Belong_Elem(2,1) = 2; Nod_Belong_Elem(2,2) = 3;
Nod_Belong_Elem(3,1) = 3; Nod_Belong_Elem(3,2) = 4;
Nod_Belong_Elem(4,1) = 4; Nod_Belong_Elem(4,2) = 5;


%——————————————————————
% 适用约束
%——————————————————————


%——————————————————————
% 初始化为0
%——————————————————————
```

```
KK_System = zeros( Num_DOFs_In_System, Num_DOFs_In_System);
                                        % 系统刚度矩阵
MM_System = zeros( Num_DOFs_In_System, Num_DOFs_In_System);
                                        % 系统质量矩阵
Index_Sys_Elem = zeros( Num_Nod_In_Elem * Num_DOFs_In_Nod,1);
                                        % 索引向量


%————————————————————
% 循环单元
%————————————————————


for iel = 1:Num_Element                 % 循环所有单元

Nod_In_Elem(1) = Nod_Belong_Elem(iel,1);   % 第 i 单元的第一个节点
Nod_In_Elem(2) = Nod_Belong_Elem(iel,2);   % 第 i 单元的第二个节点

x1 = Coord_Nod( Nod_In_Elem(1),1);      % 第一个节点的坐标
x2 = Coord_Nod( Nod_In_Elem(2),1);      % 第二个节点的坐标

Length_Element = (x2 - x1);             % 单元长度
el = Property_Element(1);               % 提取弹性模量
area = Property_Element(2);             % 提取横截面面积
rho = Property_Element(3);              % 提取质量密度
Index_Sys_Elem = feeldof( Nod_In_Elem, Num_Nod_In_Elem, Num_DOFs_In_Nod);
                                        % 提取单元的系统自由度

ipt = 1;                                % 一致质量矩阵的标志

[K_Element, M_Element] = fetruss1( el, Length_Element, area, rho, ipt);
                                        % 单元矩阵

KK_System = feasmbl1( KK_System, K_Element, Index_Sys_Elem);
                                        % 整合系统刚度矩阵
MM_System = feasmbl1( MM_System, M_Element, Index_Sys_Elem);
                                        % 整合系统质量矩阵
```

end

%——————————————————————
% 求解特征值
%——————————————————————

fsol = eig(KK_System, MM_System);
fsol = sqrt(fsol);

%——————————————————————
% 打印有限元解
%——————————————————————

num = 1:1:Num_DOFs_In_System;
freqcy = [num 'fsol]   % 打印固有频率

%——
function [K_Element,m] = fetruss1(el,Length_Element,area,rho,ipt)
%——

% 目的:
% 一维桁架单元的刚度和质量矩阵
%
% 简介:
%   [K_Element,m] = fetruss1(el,Length_Element,area,rho,ipt)
%
% 变量描述:
%   K_Element – 单元刚度矩阵
%   m – 单元质量矩阵
%   el – 弹性模量
%   Length_Element – 单元长度
%   area – 桁架横截面面积
%   rho – 质量密度
%   ipt = 1 – 一致质量矩阵
%   ipt = 2 – 集中质量矩阵

```
%————————————————————————————————————————

% 刚度矩阵

K_Element = ( area * el/Length_Element ) * [ 1    - 1;... - 1   1 ];

% 一致质量矩阵

if ipt = = 1
    m = ( rho * area * Length_Element/6 ) * [ 2   1;...1   2 ];

% 集中质量矩阵

else
    m = ( rho * area * Length_Element/2 ) * [ 1   0;...0   1 ];

end
%————————————————————————————————————————
```

将采用有限元法计算的固有频率与正确解进行对比。

```
freqcy =
1           0                    % 正确解 0
2           4064                 % 正确解 3962.0
3           8737                 % 正确解 7924.0
4           14198                % 正确解 11895
5           17474                % 正确解 15847
```

【例 12 – 5】我们想要得到如前图 12 – 9 所示的桁架单元的固有频率，每一个组件密度为 7860 kg/m^3。

```
%————————————————————————————————————————%
% 例 12 – 5
% 求解二维桁架结构的固有频率
%
% 问题描述
% 求桁架结构的固有频率
```

```
% 如图 12 - 9 所示
%
% 变量描述
%    K_Element = 单元刚度矩阵
%    M_Element = 单元质量矩阵
%    KK_System = 系统刚度矩阵
%    MM_System = 系统质量向量
%    Index_Sys_Elem = 包含与每个单元关联的系统自由度的索引向量
%    Coord_Nod = 全局坐标矩阵
%    Property_Element = 单元属性矩阵
%    Nod_Belong_Elem = 每一个单元内部的从属节点矩阵
%    Bound_Con_DOFs = 包含与边界条件相关的自由度的向量
%    Bound_Con_Values = 包含与 'Bound_Con_DOFs' 中自由度相关的边界条件的
向量
%————————————————————————————%


%————————————————————
% 控制参数输入
%————————————————————


clear
Num_Element = 9;                                  % 单元数量
Num_Nod_In_Elem = 2;                              % 每个单元的节点数量
Num_DOFs_In_Nod = 2;                              % 每个节点的自由度数量
Num_Nod_In_System = 6;                            % 系统中的节点总数
Num_DOFs_In_System = Num_Nod_In_System * Num_DOFs_In_Nod;
                                                  % 系统中的自由度总数


%————————————————————
% 节点坐标
%————————————————————


Coord_Nod(1,1) = 0.0; Coord_Nod(1,2) = 0.0;
Coord_Nod(2,1) = 4.0; Coord_Nod(2,2) = 0.0;
Coord_Nod(3,1) = 4.0; Coord_Nod(3,2) = 3.0;
Coord_Nod(4,1) = 8.0; Coord_Nod(4,2) = 0.0;
```

Coord_Nod(5,1) = 8.0; Coord_Nod(5,2) = 3.0;
Coord_Nod(6,1) = 12.0; Coord_Nod(6,2) = 0.0;

%————————————————————————
% 材料和几何特性
%————————————————————————

Property_Element(1) = 200e9;　　　　　　% 弹性模量
Property_Element(2) = 0.0025;　　　　　　% 横截面面积
Property_Element(3) = 7860;　　　　　　　% 密度

%————————————————————————
% 节点联系
%————————————————————————

Nod_Belong_Elem(1,1) = 1; Nod_Belong_Elem(1,2) = 2;
Nod_Belong_Elem(2,1) = 1; Nod_Belong_Elem(2,2) = 3;
Nod_Belong_Elem(3,1) = 2; Nod_Belong_Elem(3,2) = 3;
Nod_Belong_Elem(4,1) = 2; Nod_Belong_Elem(4,2) = 4;
Nod_Belong_Elem(5,1) = 3; Nod_Belong_Elem(5,2) = 4;
Nod_Belong_Elem(6,1) = 3; Nod_Belong_Elem(6,2) = 5;
Nod_Belong_Elem(7,1) = 4; Nod_Belong_Elem(7,2) = 5;
Nod_Belong_Elem(8,1) = 4; Nod_Belong_Elem(8,2) = 6;
Nod_Belong_Elem(9,1) = 5; Nod_Belong_Elem(9,2) = 6;

%————————————————————————
% 适用约束
%————————————————————————

Bound_Con_DOFs(1) = 1;　　　　　　% 第一个自由度(横向位移)被约束
Bound_Con_Values(1) = 0;　　　　　% 约束值为 0
Bound_Con_DOFs(2) = 2;　　　　　　% 第二个自由度(竖向位移)被约束
Bound_Con_Values(2) = 0;　　　　　% 约束值为 0
Bound_Con_DOFs(3) = 12;　　　　　 % 第十二个自由度(横向位移)被约束
Bound_Con_Values(3) = 0;　　　　　% 约束值为 0

```
%————————————————
% 初始化为0
%————————————————


KK_System = zeros(Num_DOFs_In_System,Num_DOFs_In_System);
                                        % 系统刚度矩阵
MM_System = zeros(Num_DOFs_In_System,Num_DOFs_In_System);
                                        % 系统质量矩阵
Index_Sys_Elem = zeros(Num_Nod_In_Elem * Num_DOFs_In_Nod,1);
                                        % 索引向量


%————————————————
% 循环单元
%————————————————


for iel = 1:Num_Element                 % 循环单元总数

Nod_In_Elem(1) = Nod_Belong_Elem(iel,1);    % 第 i 个单元的第一个节点
Nod_In_Elem(2) = Nod_Belong_Elem(iel,2);    % 第 i 个单元的第二个节点

x1 = Coord_Nod(Nod_In_Elem(1),1); y1 = Coord_Nod(Nod_In_Elem(1),2);
                                        % 第一个节点的坐标
x2 = Coord_Nod(Nod_In_Elem(2),1); y2 = Coord_Nod(Nod_In_Elem(2),2);
                                        % 第二个节点的坐标

Length_Element = sqrt((x2 - x1)^2 + (y2 - y1)^2);   % 单元长度
if (x2 - x1) = = 0;
if y2 > y1;
    beta = 2 * atan(1);                 % 局部轴和全局轴之间的角度
else
    beta = - 2 * atan(1);
end
else
beta = atan((y2 - y1)/(x2 - x1));
end
```

```
el = Property_Element(1);                        % 提取弹性模量
area = Property_Element(2);                       % 提取横截面面积
rho = Property_Element(3);                        % 提取质量密度

Index_Sys_Elem = feeldof(Nod_In_Elem,Num_Nod_In_Elem,Num_DOFs_In_Nod);
                                                 % 提取单元的系统自由度
ipt = 1;                                          % 一致质量矩阵的标志
[K_Element,M_Element] = fetruss2(el,Length_Element,area,rho,beta,ipt);
                                                 % 单元矩阵

KK_System = feasmbl1(KK_System,K_Element,Index_Sys_Elem);
                                                 % 整合系统刚度矩阵
MM_System = feasmbl1(MM_System,M_Element,Index_Sys_Elem);
                                                 % 整合系统质量矩阵


end

%————————————————————————
% 适用约束并求解
%————————————————————————

[KK_System,MM_System] = feaplycs(KK_System,MM_System,Bound_Con_DOFs);
                                                 % 适用边界条件

fsol = eig(KK_System,MM_System);
fsol = sqrt(fsol);

%————————————————————————
% 打印有限元解
%————————————————————————

num = 1:1:Num_DOFs_In_System;
freqcy = [num 'fsol]                             % 打印固有频率

%————————————————————————————————
function [KK_System,MM_System] = feaplycs(KK_System,MM_System,Bound_Con_
```

DOFs)
%————————————————————————————————————

% 目的:
% 将约束带入特征值矩阵方程
%
%
% 简介:
% [KK_System, MM_System] = feaplycs(KK_System, MM_System, Bound_Con_DOFs)
%
% 变量描述:
% KK_System - 带入约束前的系统刚度矩阵
% MM_System - 带入约束前的系统质量矩阵
% Bound_Con_DOFs - 包含约束自由度的向量
%————————————————————————————————————

```
n = length(Bound_Con_DOFs);
sdof = size(KK_System);
for i = 1:n
    c = Bound_Con_DOFs(i);
    for j = 1:sdof
      KK_System(c, j) = 0;
      KK_System(j,c) = 0;
      MM_System(c, j) = 0;
      MM_System(j,c) = 0;
    end
    MM_System(c,c) = 1;
end
```
%————————————————————————————————————

桁架结构的五个固有频率如下。

```
freqcy =
1      240.9
2      467.9
3      739.8
```

4　1243.4

5　1633.4

12.6　MATLAB 在瞬态分析中的应用

桁架结构的动力方程为

$$[M]\{\ddot{d}\}^T + [K]\{d\}^T = \{F\}^T \tag{12-39}$$

先前描述的初始状态通常有初始位移和初始速度，我们将中心差分法代入式（12-39），中心差分的总和被用于下面的例子。

【例 12-6】前图 12-10 中，杆件左侧固定，承受一个 200 N 幅度的阶跃力函数，MATLAB 程序如下。

```
%————————————————————————%
% 例 12-6
% 求解一维杆结构的瞬态响应
%
% 问题描述
% 查找杆结构的动态行为
% 如图 12-10 所示，在右端受到阶跃力函数
%
% 变量描述
%   K_Element = 单元刚度矩阵
%   M_Element = 单元质量矩阵
%   KK_System = 系统刚度矩阵
%   MM_System = 系统质量向量
%   Index_Sys_Elem = 包含与每个单元关联的系统自由度的索引向量
%   Coord_Nod = 全局坐标矩阵
%   Property_Element = 单元属性矩阵
%   Nod_Belong_Elem = 每一个单元内部的从属节点矩阵
%   Bound_Con_DOFs = 包含与边界条件相关的自由度的向量
%   Bound_Con_Values = 包含与 'Bound_Con_DOFs' 中自由度相关的边界条件的
向量
%————————————————————————%
```

```
%————————————————
% 输入控制参数
%————————————————

clear
Num_Element = 10;                              % 单元数量
Num_Nod_In_Elem = 2;                           % 每个单元的节点数量
Num_DOFs_In_Nod = 1;                           % 每个节点的自由度数量
Num_Nod_In_System = 11;                        % 系统中的节点个数
Num_DOFs_In_System = Num_Nod_In_System * Num_DOFs_In_Nod;
                                               % 系统中的自由度总数
Time_Step = 0.0001;                            % 时间步长
Time_Start = 0;                                % 开始时间
Time_Finish = 0.05;                            % 结束时间
Num_Time_Increment = fix((Time_Finish - Time_Start)/Time_Step);
                                               % 时间步数


%————————————————
% 节点坐标
%————————————————

Coord_Nod(1,1)  = 0.0;
Coord_Nod(2,1)  = 1.0;
Coord_Nod(3,1)  = 2.0;
Coord_Nod(4,1)  = 3.0;
Coord_Nod(5,1)  = 4.0;
Coord_Nod(6,1)  = 5.0;
Coord_Nod(7,1)  = 6.0;
Coord_Nod(8,1)  = 7.0;
Coord_Nod(9,1)  = 8.0;
Coord_Nod(10,1) = 9.0;
Coord_Nod(11,1) = 10.0;


%————————————————
% 材料与几何特性
%————————————————
```

```
Property_Element(1) = 200e9;                        % 弹性模量
Property_Element(2) = 0.001;                        % 横截面面积
Property_Element(3) = 7860;                         % 密度


%—————————————————————
% 节点联系
%—————————————————————


Nod_Belong_Elem(1,1) = 1; Nod_Belong_Elem(1,2) = 2;
Nod_Belong_Elem(2,1) = 2; Nod_Belong_Elem(2,2) = 3;
Nod_Belong_Elem(3,1) = 3; Nod_Belong_Elem(3,2) = 4;
Nod_Belong_Elem(4,1) = 4; Nod_Belong_Elem(4,2) = 5;
Nod_Belong_Elem(5,1) = 5; Nod_Belong_Elem(5,2) = 6;
Nod_Belong_Elem(6,1) = 6; Nod_Belong_Elem(6,2) = 7;
Nod_Belong_Elem(7,1) = 7; Nod_Belong_Elem(7,2) = 8;
Nod_Belong_Elem(8,1) = 8; Nod_Belong_Elem(8,2) = 9;
Nod_Belong_Elem(9,1) = 9; Nod_Belong_Elem(9,2) = 10;
Nod_Belong_Elem(10,1) = 10; Nod_Belong_Elem(10,2) = 11;


%—————————————————————
% 适用约束
%—————————————————————


Num_Bound_Con = 1;                                 % 约束数量
Bound_Con_DOFs(1) = 1;                             % 第一个自由度被约束


%—————————————————————
% 初始化为 0
%—————————————————————


KK_System = zeros(Num_DOFs_In_System,Num_DOFs_In_System);
                                                   % 系统刚度矩阵
MM_System = zeros(Num_DOFs_In_System,Num_DOFs_In_System);
                                                   % 系统质量矩阵
FF_System = zeros(Num_DOFs_In_System,1);           % 系统力向量
```

```
Index_Sys_Elem = zeros(Num_Nod_In_Elem * Num_DOFs_In_Nod,1);
                                                  % 索引向量
Acceleartion_System = zeros(Num_DOFs_In_System,Num_Time_Increment);
                                                  % 加速度矩阵
Velocity_System = zeros(Num_DOFs_In_System,Num_Time_Increment);
                                                  % 速度矩阵
Displacement_System = zeros(Num_DOFs_In_System,Num_Time_Increment);
                                                  % 位移矩阵


%————————————————————————
% 循环单元
%————————————————————————


for iel = 1:Num_Element                           % 循环所有单元
Nod_In_Elem(1) = Nod_Belong_Elem(iel,1);          % 第 i 单元的第一个节点
Nod_In_Elem(2) = Nod_Belong_Elem(iel,2);          % 第 i 单元的第二个节点
x1 = Coord_Nod(Nod_In_Elem(1),1);                 % 第一个节点的坐标
x2 = Coord_Nod(Nod_In_Elem(2),1);                 % 第二个节点的坐标
Length_Element = (x2 - x1);                        % 单元长度
el = Property_Element(1);                          % 提取弹性模量
area = Property_Element(2);                        % 提取横截面面积
rho = Property_Element(3);                         % 提取质量密度
Index_Sys_Elem = feeldof(Nod_In_Elem,Num_Nod_In_Elem,Num_DOFs_In_Nod);
                                                  % 提取单元的系统自由度
ipt = 1;                                           % 一致质量矩阵的标志
[K_Element,M_Element] = fetruss1(el,Length_Element,area,rho,ipt);
                                                  % 单元矩阵
KK_System = feasmbl1(KK_System,K_Element,Index_Sys_Elem);
                                                  % 整合系统刚度矩阵
MM_System = feasmbl1(MM_System,M_Element,Index_Sys_Elem);
                                                  % 整合系统质量矩阵
end


%————————————————————————
% 初始条件
%————————————————————————
```

```
Velocity_System( :,1 ) = zeros( Num_DOFs_In_System,1 ) ;
                                                    % 初始 0 速度
Displacement_System( :,1 ) = zeros( Num_DOFs_In_System,1 ) ;
                                                    % 初始 0 位移
FF_System( 11 ) = 200 ;                             % 节点 11 的阶跃力


%————————————————————————————————————————
% 时间积分的中心差分格式
%————————————————————————————————————————


MM_System = inv( MM_System ) ;                      % 质量矩阵的求逆

for it = 1:Num_Time_Increment

Acceleartion_System( :,it ) = MM_System * ( FF_System − KK_System * Displacement
_System( :,it ) ) ;

  for i = 1:Num_Bound_Con
  ibc = Bound_Con_DOFs( i ) ;
  Acceleartion_System( ibc,it ) = 0 ;
  end

Velocity_System( :,it + 1 ) = Velocity_System( :,it ) + Acceleartion_System( :,it ) *
Time_Step ;
Displacement_System( :,it + 1 ) = Displacement_System( :,it ) + Velocity_System( :,
it + 1 ) * Time_Step ;
end

Acceleartion_System( :,Num_Time_Increment + 1 ) = MM_System * ( FF_System − KK
_System * Displacement_System( :,Num_Time_Increment + 1 ) ) ;

time = 0:Time_Step:Num_Time_Increment * Time_Step ;
plot( time,Displacement_System( 11,: ) )
xlabel( 'Time( seconds )' )
ylabel( 'Tip displ. ( m )' )
```

%————————————————————————————————————

右边头部位移随时间的函数被绘制在图 12 – 11 中。

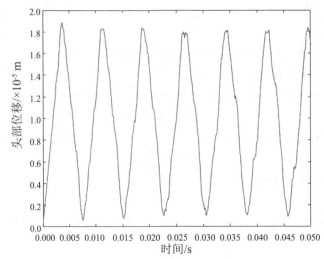

图 12 – 11 头部位移 – 时间曲线

【例 12 – 7】探究前图 12 – 9 中桁架结构的瞬态响应，其结构与图 12 – 10 有相同的几何和材料属性，不同之处在于，第 5 号节点的荷载为向上的阶跃力函数，加载幅度为 200 N，MATLAB 程度如下，第 5 号节点的响应如图 12 – 12 所示。

```
%————————————————————————————————————%
% 例 12 – 7
% 求解二维桁架结构的瞬态响应
%
% 问题描述
% 查找桁架结构的动态行为
% 如图 12 – 9 所示，在节点 5 处受到向上方向的阶跃力函数
%
% 变量描述
%   K_Element = 单元刚度矩阵
%   M_Element = 单元质量矩阵
%   KK_System = 系统刚度矩阵
%   MM_System = 系统质量向量
```

```
%    FF_System = 系统向量
%    Index_Sys_Elem = 包含与每个单元关联的系统自由度的索引向量
%    Coord_Nod = 全局坐标矩阵
%    Property_Element = 单元属性矩阵
%    Nod_Belong_Elem = 每一个单元内部的从属节点矩阵
%    Bound_Con_DOFs = 包含与边界条件相关的自由度的向量
%    Bound_Con_Values = 包含与'Bound_Con_DOFs'中自由度相关的边界条件的向量
%────────────────────────────────%

%──────────────────────
% 输入控制数据
%──────────────────────

clear
Num_Element = 9;                                    % 单元数量
Num_Nod_In_Elem = 2;                                % 每个单元的节点数量
Num_DOFs_In_Nod = 2;                                % 每个节点的自由度数量
Num_Nod_In_System = 6;                              % 系统中的节点总数
Num_DOFs_In_System = Num_Nod_In_System * Num_DOFs_In_Nod;
                                                    % 系统中的自由度总数
Time_Step = 0.0005;                                 % 时间步长
Time_Start = 0;                                     % 开始时间
Time_Finish = 0.15;                                 % 结束时间
Num_Time_Increment = fix((Time_Finish - Time_Start)/Time_Step);
                                                    % 时间步数

%──────────────────────
% 节点坐标
%──────────────────────

Coord_Nod(1,1) = 0.0; Coord_Nod(1,2) = 0.0;
Coord_Nod(2,1) = 4.0; Coord_Nod(2,2) = 0.0;
Coord_Nod(3,1) = 4.0; Coord_Nod(3,2) = 3.0;
Coord_Nod(4,1) = 8.0; Coord_Nod(4,2) = 0.0;
Coord_Nod(5,1) - 8.0; Coord_Nod(5,2) = 3.0;
Coord_Nod(6,1) = 12.0; Coord_Nod(6,2) = 0.0;
```

```
%————————————————————————————
% 材料和几何特性
%————————————————————————————

Property_Element(1) = 200e9;                  % 弹性模量
Property_Element(2) = 0.0025;                 % 横截面面积
Property_Element(3) = 7860;                   % 密度


%————————————————————
% 节点联系
%————————————————————

Nod_Belong_Elem(1,1) = 1; Nod_Belong_Elem(1,2) = 2;
Nod_Belong_Elem(2,1) = 1; Nod_Belong_Elem(2,2) = 3;
Nod_Belong_Elem(3,1) = 2; Nod_Belong_Elem(3,2) = 3;
Nod_Belong_Elem(4,1) = 2; Nod_Belong_Elem(4,2) = 4;
Nod_Belong_Elem(5,1) = 3; Nod_Belong_Elem(5,2) = 4;
Nod_Belong_Elem(6,1) = 3; Nod_Belong_Elem(6,2) = 5;
Nod_Belong_Elem(7,1) = 4; Nod_Belong_Elem(7,2) = 5;
Nod_Belong_Elem(8,1) = 4; Nod_Belong_Elem(8,2) = 6;
Nod_Belong_Elem(9,1) = 5; Nod_Belong_Elem(9,2) = 6;


%————————————————————
% 适用约束
%————————————————————

Num_Bound_Con = 3;                % 约束数量
Bound_Con_DOFs(1) = 1;            % 第一个自由度(横向位移)被约束
Bound_Con_Values(1) = 0;         % 约束值为 0
Bound_Con_DOFs(2) = 2;            % 第二个自由度(竖向位移)被约束
Bound_Con_Values(2) = 0;         % 约束值为 0
Bound_Con_DOFs(3) = 12;          % 第十二个自由度(横向位移)被约束
Bound_Con_Values(3) = 0;         % 约束值为 0


%————————————————————
```

```
% 初始化为 0
%——————————————————————

KK_System = zeros(Num_DOFs_In_System,Num_DOFs_In_System);
                                        % 系统刚度矩阵
MM_System = zeros(Num_DOFs_In_System,Num_DOFs_In_System);
                                        % 系统质量矩阵
FF_System = zeros(Num_DOFs_In_System,1);        % 系统力向量
Index_Sys_Elem = zeros(Num_Nod_In_Elem * Num_DOFs_In_Nod,1);
                                        % 索引向量
Acceleartion_System = zeros(Num_DOFs_In_System,Num_Time_Increment);
                                        % 加速度矩阵
Velocity_System = zeros(Num_DOFs_In_System,Num_Time_Increment);
                                        % 速度矩阵
Displacement_System = zeros(Num_DOFs_In_System,Num_Time_Increment);
                                        % 位移矩阵


%——————————————————————
% 循环单元
%——————————————————————

for iel = 1:Num_Element                      % 循环所有单元

Nod_In_Elem(1) = Nod_Belong_Elem(iel,1);       % 第 i 个单元的第一个节点
Nod_In_Elem(2) = Nod_Belong_Elem(iel,2);       % 第 i 个单元的第二个节点

x1 = Coord_Nod(Nod_In_Elem(1),1); y1 = Coord_Nod(Nod_In_Elem(1),2);
                                        % 第一个节点的坐标
x2 = Coord_Nod(Nod_In_Elem(2),1); y2 = Coord_Nod(Nod_In_Elem(2),2);
                                        % 第二个节点的坐标

Length_Element = sqrt((x2 - x1)^2 + (y2 - y1)^2);   % 单元长度

if (x2 - x1) = = 0;
if y2 > y1;
    beta = 2 * atan(1);                  % 局部轴和全局轴的夹角
```

```
else
    beta = - 2 * atan(1);
end
else
beta = atan((y2 - y1)/(x2 - x1));
end

el = Property_Element(1);                              % 提取弹性模量
area = Property_Element(2);                            % 提取横截面面积
rho = Property_Element(3);                             % 提取质量密度

Index_Sys_Elem = feeldof(Nod_In_Elem,Num_Nod_In_Elem,Num_DOFs_In_Nod);
                                                      % 提取单元的系统自由度

ipt = 1;                                              % 一致质量矩阵的标志

[K_Element,M_Element] = fetruss2(el,Length_Element,area,rho,beta,ipt);
                                                      % 单元矩阵

KK_System = feasmbl1(KK_System,K_Element,Index_Sys_Elem);
                                                      % 整合系统刚度矩阵
MM_System = feasmbl1(MM_System,M_Element,Index_Sys_Elem);
                                                      % 整合系统质量矩阵

end

%————————————————————————
% 初始条件
%————————————————————————

Velocity_System(:,1) = zeros(Num_DOFs_In_System,1);   % 初始 0 速度
Displacement_System(:,1) = zeros(Num_DOFs_In_System,1);
                                                      % 初始 0 位移
FF_System(10) = 200;                                  % 第十个自由度的阶跃力

%————————————————————————————————————————————————————
```

% 时间积分的中心差分格式

%——

```
MM_System = inv(MM_System);                    % 质量矩阵求逆

for it = 1:Num_Time_Increment

Acceleartion_System(:,it) = MM_System * (FF_System - KK_System * Displacement_
System(:,it));

  for i = 1:Num_Bound_Con
  ibc = Bound_Con_DOFs(i);
  Acceleartion_System(ibc,it) = 0;
  end

Velocity_System(:,it + 1) = Velocity_System(:,it) + Acceleartion_System(:,it) *
Time_Step;
Displacement_System(:,it + 1) = Displacement_System(:,it) + Velocity_System(:,
it + 1) * Time_Step;

end

Acceleartion_System(:,Num_Time_Increment + 1) = MM_System * (FF_System -
KK_System * Displacement_System(:,Num_Time_Increment + 1));

time = 0:Time_Step:Num_Time_Increment * Time_Step;
plot(time,Displacement_System(10,:))
xlabel('Time(seconds)')
ylabel('Tip displ. (m)')
```

%——

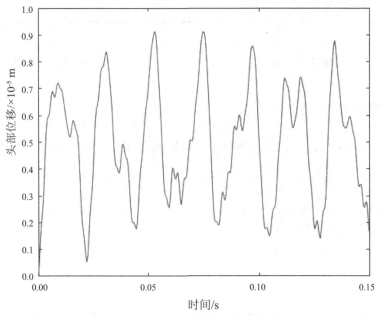

图 12-12　第 5 号节点的头部时间历程

本章习题

1. ①利用二次型函数建立一维轴向杆的单元刚度矩阵；②应用刚度矩阵求解一端固定、另一端受力 P 的轴向构件，构件具有弹性模量 E 和横截面面积 A，分别使用一个二次单元对轴向构件建模；③比较构件中心的节点位移和端部位移。

2. 对轴向构件的望远镜形状（图 12-13）使用单个线性单元建模，推导单元刚度矩阵。

3. 轴向构件的锥形形状（图 12-14）被建模为单个线性元件，推导单元刚度矩阵。

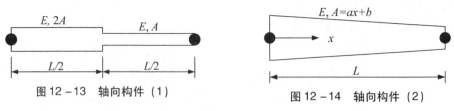

图 12-13　轴向构件（1）　　　　　图 12-14　轴向构件（2）

4. 利用二次型函数建立一维轴向构件的单元质量矩阵。

5. 对于如图 12-15 所示的桁架结构，使用两个单元推导有限元矩阵方程，找出构件中的位移和应力。

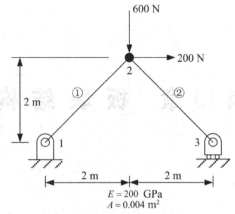

图 12 -15　桁架结构（1）

6. 轴向构件的一维波动方程如下所示：

$$\frac{\partial^2 u}{\partial t^2} - 2\frac{\partial^2 u}{\partial x^2} = 0$$

二阶方程可以改写为

$$\frac{\partial u}{\partial t} - v = 0 \quad 和 \quad \frac{\partial v}{\partial t} - 2\frac{\partial^2 u}{\partial x^2} = 0$$

使用两个一阶方程，这两个方程用一个线性有限元和时间导数的向后差分法求解。方程式的端边最初被置换，使得 $u(x,0) = 0.001x$。端边的左端始终保持固定，而右端在初始位移的时间 0 处释放。在时间 $t = 1$ s 时，求出右端的位移 u 和速度 v。使用时间步长 $\Delta t = 1$。

7. 使用计算机程序求解如图 12 - 16 所示的桁架结构，将有限元解与静力学的解析解进行比较。

8. 如果图 12 - 16 中的结构最初处于静止状态，并且在时间 0 时突然施力，使用计算机程序确定结构的动态响应。

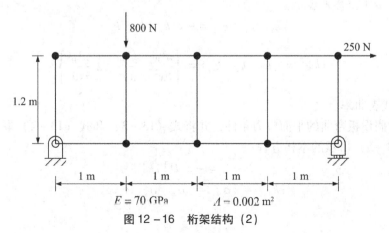

图 12 -16　桁架结构（2）

第 13 章　板 块 结 构

13.1　经典板理论

经典基尔霍夫板弯曲理论的基本假设与经典欧拉梁理论的基本假设相似。这两种理论最重要的假设之一为：变形前垂直于板（或梁）中平面的直线在变形后仍保持不变，即不考虑板（或梁）的横向变形。因此，板的平面位移 u 和 v 可表示为

$$u = -z \frac{\partial w}{\partial x} \qquad\qquad (13-1)$$

$$v = -z \frac{\partial w}{\partial y} \qquad\qquad (13-2)$$

式中，x 和 y 为位于板块中性面的平面内轴，z 为沿着板块厚度的方向，如图 13-1 所示。此外，u 和 v 分别为板块在 x 轴和 y 轴上的位移，而 w 为沿 z 轴的横向位移（称为挠度）。

根据上述经典板理论的假设，由于忽略了板块的横向位移，板块平面内的应变可以进一步用位移来表示：

$$\{\varepsilon_x \quad \varepsilon_y \quad \varepsilon_z\} = -z\{k_x \quad k_y \quad k_{xy}\} \qquad\qquad (13-3)$$

$$\{k\}^{\mathrm{T}} = \{k_x \quad k_y \quad k_{xy}\} = \left\{ \frac{\partial^2 w}{\partial x^2} \quad \frac{\partial^2 w}{\partial y^2} \quad 2\frac{\partial^2 w}{\partial x \partial y} \right\} \qquad (13-4)$$

式中，k 代表曲率。

同时假设板弯曲的平面应力条件，并将式（13-3）和式（13-4）联立，得到如式（13-5）所示的本构方程：

$$\{\sigma\} = -z[D]\{k\} \qquad\qquad (13-5)$$

$$\{k\}^{\mathrm{T}} = \{\sigma\} = \{\sigma_x \quad \sigma_y \quad \tau_{xy}\}^{\mathrm{T}} \qquad (13-6)$$

$$[D] = \frac{E}{1-\mu^2}\begin{bmatrix} 1 & \mu & 0 \\ \mu & 1 & 0 \\ 0 & 0 & \dfrac{(1-\mu)}{2} \end{bmatrix} \qquad (13-7)$$

式中，E 为板块材料的弹性模量；μ 为板块材料的泊松比。

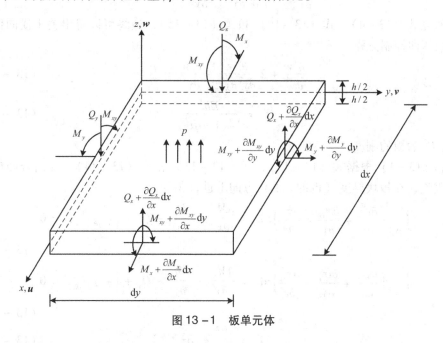

图 13 – 1　板单元体

根据图 13 – 1，弯矩可以表示为

$$\{M\} = \int_{-h/2}^{h/2} \{\sigma\} z \mathrm{d}z \qquad (13-8)$$

$$\{M\} = \{M_x \quad M_y \quad M_{xy}\}^{\mathrm{T}} \qquad (13-9)$$

式中，h 为板块厚度。将式（13 – 5）代入式（13 – 8），得到力矩和曲率之间的关系表达式

$$\{M\} = -[\overline{D}]\{k\} \qquad (13-10)$$

$$[\overline{D}] = \frac{h^3}{12}[D] \qquad (13-11)$$

根据图 13 – 1，同时忽略高阶项后，x 轴和 y 轴的力矩平衡方程如式（13 – 12）和式（13 – 13）所示，z 轴方向的静力平衡方程如式（13 – 14）所示。

$$\frac{\partial M_x}{\partial x} + \frac{\partial M_{xy}}{\partial y} - Q_x = 0 \qquad (13-12)$$

$$\frac{\partial M_{xy}}{\partial x} + \frac{\partial M_y}{\partial y} - Q_y = 0 \qquad (13-13)$$

$$\frac{\partial Q_x}{\partial x} + \frac{\partial Q_y}{\partial y} + p = 0 \qquad (13-14)$$

式中，Q_x 和 Q_y 为剪力，p 为均匀分布的荷载，如图 13-1 所示。将式（13-12）和式（13-13）中的剪力代入式（13-14）进行化简，得

$$\frac{\partial^2 M_x}{\partial x^2} + 2\frac{\partial^2 M_{xy}}{\partial x \partial y} + \frac{\partial^2 M_y}{\partial y^2} + p = 0 \qquad (13-15)$$

联立式（13-4）、式（13-10）和式（13-15），最终可以得出关于横向位移 w 的板弯曲控制方程

$$\frac{\partial^4 w}{\partial x^4} + 2\frac{\partial^4 w}{\partial x^2 \partial y^2} + \frac{\partial^4 w}{\partial y^4} = \frac{p}{D_r} \qquad (13-16)$$

$$D_r = \frac{Eh^3}{12(1-\mu^2)} \qquad (13-17)$$

式中，D_r 为板的刚度。

【例 13-1】根据式（13-12）、式（13-13）和式（13-14），并结合经典欧拉梁理论，在板块厚度（也即 z 轴）方向上进行积分：

$$\int_{-h/2}^{h/2} \left(\frac{\partial \sigma_x}{\partial x} + \frac{\partial \tau_{xy}}{\partial y} + \frac{\partial \tau_{xz}}{\partial z} \right) z \mathrm{d}z = \frac{\partial M_x}{\partial x} + \frac{\partial M_{xy}}{\partial y} - Q_x + \left[\tau_{xz} z \right]_{-h/2}^{h/2} = 0$$
$$(13-18)$$

$$\int_{-h/2}^{h/2} \left(\frac{\partial \tau_{xy}}{\partial x} + \frac{\partial \sigma_y}{\partial y} + \frac{\partial \tau_{yz}}{\partial z} \right) z \mathrm{d}z = \frac{\partial M_{xy}}{\partial y} + \frac{\partial M_y}{\partial y} - Q_y + \left[\tau_{yz} z \right]_{-h/2}^{h/2} = 0$$
$$(13-19)$$

$$Q_x = \int_{-h/2}^{h/2} \tau_{xy} \mathrm{d}z \qquad (13-20)$$

$$Q_y = \int_{-h/2}^{h/2} \tau_{yz} \mathrm{d}z \qquad (13-21)$$

需要注意的是：如果在板的顶面和底面上不存在剪应力（$\tau_{xy} = \tau_{yz} = 0$），则式（13-18）和式（13-19）分别与式（13-12）和式（13-13）相等。根据式（13-20）和式（13-21），进一步在板块厚度（也即 z 轴）方向上进行积分：

$$\int_{-h/2}^{h/2} \left(\frac{\partial \tau_{xz}}{\partial x} + \frac{\partial \tau_{yz}}{\partial y} + \frac{\partial \sigma_z}{\partial z} \right) = \frac{\partial Q_x}{\partial x} + \frac{\partial Q_y}{\partial y} + \sigma_z(h/2) - \sigma_z(-h/2) = 0$$
$$(13-22)$$

需要注意的是：如果 $\sigma_z(h/2) = p$，$\sigma_z(-h/2) = 0$，则式（13-22）与式（13-14）相等。

13.2　经典板弯曲单元

基于经典板理论推导出一个三节点板弯曲单元[1]，该单元如图 13 - 2 所示。该单元的每个节点都有三个自由度：z 轴方向上的位移 w；绕 y 轴旋转的角度 w_y（w 相对于 y 的导数）；绕 x 轴旋转的角度 w_x（w 相对于 x 的导数）。假设位移函数 w 为

$$w(x,y) = a_1 + a_2 x + a_3 y + a_4 x^2 + a_5 xy + a_6 y^2 + a_7 x^3 +$$
$$a_8(x^2 y + xy^2) + a_9 y^3 = [X]\{a\} \tag{13 - 23}$$

$$[X] = [1 \quad x \quad y \quad x^2 \quad xy \quad y^2 \quad x^3 \quad (x^2 y + xy^2) \quad y^3] \tag{13 - 24}$$

$$\{a\} = \{a_1 \quad a_2 \quad a_3 \quad a_4 \quad a_5 \quad a_6 \quad a_7 \quad a_8 \quad a_9\}^{\mathrm{T}} \tag{13 - 25}$$

式中，系数 a_i 可以用节点变量 w，w_x 和 w_y 代替。

求位移函数 w 对 x 轴和 y 轴的导数，如式（13 - 26）与式（13 - 27）所示：

$$\frac{\partial w}{\partial x} = a_2 + 2a_4 x + a_5 y + 3a_7 x^2 + a_8(2xy + y^2) \tag{13 - 26}$$

$$\frac{\partial w}{\partial y} = a_3 + a_5 x + 2a_6 y + a_8(x^2 + 2xy) + 3a_9 y^2 \tag{13 - 27}$$

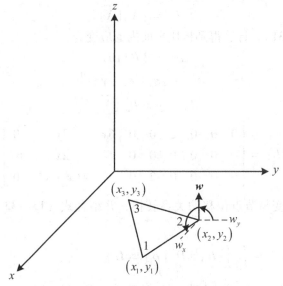

图 13 - 2　三节点板弯曲单元

根据图 13 - 2，在三个节点处运用式（13 - 23）至式（13 - 27），得到以下矩阵表达式：

$$\{d\} = [\bar{X}]\{a\} \tag{13 - 28}$$

$$\{d\} = \left\{w_1 \quad (w_x)_1 \quad (w_y)_1 \quad w_2 \quad (w_x)_2 \quad (w_y)_2 \quad w_3 \quad (w_x)_3 \quad (w_y)_3\right\}^{\mathrm{T}}$$

$$(13-29)$$

$$[X] = \begin{bmatrix} 1 & x_1 & y_1 & x_1^2 & x_1 y_1 & y_1^2 & x_1^3 & x_1^2 y_1 + x_1 y_1^2 & y_1^3 \\ 0 & 1 & 0 & 2x_1 & y_1 & 0 & 3x_1^2 & 2x_1 y_1 + y_1^2 & 0 \\ 0 & 0 & 1 & 0 & x_1 & 2y_1 & 0 & x_1^2 + 2x_1 y_1 & 3y_1^2 \\ 1 & x_2 & y_2 & x_2^2 & x_2 y_2 & y_2^2 & x_2^3 & x_2^2 y_2 + x_2 y_2^2 & y_2^3 \\ 0 & 1 & 0 & 2x_2 & y_2 & 0 & 3x_2^2 & 2x_2 y_2 + y_2^2 & 0 \\ 0 & 0 & 1 & 0 & x_2 & 2y_2 & 0 & x_2^2 + 2x_2 y_2 & 3y_2^2 \\ 1 & x_3 & y_3 & x_3^2 & x_3 y_3 & y_3^2 & x_3^3 & x_3^2 y_3 + x_3 y_3^2 & y_3^3 \\ 0 & 1 & 0 & 2x_3 & y_3 & 0 & 3x_3^2 & 2x_3 y_3 + y_3^2 & 0 \\ 0 & 0 & 1 & 0 & x_3 & 2y_3 & 0 & x_3^2 + 2x_3 y_3 & 3y_3^2 \end{bmatrix} \quad (13-30)$$

将式 (13 − 28) 代入式 (13 − 23)，得

$$\{w\} = [H]\{d\} \quad\quad\quad (13-31)$$

式中，$\{w\}$ 为 9×1 阶行向量，由式 (13 − 32) 推导而来：

$$[H] = [X][\overline{X}] \quad\quad\quad (13-32)$$

根据式 (13 − 31)，计算得到板块平面内的应变为

$$\{\varepsilon\} = [B]\{d\} \quad\quad\quad (13-33)$$

$$\{\varepsilon\} = \{\varepsilon_x \quad \varepsilon_y \quad \gamma_{xy}\}^{\mathrm{T}} \quad\quad\quad (13-34)$$

$$[B] = -z[L][\overline{X}]^{-1} \quad\quad\quad (13-35)$$

$$[L] = \begin{bmatrix} 0 & 0 & 0 & 2 & 0 & 0 & 6x & 2y & 0 \\ 0 & 0 & 0 & 0 & 0 & 0 & 0 & 2x & 6y \\ 0 & 0 & 0 & 0 & 2 & 0 & 0 & 4(x+y) & 0 \end{bmatrix} \quad (13-36)$$

根据平面内应变与节点位移的关系转换，并结合式 (13 − 33)，得到单元刚度矩阵的表达式

$$[K^e] = \int_{\Omega^e}\int_z [B]^{\mathrm{T}}[D][B]\,\mathrm{d}z\mathrm{d}\Omega$$

$$= [\overline{X}]^{-\mathrm{T}} \int_{\Omega^e}\int_z z^2 [L]^{\mathrm{T}}[D][L]\,\mathrm{d}z\mathrm{d}\Omega\,[\overline{X}]^{-1}$$

$$= [\overline{X}]^{-\mathrm{T}} \int_{\Omega^e} [L]^{\mathrm{T}}[\overline{D}][L]\,\mathrm{d}\Omega\,[\overline{X}]^{-1} \quad\quad (13-37)$$

式中，$[D]$ 的含义见式 (13 − 17)，其表示平面应力条件的本构矩阵；Ω^e 为 $x - y$ 平面上的二维单元定义域，其单元定义域为一三角形，如图 13 − 2 所示。单元刚度矩

阵为一 9×9 阶矩阵，其相应的单元节点向量见式（13-29）。

13.3　剪切变形板单元

Mindlin-Reissner 板理论与 Timoshenko 理论类似，其包括横向剪切变形对板块的影响。当考虑板的剪切变形时，变形前垂直于板中性面的平面在变形后不再垂直于板的中性面。同时，剪切变形板的内能表达式应包括横向剪切能和弯曲能，其内能应表示为

$$U = \frac{1}{2} \int_V \{\sigma_b\}^T \{\varepsilon_b\} \mathrm{d}V + \frac{k}{2} \int_V \{\sigma_s\}^T \{\varepsilon_s\} \mathrm{d}V \qquad (13-38)$$

$$\{\sigma_b\} = \{\sigma_x \quad \sigma_y \quad \tau_{xy}\}^T \qquad (13-39)$$

$$\{\varepsilon_b\} = \{\varepsilon_x \quad \varepsilon_y \quad \gamma_{xy}\}^T \qquad (13-40)$$

$$\{\sigma_s\} = \{\tau_{xz} \quad \tau_{yz}\}^T \qquad (13-41)$$

$$\{\varepsilon_s\} = \{\gamma_{xz} \quad \gamma_{yz}\}^T \qquad (13-42)$$

式中，σ_b 和 ε_b 分别为弯曲应力和应变分量；σ_s 和 ε_s 为横向剪切分量；k 是剪切变形时的能量修正因子，等于 $\frac{5}{6}$。

运用板块的本构方程对弯曲和剪切方程进行转化：

$$U = \frac{1}{2} \int_V \{\varepsilon_b\}^T [D_b] \{\varepsilon_b\} \mathrm{d}V + \frac{k}{2} \int_V \{\varepsilon_s\}^T [D_s] \{\varepsilon_s\} \mathrm{d}V \qquad (13-43)$$

$$[D_b] = \frac{E}{1-\mu^2} \begin{bmatrix} 1 & \mu & 0 \\ \mu & 1 & 0 \\ 0 & 0 & \dfrac{(1-\mu)}{2} \end{bmatrix} \qquad (13-44)$$

$$[D_s] = \begin{bmatrix} G & 0 \\ 0 & G \end{bmatrix} \qquad (13-45)$$

式中，$[D_b]$ 和 $[D_s]$ 均表示平面应力条件的本构矩阵；V 为三维定义域，其等于 $\mathrm{d}\Omega \times \mathrm{d}z$，且 xyz 坐标轴与图 13-1 相同。

为了推导剪切变形时板的单元刚度矩阵，需要将应变表示为节点变量。因此，平面内位移为

$$u = -z\theta_x(x,y) \qquad (13-46)$$

$$v = -z\theta_y(x,y) \qquad (13-47)$$

剪切变形为

$$w = w(x,y) \qquad (13-48)$$

式中，θ_x 和 θ_y 分别为中性面绕 y 轴和 x 轴的旋转。此外，假设中性面不存在平面内的变形，对于剪切变形板而言，θ_x 和 θ_y 为

$$\theta_x = \frac{\partial w}{\partial x} - \gamma_{xz} \qquad (13-49)$$

$$\theta_y = \frac{\partial w}{\partial y} - \gamma_{yz} \qquad (13-50)$$

式中，γ 为横向剪切变形的角度。

由于横向位移 w 和斜率 θ 是相互独立的，因此需要形状函数来进行独立插值。同时，剪切变形板单元需要连接变量 C^0。将等参形状函数用于板单元公式，则横向位移和斜率插值为

$$w = \sum_{i=1}^{n} H_i(\xi,\eta) w_i \qquad (13-51)$$

$$\theta_x = \sum_{i=1}^{n} H_i(\xi,\eta)(\theta_x)_i \qquad (13-52)$$

$$\theta_y = \sum_{i=1}^{n} H_i(\xi,\eta)(\theta_y)_i \qquad (13-53)$$

式中，n 为每个单元的节点数，同时，位移和斜率均采用相同的形状函数进行插值。在下面的示例中，为了减少运算量，使用双线性等参形状函数进行说明。当然，高阶形状函数也可以以同样的方式使用。弯曲应变和剪切应变均根据位移进行计算。

$$\{\varepsilon_{\mathrm{b}}\} = -z[B_{\mathrm{b}}]\{d^e\} \qquad (13-54)$$

$$\{\varepsilon_{\mathrm{s}}\} = [B_{\mathrm{s}}]\{d^e\} \qquad (13-55)$$

$$[B_{\mathrm{b}}] = \begin{bmatrix} \frac{\partial H_1}{\partial x} & 0 & 0 & \frac{\partial H_2}{\partial x} & 0 & 0 & \frac{\partial H_3}{\partial x} & 0 & 0 & \frac{\partial H_4}{\partial x} & 0 & 0 \\ 0 & \frac{\partial H_1}{\partial y} & 0 & 0 & \frac{\partial H_2}{\partial y} & 0 & 0 & \frac{\partial H_3}{\partial y} & 0 & 0 & \frac{\partial H_4}{\partial y} & 0 \\ \frac{\partial H_1}{\partial y} & \frac{\partial H_1}{\partial x} & 0 & \frac{\partial H_2}{\partial y} & \frac{\partial H_2}{\partial x} & 0 & \frac{\partial H_3}{\partial y} & \frac{\partial H_3}{\partial x} & 0 & \frac{\partial H_4}{\partial y} & \frac{\partial H_4}{\partial x} & 0 \end{bmatrix}$$

$$(13-56)$$

$$[B_{\mathrm{s}}] =$$

$$\begin{bmatrix} -H_1 & 0 & \frac{\partial H_1}{\partial x} & -H_2 & 0 & \frac{\partial H_2}{\partial x} & -H_3 & 0 & \frac{\partial H_3}{\partial x} & -H_4 & 0 & \frac{\partial H_4}{\partial x} \\ 0 & -H_1 & \frac{\partial H_1}{\partial y} & 0 & -H_2 & \frac{\partial H_2}{\partial y} & 0 & -H_3 & \frac{\partial H_3}{\partial y} & 0 & -H_4 & \frac{\partial H_4}{\partial y} \end{bmatrix}$$

$$(13-57)$$

$$\{d^e\} =$$

$$\{(\theta_x)_1 \quad (\theta_y)_1 \quad w_1 \quad (\theta_x)_2 \quad (\theta_y)_2 \quad w_2 \quad (\theta_x)_3 \quad (\theta_y)_3 \quad w_3 \quad (\theta_x)_4 \quad (\theta_y)_4 \quad w_4\}^{\mathrm{T}}$$

$$(13-58)$$

将式（13-54）和式（13-55）代入每个板单元的能量表达式（13-43），得

$$U = \frac{1}{2} \{d^e\}^T \int_{\Omega^e} \int_z [B_b]^T [D_b][B_b] \mathrm{d}z\mathrm{d}\Omega \{d^e\} +$$

$$\frac{k}{2} \{d^e\}^T \int_{\Omega^e} \int_z [B_s]^T [D_s][B_s] \mathrm{d}z\mathrm{d}\Omega \{d^e\} \qquad (13-59)$$

因此，板弯曲的单元刚度矩阵可以表示为

$$[K^e] = \frac{h^3}{12} \int_{\Omega^e} [B_b]^T [D_b][B_b] \mathrm{d}\Omega + kh \int_{\Omega^e} [B_s]^T [D_s][B_s] \mathrm{d}\Omega \qquad (13-60)$$

式中，h 为板的厚度。

需要注意的是：与板的边长相比，其剪切能非常小，这被称为剪切锁定。对此现象解释如下：弯曲能与 h^3 成正比，而剪切能与 h 成正比。因此，当 b 减小时，剪切能将占主导地位。为了解决这个问题，可以采用选择或简化积分的技术。该技术的关键是对剪切能量项进行次积分。一般来说，弯曲项使用精确的积分规则进行积分。例如，当使用四节点双线性等参单元时，弯曲项使用 2×2 高斯-勒让德求积，而剪切项使用 1 点积分。类似地，对于九节点双线性等参形状函数，弯曲项使用 3×3 积分，而剪切项使用 2×2 积分。

13.4　具有位移自由度的板单元

本节中讨论的板弯曲单元如图 13-3 所示。其中，x，y 和 z 表示板的整体坐标，u、v 和 w 表示板的位移，h 表示板的厚度。在板发生偏转之前，$x-y$ 平面始终平行于中性面。

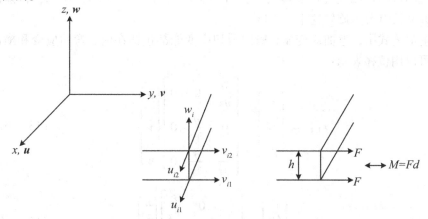

图 13-3　具有位移自由度的板单元

板中任意点的位移可表示为

$$u = u(x,y,z) \qquad (13-61)$$

$$v = v(x, y, z) \tag{13-62}$$

$$w = w(x, y) \tag{13-63}$$

根据式（13-61）、式（13-62）和式（13-63），可以得知平面内的位移 u 和 v 随板的厚度以及 $x-y$ 平面内的变化而变化，而横向位移 w 与板的厚度无关[2,3]。同时，为了求解节点位移，需要使用形状函数和两种不同的插值：一种在 $x-y$ 平面内插值，另一种在 z 轴内插值。对于 $x-y$ 平面内的插值，使用形状函数 $N_i(x, y)$ 进行插值，其中下标 i 根据 $x-y$ 平面上的节点数的多少而变化；使用形状函数 $H_j(z)$ 用于沿 z 轴的插值，其中下标 j 根据板厚度上的节点数的多少而变化。因为两个平面内的位移 u 和 v 均是 x、y 和 z 的函数，所以分别使用两个形状函数，而横向位移 w 只与 x 和 y 有关，因此使用形状函数 $N_i(x, y)$。同时，将 $\xi-\eta$ 平面上的等参单元映射到 $x-y$ 平面、将 ζ 轴的等参单元映射到 z 轴，进而 3 个位移可以表示为

$$u = \sum_{i=1}^{N_1} \sum_{j=1}^{N_2} N_i(\xi, \eta) H_j(\zeta) u_{ij} \tag{13-64}$$

$$v = \sum_{i=1}^{N_1} \sum_{j=1}^{N_2} N_i(\xi, \eta) H_j(\zeta) v_{ij} \tag{13-65}$$

$$w = \sum_{i=1}^{N_1} N_i(\xi, \eta) w_i \tag{13-66}$$

式中，N_1 和 N_2 分别是 $x-y$ 平面（$\xi-\eta$ 平面）和 z 轴（ζ 轴）中的节点数。u 和 v 的第一个下标表示按照 $x-y$ 平面（$\xi-\eta$ 平面）中的节点编号，第二个下标表示按照 z 轴（ζ 轴）中的节点编号。在本示例中，$N_1 = 4$，$N_2 = 2$。也就是说，四节点的四边形形状函数用于 $x-y$ 平面（$\xi-\eta$ 平面）内的插值，线性形状函数用于 z 轴（ζ 轴）内的插值。节点位移 u_{i1} 和 v_{i1} 是板单元底面上的位移，而节点位移 u_{i2} 和 v_{i2} 是板单元顶面上的位移。如式（13-64）、式（13-65）和式（13-66）所示，目前的板弯曲单元并没有考虑旋转这个自由度。

在目前的公式中，弯曲应变能和横向剪切应变能都包括在内。弯曲应变和横向剪切应变可以用位移表示：

$$\{\varepsilon_b\} = \begin{Bmatrix} \varepsilon_x \\ \varepsilon_y \\ \gamma_{xy} \end{Bmatrix} = \begin{bmatrix} \dfrac{\partial}{\partial x} & 0 & 0 \\ 0 & \dfrac{\partial}{\partial y} & 0 \\ \dfrac{\partial}{\partial y} & \dfrac{\partial}{\partial x} & 0 \end{bmatrix} \begin{Bmatrix} u \\ v \\ w \end{Bmatrix} \tag{13-67}$$

$$\{\varepsilon_s\} = \begin{Bmatrix} \gamma_{yz} \\ \gamma_{xz} \end{Bmatrix} = \begin{bmatrix} \dfrac{\partial}{\partial z} & 0 & \dfrac{\partial}{\partial x} \\ 0 & \dfrac{\partial}{\partial z} & \dfrac{\partial}{\partial y} \end{bmatrix} \begin{Bmatrix} u \\ v \\ w \end{Bmatrix} \tag{13-68}$$

式中，ε_b 为弯曲应变，ε_s 为横向剪切应变。需要注意：此处对于沿板厚方向的应变 ε_z

忽略不计。

将位移方程式（13－64）至式（13－66）代入运动学方程式（13－67）和式（13－68），并且弯曲应变取 $N_1 = 4$，横向剪切应变取 $N_2 = 2$，方程如下所示：

$$\{\varepsilon_{\mathrm{b}}\} = [\boldsymbol{B}_{\mathrm{b}}]\{\boldsymbol{d}^{\mathrm{e}}\} \tag{13-69}$$

$$[\boldsymbol{B}_{\mathrm{b}}] = [[B_{\mathrm{b1}}] \quad [B_{\mathrm{b2}}] \quad [B_{\mathrm{b3}}] \quad [B_{\mathrm{b4}}]] \tag{13-70}$$

$$[B_{\mathrm{b}i}] = \begin{bmatrix} H_1\dfrac{\partial N_i}{\partial x} & 0 & H_2\dfrac{\partial N_i}{\partial x} & 0 & 0 \\[2mm] 0 & H_1\dfrac{\partial N_i}{\partial y} & 0 & H_2\dfrac{\partial N_i}{\partial y} & 0 \\[2mm] H_1\dfrac{\partial N_i}{\partial y} & H_1\dfrac{\partial N_i}{\partial x} & H_2\dfrac{\partial N_i}{\partial y} & H_2\dfrac{\partial N_i}{\partial x} & 0 \end{bmatrix} \tag{13-71}$$

$$\{\boldsymbol{d}^{\mathrm{e}}\} = \{\{d_1^{\mathrm{e}}\} \quad \{d_2^{\mathrm{e}}\} \quad \{d_1^{\mathrm{e}}\} \quad \{d_2^{\mathrm{e}}\}\}^{\mathrm{T}} \tag{13-72}$$

$$\{d_i^{\mathrm{e}}\} = \{u_{i1} \quad v_{i1} \quad u_{i2} \quad v_{i2} \quad w_i\} \tag{13-73}$$

$$\{\varepsilon_{\mathrm{s}}\} = [\boldsymbol{B}_{\mathrm{s}}]\{\boldsymbol{d}^{\mathrm{e}}\} \tag{13-74}$$

$$[\boldsymbol{B}_{\mathrm{s}}] = [[B_{\mathrm{s1}}] \quad [B_{\mathrm{s2}}] \quad [B_{\mathrm{s3}}] \quad [B_{\mathrm{s4}}]] \tag{13-75}$$

$$[B_{\mathrm{s}i}] = \begin{bmatrix} N_i\dfrac{\partial H_1}{\partial z} & 0 & N_i\dfrac{\partial H_2}{\partial z} & 0 & \dfrac{\partial N_i}{\partial x} \\[2mm] 0 & N_i\dfrac{\partial H_1}{\partial z} & 0 & N_i\dfrac{\partial H_2}{\partial z} & \dfrac{\partial H_2}{\partial y} \end{bmatrix} \tag{13-76}$$

各向同性材料的本构方程为

$$\{\sigma_{\mathrm{b}}\} = [D_{\mathrm{b}}]\{\varepsilon_{\mathrm{b}}\} \tag{13-77}$$

$$\{\sigma_{\mathrm{b}}\} = \{\sigma_x \quad \sigma_y \quad \tau_{xy}\}^{\mathrm{T}} \tag{13-78}$$

$$[D_{\mathrm{b}}] = \frac{E}{1-\mu^2}\begin{bmatrix} 1 & \mu & 0 \\ \mu & 1 & 0 \\ 0 & 0 & \dfrac{(1-\mu)}{2} \end{bmatrix} \tag{13-79}$$

对于弯曲单元而言：

$$\{\sigma_{\mathrm{s}}\} = [D_{\mathrm{s}}]\{\varepsilon_{\mathrm{s}}\} \tag{13-80}$$

$$\{\sigma_{\mathrm{s}}\} = \{\tau_{yz} \quad \tau_{xz}\}^{\mathrm{T}} \tag{13-81}$$

$$[D_{\mathrm{s}}] = \frac{E}{2(1+\mu)}\begin{bmatrix} 1 & 0 \\ 0 & 1 \end{bmatrix} \tag{13-82}$$

其中，式（13－79）是板弯曲理论一般假设中平面应力条件下的材料特性矩阵。

对于单向纤维复合材料，材料性能矩阵将变为

$$[D_b] = \begin{bmatrix} D_{11} & D_{12} & 0 \\ D_{12} & D_{22} & 0 \\ 0 & 0 & D_{33} \end{bmatrix} \tag{13-83}$$

$$D_{11} = \frac{E_1}{1 - \mu_{12}\mu_{21}} \tag{13-84}$$

$$D_{12} = \frac{E_1\mu_{21}}{1 - \mu_{12}\mu_{21}} \tag{13-85}$$

$$D_{22} = \frac{E_2}{1 - \mu_{12}\mu_{21}} \tag{13-86}$$

$$D_{33} = G_{12} \tag{13-87}$$

$$[D_s] = \begin{bmatrix} G_{13} & 0 \\ 0 & G_{12} \end{bmatrix} \tag{13-88}$$

式中，1 和 2 分别表示各向异性复合材料的纵向和横向，E 为材料的弹性模量，G_{ij} 为 $i-j$ 平面的剪切模量，μ_{ij} 是 i 方向受力时 j 方向上应变发生变化时的泊松比。同时，由于存在倒数关系 $\mu_{12}/E_1 = \mu_{21}/E_2$，式（13-83）至式（13-88）存在五个相互独立的材料性质。

总势能可以表示为

$$\Pi = U - W \tag{13-89}$$

式中，内部应变能 U 由两部分组成，如下所示：

$$U = U_b + U_s \tag{13-90}$$

式中，弯曲应变能 U_b 为

$$U_b = \frac{1}{2}\int_\Omega \{\sigma_b\}^T \{\varepsilon_b\} \mathrm{d}\Omega \tag{13-91}$$

横向剪切应变能 U_s 为

$$U_s = \frac{1}{2}\int_\Omega \{\sigma_s\}^T \{\varepsilon_s\} \mathrm{d}\Omega \tag{13-92}$$

式中，Ω 为板块的定义域。有限元离散后，将上述方程代入方程式（13-91）和式（13-92）中，得到

$$U_b = \sum_e \frac{1}{2}\{d^e\}^T \int_{\Omega^e} [B_b]^T [D_b][B_b] \mathrm{d}\Omega \{d^e\} \tag{13-93}$$

$$U_s = \sum_e \frac{1}{2}\{d^e\}^T \int_{\Omega^e} [B_s]^T [D_s][B_s] \mathrm{d}\Omega \{d^e\} \tag{13-94}$$

式（13-93）和式（13-94）对有限元总数进行了求和，上标 e 表示每个单元。式（13-70）和式（13-75）提供了运动方程矩阵 $[B_b]$ 和 $[B_s]$。对于各向同性材料而言，式（13-79）和式（13-82）给出了其本构方程矩阵 $[D_b]$ 和

$[D_s]$；对于单向复合材料而言，式（13-83）和式（13-88）给出了其本构方程矩阵 $[D_b]$ 和 $[D_s]$；对于多层复合材料而言，每层的材料属性矩阵必须基于每层的中性轴，并通过全局参考坐标系进行变换。

外力所做的功可表示为

$$W = \{d\}^\mathrm{T} \{F\} \qquad (13-95)$$

式中，$\{d\}$ 为系统节点位移向量，$\{F\}$ 为系统中所受到力的向量。由于目前的单元没有考虑旋转自由度，外部力矩将通过耦合作用在板单元的顶部和底部节点上，如图 13-3所示。最后通过调用总势能的稳定值，得到有限元的矩阵方程。

其中，单元刚度矩阵可以表示为

$$[K^e] = \int_{\Omega^e} [\boldsymbol{B}_b]^\mathrm{T} [D_b] [\boldsymbol{B}_b] \mathrm{d}\Omega + \int_{\Omega^e} [\boldsymbol{B}_s]^\mathrm{T} [D_s] [\boldsymbol{B}_s] \mathrm{d}\Omega \qquad (13-96)$$

需要注意的是：对于薄板而言，横向剪切应变能项应在数值上进行积分，以避免发生剪切锁定。

13.5　复合板单元

经典板理论的基本方程为

$$M_x = -D_r \left(\frac{\partial^2 w}{\partial x^2} + \mu \frac{\partial^2 w}{\partial y^2} \right) \qquad (13-97)$$

$$M_y = -D_r \left(\frac{\partial^2 w}{\partial y^2} + \mu \frac{\partial^2 w}{\partial x^2} \right) \qquad (13-98)$$

$$M_{xy} = -D_r (1 - \mu) \frac{\partial^2 w}{\partial x \partial y} \qquad (13-99)$$

$$\frac{\partial^2 M_x}{\partial x^2} + \frac{\partial^2 M_y}{\partial y^2} + 2 \frac{\partial^2 M_{xy}}{\partial x \partial y} = -p \qquad (13-100)$$

式中，$\boldsymbol{M}$ 为弯矩；D_r 的含义见式（13-17），其表示板的抗弯刚度；E 为板块材料的弹性模量；h 为板的厚度；μ 为板块材料的泊松比；p 为均匀分布的荷载。其中，方程式（13-97）至式（13-99）为本构方程，方程式（13-100）为力矩平衡方程。

对式（13-97）至式（13-100）应用伽辽金法，结果不会产生对称矩阵。因此，可以将式（13-97）至式（13-100）进行转换，如下所示：

$$S(M_x - \mu M_y) + \frac{\partial^2 w}{\partial x^2} = 0 \qquad (13-101)$$

$$S(M_y - \mu M_x) + \frac{\partial^2 w}{\partial y^2} = 0 \qquad (13-102)$$

$$2S(1 + \mu) M_{xy} + 2 \frac{\partial^2 w}{\partial x \partial y} = 0 \qquad (13-103)$$

$$S = \frac{12}{Eh^3} \qquad (13-104)$$

对式（13-100）至式（13-103）应用伽辽金法，同时进行分部积分以转化为弱形式。下面给出了每个单元的合成矩阵方程[4]：

$$\begin{bmatrix} K_1 & K_2 & 0 & K_3 \\ K_2 & K_1 & 0 & K_4 \\ 0 & 0 & K_5 & K_6 \\ k_3 & K_4 & K_6 & 0 \end{bmatrix} \begin{Bmatrix} M_x \\ M_y \\ M_{xy} \\ w \end{Bmatrix} = \begin{Bmatrix} F_1 \\ F_2 \\ F_3 \\ F_4 \end{Bmatrix} \qquad (13-105)$$

$$K_1 = S \int_{\Omega^e} [N]^T [N] \mathrm{d}\Omega \qquad (13-106)$$

$$K_2 = -\mu K_1 \qquad (13-107)$$

$$K_3 = -\int_{\Omega^e} \left[\frac{\partial N}{\partial x}\right]^T \left[\frac{\partial N}{\partial x}\right] \mathrm{d}\Omega \qquad (13-108)$$

$$K_4 = -\int_{\Omega^e} \left[\frac{\partial N}{\partial y}\right]^T \left[\frac{\partial N}{\partial y}\right] \mathrm{d}\Omega \qquad (13-109)$$

$$K_5 = 2(1+\mu) K_1 \qquad (13-110)$$

$$K_6 = -\int_{\Omega^e} \left(\left[\frac{\partial N}{\partial x}\right]^T \left[\frac{\partial N}{\partial y}\right] + \left[\frac{\partial N}{\partial x}\right]^T \left[\frac{\partial N}{\partial y}\right] \right) \mathrm{d}\Omega \qquad (13-111)$$

$$F_1 = -\int_{\Gamma^e} [N]^T \frac{\partial w}{\partial x} l_x \mathrm{d}\Gamma \qquad (13-112)$$

$$F_2 = -\int_{\Gamma^e} [N]^T \frac{\partial w}{\partial y} l_y \mathrm{d}\Gamma \qquad (13-113)$$

$$F_3 = -\int_{\Gamma^e} [N]^T \left(\frac{\partial w}{\partial y} l_x + \frac{\partial w}{\partial x} l_y\right) \mathrm{d}\Gamma \qquad (13-114)$$

$$F_4 = -\int_{\Gamma^e} [N]^T Q_n \mathrm{d}\Gamma + \int_{\Omega^e} [N]^T p \mathrm{d}\Omega \qquad (13-115)$$

$$Q_n = Q_x l_x + Q_y l_y \qquad (13-116)$$

式中，l_x 和 l_y 为单位法向量的方向余弦；Q 为剪力；$[N]$ 为形状函数的向量矩阵。任何四边形或三角形的等参单元都可以应用上述方程。

然而，上述公式并未考虑横向剪切变形的影响。下面将推导较厚的复合板的弯曲公式，同时若考虑横向剪切的影响，板的平衡方程可以写成

$$\frac{\partial M_x}{\partial x} + \frac{\partial M_{xy}}{\partial y} - Q_x = 0 \qquad (13-117)$$

$$\frac{\partial M_{xy}}{\partial x} + \frac{\partial M_y}{\partial y} - Q_y = 0 \qquad (13-118)$$

$$\frac{\partial Q_x}{\partial x} + \frac{\partial Q_y}{\partial y} + p = 0 \tag{13-119}$$

薄板理论和厚板理论之间的主要差异在于旋转和横向挠度之间的关系。在薄板理论中，转动与横向挠度无关，但在厚板理论中，转动与挠度有关。因此，x，y 和 z 方向上的位移可以表示为

$$\boldsymbol{u} = -z\theta_x(x,y) \tag{13-120}$$

$$\boldsymbol{v} = -z\theta_y(x,y) \tag{13-121}$$

$$\boldsymbol{w} = w(x,y) \tag{13-122}$$

式中，θ_x 和 θ_y 分别为中性面绕 y 轴和绕 x 轴的旋转。将式（13-120）至式（13-122）代入运动学方程，同时联立本构方程，得

$$S(M_x - \mu M_y) + \frac{\partial \theta_x}{\partial x} = 0 \tag{13-123}$$

$$S(M_y - \mu M_x) + \frac{\partial \theta_y}{\partial y} = 0 \tag{13-124}$$

$$2S(1+\mu)M_{xy} + \frac{\partial \theta_x}{\partial y} + \frac{\partial \theta_y}{\partial x} = 0 \tag{13-125}$$

如果将 θ_x 和 θ_y 替换为 $\frac{\partial w}{\partial x}$ 和 $\frac{\partial w}{\partial y}$，则式（13-123）至式（13-125）与式（13-101）至式（13-103）相等。当然，这种关系在厚板理论中并不成立。

利用横向剪切分量组成的方程和运动学方程，剪切力可以用旋转角度和挠度进行表示：

$$Q_x = kGh\left(-\theta_x + \frac{\partial w}{\partial x}\right) \tag{13-126}$$

$$Q_y = kGh\left(-\theta_y + \frac{\partial w}{\partial y}\right) \tag{13-127}$$

式中，剪力修正系数 $k = 5/6$，G 为剪切模量，h 为板的厚度。重写方程式（13-126）和式（13-127）的旋转分量：

$$\theta_x = -\frac{Q_x}{kGh} + \frac{\partial w}{\partial x} \tag{13-128}$$

$$\theta_y = -\frac{Q_y}{kGh} + \frac{\partial w}{\partial y} \tag{13-129}$$

将式（13-128）和式（13-129）中的旋转分量代入式（13-123）至式（13-125）中，得

$$S(M_x - \mu M_y) - \frac{1}{kGh}\frac{\partial Q_x}{\partial x} + \frac{\partial^2 w}{\partial x^2} = 0 \tag{13-130}$$

$$S(M_y - \mu M_x) - \frac{1}{kGh}\frac{\partial Q_y}{\partial y} + \frac{\partial^2 w}{\partial y^2} = 0 \tag{13-131}$$

$$2S(1 + \mu)M_{xy} - \frac{1}{kGh}\left(\frac{\partial V_x}{\partial y} + \frac{\partial V_y}{\partial x}\right) + 2\frac{\partial^2 w}{\partial x \partial y} = 0 \qquad (13-132)$$

式（13-130）至式（13-132）表明剪力修正系数和力矩系数的阶数分别与 $1/h$ 和 $1/h^3$ 相等。因此，当板的厚度接近零时，与力矩项相比，剪力项可以忽略不计。这是合理的，因为当板的厚度与其长度的比值非常小时，板的剪切变形可以忽略不计。

为了消除剪切力对应的项，将式（13-117）和式（13-118）代入式（13-130）至式（13-132），得到如下所示等式：

$$\left(S - \frac{1}{kGh}\frac{\partial^2}{\partial x^2}\right)M_x - \mu S M_y - \frac{1}{kGh}\frac{\partial^2 M_{xy}}{\partial x \partial y} + \frac{\partial^2 w}{\partial x^2} = 0 \qquad (13-133)$$

$$-\mu S M_x + \left(S - \frac{1}{kGh}\frac{\partial^2}{\partial y^2}\right)M_y - \frac{1}{kGh}\frac{\partial^2 M_{xy}}{\partial x \partial y} + \frac{\partial^2 w}{\partial y^2} = 0 \qquad (13-134)$$

$$-\frac{1}{kGh}\left(\frac{\partial^2 M_x}{\partial x \partial y} + \frac{\partial^2 M_y}{\partial x \partial y}\right) - \mu S M_x + \left(2S(1 + \mu) - \frac{1}{kGh}\frac{\partial^2}{\partial x^2} - \frac{1}{kGh}\frac{\partial^2}{\partial y^2}\right)M_{xy} + 2\frac{\partial^2 w}{\partial x \partial y} = 0$$
$$(13-135)$$

方程式（13-133）至式（13-135）和方程式（13-100）具有与薄板公式相同的四个变量：M_x、M_y、M_{xy} 和 w。

如果忽略与 $1/kGh$ 相关的项，这些方程将简化为薄板方程。同时，由于剪切相关项与 $1/h$ 成正比，弯曲相关项与 $1/h^3$ 成正比，因此随着板的厚度逐渐逼近零，这些项都可以忽略不计。

将伽辽金法应用于这四个方程，得到以下矩阵表达式：

$$\begin{bmatrix} K_{11} & K_{12} & K_{13} & K_{14} \\ K_{12} & K_{22} & K_{23} & K_{24} \\ K_{13} & K_{23} & K_{33} & K_{34} \\ k_{14} & K_{24} & K_{34} & K_{44} \end{bmatrix} \begin{Bmatrix} M_x \\ M_y \\ M_{xy} \\ w \end{Bmatrix} = \begin{Bmatrix} F_1 \\ F_2 \\ F_3 \\ F_4 \end{Bmatrix} \qquad (13-136)$$

$$K_{11} = S\int_{\Omega^e} [N]^{\mathrm{T}}[N]\mathrm{d}\Omega + \frac{1}{kGh}\int_{\Omega^e}\left[\frac{\partial N}{\partial x}\right]^{\mathrm{T}}\left[\frac{\partial N}{\partial x}\right]\mathrm{d}\Omega \qquad (13-137)$$

$$K_{12} = -vS\int_{\Omega^e}[N]^{\mathrm{T}}[N]\mathrm{d}\Omega \qquad (13-138)$$

$$K_{13} = \frac{1}{kGh}\int_{\Omega^e}\left[\frac{\partial N}{\partial x}\right]^{\mathrm{T}}\left[\frac{\partial N}{\partial y}\right]\mathrm{d}\Omega \qquad (13-139)$$

$$K_{14} = -\int_{\Omega^e}\left[\frac{\partial N}{\partial x}\right]^{\mathrm{T}}\left[\frac{\partial N}{\partial x}\right]^{\mathrm{T}}\mathrm{d}\Omega \qquad (13-140)$$

$$K_{22} = S\int_{\Omega^e}[N]^{\mathrm{T}}[N]\mathrm{d}\Omega + \frac{1}{kGh}\int_{\Omega^e}\left[\frac{\partial N}{\partial y}\right]^{\mathrm{T}}\left[\frac{\partial N}{\partial y}\right]\mathrm{d}\Omega \qquad (13-141)$$

$$K_{23} = \frac{1}{kGh} \int_{\Omega^e} \left[\frac{\partial N}{\partial y}\right]^{\mathrm{T}} \left[\frac{\partial N}{\partial x}\right] \mathrm{d}\Omega \tag{13-142}$$

$$K_{24} = -\int_{\Omega^e} \left[\frac{\partial N}{\partial y}\right]^{\mathrm{T}} \left[\frac{\partial N}{\partial y}\right]^{\mathrm{T}} \mathrm{d}\Omega \tag{13-143}$$

$$K_{33} = 2(1+\mu)S \int_{\Omega^e} [N]^{\mathrm{T}}[N]\mathrm{d}\Omega + \frac{1}{kGh} \int_{\Omega^e} \left[\frac{\partial N}{\partial x}\right]^{\mathrm{T}} \left[\frac{\partial N}{\partial x}\right]\mathrm{d}\Omega +$$

$$\frac{1}{kGh} \int_{\Omega^e} \left[\frac{\partial N}{\partial y}\right]^{\mathrm{T}} \left[\frac{\partial N}{\partial y}\right]\mathrm{d}\Omega \tag{13-144}$$

$$K_{34} = -\int_{\Omega^e} \left(\left[\frac{\partial N}{\partial x}\right]^{\mathrm{T}} \left[\frac{\partial N}{\partial y}\right] + \left[\frac{\partial N}{\partial x}\right]^{\mathrm{T}} \left[\frac{\partial N}{\partial y}\right]\right)\mathrm{d}\Omega \tag{13-145}$$

$$K_{44} = 0 \tag{13-146}$$

$$F_1 = -\int_{\Gamma^e} [N]^{\mathrm{T}} \frac{\partial w}{\partial x} l_x \mathrm{d}\Gamma + \frac{1}{kGh} \int_{\Gamma^e} [N]^{\mathrm{T}} V_x l_x \mathrm{d}\Gamma \tag{13-147}$$

$$F_1 = -\int_{\Gamma^e} [N]^{\mathrm{T}} \frac{\partial w}{\partial y} l_y \mathrm{d}\Gamma + \frac{1}{kGh} \int_{\Gamma^e} [N]^{\mathrm{T}} V_y l_y \mathrm{d}\Gamma \tag{13-148}$$

$$F_3 = -\int_{\Gamma^e} [N]^{\mathrm{T}} \left(\frac{\partial w}{\partial y} l_x + \frac{\partial w}{\partial x} l_y\right)\mathrm{d}\Gamma +$$

$$\frac{1}{kGh} \int_{\Gamma^e} [N]^{\mathrm{T}} \left(\frac{\partial}{\partial y}(M_x l_x + M_{xy} l_y) + \frac{\partial}{\partial x}(M_{xy} l_x + M_y l_y)\right)\mathrm{d}\Gamma$$

$$\tag{13-149}$$

$$F_4 = -\int_{\Gamma^e} [N]^{\mathrm{T}} Q_n \mathrm{d}\Gamma + \int_{\Omega^e} [N]^{\mathrm{T}} p \mathrm{d}\Omega \tag{13-150}$$

表 13-1 至表 13-5 展示了使用现有复合板弯曲单元获得的一些有限元解,其中等参形状函数用于力矩和位移的插值。表 13-1 和表 13-2 给出了承受均匀压力载荷的简支方板和固定方板的结果,其中由于方板具有对称性,单元使用了 4 或 16 个四节点等参单元,有限元网格划分如图 13-4 所示,同时表中还将当前复合板混合公式的方法与另一种复合板混合公式的方法进行了对比。表 13-3 给出了使用 4 个八节点等参单元获得的有限元解。而表 13-4 比较了不同的等参数的板弯曲单元,发现即使节点总数基本一致,每个等参单元的精度也不同,具有更多节点单元的计算结果更为精确。表 13-5 对正交异性板的薄板理论和厚板理论进行了比较,其中正交异性板的网格划分和材料属性如图 13-5 所示。正如预期的那样,随着板厚与边长之比的增加,薄板理论与厚板理论这两种解决方法之间的差异越来越大。但是,厚板的解析解却与厚板的三维弹性解非常接近。

表 13 - 1　单层简支方板的中心挠度和弯矩比较

变量	解析解	四单元*	十六单元*	四单元**	十六单元**
WD / PL^4	0.00406	0.00424	0.00411	0.00409	0.00407
M_x / PL^2	0.0479	0.0525	0.0489	0.0505	0.0485
M_y / PL^2	0.0479	0.0525	0.0489	0.0505	0.0485

注：此处采用四节点四边形单元，*表示采用本节所述方法求解，**表示采用 Kwon & Akin[5]的方法求解。

表 13 - 2　单层固定方板的中心挠度和弯矩比较

变量	解析解	四单元*	十六单元*	四单元**	十六单元**
WD / PL^4	0.00126	0.00141	0.00128	0.00148	0.00132
M_x / PL^2	− 0.0513	− 0.0476	− 0.0499	− 0.0487	− 0.0508
M_y / PL^2	− 0.0513	− 0.0476	− 0.0499	− 0.0487	− 0.0508

注：此处采用四节点四边形单元，*表示采用本节所述方法求解，**表示采用 Kwon & Akin[5]的方法求解。

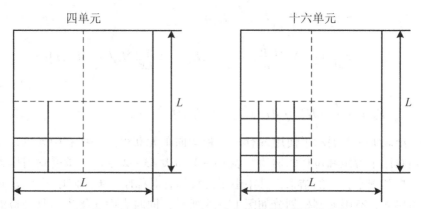

图 13 - 4　使用 4 或 16 个四节点等参单元的方块网格

表 13 - 3　方板的中心挠度

边界条件	解析解	本节方法计算的结果
所有边简支	0.00406	0.00406
所有边固定	0.00126	0.00125
两边简支，两边固定	0.00191	0.00192

注：此处采用八节点四边形单元。

表13-4 均布荷载条件下简支板使用不同单元获得的中心挠度比较

项目	W_e	误差/%	备注
解析解	0.2363	—	铁木辛柯
三节点三角形单元	0.1814	-22.81	32 单元（25 节点）
六节点三角形单元	0.2344	-0.80	8 单元（25 节点）
四节点四边形单元	0.2392	1.23	16 单元（25 节点）
八节点四边形单元	0.2365	0.08	4 单元（21 节点）

表13-5 均布荷载条件下简支薄方板和厚方板的广义中心挠度（$E_x W / Pt$）

b/a	t/a	三维理论	内斯克理论	经典理论	薄板理论	厚板理论
0.5	0.05	21542	21542	21201	21268	21606
	0.10	1408.5	1408.4	1325.1	1329.3	1413.8
	0.14	387.23	387.27	344.93	346.03	389.11
1.0	0.05	10443	10442	10246	10285	10483
	0.10	688.57	688.37	640.39	642.81	692.30
	0.14	191.07	191.02	166.70	167.33	192.49
2.0	0.05	2048.2	2047.9	1988.1	1964.6	2026.8
	0.10	139.08	138.93	124.26	122.79	138.26
	0.14	39.753	39.753	32.345	31.962	39.806

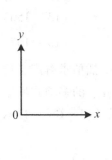

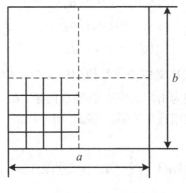

$$E_{xy} = 0.23319 \times E_x$$
$$E_y = 0.543103 \times E_x$$
$$G_{xy} = 0.262931 \times E_x$$
$$G_{zx} = 0.159914 \times E_x$$
$$G_{yz} = 0.26681 \times E_x$$

图13-5 正交异性板

13.6 杂交板单元

杂交单元基于板单元内的假定应变[6]，同时杂交单元与板单元存在一致连续性，并需要连接变量 C^0 进行连接。该连续性公式基于修正的势能表达式，如下所示：

$$\Pi = \int_{\Omega} \left(-\frac{1}{2} \{\varepsilon_{b}\}^{T} [D_{b}] \{\varepsilon_{b}\} - \frac{1}{2} \{\varepsilon_{s}\}^{T} [D_{s}] \{\varepsilon_{s}\} + \{\varepsilon_{b}\}^{T} [D_{b}] [L_{b}] \{d\} + \right.$$

$$\left. \{\varepsilon_{s}\}^{T} [D_{s}] [L_{s}] \{d\} \right) d\Omega - \int_{\Gamma} \{d\}^{T} \{p\} d\Gamma \qquad (13-151)$$

$$\{\varepsilon_{b}\} = \left\{ \frac{\partial \theta_{x}}{\partial x} \quad \frac{\partial \theta_{y}}{\partial y} \quad \frac{\partial \theta_{x}}{\partial y} + \frac{\partial \theta_{y}}{\partial y} \right\}^{T} \qquad (13-152)$$

$$\{\varepsilon_{s}\} = \left\{ -\theta_{x} + \frac{\partial w}{\partial x} \quad -\theta_{y} + \frac{\partial w}{\partial y} \right\}^{T} \qquad (13-153)$$

$$\{d\} = \left\{ \theta_{x} \quad \theta_{y} \quad \theta_{z} \right\}^{T} \qquad (13-154)$$

式中，$[D_{b}]$ 为弯曲应变的材料特性矩阵，$[D_{s}]$ 为横向剪切应变的矩阵，$[L_{b}]$ 为弯曲应变位移算子的矩阵，$[L_{s}]$ 为剪切应变位移算子的矩阵，$[p]$ 为板上受到的压力荷载。

通过调用上述方程的一个定值，得到平衡方程和广义应变 – 位移关系。同时，为了得到相关的有限元模型，广义应变和位移离散如下：

$$\{\varepsilon_{b}\} = [B_{b}] \{\alpha_{b}\} \qquad (13-155)$$

$$\{\varepsilon_{s}\} = [B_{s}] \{\alpha_{s}\} \qquad (13-156)$$

$$\{d\} = [N] \{\hat{d}\} \qquad (13-157)$$

式中，在每个单元内独立假设广义应变，并使用广义节点位移 $\{\hat{d}\}$ 插值求解广义位移。因此，$[B_{b}]$ 和 $[B_{s}]$ 分别为由广义应变的参数向量 $\{\alpha_{b}\}$ 和 $\{\alpha_{s}\}$ 的多项式项组成的矩阵，$[N]$ 为由形状函数组成的矩阵。将式（13 – 155）至式（13 – 157）代入式（13 – 151），得

$$\Pi = -\frac{1}{2} \{\alpha_{b}\}^{T} [G_{b}] \{\alpha_{b}\} - \frac{1}{2} \{\alpha_{s}\}^{T} [G_{s}] \{\alpha_{s}\} + \{\alpha_{b}\}^{T} [H_{b}] \{\hat{d}\} +$$

$$\{\alpha_{s}\}^{T} [H_{s}] \{\hat{d}\} - \{\hat{d}\}^{T} \{F\} \qquad (13-158)$$

$$[G_{b}] = \int_{\Omega^{e}} [B_{b}]^{T} [D_{b}] [B_{b}] d\Omega \qquad (13-159)$$

$$[G_s] = \int_{\Omega^e} [B_s]^\mathrm{T} [D_s] [B_s] \mathrm{d}\Omega \qquad (13-160)$$

$$[H_b] = \int_{\Omega^e} [B_b]^\mathrm{T} [D_b] [L_b] [N] \mathrm{d}\Omega \qquad (13-161)$$

$$[H_s] = \int_{\Omega^e} [B_s]^\mathrm{T} [D_s] [L_s] [N] \mathrm{d}\Omega \qquad (13-162)$$

$$\{F\} = \int_{\Gamma^e} [N]^\mathrm{T} \{p\} \mathrm{d}\Gamma \qquad (13-163)$$

将式（13-158）中的 $[\alpha_b]$ 和 $[\alpha_s]$ 进行转换，得

$$-[G_b]\{\alpha_b\} + [H_b]\{\hat{d}\} = 0 \qquad (13-164)$$

$$-[G_s]\{\alpha_s\} + [H_s]\{\hat{d}\} = 0 \qquad (13-165)$$

通过式（13-164）和式（13-165）将 $[\alpha_b]$ 和 $[\alpha_s]$ 消去，则式（13-158）转化为

$$\Pi = \frac{1}{2} \{\hat{d}\}^\mathrm{T} ([H_b]^\mathrm{T} [G_b]^{-\mathrm{T}} [H_b] + [H_s]^\mathrm{T} [G_s]^{-\mathrm{T}} [H_s]) \{\hat{d}\}^\mathrm{T} - \{\hat{d}\}^\mathrm{T} \{F\}$$
$$(13-166)$$

根据式（13-166），最终得到以下有限元方程组：

$$[K]\{\hat{d}\} = \{F\} \qquad (13-167)$$

$$[K] = [H_b]^\mathrm{T} [G_b]^{-\mathrm{T}} [H_b] + [H_s]^\mathrm{T} [G_s]^{-\mathrm{T}} [H_s] \qquad (13-168)$$

对于双线性板单元而言，广义应变向量假定为

$$[B_b] = \begin{bmatrix} 1 & 0 & 0 & x & 0 & 0 & y & 0 & 0 \\ 0 & 1 & 0 & 0 & x & 0 & 0 & y & 0 \\ 0 & 0 & 1 & 0 & 0 & x & 0 & 0 & y \end{bmatrix} \qquad (13-169)$$

$$[B_s] = \begin{bmatrix} 1 & 0 \\ 0 & 1 \end{bmatrix} \qquad (13-170)$$

上述表达式表示：在双线性板单元内，弯曲应变呈线性变化，剪切应变为常数，保持不变。

杂交板弯曲单元的有限元结果如图 13-6 至图 13-8 所示。图 13-6 表示均布压力荷载作用下，简支方板和固支方板的收敛性研究；图 13-7 表示均布压力荷载作用下，固支圆板的收敛性研究；图 13-8 表示圆板的网格划分。

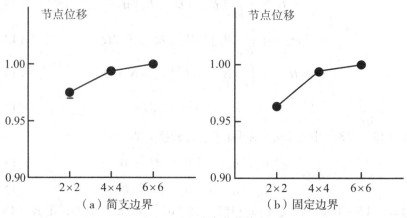

图 13 -6　受到均布荷载的方形板

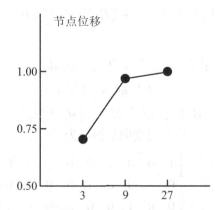

图 13 -7　受到均布荷载的边缘固定的圆板

图 13 -8　四分之一圆板的网格

13.7　MATLAB 在板弯曲静态分析中的应用（集中荷载）

根据第 13.3 节讨论的剪切变形板弯曲公式，使用 MATLAB 程序对板弯曲进行静态有限元分析。

【例 13 - 2】简支方板的中心处作用着集中荷载，使用剪切变形位移公式计算板的挠度。其中方板的尺寸为 10 m×10 m，厚度为 0.1 m。方板的材料为钢，其弹性模量为 206.85×10^6 kPa、泊松比为 0.3。施加的集中荷载大小为 177.8 N。而且板的四分之一是对称建模的，其被分成 4 个四节点单元，如图 13 - 9 所示。

编写有限元分析的 MATLAB 程序。弯曲项使用两点积分，而剪切项使用一点积分。就边界条件而言，两条边是简支的，两条边是固支的。因此，节点 1、2 和 3 只存在 θ_x 和 w，节点 1、4 和 7 也只存在 θ_x 和 w，节点 3、6 和 9 只存在 θ_y，节点 7、8 和 9 也只存在 θ_y。由此产生的约束自由度为 1、2、3、4、6、7、9、11、12、16、20、21、23、25 和 26。而施加的外部荷载以第三自由度作用于节点 9，因此，集中力在荷载向量的第 27 个自由度处施加。由于四分之一对称，荷载向量取集中力的 1/4 进行计算。有限元解给出的中心偏差为 0.0168 m，而解析解为 0.0169 m。

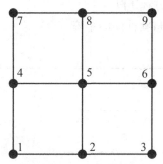

图 13 - 9　划分为 4 个单元的四分之一方形板

```
%————————————————————————————————%
% 例 13 - 2
%
% 问题描述
% 求解板的中心挠度，见例 13 - 2
% 见图 13 - 9
% 变量描述
```

```
%    K_Element = 单元刚度矩阵
%    K_Element_B = 抗弯刚度单元矩阵
%    K_Element_S = 抗剪刚度单元矩阵
%    F_Element = 单元荷载向量
%    KK_System = 系统刚度矩阵
%    FF_System = 系统力向量
%    System_Nodal_disp = 系统节点位移矢量
%    Coord_Nod = 节点坐标值
%    Nod_Belong_Elem = 节点与单元的从属关系
%    Index_Sys_Elem = 包含与每个单元关联的系统自由度的索引向量
%    B_Samping_Point = 包含弯曲项采样点的矩阵
%    B_Weighting_Point = 包含弯曲项加权系数的矩阵
%    S_Samping_Point = 包含剪切项采样点的矩阵
%    S_Weighting_Point = 包含剪切项加权系数的矩阵
%    Bound_Con_DOFs = 包含与边界条件相关的自由度的向量
%    Bound_Con_Values = 包含与 'Bound_Con_DOFs' 中自由度相关的边界条件的向量
%    K_Marix_B = 弯曲运动方程矩阵
%    M_Matrix_B = 用于弯曲材料性能的矩阵
%    K_Matrix_S = 剪切运动方程矩阵
%    M_Matrix_S = 用于剪切材料性能的矩阵
%
%————————————————————————————————————————


%————————————————————————————————
%    输入控制参数数据
%————————————————————————————————


clear
Num_Element = 4;                              % 单元数量
Num_Nod_In_Elem = 4;                          % 每个单元的节点数量
Num_DOFs_In_Nod = 3;                          % 每个节点的自由度数量
Num_Nod_In_System = 9;                        % 系统中的节点总数
Num_DOFs_In_System = Num_Nod_In_System * Num_DOFs_In_Nod;
                                              % 整个系统中的自由度总数
Num_DOFs_In_Element = Num_Nod_In_Elem * Num_DOFs_In_Nod;
                                              % 每个单元的自由度数量
```

```
Elastic_m = 30e6;                          % 弹性模量
Poisson = 0.3;                             % 泊松比
Plate_Thickness = 0.1;                     % 板厚度
Num_Point_Integration_XB = 2; Num_Point_Integration_YB = 2;
                              % 弯曲沿着 x,y 轴的积分点数量
Num_Point_Integration_B = Num_Point_Integration_XB * Num_Point_Integration_YB;
                              % 每个弯曲单元的采样点数
Num_Point_Integration_XS = 1; Num_Point_Integration_YS = 1;
                              % 剪切沿着 x,y 轴的积分点数量
Num_Point_Integration_S = Num_Point_Integration_XS * Num_Point_Integration_YS;
                              % 每个剪切单元的采样点数

%─────────────────────────────────────
% 为节点坐标值输入数据
% Coord_Nod(i, j) i -> 节点编号; j -> x , y
%─────────────────────────────────────

Coord_Nod = [0.0  0.0; 2.5  0.0; 5.0  0.0;
             0.0  2.5; 2.5  2.5; 5.0  2.5;
             0.0  5.0; 2.5  5.0; 5.0  5.0];

%─────────────────────────────────────
% 为每个单元的节点连接性输入数据
% Nod_Belong_Elem(i, j) i -> 单元编号; j -> 从属节点
%─────────────────────────────────────

Nod_Belong_Elem = [1 2 5 4; 2 3 6 5; 4 5 8 7; 5 6 9 8];

%─────────────────────────────────────
% 输入边界条件
%─────────────────────────────────────

Bound_Con_DOFs = [1 2 3 4 6 7 9 11 12 16 20 21 23 25 26];    % 约束自由度
Bound_Con_Values = zeros(1,15);                              % 值为 0

%─────────────────────────────────────
```

```
%   初始化矩阵和向量
%——————————————————————————————————

FF_System = zeros( Num_DOFs_In_System,1 );                    % 系统荷载向量
KK_System = zeros( Num_DOFs_In_System,Num_DOFs_In_System );
                                                              % 系统矩阵
System_Nodal_disp = zeros( Num_DOFs_In_System,1 );            % 系统位移向量
Index_Sys_Elem = zeros( Num_DOFs_In_Element,1 );              % 索引向量
K_Marix_B = zeros(3,Num_DOFs_In_Element );                    % 弯曲运动学矩阵
M_Matrix_B = zeros(3,3 );                                     % 弯曲本构矩阵
K_Matrix_S = zeros(2,Num_DOFs_In_Element );                   % 剪切运动学矩阵
M_Matrix_S = zeros(2,2 );                                     % 剪切本构矩阵


%——————————————————————————————————
% 荷载向量
%——————————————————————————————————

FF_System(27) = 10;                                           % 施加荷载在节点9


%——————————————————————————————————————
% 计算单元矩阵和向量以及它们的组装
%——————————————————————————————————————
%
% 弯曲刚度
%
[B_Samping_Point,B_Weighting_Point] = feglqd2( Num_Point_Integration_XB,Num_
Point_Integration_YB );                                       % 取样点和权重
M_Matrix_B = fematiso(1,Elastic_m,Poisson) * Plate_Thickness^3/12;
                                                              % 弯曲材料属性
%
% 剪切刚度
%
[S_Samping_Point,S_Weighting_Point] = feglqd2( Num_Point_Integration_XS,Num_
Point_Integration_YS );                                       % 取样点和权重
Shear_Moduels = 0.5 * Elastic_m/(1.0 + Poisson);              % 剪切模量
Shear_Correct_Factor = 5/6;                                   % 剪切影响因子
```

```
M_Matrix_S = Shear_Moduels * Shear_Correct_Factor * Plate_Thickness * [1 0;0 1];
                                                % 剪切材料属性
for Total_Number_Of_Elements = 1:Num_Element          % 循环全部的单元
for i = 1:Num_Nod_In_Elem
Nd_c(i) = Nod_Belong_Elem(Total_Number_Of_Elements,i);  % 节点从属单元
Coord_X(i) = Coord_Nod(Nd_c(i),1);                    % 节点坐标 x 值
Coord_Y(i) = Coord_Nod(Nd_c(i),2);                    % 节点坐标 y 值
end
K_Element = zeros(Num_DOFs_In_Element,Num_DOFs_In_Element);
                                                % 初始化单元矩阵
K_Element_B = zeros(Num_DOFs_In_Element,Num_DOFs_In_Element);
                                                % 初始化弯曲矩阵
K_Element_S = zeros(Num_DOFs_In_Element,Num_DOFs_In_Element);
                                                % 初始化剪切矩阵


%————————————————————————————————————————
%    弯曲数值积分
%————————————————————————————————————————


for intx = 1:Num_Point_Integration_XB
X_Points_Integration = B_Samping_Point(intx,1);          % 取样点 x 值
Weight_X_Points_Integration = B_Weighting_Point(intx,1);  % x 处权重
for inty = 1:Num_Point_Integration_YB
Y_Points_Integration = B_Samping_Point(inty,2);          % 取样点 y 值
Weight_Y_Points_Integration = B_Weighting_Point(inty,2);  % y 处权重


[Functions_Shape,R_De_Shape_Func_Natural,S_De_Shape_Func_Natural] = feisoq4
(X_Points_Integration,Y_Points_Integration);      % 计算形状函数及在取样点处求导


Jacob_Matrix_2 = fejacob2(Num_Nod_In_Elem,R_De_Shape_Func_Natural,S_De_
Shape_Func_Natural,Coord_X,Coord_Y);                  % 计算雅可比矩阵
Det_Jacob = det(Jacob_Matrix_2);                      % 雅可比矩阵行列式
Inv_Jacob = inv(Jacob_Matrix_2);                      % 雅可比矩阵逆矩阵


[X_De_Shape_Func_Physical,Y_De_Shape_Func_Physical] = federiv2(Num_Nod_
In_Elem,R_De_Shape_Func_Natural,S_De_Shape_Func_Natural,Inv_Jacob);
```

% 形状函数在物理坐标处求导

```
K_Marix_B = fekinepb(Num_Nod_In_Elem,X_De_Shape_Func_Physical,Y_De_
Shape_Func_Physical);                                  % 弯曲运动学矩阵
%————————————————————————————————
%   计算弯曲矩阵
%————————————————————————————————


K_Element_B = K_Element_B + K_Marix_B ' * M_Matrix_B * K_Marix_B * Weight_
X_Points_Integration * Weight_Y_Points_Integration * Det_Jacob;


end
end                                                    % 结束循环


%————————————————————————————————
%   弯曲数值积分
%————————————————————————————————


for intx = 1:Num_Point_Integration_XS
X_Points_Integration = S_Samping_Point(intx,1);        % 取样点 x 值
Weight_X_Points_Integration = S_Weighting_Point(intx,1);   % x 处权重
for inty = 1:Num_Point_Integration_YS
Y_Points_Integration = S_Samping_Point(inty,2);        % 取样点 y 值
Weight_Y_Points_Integration = S_Weighting_Point(inty,2);   % y 处权重
[Functions_Shape,R_De_Shape_Func_Natural,S_De_Shape_Func_Natural] = feisoq4
(X_Points_Integration,Y_Points_Integration);           % 计算形状函数取样点求导


Jacob_Matrix_2 = fejacob2(Num_Nod_In_Elem,R_De_Shape_Func_Natural,S_De_
Shape_Func_Natural,Coord_X,Coord_Y);                   % 计算雅可比矩阵


Det_Jacob = det(Jacob_Matrix_2);                       % 雅可比矩阵行列式
Inv_Jacob = inv(Jacob_Matrix_2);                       % 雅可比矩阵求逆


[X_De_Shape_Func_Physical,Y_De_Shape_Func_Physical] = federiv2(Num_Nod_In_
Elem,R_De_Shape_Func_Natural,S_De_Shape_Func_Natural,Inv_Jacob);
                                                       % 形状函数对物理坐标求导
```

```
K_Matrix_S = fekineps(Num_Nod_In_Elem,X_De_Shape_Func_Physical,Y_De_
Shape_Func_Physical,Functions_Shape);                    % 剪切运动学矩阵

%————————————————————————————
%    计算剪切单元矩阵
%————————————————————————————

K_Element_S = K_Element_S + K_Matrix_S ' * M_Matrix_S * K_Matrix_S * Weight
_X_Points_Integration * Weight_Y_Points_Integration * Det_Jacob;

end

end                                                       % 结束循环

%————————————————————————————
%    计算单元矩阵
%————————————————————————————

K_Element = K_Element_B + K_Element_S;
Index_Sys_Elem = feeldof(Nd_c,Num_Nod_In_Elem,Num_DOFs_In_Nod);
                                                          % 节点从属单元
KK_System = feasmbl1(KK_System,K_Element,Index_Sys_Elem);
                                                          % 组装单元矩阵
end
%————————————————————————————
%    应用边界条件
%————————————————————————————
[KK_System,FF_System] = feaply2(KK_System,FF_System,Bound_Con_DOFs,
Bound_Con_Values);
%————————————————————————————
%    求解矩阵方程
%————————————————————————————
System_Nodal_disp = KK_System \ FF_System;
num = 1:1:Num_DOFs_In_System;
displace = [num 'System_Nodal_disp]                       % 输出节点位移
```

%───

有限元计算结果如下所示。

displace =

节点	位移
1. 0000	0. 0000
2. 0000	− 0. 0000
3. 0000	0. 0000
4. 0000	− 0. 0000
5. 0000	0. 0036
6. 0000	− 0. 0000
7. 0000	0. 0000
8. 0000	0. 0044
9. 0000	− 0. 0000
10. 0000	0. 0036
11. 0000	− 0. 0000
12. 0000	0. 0000
13. 0000	0. 0027
14. 0000	0. 0027
15. 0000	0. 0078
16. 0000	0. 0000
17. 0000	0. 0045
18. 0000	0. 0111
19. 0000	0. 0044
20. 0000	0. 0000
21. 0000	0. 0000
22. 0000	0. 0045
23. 0000	− 0. 0000
24. 0000	0. 0111
25. 0000	0. 0000
26. 0000	0. 0000
27. 0000	0. 0168

13.8　MATLAB 在板弯曲静态分析中的应用（不同荷载）

【例 13 - 3】前提条件与例 13 - 2 相同，改变板的边界条件与所受荷载类型，求解板的中心挠度。其中板的边界条件变为四边固支，所受荷载类型变为大小是13.79 kPa。

由于与示例 13 - 2 相比，边界条件和荷载不同，单元刚度、抗弯刚度、抗剪刚度矢量替代了示例 13 - 2 中的矢量，而程序的其余部分是相同的。有限元结果显示，中心挠度为 0.0088 m，解析解为 0.0092 m。

```
%————————————————————————————%
% 例 13 - 3
%
% 问题描述
% 求解板的中心挠度, 见例 13 - 3
% 见图 13 - 9
%
% 变量描述
%   K_Element = 单元刚度矩阵
%   K_Element_B = 抗弯刚度单元矩阵
%   K_Element_S = 抗剪刚度单元矩阵
%   F_Element = 单元荷载向量
%   KK_System = 系统刚度矩阵
%   FF_System = 系统力向量
%   System_Nodal_disp = 系统节点位移矢量
%   Coord_Nod = 节点坐标值
%   Nod_Belong_Elem = 节点与单元的从属关系
%   Index_Sys_Elem = 包含与每个单元关联的系统自由度的索引向量
%   B_Samping_Point = 包含弯曲项采样点的矩阵
%   B_Weighting_Point = 包含弯曲项加权系数的矩阵
%   S_Samping_Point = 包含剪切项采样点的矩阵
%   S_Weighting_Point = 包含剪切项加权系数的矩阵
%   Bound_Con_DOFs = 包含与边界条件相关的自由度的向量
%   Bound_Con_Values = 包含与 'Bound_Con_DOFs' 中自由度相关的边界条件的向量
```

```
%    K_Marix_B = 弯曲运动方程矩阵
%    M_Matrix_B = 用于弯曲材料性能的矩阵
%    K_Matrix_S = 剪切运动方程矩阵
%    M_Matrix_S = 用于剪切材料性能的矩阵
%
%————————————————————————————————————————————————

%————————————————————————————————————————
%    输入控制参数数据
%————————————————————————————————————————

clear
Num_Element = 4;                        % 单元数量
Num_Nod_In_Elem = 4;                    % 每个单元的节点数量
Num_DOFs_In_Nod = 3;                    % 每个节点的自由度数量
Num_Nod_In_System = 9;                  % 系统中的节点总数
Num_DOFs_In_System = Num_Nod_In_System * Num_DOFs_In_Nod;
                                        % 整个系统中的自由度总数
Num_DOFs_In_Element = Num_Nod_In_Elem * Num_DOFs_In_Nod;
                                        % 每个单元的自由度数量
Elastic_m = 30e6;                       % 弹性模量
Poisson = 0.3;                          % 泊松比
Plate_Thickness = 0.1;                  % 板厚度
Num_Point_Integration_XB = 2; Num_Point_Integration_YB = 2;
                                        % 弯曲沿着 x,y 轴的积分点数量
Num_Point_Integration_B = Num_Point_Integration_XB * Num_Point_Integration_YB;
                                        % 每个弯曲单元的采样点数
Num_Point_Integration_XS = 1; Num_Point_Integration_YS = 1;
                                        % 剪切沿着 x,y 轴的积分点数量
Num_Point_Integration_S = Num_Point_Integration_XS * Num_Point_Integration_YS;
                                        % 每个剪切单元的采样点数

%————————————————————————————————————————
% 为节点坐标值输入数据
%Coord_Nod(i,j) i -> 节点编号;j -> x , y
%————————————————————————————————————————
```

```
Coord_Nod = [0.0  0.0; 2.5  0.0; 5.0  0.0;
             0.0  2.5; 2.5  2.5; 5.0  2.5;
             0.0  5.0; 2.5  5.0; 5.0  5.0];
```

```
%————————————————————————————————
% 为每个单元的节点连接性输入数据
% Nod_Belong_Elem(i, j) i -> 单元编号;j -> 从属节点
%————————————————————————————————
```

```
Nod_Belong_Elem = [1 2 5 4; 2 3 6 5; 4 5 8 7; 5 6 9 8];
```

```
%————————————————————————
%   输入边界条件
%————————————————————————
```

```
Bound_Con_DOFs = [1 2 3 4 5 6 7 8 9 10 11 12 16 19 20 21 23 25 26];
                                              % 约束自由度
Bound_Con_Values = zeros(1,19);               % 值为 0
```

```
%——————————————————————————————
%   初始化矩阵和向量
%——————————————————————————————
```

```
FF_System = zeros(Num_DOFs_In_System,1);              % 系统荷载向量
KK_System = zeros(Num_DOFs_In_System,Num_DOFs_In_System);
                                                      % 系统矩阵
System_Nodal_disp = zeros(Num_DOFs_In_System,1);      % 系统位移向量
Index_Sys_Elem = zeros(Num_DOFs_In_Element,1);        % 索引向量
K_Marix_B = zeros(3,Num_DOFs_In_Element);             % 弯曲运动学矩阵
M_Matrix_B = zeros(3,3);                              % 弯曲本构矩阵
K_Matrix_S = zeros(2,Num_DOFs_In_Element);            % 剪切运动学矩阵
M_Matrix_S = zeros(2,2);                              % 剪切本构矩阵
```

```
%————————————————————————
%   荷载向量
```

%————————————————

FF_System(3) = 3.125；FF_System(6) = 6.25；FF_System(9) = 3.125；
FF_System(12) = 6.25；FF_System(15) = 12.5；FF_System(18) = 6.25；
FF_System(21) = 3.125；FF_System(24) = 6.25；FF_System(27) = 3.125；

%————————————————————————————
% 计算单元矩阵和向量以及它们的组装
%————————————————————————————

%
% 弯曲刚度
%
[B_Samping_Point,B_Weighting_Point] = feglqd2(Num_Point_Integration_XB,Num_
Point_Integration_YB)；   % 采样点和权重
M_Matrix_B = fematiso(1,Elastic_m,Poisson) * Plate_Thickness^3/12；
                                                          % 弯曲材料属性

%
% 剪切刚度
%
[S_Samping_Point,S_Weighting_Point] = feglqd2(Num_Point_Integration_XS,Num_
Point_Integration_YS)；   % 采样点和权重
Shear_Moduels = 0.5 * Elastic_m/(1.0 + Poisson)；   % 剪切模量
Shear_Correct_Factor = 5/6；   % 剪切修正因子
M_Matrix_S = Shear_Moduels * Shear_Correct_Factor * Plate_Thickness * [1 0；0 1]；
                                                          % 剪切材料属性

for Total_Number_Of_Elements = 1:Num_Element   % 循环所有单元
for i = 1:Num_Nod_In_Elem
Nd_c(i) = Nod_Belong_Elem(Total_Number_Of_Elements,i)； % 节点从属单元
Coord_X(i) = Coord_Nod(Nd_c(i),1)；   % 节点 x 值
Coord_Y(i) = Coord_Nod(Nd_c(i),2)；   % 节点 y 值
end

K_Element = zeros(Num_DOFs_In_Element,Num_DOFs_In_Element)；
                                                          % 初始化单元矩阵

```
K_Element_B = zeros(Num_DOFs_In_Element,Num_DOFs_In_Element);
                                        % 初始化弯曲矩阵
K_Element_S = zeros(Num_DOFs_In_Element,Num_DOFs_In_Element);
                                        % 初始化剪切矩阵


%————————————————————————————————
%    弯曲数值积分
%————————————————————————————————


for intx = 1:Num_Point_Integration_XB
X_Points_Integration = B_Samping_Point(intx,1);          % x 点采样
Weight_X_Points_Integration = B_Weighting_Point(intx,1);     % x 处权重
for inty = 1:Num_Point_Integration_YB
Y_Points_Integration = B_Samping_Point(inty,2);          % y 点采样
Weight_Y_Points_Integration = B_Weighting_Point(inty,2);     % y 处权重

[Functions_Shape,R_De_Shape_Func_Natural,S_De_Shape_Func_Natural] = feisoq4
(X_Points_Integration,Y_Points_Integration);     % 计算形状函数以及在采样点求导

Jacob_Matrix_2 = fejacob2(Num_Nod_In_Elem;R_De_Shape_Func_Natural,S_De_
Shape_Func_Natural,Coord_X,Coord_Y);               % 计算雅可比矩阵

Det_Jacob = det(Jacob_Matrix_2);                   % 雅可比矩阵行列式
Inv_Jacob = inv(Jacob_Matrix_2);                   % 雅可比矩阵逆矩阵

[X_De_Shape_Func_Physical,Y_De_Shape_Func_Physical] = federiv2(Num_Nod_In_
Elem,R_De_Shape_Func_Natural,S_De_Shape_Func_Natural,Inv_Jacob);
                                        % 形状函数求导
                                        % 物理坐标
K_Marix_B = fekinepb(Num_Nod_In_Elem,X_De_Shape_Func_Physical,Y_De_Shape_
Func_Physical);                        % 弯曲运动学矩阵

%————————————————————————————————
%    计算弯曲单元刚度矩阵
%————————————————————————————————
```

```
K_Element_B = K_Element_B + K_Marix_B ' * M_Matrix_B * K_Marix_B * Weight_X
_Points_Integration * Weight_Y_Points_Integration * Det_Jacob;


end
end                                                    % 结束循环


%——————————————————————————————————
%    数值积分
%——————————————————————————————————


for intx = 1:Num_Point_Integration_XS
X_Points_Integration = S_Samping_Point(intx,1);          % x 采样点
Weight_X_Points_Integration = S_Weighting_Point(intx,1);  % x 处权重
for inty = 1:Num_Point_Integration_YS
Y_Points_Integration = S_Samping_Point(inty,2);          % y 采样点
Weight_Y_Points_Integration = S_Weighting_Point(inty,2) ;  % y 处权重


[Functions_Shape,R_De_Shape_Func_Natural,S_De_Shape_Func_Natural] =
feisoq4(X_Points_Integration,Y_Points_Integration);
                                  % 计算形状函数以及在采样点求导


Jacob_Matrix_2 = fejacob2(Num_Nod_In_Elem,R_De_Shape_Func_Natural,S_De_
Shape_Func_Natural,Coord_X,Coord_Y);                % 计算雅可比矩阵


Det_Jacob = det(Jacob_Matrix_2);                    % 雅可比矩阵行列式
Inv_Jacob = inv(Jacob_Matrix_2);                    % 雅可比矩阵逆矩阵


[X_De_Shape_Func_Physical,Y_De_Shape_Func_Physical] = federiv2(Num_Nod_In_
Elem,R_De_Shape_Func_Natural,S_De_Shape_Func_Natural,Inv_Jacob);
                                          % 形状函数求导


K_Matrix_S = fekineps(Num_Nod_In_Elem,X_De_Shape_Func_Physical,Y_De_
Shape_Func_Physical,Functions_Shape);                % 剪切运动学矩阵


%——————————————————————————————————
%    计算剪切单元矩阵
```

```
%————————————————————————————————

K_Element_S = K_Element_S + K_Matrix_S' * M_Matrix_S * K_Matrix_S * Weight_X_
Points_Integration * Weight_Y_Points_Integration * Det_Jacob;

end
end                                                    % 结束循环

%————————————————————————————
%    计算单元矩阵
%————————————————————————————

K_Element = K_Element_B + K_Element_S;

Index_Sys_Elem = feeldof( Nd_c, Num_Nod_In_Elem, Num_DOFs_In_Nod);
                                                        % 节点从属单元

KK_System = feasmbl1( KK_System, K_Element, Index_Sys_Elem);
                                                        % 组装单元矩阵

end

%————————————————————————
%    应用边界条件
%————————————————————————

[KK_System, FF_System] = feaply2( KK_System, FF_System, Bound_Con_DOFs,
Bound_Con_Values);

%————————————————————————
%    求解矩阵方程
%————————————————————————

System_Nodal_disp = KK_System \ FF_System;

num = 1:1:Num_DOFs_In_System;
```

displace $= \begin{bmatrix} \text{num} & ' \text{System\_Nodal\_disp} \end{bmatrix}$ % 输出节点位移

%——

  有限元计算结果如下所示。

displace $=$

节点	位移
1.0000	-0.0000
2.0000	-0.0000
3.0000	0.0000
4.0000	0.0000
5.0000	0.0000
6.0000	0.0000
7.0000	0.0000
8.0000	0.0000
9.0000	-0.0000
10.0000	0.0000
11.0000	0.0000
12.0000	-0.0000
13.0000	0.0018
14.0000	0.0018
15.0000	0.0022
16.0000	0.0000
17.0000	0.0035
18.0000	0.0044
19.0000	0.0000
20.0000	0.0000
21.0000	0.0000
22.0000	0.0035
23.0000	0.0000
24.0000	0.0044
25.0000	0.0000
26.0000	0.0000
27.0000	0.0088

本章习题

1. 根据例 13 – 1，将集中荷载的大小改为 889 N，其余条件不变，重新求解方板的中心挠度，并将所求结果与例 13 – 1 中的结果进行对比。

2. 根据例 13 – 2，将均布荷载的大小改为 2.758 kPa，其余条件不变，重新求解方板的中心挠度，并将所求结果与例 13 – 2 中的结果进行对比。

3. 根据例 13 – 1，将其边界条件变为两边简支、两边固支，其余条件不变，重新求解方板的中心挠度，并将所求结果与例 13 – 10 中的结果进行对比。

4. 根据例 13 – 1，如图 13 – 10 所示，将网格划分的角度 β 由 5° 变为 30°，其余条件不变，重新求解方板的中心挠度，并将所求结果与例 13 – 1 中的结果进行对比。

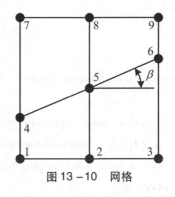

图 13 – 10　网格

5. 某四边固定的圆板半径为 0.2 m，厚度为 10 mm，弹性模量为 200 GPa，其中心受到大小为 2 kN 的集中荷载作用，通过使用如前图 13 – 8 所示的网格划分情况，求解其中心挠度。

6. 将习题 5 的边界条件由四边固定变为四边简支，其余条件不变，重新求解圆板的中心挠度，并将所求结果与习题 5 的结果进行对比。

7. 某支承三角形板的尺寸如图 13 – 11 所示，其厚度为 2 mm，弹性模量为 70 GPa，中心受到大小为 100 N 的集中荷载作用，求解其中心挠度。

8. 将习题 7 中板的形状由三角形变为圆形，其余条件不变，重新求解圆板的中心挠度，并将所求结果与习题 7 的结果进行对比。

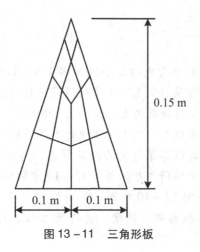

图 13 − 11　三角形板

参考文献

［1］ Tocher J L. Analysis of plate bending using triangular elements ［D］. Berkeley：University of California, 1962.

［2］ Owen D R J, Li Z H. A refined analysis of laminated plates by finite element displacement methods—I. fundamentals and static analysis ［J］. Computers and structures, 1987, 26（6）：907－914.

［3］ Kwon Y W. Finite element analysis of crack closure in plate bending ［J］. Computers and structures, 1989, 32（6）：1439－1445.

［4］ Kwon Y M, Akin J E. Linear elastic and non-linear elastoplastic plate bending analysis using a mixed galerkin finite element technique ［J］. Engineering computations, 1984, 1（3）：268－272.

［5］ Kwon Y W, Akin J E. A simple efficient algorithm for elasto-plastic plate bending ［J］. Engineering computations, 1986, 3（4）：283－286.

［6］ Akin J E, Kwon Y W. Analysis of plates with through-wall cracks using a hybrid-strain element ［C］// Whiteman J R. The mathematics of finite elements and applications VI. London：Academic Press, 1988：115－122.

第14章 拉普拉斯方程

14.1 控制方程

拉普拉斯方程和泊松方程是描述各种物理性质的常用场控制方程。例如，这些微分方程可以表示非圆构件的热传导、势流和扭转。因此，我们研究了这些方程的有限元公式。拉普拉斯方程是

$$\nabla^2 \boldsymbol{u} = 0 \tag{14-1}$$

而泊松方程是

$$\nabla^2 \boldsymbol{u} = \boldsymbol{g} \tag{14-2}$$

由于泊松方程比拉普拉斯方程更常用，所以我们在下面的公式中考虑泊松方程。

笛卡尔坐标系下的泊松方程为

$$\frac{\partial^2 \boldsymbol{u}}{\partial x^2} + \frac{\partial^2 \boldsymbol{u}}{\partial y^2} = \boldsymbol{g}(x,y) \quad \text{in } \Omega \tag{14-3}$$

对于二维区域 Ω，边界条件如下：

$$\boldsymbol{u} = \bar{\boldsymbol{u}} \quad \text{on } \Gamma_{\mathrm{e}} \tag{14-4}$$

$$\frac{\partial \boldsymbol{u}}{\partial \boldsymbol{n}} = \bar{q} \quad \text{on } \Gamma_{\mathrm{n}} \tag{14-5}$$

其中，$\bar{u}$ 和 $\bar{q}$ 表示已知的变量和通量边界条件，式（14-5）中的 $\boldsymbol{n}$ 是边界处的向外法向单位向量，Γ_{e} 和 Γ_{n} 分别是基本边界条件和自然边界条件的边界。对于适定边值问题，有

$$\Gamma_{\mathrm{e}} \cup \Gamma_{\mathrm{n}} = \Gamma \tag{14-6}$$

$$\Gamma_{\mathrm{e}} \cap \Gamma_{\mathrm{n}} = \varnothing \tag{14-7}$$

其中，∪ 和 ∩ 分别表示并集和交集，Γ 是域 Ω 的总边界。

结合微分方程加权残差与边界条件的积分问题，可得

$$\boldsymbol{I} = \int_{\Omega} \boldsymbol{w} \left(\frac{\partial^2 \boldsymbol{u}}{\partial x^2} + \frac{\partial^2 \boldsymbol{u}}{\partial y^2} - \boldsymbol{g}(x,y) \right) \mathrm{d}\Omega - \int_{\Gamma_{\mathrm{e}}} \boldsymbol{w} \frac{\partial \boldsymbol{u}}{\partial \boldsymbol{n}} \mathrm{d}\Gamma \tag{14-8}$$

为了得到式（14-8）的弱公式，采用分部积分来降低积分中的微分阶。

【例14-1】考虑如图14-1所示的二维域。

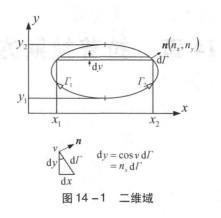

图14-1　二维域

首先，要估算式（14-8）的第一项

$$\int_\Omega w \frac{\partial^2 u}{\partial x^2} \mathrm{d}\Omega \tag{14-9}$$

区域积分可以表示为

$$\int_{y_1}^{y_2} \left(\int_{x_1}^{x_2} w \frac{\partial^2 u}{\partial x^2} \mathrm{d}x \right) \mathrm{d}y \tag{14-10}$$

式中，y_1 和 y_2 是沿 x 轴在 y 方向移动时，y 轴上区域的最小值和最大值，如图14-1所示。关于 x 的分部积分

$$-\int_{y_1}^{y_2} \int_{x_1}^{x_2} \frac{\partial w}{\partial x} \frac{\partial u}{\partial x} \mathrm{d}x\mathrm{d}y + \int_{y_1}^{y_2} \left[w \frac{\partial u}{\partial x} \right]_{x_1}^{x_2} \mathrm{d}y \tag{14-11}$$

使用图14-1所示的域积分和边界积分重写表达式可得

$$-\int_\Omega \frac{\partial w}{\partial x} \frac{\partial u}{\partial x} \mathrm{d}\Omega + \int_{\Gamma_2} w \frac{\partial u}{\partial x} n_x \mathrm{d}\Gamma - \int_{\Gamma_1} w \frac{\partial u}{\partial x} n_x \mathrm{d}\Gamma \tag{14-12}$$

其中，n_x 是单位法向量 $\boldsymbol{n}$ 的 x 分量，单位法向量在向外方向上为正，如图14-1所示。最后，将两个边界积分合并得到

$$-\int_\Omega \frac{\partial w}{\partial x} \frac{\partial u}{\partial x} \mathrm{d}\Omega + \oint_\Gamma w \frac{\partial u}{\partial x} n_x \mathrm{d}\Gamma \tag{14-13}$$

其中，边界积分为逆时针方向。类似地，式（14-8）中的第二项可以写成

$$-\int_\Omega \frac{\partial w}{\partial y} \frac{\partial u}{\partial y} \mathrm{d}\Omega + \oint_\Gamma w \frac{\partial u}{\partial y} n_y \mathrm{d}\Gamma \tag{14-14}$$

联立式（14-13）和式（14-14）可得

$$\int_\Omega w \left(\frac{\partial^2 u}{\partial x^2} + \frac{\partial^2 u}{\partial y^2} \right) \mathrm{d}\Omega = -\int_\Omega \left(\frac{\partial w}{\partial x} \frac{\partial u}{\partial x} + \frac{\partial w}{\partial y} \frac{\partial u}{\partial y} \right) \mathrm{d}\Omega + \oint_\Gamma w \left(\frac{\partial u}{\partial x} n_x + \frac{\partial u}{\partial y} n_y \right) \mathrm{d}\Gamma$$

$$\tag{14-15}$$

因为边界积分可以写成

$$\frac{\partial u}{\partial n} = \frac{\partial u}{\partial x}n_x + \frac{\partial u}{\partial y}n_y \qquad (14-16)$$

式（14-15）可写成

$$\int_\Omega w\left(\frac{\partial^2 u}{\partial x^2} + \frac{\partial^2 u}{\partial y^2}\right)\mathrm{d}\Omega = -\int_\Omega \left(\frac{\partial w}{\partial x}\frac{\partial u}{\partial x} + \frac{\partial w}{\partial y}\frac{\partial u}{\partial y}\right)\mathrm{d}\Omega + \oint_\Gamma w\frac{\partial u}{\partial n}\mathrm{d}\Gamma \quad (14-17)$$

在下文中，为了简便起见，表示闭合边界周围线积分的符号 $\oint$ 替换为 $\int$。方程式（14-17）称为格林定理。

将式（14-17）代入式（14-8），可得

$$I = -\int_\Omega \left(\frac{\partial w}{\partial x}\frac{\partial u}{\partial x} + \frac{\partial w}{\partial y}\frac{\partial u}{\partial y}\right)\mathrm{d}\Omega - \int_\Omega wg(x,y)\mathrm{d}\Omega + \int_{\Gamma_n} w\frac{\partial u}{\partial n}\mathrm{d}\Gamma \quad (14-18)$$

第一个体积积分变成矩阵项，而第二个体积积分和线积分都变成向量项。在热传导的情况下，第二个体积积分与区域内的热源有关，线积分表示通过自然边界的热流。

14.2　线性三角形单元

使用选定的二维有限元对式（14-18）中的域进行离散化。最简单的二维单元之一是三节点三角形单元，这也被称为线性三角形单元，该元件如图 14-2 所示。

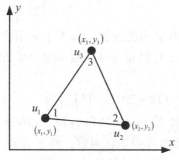

图 14-2　线性三角形单元

它在三角形的顶点有三个节点，单元内的变量插值在 x 和 y 方向上是线性的：

$$u = a_1 + a_2 x + a_3 y \qquad (14-19)$$

或

$$u = \begin{bmatrix} 1 & x & y \end{bmatrix} \begin{Bmatrix} a_1 \\ a_2 \\ a_3 \end{Bmatrix} \tag{14-20}$$

其中，a_i 是要确定的常数。插值函数式（14-19）应表示三个节点处的节点变量。因此，在每个节点处替换 x 和 y 值：

$$\begin{Bmatrix} u_1 \\ u_2 \\ u_3 \end{Bmatrix} = \begin{bmatrix} 1 & x_1 & y_1 \\ 1 & x_2 & y_2 \\ 1 & x_3 & y_3 \end{bmatrix} \begin{Bmatrix} a_1 \\ a_2 \\ a_3 \end{Bmatrix} \tag{14-21}$$

其中，x_i 和 y_i 是 i^{th} 节点的坐标值，u_i 是节点变量，如图 14-2 所示。倒置矩阵并重写式（14-21），可得

$$\begin{Bmatrix} a_1 \\ a_2 \\ a_3 \end{Bmatrix} = \frac{1}{2A} \begin{bmatrix} x_2 y_3 - x_3 y_2 & x_3 y_1 - x_1 y_3 & x_1 y_2 - x_2 y_1 \\ y_2 - y_3 & y_3 - y_1 & y_1 - y_2 \\ x_3 - x_2 & x_1 - x_3 & x_2 - x_1 \end{bmatrix} \begin{Bmatrix} u_1 \\ u_2 \\ u_3 \end{Bmatrix} \tag{14-22}$$

其中

$$A = \frac{1}{2} \det \begin{bmatrix} 1 & x_1 & y_1 \\ 1 & x_2 & y_2 \\ 1 & x_3 & y_3 \end{bmatrix} \tag{14-23}$$

A 的大小等于线性三角形单元的面积。如果单元节点编号为逆时针方向，则其值为正值；否则为负值。对于有限元计算，域中每个单元的单元节点序列必须在同一方向上。

将式（14-22）代入式（14-20），可得

$$u = H_1(x,y)u_1 + H_2(x,y)u_2 + H_3(x,y)u_3 \tag{14-24}$$

其中，$H_i(x,y)$ 是线性三角形单元的形状函数，如下所示：

$$H_1 = \frac{1}{2A} \big[(x_2 y_3 - x_3 y_2) + (y_2 - y_3)x + (x_3 - x_2)y \big] \tag{14-25}$$

$$H_2 = \frac{1}{2A} \big[(x_3 y_1 - x_1 y_3) + (y_3 - y_1)x + (x_1 - x_3)y \big] \tag{14-26}$$

$$H_3 = \frac{1}{2A} \big[(x_1 y_2 - x_2 y_1) + (y_1 - y_2)x + (x_2 - x_1)y \big] \tag{14-27}$$

这些形状函数也满足以下条件：

$$H_i(x_j, y_j) = \delta_{ij} \tag{14-28}$$

$$\sum_{i=1}^{3} H_i = 1 \qquad (14-29)$$

其中，δ_{ij} 是克罗内克函数，即

$$\delta_{ij} = \begin{cases} 1, & i = j \\ 0, & i \neq j \end{cases} \qquad (14-30)$$

使用线性三角形单元将问题域离散为若干有限元，有限元网格离散化示例如图 14-3 所示。实际曲线边界近似为分段线性边界，可以使用线性三角形单元对图中的粗网格进行细化，以更接近实际边界。另一种选择是使用高阶有限元，可以使用高阶多项式表达式拟合曲线边界。

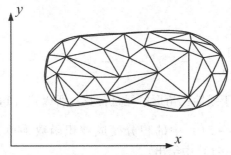

图 14-3 有限元离散化

对于图 14-2 所示的线性三角形单元，单元矩阵的计算公式如下所示：

$$\left[K^{e} \right] = \int_{\Omega^{e}} \left(\frac{\partial w}{\partial x} \frac{\partial u}{\partial x} + \frac{\partial w}{\partial y} \frac{\partial u}{\partial y} \right) \mathrm{d}\Omega$$

$$= \int_{\Omega^{e}} \left(\begin{Bmatrix} \dfrac{\partial H_1}{\partial x} \\ \dfrac{\partial H_2}{\partial x} \\ \dfrac{\partial H_3}{\partial x} \end{Bmatrix} \begin{Bmatrix} \dfrac{\partial H_1}{\partial x} & \dfrac{\partial H_2}{\partial x} & \dfrac{\partial H_3}{\partial x} \end{Bmatrix} + \begin{Bmatrix} \dfrac{\partial H_1}{\partial y} \\ \dfrac{\partial H_2}{\partial y} \\ \dfrac{\partial H_3}{\partial y} \end{Bmatrix} \begin{Bmatrix} \dfrac{\partial H_1}{\partial y} & \dfrac{\partial H_2}{\partial y} & \dfrac{\partial H_3}{\partial y} \end{Bmatrix} \right) \mathrm{d}\Omega$$

$$(14-31)$$

其中，Ω^{e} 是单元域。

将形状函数式（14-25）至式（14-27）代入式（14-31）后进行积分：

$$\left[K^{e} \right] = \begin{bmatrix} k_{11} & k_{12} & k_{13} \\ k_{21} & k_{22} & k_{23} \\ k_{31} & k_{32} & k_{33} \end{bmatrix} \qquad (14-32)$$

其中

$$k_{11} = \frac{1}{4A}\left[(x_3 - x_2)^2 + (y_2 - y_3)^2\right] \tag{14-33}$$

$$k_{12} = \frac{1}{4A}\left[(x_3 - x_2)(x_1 - x_3) + (y_2 - y_3)(y_3 - y_1)\right] \tag{14-34}$$

$$k_{13} = \frac{1}{4A}\left[(x_3 - x_2)(x_2 - x_1) + (y_2 - y_3)(y_1 - y_2)\right] \tag{14-35}$$

$$k_{21} = k_{12} \tag{14-36}$$

$$k_{22} = \frac{1}{4A}\left[(x_1 - x_3)^2 + (y_3 - y_1)^2\right] \tag{14-37}$$

$$k_{23} = \frac{1}{4A}\left[(x_1 - x_3)(x_2 - x_1) + (y_3 - y_1)(y_1 - y_2)\right] \tag{14-38}$$

$$k_{31} = k_{13} \tag{14-39}$$

$$k_{32} = k_{23} \tag{14-40}$$

$$k_{33} = \frac{1}{4A}\left[(x_2 - x_1)^2 + (y_1 - y_2)^2\right] \tag{14-41}$$

因为 $\dfrac{\partial H_i}{\partial x}$ 和 $\dfrac{\partial H_i}{\partial y}$ 对于线性三角形单元是常数，所以式（14-31）中的被积函数是常数。因此，式（14-31）中的积分变成被积函数乘单元域的面积，结果在式（14-33）至式（14-41）中给出。

【例14-2】计算图14-4所示线性三角形单元的泊松方程的单元矩阵。

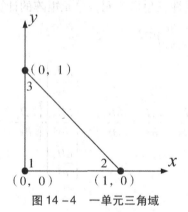

图14-4　一单元三角域

单元节点编号为逆时针方向，三角形单元的面积为 0.5，单元矩阵为

$$[K^e] = \begin{bmatrix} 1.0 & -0.5 & -0.5 \\ -0.5 & 0.5 & 0 \\ -0.5 & 0 & 0.5 \end{bmatrix} \tag{14-42}$$

式（14-18）中要计算的另一个域积分项为

$$\int_{\Omega} w g(x,y) \, \mathrm{d}\Omega \qquad (14-43)$$

该积分会产生如下所示的列向量，在每个线性三角形单元上计算该积分会得到

$$\int_{\Omega^e} \begin{Bmatrix} H_1 \\ H_2 \\ H_3 \end{Bmatrix} g(x,y) \, \mathrm{d}\Omega \qquad (14-44)$$

根据函数 $g(x,y)$，解析积分可能并不简单。然而，可以应用数值积分技术来计算该积分。第 11 章讨论了一些数值方法。

14.3　双线性矩形单元

双线性矩形单元如图 14-5 所示。该单元的形状函数可以从以下的插值函数中导出：

$$\boldsymbol{u} = a_1 + a_2 x + a_3 y + a_4 xy \qquad (14-45)$$

此函数在 x 和 y 方向上都是线性的。使用与 14.2 节中相同的方法可得到

$$H_1 = \frac{1}{4bc}(b-x)(c-y) \qquad (14-46)$$

$$H_2 = \frac{1}{4bc}(b+x)(c-y) \qquad (14-47)$$

$$H_3 = \frac{1}{4bc}(b+x)(c+y) \qquad (14-48)$$

$$H_4 = \frac{1}{4bc}(b-x)(c+y) \qquad (14-49)$$

其中，$2b$ 和 $2c$ 分别为单元的长度和高度。

形状函数方程式（14-46）至式（14-49）可通过两组一维形状函数的乘积获得。假设线性形状函数在 x 方向上，节点位于 $x = -b$ 和 $x = b$，可得

$$\varphi_1(x) = \frac{1}{2b}(b-x) \qquad (14-50)$$

$$\varphi_2(x) = \frac{1}{2b}(b+x) \qquad (14-51)$$

类似地，y 方向上的线性形状函数为

$$\psi_1(x) = \frac{1}{2c}(c-y) \qquad (14-52)$$

$$\psi_2(x) = \frac{1}{2c}(c+y) \qquad (14-53)$$

即式（14－50）和式（14－51）以及式（14－52）和式（14－53）的乘积可得到式（14－46）至式（14－49）。由上述乘积得到的形状函数称为拉格朗日形状函数。

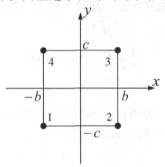

图 14－5　双线性单元

【例 14－3】用双线性形状函数计算泊松方程的单元矩阵。

$$
[K^e] = \int_{\Omega^e} \left(\begin{Bmatrix} \dfrac{\partial H_1}{\partial x} \\[6pt] \dfrac{\partial H_2}{\partial x} \\[6pt] \dfrac{\partial H_3}{\partial x} \\[6pt] \dfrac{\partial H_4}{\partial x} \end{Bmatrix} \begin{bmatrix} \dfrac{\partial H_1}{\partial x} & \dfrac{\partial H_2}{\partial x} & \dfrac{\partial H_3}{\partial x} & \dfrac{\partial H_4}{\partial x} \end{bmatrix} + \right.
$$

$$
\left. \begin{Bmatrix} \dfrac{\partial H_1}{\partial y} \\[6pt] \dfrac{\partial H_2}{\partial y} \\[6pt] \dfrac{\partial H_3}{\partial y} \\[6pt] \dfrac{\partial H_4}{\partial y} \end{Bmatrix} \begin{bmatrix} \dfrac{\partial H_1}{\partial y} & \dfrac{\partial H_2}{\partial y} & \dfrac{\partial H_3}{\partial y} & \dfrac{\partial H_4}{\partial y} \end{bmatrix} \right) \mathrm{d}\Omega
$$

$$(14 - 54)$$

其中，H_i 是双线性形状函数。这是一个 4×4 的矩阵，第一部分是

$$
K^e_{11} = \int_{-b}^{b} \int_{-c}^{c} \left(\frac{\partial H_1}{\partial x} \frac{\partial H_1}{\partial x} + \frac{\partial H_1}{\partial y} \frac{\partial H_1}{\partial y} \right) \mathrm{d}y\mathrm{d}x
$$

$$
= \int_{-b}^{b} \int_{-c}^{c} \frac{1}{16b^2 c^2} \left[(y - c)^2 + (x - b)^2 \right] \mathrm{d}y\mathrm{d}x
$$

$$
= \frac{c^2 + b^2}{3bc} \tag{14 - 55}
$$

对所有项进行积分，可以得到关于双线性矩形单元的单元矩阵

$$\left[K^e \right] = \begin{bmatrix} k_{11} & k_{12} & k_{13} & k_{14} \\ k_{12} & k_{22} & k_{23} & k_{24} \\ k_{13} & k_{23} & k_{33} & k_{34} \\ k_{14} & k_{24} & k_{34} & k_{44} \end{bmatrix} \qquad (14-56)$$

其中

$$k_{11} = \frac{b^2 + c^2}{3bc} \qquad (14-57)$$

$$k_{12} = \frac{b^2 - 2c^2}{6bc} \qquad (14-58)$$

$$k_{13} = -\frac{b^2 + c^2}{6bc} \qquad (14-59)$$

$$k_{14} = \frac{c^2 - 2b^2}{6bc} \qquad (14-60)$$

$$k_{22} = k_{11} \qquad (14-61)$$
$$k_{23} = k_{14} \qquad (14-62)$$
$$k_{24} = k_{13} \qquad (14-63)$$
$$k_{33} = k_{11} \qquad (14-64)$$
$$k_{34} = k_{12} \qquad (14-65)$$
$$k_{44} = k_{11} \qquad (14-66)$$

另一个域积分变成

$$\int_{-b}^{b} \int_{-c}^{c} \begin{Bmatrix} H_1 \\ H_2 \\ H_3 \\ H_4 \end{Bmatrix} g(x,y) \, \mathrm{d}y \mathrm{d}x \qquad (14-67)$$

这与式（14-44）相似。

14.4 边界积分

式（14-18）中的边界积分为

$$\int_{\Gamma_n} \boldsymbol{w} \frac{\partial \boldsymbol{u}}{\partial \boldsymbol{n}} \mathrm{d}\Gamma = \sum \int_{\Gamma_e} \boldsymbol{w} \frac{\partial \boldsymbol{u}}{\partial \boldsymbol{n}} \mathrm{d}\Gamma \qquad (14-68)$$

其中，下标 n 表示自然边界，下标 e 表示单元边界。对位于域边界的单元进行求和，其单元边界受到自然边界条件的影响，如图 14 - 6 所示。

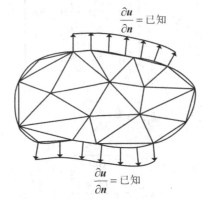

图 14 - 6　边界单元

简便起见，我们考虑如图 14 - 7 所示的与 x 轴平行的元件边界。

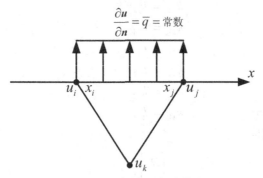

图 14 - 7　恒流三角形单元

单元边界受到正恒定通量的影响，也就是说，通量在向外的方向上，假设为正。由于区域离散采用线性三角形单元，单元边界有两个节点。因此，使用线性一维形状函数来插值单元边界。沿单元边界的边界积分变为

$$\int_{\Gamma^e} \boldsymbol{w}\frac{\partial \boldsymbol{u}}{\partial x}\mathrm{d}\Gamma = \bar{q}\int_{x_i}^{x_j}\begin{Bmatrix} \dfrac{x_j - x}{x_j - x_i} \\ \dfrac{x - x_i}{x_j - x_i} \end{Bmatrix}\mathrm{d}x = \frac{\bar{q}\,h_{ij}}{2}\begin{Bmatrix} 1 \\ 1 \end{Bmatrix} \qquad (14-69)$$

其中，元素边界的长度为

$$h_{ij} = x_j - x_i \qquad (14-70)$$

该列向量被添加到与节点 i 和 j 相关的位置。如果单元边界沿 y 轴或围绕 xy 轴的任意方向，只要 h_{ij} 是单元边界的长度，就可以获得结果。

【例 14 - 4】对于具有三角形形状的热传导问题，离散成四个线性三角形单元（图 14 - 8），域中有六个节点。一个边界是绝缘的或对称的，因此没有通量（$\frac{\partial u}{\partial x} = 0$）通过边界；另一个边界具有恒定的热通量；第三个边界具有已知的温度，求节点处的温度。

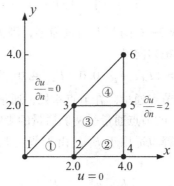

图 14 - 8 三角形区域

每个单元矩阵可从式（14 - 32）至式（14 - 41）中获得。图 14 - 9 显示了每个元件的局部和全局节点编号。全局节点编号用于标识哪些节点与每个单元关联，而局部节点编号与将形状函数分配给节点有关。因此，线性三角形单元的局部节点数始终为 1、2 和 3。对于目前的单元，单元矩阵是相同的，其中一个如下所示：

$$[K^e] = \begin{bmatrix} 0.5 & -0.5 & 0.0 \\ -0.5 & 1.0 & -0.5 \\ 0.0 & -0.5 & 0.5 \end{bmatrix} \tag{14 - 71}$$

如果每个单元的局部节点编号发生变化，则单元矩阵将与式（14 - 71）中的矩阵不同。根据全局节点数可将单元矩阵组合到系统矩阵中，对于系统节点向量 $\{u_1 \ u_2 \ u_3 \ u_4 \ u_5 \ u_6\}$，可得

$$[K] = \begin{bmatrix} 0.5 & -0.5 & 0.0 & 0.0 & 0.0 & 0.0 \\ -0.5 & 2.0 & -1.0 & -0.5 & 0.0 & 0.0 \\ 0.0 & -1.0 & 2.0 & 0.0 & -1.0 & 0.0 \\ 0.0 & -0.5 & 0.0 & 1.0 & -0.5 & 0.0 \\ 0.0 & 0.0 & -1.0 & -0.5 & 2.0 & -0.5 \\ 0.0 & 0.0 & 0.0 & 0.0 & -0.5 & 0.5 \end{bmatrix} \tag{14 - 72}$$

系统列向量由给定通量的边界积分得到，具有指定非零通量的单元边界为边界 4—5 和边界 5—6。使用式（14 - 69），等效节点通量为

$$\begin{Bmatrix} F_4 \\ F_5 \end{Bmatrix} = \begin{Bmatrix} 2 \\ 2 \end{Bmatrix} \tag{14 - 73}$$

$$\begin{Bmatrix} F_5 \\ F_6 \end{Bmatrix} = \begin{Bmatrix} 2 \\ 2 \end{Bmatrix} \tag{14 - 74}$$

而单元边界 1—3 和边界 3—6 的节点通量为零，因为它们是绝缘的。将所有这些向量组合起来就得到了系统列向量

$$\{F\} = \{F_1 \quad F_2 \quad 0.0 \quad F_4 \quad 4.0 \quad 2.0\}^T \tag{14 - 75}$$

其中，F_1, F_2 和 F_4 是未知的节点通量。在节点 4 处，通量在边缘 4—5 处已知，但在边缘 2—4 处未知。节点 4 处的节点通量受两侧通量的影响，其中一个通量未知。因此，F_4 是未知的。同样的解释也适用于 F_1。由于节点 1，2 和 4 处的温度已知，我们可以求解矩阵方程

$$[K]\{u\} = \{F\} \tag{14 - 76}$$

当 $u_1 = 0.0$，$u_2 = 0.0$ 和 $u_4 = 0.0$，可得出 $u_3 = 3.0$，$u_5 = 6.0$ 和 $u_6 = 10.0$。

【例 14 - 5】传热中一个常见的边界条件是边界处的热对流。该边界条件表示为

$$\frac{\partial u}{\partial n} = a(u - u_o) \tag{14 - 77}$$

其中，a 是热对流系数，u_o 是环境温度。也就是说，热通量与物体表面和环境的温差成正比。因此，可写成

$$\frac{\partial u}{\partial n} = au + b \tag{14 - 78}$$

其中，a 和 b 是已知函数，因为 u_o 是已知值。将式（14 - 78）代入式（14 - 68）中的单元边界积分，可得

$$\int_{\Gamma^e} w \frac{\partial u}{\partial n} d\Gamma = \int_{\Gamma^e} w \{a(x,y)u + b(x,y)\} d\Gamma \tag{14 - 79}$$

在有测试函数和试验函数的乘积的情况下，当测试函数只产生一个向量时，该项就变成一个矩阵。因此，式（14 - 79）的第一项变成使用线性形状函数插值单元边界

$$\int_{s_i}^{s_j} a \begin{Bmatrix} \dfrac{s_j - s}{s_j - s_i} \\ \dfrac{s - s_i}{s_j - s_i} \end{Bmatrix} \begin{Bmatrix} \dfrac{s_j - s}{s_j - s_i} & \dfrac{s - s_i}{s_j - s_i} \end{Bmatrix} d\Gamma \begin{Bmatrix} u_i \\ u_j \end{Bmatrix} \tag{14 - 80}$$

其中，s_i 和 s_j 是沿元件边界的局部轴的坐标值，如图 14 - 9 所示；u_i 和 u_j 是元件边界处的节点变量。对于边界上有两个节点的单元，这种积分会产生 2 × 2 的矩阵，该矩阵应添加到系统矩阵中。式（14 - 79）中的剩余项可以用本节中描述的相同方式

处理。

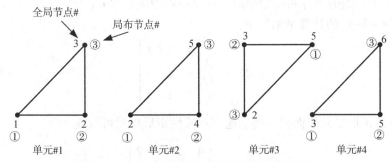

图 14 - 9　具有局部和全局节点编号的单元

14.5　瞬态分析

瞬态热传导的控制方程为

$$\frac{\partial \boldsymbol{u}}{\partial t} = \frac{1}{a}\left(\frac{\partial^2 \boldsymbol{u}}{\partial x^2} + \frac{\partial^2 \boldsymbol{u}}{\partial y^2}\right) \quad \text{in } \Omega \tag{14 - 81}$$

其中，t 表示时间，a 表示已知函数。通常，对于具有恒定材料属性的热传导问题，a 等于 $\frac{\rho c_\rho}{k}$，其中 k 是热传导系数，ρ 是密度，c_ρ 是比热。这里忽略了热量的产生或散热。

以第 14.1 节中给出的相同方式，将加权残差法应用于式（14 - 81），得出

$$I = \int_\Omega w \frac{\partial \boldsymbol{u}}{\partial t} \mathrm{d}\Omega + \frac{1}{a}\int_\Omega \left(\frac{\partial \boldsymbol{w}}{\partial x}\frac{\partial \boldsymbol{u}}{\partial x} + \frac{\partial \boldsymbol{w}}{\partial y}\frac{\partial \boldsymbol{u}}{\partial y}\right)\mathrm{d}\Omega - \frac{1}{a}\int_{\Gamma_n} w \frac{\partial \boldsymbol{u}}{\partial n}\mathrm{d}\Gamma \tag{14 - 82}$$

无论是稳态问题还是瞬态问题，加权残差法都适用于空间域，而不是时间域。因此，瞬态和稳态问题之间的区别是式（14 - 82）中的第一项。另一个区别是，对于瞬态问题，变量 $\boldsymbol{u}$ 是空间和时间的函数。

变量 $\boldsymbol{u} = u(x, y, t)$ 在有限元中的插值方式与使用形状函数之前类似：

$$u(x, y, t) = \sum_{i=1}^{n} H_i(x, y) u_i(t) \tag{14 - 83}$$

其中，$H_i(x, y)$ 是形状函数，n 是每个单元的节点数。这里需要注意的一点是，形状函数用于插值单元内的空间变化，而时间变化与节点变量有关。将式（14 - 83）应用于式（14 - 82）中的第一项，得到

$$[M^e] = \int_{\Omega^e} \begin{Bmatrix} H_1 \\ H_2 \\ H_3 \end{Bmatrix} \{ H_1 \quad H_2 \quad H_3 \} \mathrm{d}\Omega \begin{Bmatrix} \dot{u}_1 \\ \dot{u}_2 \\ \dot{u}_3 \end{Bmatrix} \tag{14 - 84}$$

对于线性三角形单元，从式（14-82）的第二和第三积分中得到的矩阵和向量与前面章节中得到的矩阵和向量相同，只是矩阵中应包含 a 。

式（14-84）的计算结果如下：

$$[M^e] = \frac{A}{12} \begin{bmatrix} 2 & 1 & 1 \\ 1 & 2 & 1 \\ 1 & 1 & 2 \end{bmatrix} \qquad (14-85)$$

其中，A 是三角形单元的面积。类似地，双线性矩形单元可写成

$$[M^e] = \frac{A}{36} \begin{bmatrix} 4 & 2 & 1 & 2 \\ 2 & 4 & 2 & 1 \\ 1 & 2 & 4 & 2 \\ 2 & 1 & 2 & 4 \end{bmatrix} \qquad (14-86)$$

因此，式（14-81）的矩阵方程最终变为

$$[M]\{\dot{u}\}^t + [K]\{u\}^t = \{F\}^t \qquad (14-87)$$

因为这个方程在任何时候都是适用的，所以我们在方程（14-87）中加上标 t 来表示方程满足的时间。此外，矩阵 $[M]$ 和 $[K]$ 与时间无关。现在，抛物型微分方程已经用有限元法转化为一组常微分方程。为了求解这些方程，我们对时间导数使用有限差分法。接下来的章节将介绍求解方法。

14.6 时间积分

首先，我们解释时间导数的前向差分法。正向差表示为

$$\{\dot{u}\}^t = \frac{\{u\}^{t+\Delta t} - \{u\}^t}{\Delta t} \qquad (14-88)$$

将式（14-88）代入式（14-87），可得

$$[M]\{u\}^{t+\Delta t} = \Delta t(\{F\}^t - [K]\{u\}^t) + [M]\{u\}^t \qquad (14-89)$$

在上面的等式中，在时间 t 定义的所有项都放在等式的右侧，而与时间相关的项 $t + \Delta t$ 在左侧。式（14-89）可从给定初始条件 $\{u\}^0$ 和已知边界条件 $\{F\}^t$ 求解，如下所述：

（1）在式（14-89）中设 $t = 0$，可以从 $\{u\}^0$ 和 $\{F\}^0$ 中得到 $\{u\}^{\Delta t}$ 的解。

（2）一旦得到 $\{u\}^{\Delta t}$，我们可以通过在式（14-89）中设 $t = \Delta t$ 来再次进行第（1）步，以确定 $\{u\}^{2\Delta t}$。重复此步骤，直到得到最终答案。

式（14-88）中的前向差分法具有局部截断误差 $O(\Delta t^2)$ 和全局截断误差 $O(\Delta t)$，其中 O 表示误差的阶数。前向差分法是条件稳定的，因此应该使用适当大

小的时间步长 Δt 来获得稳定的解。

下一种技术是向后差分法。对于这种方法，式（14-87）可以在时间 $t + \Delta t$ 重写成

$$[M]\{\dot{u}\}^{t+\Delta t} + [K]\{u\}^{t+\Delta t} = \{F\}^{t+\Delta t} \tag{14-90}$$

向后差分中的时间导数为

$$\{\dot{u}\}^{t+\Delta t} = \frac{\{u\}^{t+\Delta t} - \{u\}^t}{\Delta t} \tag{14-91}$$

联立式（14-91）与式（14-90），可得

$$([M] + \Delta t[K])\{u\}^{t+\Delta t} = \Delta t\{F\}^{t+\Delta t} + [M]\{u\}^t \tag{14-92}$$

求解过程与前向差分法类似，局部和全局截断误差也与前向差分法相同。但后向差分法是无条件稳定的，因此可以使用任何尺寸的 Δt 而无须担心稳定性。当然，由于截断误差，时间步长对精度仍然很重要。

另一种方法是 Crank-Nicolson 方法。对于这种方法，我们在时间 $t + \dfrac{\Delta t}{2}$ 而不是 t 处得式（14-87），可得

$$[M]\{\dot{u}\}^{t+\frac{\Delta t}{2}} + [K]\{u\}^{t+\frac{\Delta t}{2}} = \{F\}^{t+\frac{\Delta t}{2}} \tag{14-93}$$

时间导数项使用中心差分法表示，如

$$\{\dot{u}\}^{t+\frac{\Delta t}{2}} = \frac{\{u\}^{t+\Delta t} - \{u\}^t}{\Delta t} \tag{14-94}$$

其他项计算为平均值

$$\{u\}^{t+\frac{\Delta t}{2}} = \frac{1}{2}(\{u\}^t + \{u\}^{t+\Delta t}) \tag{14-95}$$

和

$$\{F\}^{t+\frac{\Delta t}{2}} = \frac{1}{2}(\{F\}^t + \{F\}^{t+\Delta t}) \tag{14-96}$$

将式（14-94）至式（14-96）代入式（14-93），可得

$$(2[M] + \Delta t[K])\{u\}^{t+\Delta t} = \Delta t(\{F\}^t + \{F\}^{t+\Delta t}) + (2[M] - \Delta t[K])\{u\}^t \tag{14-97}$$

Crank-Nicolson 方法也是无条件稳定的，全局截断误差为 $O(\Delta t^2)$，因此比其他两种方法高一个阶。

【例 14-6】让我们用后向差分法求解以下常微分方程组：

$$[M]\{\dot{u}\} + [K]\{u\} = \{F\} \tag{14-98}$$

其中

$$[M] = \frac{1}{6}\begin{bmatrix} 2 & 1 & 0 & 0 \\ 1 & 4 & 1 & 0 \\ 0 & 1 & 4 & 1 \\ 0 & 0 & 1 & 2 \end{bmatrix} \qquad (14-99)$$

$$[K] = \begin{bmatrix} 1 & -1 & 0 & 0 \\ -1 & 2 & -1 & 0 \\ 0 & -1 & 2 & -1 \\ 0 & 0 & -1 & 1 \end{bmatrix} \qquad (14-100)$$

$$\{F\} = \{F_1 \quad 0 \quad 0 \quad F_4\}^{\mathrm{T}} \qquad (14-101)$$

其中，F_1 和 F_4 是未知的，而 $u_1 = 100$ 和 $u_4 = 100$ 被称为边界条件。此外，初始条件表示 $\{u\}^0 = 0$。将式（14-99）至式（14-101）代入式（14-92），可得

$$\begin{bmatrix} \frac{1}{3}+\Delta t & \frac{1}{6}-\Delta t & 0 & 0 \\ \frac{1}{6}-\Delta t & \frac{2}{3}+2\Delta t & \frac{1}{6}-\Delta t & 0 \\ 0 & \frac{1}{6}-\Delta t & \frac{2}{3}+2\Delta t & \frac{1}{6}-\Delta t \\ 0 & 0 & \frac{1}{6}-\Delta t & \frac{1}{3}+\Delta t \end{bmatrix} \begin{Bmatrix} u_1^{t+\Delta t} \\ u_2^{t+\Delta t} \\ u_3^{t+\Delta t} \\ u_4^{t+\Delta t} \end{Bmatrix} = \begin{Bmatrix} \frac{1}{3}u_1^t + \frac{1}{6}u_2^t + F_1\Delta t \\ \frac{1}{6}u_1^t + \frac{2}{3}u_2^t + \frac{1}{6}u_3^t \\ \frac{1}{6}u_2^t + \frac{2}{3}u_3^t + \frac{1}{6}u_4^t \\ \frac{1}{6}u_3^t + \frac{1}{3}u_4^t + F_4\Delta t \end{Bmatrix}$$

$$(14-102)$$

结合边界条件和时间步长 $\Delta t = 1$，式（14-102）变为

$$\begin{bmatrix} 1 & 0 & 0 & 0 \\ -\frac{5}{6} & \frac{8}{3} & -\frac{5}{6} & 0 \\ 0 & -\frac{5}{6} & \frac{8}{3} & -\frac{5}{6} \\ 0 & 0 & 0 & 1 \end{bmatrix} \begin{Bmatrix} u_1^{t+\Delta t} \\ u_2^{t+\Delta t} \\ u_3^{t+\Delta t} \\ u_4^{t+\Delta t} \end{Bmatrix} = \begin{Bmatrix} 100 \\ \frac{1}{6}u_1^t + \frac{2}{3}u_2^t + \frac{1}{6}u_3^t \\ \frac{1}{6}u_2^t + \frac{2}{3}u_3^t + \frac{1}{6}u_4^t \\ 100 \end{Bmatrix} \qquad (14-103)$$

让式（14-103）中 $t = 0$，并使用初始条件在 $t = 1$ 处得到解，解得

$$\{u_1^1 \quad u_2^1 \quad u_3^1 \quad u_4^1\} = \{100 \quad 45.5 \quad 45.5 \quad 100\} \qquad (14-104)$$

其中，上标 1 表示时间 $t = 1$ 时的解。为继续求解，让式（14-103）中的 $t = 1$，并使用式（14-104）中之前的解。那么，$t = 2$ 时的解为

$$\{u_1^2 \quad u_2^2 \quad u_3^2 \quad u_4^2\} = \{100 \quad 75.4 \quad 75.4 \quad 100\} \qquad (14-105)$$

这个过程一直持续到最后一次。正如预期的那样，该解接近均值 100 的稳定状态。

【例 14 - 7】使用 Crank - Nicolson 方法求解例 14 - 6。将式（14 - 99）至式（14 - 101）代入式（14 - 97），可得

$$
\begin{bmatrix}
\frac{2}{3}+\Delta t & \frac{1}{3}-\Delta t & 0 & 0 \\
\frac{1}{3}-\Delta t & \frac{4}{3}+2\Delta t & \frac{1}{3}-\Delta t & 0 \\
0 & \frac{1}{3}-\Delta t & \frac{4}{3}+2\Delta t & \frac{1}{3}-\Delta t \\
0 & 0 & \frac{1}{3}-\Delta t & \frac{2}{3}+\Delta t
\end{bmatrix}
\begin{Bmatrix}
u_1^{t+\Delta t} \\
u_2^{t+\Delta t} \\
u_3^{t+\Delta t} \\
u_4^{t+\Delta t}
\end{Bmatrix} =
$$

$$
\begin{bmatrix}
\frac{2}{3}-\Delta t & \frac{1}{3}+\Delta t & 0 & 0 \\
\frac{1}{3}+\Delta t & \frac{4}{3}-2\Delta t & \frac{1}{3}+\Delta t & 0 \\
0 & \frac{1}{3}+\Delta t & \frac{4}{3}-2\Delta t & \frac{1}{3}+\Delta t \\
0 & 0 & \frac{1}{3}+\Delta t & \frac{2}{3}-\Delta t
\end{bmatrix}
\begin{Bmatrix}
u_1^t \\
u_2^t \\
u_3^t \\
u_4^t
\end{Bmatrix} +
\begin{Bmatrix}
\Delta t\left(F_1^t+F_1^{t+\Delta t}\right) \\
0 \\
0 \\
\Delta t\left(F_4^t+F_4^{t+\Delta t}\right)
\end{Bmatrix}
$$

$$(14-106)$$

应用边界条件 $u_1 = 100$ 和 $u_4 = 100$ 且 $\Delta t = 1$，得到以下矩阵方程：

$$
\begin{bmatrix}
1 & 0 & 0 & 0 \\
-\frac{2}{3} & \frac{10}{3} & -\frac{2}{3} & 0 \\
0 & -\frac{2}{3} & \frac{10}{3} & -\frac{2}{3} \\
0 & 0 & 0 & 1
\end{bmatrix}
\begin{Bmatrix}
u_1^{t+\Delta t} \\
u_2^{t+\Delta t} \\
u_3^{t+\Delta t} \\
u_4^{t+\Delta t}
\end{Bmatrix} =
\begin{Bmatrix}
100 \\
\frac{4}{3}u_1^t-\frac{2}{3}u_2^t+\frac{4}{3}u_3^t \\
\frac{4}{3}u_2^t-\frac{2}{3}u_3^t+\frac{4}{3}u_4^t \\
100
\end{Bmatrix} \quad (14-107)
$$

应用初始条件 $t = 0$ 得到 $t = 1$ 的解

$$\{u_1^1 \quad u_2^1 \quad u_3^1 \quad u_4^1\} = \{100 \quad 25 \quad 25 \quad 100\} \qquad (14-108)$$

下一步的解，即 $t = 2$ 的解为

$$\{u_1^2 \quad u_2^2 \quad u_3^2 \quad u_4^2\} = \{100 \quad 81.3 \quad 81.3 \quad 100\} \qquad (14-109)$$

使用式（14 - 109）中的解，式（14 - 107）中的 $t = 2$。

14.7 轴对称分析

圆柱坐标系中的拉普拉斯方程如下：

$$\frac{\partial^2 \boldsymbol{u}}{\partial r^2} + \frac{1}{r}\frac{\partial \boldsymbol{u}}{\partial r} + \frac{1}{r^2}\frac{\partial^2 \boldsymbol{u}}{\partial \varphi^2} + \frac{\partial^2 \boldsymbol{u}}{\partial z^2} = 0 \qquad (14-110)$$

式中，r、φ 和 z 分别为径向、周向和轴向，如图 14-10 所示。对于轴对称问题，变量 $\boldsymbol{u}$ 与圆周轴 φ 无关。这种情况下，区域是轴对称的，并且所有描述的载荷和（或）边界条件也是轴对称的。

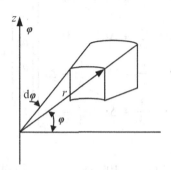

图 14-10 柱坐标

因此，控制方程简化为

$$\frac{\partial^2 \boldsymbol{u}}{\partial r^2} + \frac{1}{r}\frac{\partial \boldsymbol{u}}{\partial r} + \frac{\partial^2 \boldsymbol{u}}{\partial z^2} = 0 \qquad (14-111)$$

对于轴对称分析，应用加权残差法。积分变成

$$\int_{\Omega} \boldsymbol{w}\left(\frac{\partial^2 \boldsymbol{u}}{\partial r^2} + \frac{1}{r}\frac{\partial \boldsymbol{u}}{\partial r} + \frac{\partial^2 \boldsymbol{u}}{\partial z^2}\right)\mathrm{d}\Omega \qquad (14-112)$$

式（14-112）可以改写为

$$\int_{\Omega} \boldsymbol{w}\left\{\frac{1}{r}\frac{\partial}{\partial r}\left(r\frac{\partial \boldsymbol{u}}{\partial r}\right) + \frac{\partial^2 \boldsymbol{u}}{\partial z^2}\right\}\mathrm{d}\Omega \qquad (14-113)$$

区域积分可以表示为

$$\int_{\Omega} f(r,z)\,\mathrm{d}\Omega = \int_{\varphi}\int_r\int_z f(r,z)\,\mathrm{d}\varphi\mathrm{d}r\mathrm{d}z$$

$$= 2\pi\int_r\int_z rf(r,z)\,\mathrm{d}r\mathrm{d}z \qquad (14-114)$$

其中，$f(r,z)$ 是与 φ 无关的任何函数。将式（14-114）代入式（14-113），可得

$$2\pi \int_r \int_z \boldsymbol{w} \left\{ \frac{\partial}{\partial r} \left(r\,\frac{\partial \boldsymbol{u}}{\partial r} \right) + r\,\frac{\partial^2 \boldsymbol{u}}{\partial z^2} \right\} \mathrm{d}\Omega \qquad (14-115)$$

使用分部积分的式（14-94）的弱形式变为

$$-2\pi \int_r \int_z r \left(\frac{\partial \boldsymbol{w}}{\partial r}\,\frac{\partial \boldsymbol{u}}{\partial r} + \frac{\partial \boldsymbol{w}}{\partial z}\,\frac{\partial \boldsymbol{u}}{\partial z} \right) \mathrm{d}z\mathrm{d}r + \int_\Gamma r\boldsymbol{w}\,\frac{\partial \boldsymbol{u}}{\partial n}\mathrm{d}\Gamma \qquad (14-116)$$

其中，边界积分在 $r-z$ 平面上，$\boldsymbol{n}$ 也是到边界的向外法向单位向量。

方程式（14-116）现在表示为径向轴和轴向轴，即 r 和 z。因此，我们需要在 $r-z$ 平面上进行有限元离散，就像二维分析一样。同样类型的形状函数可用于拉普拉斯方程的二维和轴对称分析。然而，这两种表达之间有一个区别。轴对称分析在积分中包含 r，而二维分析不包含 r。让我们使用线性三角形单元进行轴对称分析。三角形单元的单元矩阵可以写成

$$\left[K^e \right] = 2\pi \int_r \int_z r \left(\begin{Bmatrix} \dfrac{\partial H_1}{\partial r} \\[4pt] \dfrac{\partial H_2}{\partial r} \\[4pt] \dfrac{\partial H_3}{\partial r} \end{Bmatrix} \begin{Bmatrix} \dfrac{\partial H_1}{\partial r} & \dfrac{\partial H_2}{\partial r} & \dfrac{\partial H_3}{\partial r} \end{Bmatrix} + \begin{Bmatrix} \dfrac{\partial H_1}{\partial z} \\[4pt] \dfrac{\partial H_2}{\partial z} \\[4pt] \dfrac{\partial H_3}{\partial z} \end{Bmatrix} \begin{Bmatrix} \dfrac{\partial H_1}{\partial z} & \dfrac{\partial H_2}{\partial z} & \dfrac{\partial H_3}{\partial z} \end{Bmatrix} \right) \mathrm{d}r\mathrm{d}z$$

$$(14-117)$$

H_i 在式（14-25）至式（14-27）中给出，用 r 和 z 替换 x 和 y。单元如图 14-11 所示，如 14.2 节所述。$\dfrac{\partial H_i}{\partial r}$ 和 $\dfrac{\partial H_i}{\partial z}$ 独立于 r 和 z。另外：

$$\int_r \int_z r\,\mathrm{d}r\mathrm{d}z = A r_c \qquad (14-118)$$

式中，A 是式（14-23）中定义的三角形单元的面积，$r_c = \dfrac{1}{3}(r_1 + r_2 + r_3)$ 是三角形质心的 r 坐标值，如图 14-11 所示。

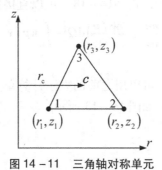

图 14-11　三角轴对称单元

因此，线性三角形轴对称单元的单元矩阵为

$$[K^e] = 2\pi r_e \begin{bmatrix} k_{11} & k_{12} & k_{13} \\ k_{21} & k_{22} & k_{23} \\ k_{31} & k_{32} & k_{33} \end{bmatrix} \qquad (14-119)$$

式中，k_{ij} 与式（14-33）至式（14-41）中给出的相同，只是在轴对称分析中，x_i 和 y_i 被 r_i 和 z_i 代替。

边界处的通量也以与二维分析类似的方式处理。然而，轴对称分析的边界积分也包含 r。如果轴对称问题的线性三角形单元边界上存在均匀通量，如图 14-12 所示，则等效节点通量向量变成 $\pi \bar{r} q l \{1 \quad 1\}^T$，其中 $\bar{r} = \frac{1}{2}(r_i + r_j)$ 是两个边界节点为 i 和 j 的平均 r 坐标值，q 是单位面积均匀通量的值，l 是元件的边长，如图 14-12 所示。

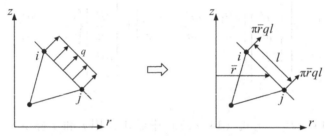

图 14-12　轴对称单元上的通量

14.8　三维分析

对于泊松方程的三维分析，式（14-18）可以直接扩展到

$$I = -\int_{\Omega} \left(\frac{\partial w}{\partial x} \frac{\partial u}{\partial x} + \frac{\partial w}{\partial y} \frac{\partial u}{\partial y} + \frac{\partial w}{\partial z} \frac{\partial u}{\partial z} \right) \mathrm{d}\Omega - \int_{\Omega} w g(x, y, z) \mathrm{d}\Omega + \int_{\Gamma_n} w \frac{\partial u}{\partial n} \mathrm{d}\Gamma$$

$$(14-120)$$

将区域离散成有限元后，可以用之前的方法计算单元矩阵和向量。为了进一步解释，对于一个四面体单元，如图 14-13 所示。

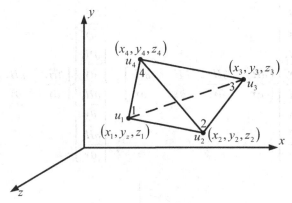

图 14 -13   四面体单元

假设该单元的变量插值为

$$u = \{X\}^{\mathsf{T}}\{C\} \tag{14 - 121}$$

其中

$$\{C\} = \{c_1 \quad c_2 \quad c_3 \quad c_4\}^{\mathsf{T}} \tag{14 - 122}$$

$$\{X\} = \{1 \quad x \quad y \quad z\}^{\mathsf{T}} \tag{14 - 123}$$

也就是说，假设插值函数在节点处变量的每个轴上都是线性的：

$$\begin{Bmatrix} u_1 \\ u_2 \\ u_3 \\ u_4 \end{Bmatrix} = \begin{bmatrix} 1 & x_1 & y_1 & z_1 \\ 1 & x_2 & y_2 & z_2 \\ 1 & x_3 & y_3 & z_3 \\ 1 & x_4 & y_4 & z_4 \end{bmatrix} \begin{Bmatrix} c_1 \\ c_2 \\ c_3 \\ c_4 \end{Bmatrix} \tag{14 - 124}$$

或者式（14 -124）可以用以下方式表示：

$$\{u\} = [\overline{X}]\{C\} \tag{14 - 125}$$

其中

$$\{u\} = \{u_1 \quad u_2 \quad u_3 \quad u_4\}^{\mathsf{T}} \tag{14 - 126}$$

在取矩阵 $[\overline{X}]$ 的逆并将其预乘到式（14 -125）的两侧后，我们将得到的表达式替换为式（14 -121），然后得到

$$u = \{X\}^{\mathsf{T}}[\overline{X}]^{-1}\{u\} = \{H\}^{\mathsf{T}}\{u\} \tag{14 - 127}$$

其中

$$\{H\}^{\mathsf{T}} = \{H_1 \quad H_2 \quad H_3 \quad H_4\} = \{X\}^{\mathsf{T}}[\overline{X}]^{-1} \tag{14 - 128}$$

是四节点四面体单元的形状函数。用单元离散化将形状函数替换为式（14 -120），得到单元矩阵

$$[K^e] = \int_{\Omega^e} \left(\begin{Bmatrix} \dfrac{\partial H_1}{\partial x} \\[2mm] \dfrac{\partial H_2}{\partial x} \\[2mm] \dfrac{\partial H_3}{\partial x} \\[2mm] \dfrac{\partial H_4}{\partial x} \end{Bmatrix} \begin{Bmatrix} \dfrac{\partial H_1}{\partial x} & \dfrac{\partial H_2}{\partial x} & \dfrac{\partial H_3}{\partial x} & \dfrac{\partial H_4}{\partial x} \end{Bmatrix} + \begin{Bmatrix} \dfrac{\partial H_1}{\partial y} \\[2mm] \dfrac{\partial H_2}{\partial y} \\[2mm] \dfrac{\partial H_3}{\partial y} \\[2mm] \dfrac{\partial H_4}{\partial y} \end{Bmatrix} \begin{Bmatrix} \dfrac{\partial H_1}{\partial y} & \dfrac{\partial H_2}{\partial y} & \dfrac{\partial H_3}{\partial y} & \dfrac{\partial H_4}{\partial y} \end{Bmatrix} + \right.$$

$$\left. \begin{Bmatrix} \dfrac{\partial H_1}{\partial z} \\[2mm] \dfrac{\partial H_2}{\partial z} \\[2mm] \dfrac{\partial H_3}{\partial z} \\[2mm] \dfrac{\partial H_4}{\partial z} \end{Bmatrix} \begin{Bmatrix} \dfrac{\partial H_1}{\partial z} & \dfrac{\partial H_2}{\partial z} & \dfrac{\partial H_3}{\partial z} & \dfrac{\partial H_4}{\partial z} \end{Bmatrix} \right\} \mathrm{d}\Omega$$

$$(14 - 129)$$

从式（14 - 128）中，使

$$[\overline{X}]^{-1} = \begin{bmatrix} a_{11} & a_{12} & a_{13} & a_{14} \\ a_{21} & a_{22} & a_{23} & a_{24} \\ a_{31} & a_{32} & a_{33} & a_{34} \\ a_{41} & a_{42} & a_{43} & a_{44} \end{bmatrix} \qquad (14 - 130)$$

然后，形状函数可以表示为

$$H_1(x,y,z) = a_{11} + a_{21}x + a_{31}y + a_{41}z \qquad (14 - 131)$$
$$H_2(x,y,z) = a_{12} + a_{22}x + a_{32}y + a_{42}z \qquad (14 - 132)$$
$$H_3(x,y,z) = a_{13} + a_{23}x + a_{33}y + a_{43}z \qquad (14 - 133)$$
$$H_4(x,y,z) = a_{14} + a_{24}x + a_{34}y + a_{44}z \qquad (14 - 134)$$

将式（14 - 131）至式（14 - 134）代入式（14 - 129）中，得到

$$[K^e] = V \begin{bmatrix} k_{11} & k_{12} & k_{13} & k_{14} \\ k_{21} & k_{22} & k_{23} & k_{24} \\ k_{31} & k_{32} & k_{33} & k_{34} \\ k_{41} & k_{42} & k_{43} & k_{44} \end{bmatrix} \qquad (14 - 135)$$

其中

$$k_{11} = (a_{21})^2 + (a_{31})^2 + (a_{41})^2 \qquad (14-136)$$

$$k_{12} = a_{21}a_{22} + a_{31}a_{32} + a_{41}a_{42} \qquad (14-137)$$

$$k_{13} = a_{21}a_{23} + a_{31}a_{33} + a_{41}a_{43} \qquad (14-138)$$

$$k_{14} = a_{21}a_{24} + a_{31}a_{34} + a_{41}a_{44} \qquad (14-139)$$

$$k_{21} = k_{12} \qquad (14-140)$$

$$k_{22} = (a_{22})^2 + (a_{32})^2 + (a_{42})^2 \qquad (14-141)$$

$$k_{23} = a_{22}a_{23} + a_{32}a_{33} + a_{42}a_{43} \qquad (14-142)$$

$$k_{24} = a_{22}a_{24} + a_{32}a_{34} + a_{42}a_{44} \qquad (14-143)$$

$$k_{31} = k_{13} \qquad (14-144)$$

$$k_{32} = k_{23} \qquad (14-145)$$

$$k_{33} = (a_{23})^2 + (a_{33})^2 + (a_{43})^2 \qquad (14-146)$$

$$k_{34} = a_{23}a_{24} + a_{33}a_{34} + a_{43}a_{44} \qquad (14-147)$$

$$k_{41} = k_{14} \qquad (14-148)$$

$$k_{42} = k_{24} \qquad (14-149)$$

$$k_{43} = k_{34} \qquad (14-150)$$

$$k_{44} = (a_{24})^2 + (a_{34})^2 + (a_{44})^2 \qquad (14-151)$$

此外，V 是单元体积。

三维分析中的通量边界条件可以按以下方式处理。对于四面体单元一侧的均匀通量，对于单元边界上的节点，通量列向量变为 $\dfrac{A_s q}{3}\{1 \quad 1 \quad 1\}^{\mathrm{T}}$，如图 14-14 所示。这里，$A_s$ 是施加均匀 q 通量的元件侧的表面积。

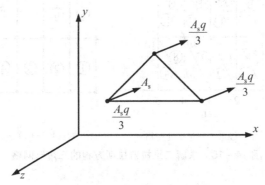

图 14-14　常通量三角形边界

瞬态项（即 $\dfrac{\partial u}{\partial t}$）的单元矩阵为

$$[M^e] = \frac{V}{20}\begin{bmatrix} 2 & 1 & 1 & 1 \\ 1 & 2 & 1 & 1 \\ 1 & 1 & 2 & 1 \\ 1 & 1 & 1 & 2 \end{bmatrix} \qquad (14-152)$$

14.9 MATLAB 在二维稳定状态分析中的应用

本节展示了一些分析二维稳定状态问题的 MATLAB 程序，使用了线性三角形单元和双线性矩形单元。

【例 14 - 8】根据下列给定条件，求解二维拉普拉斯方程，计算区域和有限元离散化如图 14 - 15（a）所示。

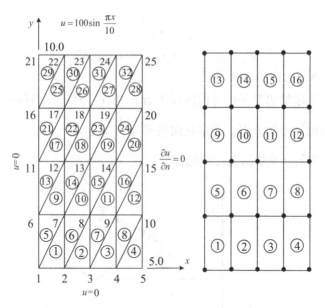

（a）线形三角形单元网格　　　（b）双线性矩形单元网格

图 14 - 15　求解二维拉普拉斯方程的三角形网格

$$\frac{\partial^2 u}{\partial x^2} + \frac{\partial^2 u}{\partial y^2} = 0 \qquad (14-153)$$

定义域为 $0 < x < 5, 0 < y < 10$。当 $0 < x < 5$ 时，边界条件为 $u(x,0) = 0$；当 $0 < y < 10$ 时，边界条件为 $u(0,y) = 0$；当 $0 < x < 5$ 时，$u(x,10) = 100\sin\frac{\pi x}{10}$；

当 $0 < y < 10$ 时, $\dfrac{\partial u(5,y)}{\partial x} = 0$ 。MATLAB 主程序和函数程序如下所示，部分函数程序已经在前面章节列出。

```
%————————————————————————————————————
% 例 14 - 8
% 为解决如下给定的二维拉普拉斯方程
%   u,xx + u,yy = 0,   0 < x < 5,0 < y < 10
%   u(x,0) = 0, u(x,10) = 100sin(pi * x/10)
%   u(0,y) = 0, u,x(5,y) = 0
% 使用线性三角形单元
% 有限元网格见图 14 - 15(a)
%
% Variable descriptions
%   K_Element = 单元矩阵
%   F_Element = 单元向量
%   KK_System = 系统矩阵
%   FF_System = 系统向量
%   Coord_Nod = 每一个节点的坐标值
%   Nod_Belong_Elem = 每一个单元内部的从属节点
%   Index_Sys_Elem = 包含与每个单元关联的系统自由度的索引向量
%   Bound_Con_DOFs = 包含与边界条件相关的自由度的向量
%   Bound_Con_Values = 包含与'Bound_Con_DOFs'中自由度相关的边界条件的向量
%————————————————————————————————————


%————————————————————————————————
% 输入控制参数数据
%————————————————————————————————


clear
Num_Element = 32;                           % 单元总数
Num_Nod_In_Elem = 3;                        % 每个单元的节点数
Num_DOFs_In_Nod = 1;                        % 每个节点的自由度数量
Num_Nod_In_System = 25;                     % 系统中的节点总数
Num_DOFs_In_System = Num_Nod_In_System * Num_DOFs_In_Nod;
                                            % 整个系统中的自由度
```

总数

```
%—————————————————————————————
%     输入节点的坐标值数据
%     Coord_Nod(i,j) 中 i 指节点序号,j 指 x 坐标或者 y 坐标
%—————————————————————————————

Coord_Nod(1,1) = 0.0; Coord_Nod(1,2) = 0.0; Coord_Nod(2,1) = 1.25; Coord_
Nod(2,2) = 0.0;
Coord_Nod(3,1) = 2.5; Coord_Nod(3,2) = 0.0; Coord_Nod(4,1) = 3.75; Coord_
Nod(4,2) = 0.0;
Coord_Nod(5,1) = 5.0; Coord_Nod(5,2) = 0.0; Coord_Nod(6,1) = 0.0; Coord_
Nod(6,2) = 2.5;
Coord_Nod(7,1) = 1.25; Coord_Nod(7,2) = 2.5; Coord_Nod(8,1) = 2.5; Coord_
Nod(8,2) = 2.5;
Coord_Nod(9,1) = 3.75; Coord_Nod(9,2) = 2.5; Coord_Nod(10,1) = 5.0; Coord_
Nod(10,2) = 2.5;
Coord_Nod(11,1) = 0.0; Coord_Nod(11,2) = 5.0; Coord_Nod(12,1) = 1.25; Coord_
Nod(12,2) = 5.0;
Coord_Nod(13,1) = 2.5; Coord_Nod(13,2) = 5.0; Coord_Nod(14,1) = 3.75; Coord_
Nod(14,2) = 5.0;
Coord_Nod(15,1) = 5.0; Coord_Nod(15,2) = 5.0; Coord_Nod(16,1) = 0.0; Coord_
Nod(16,2) = 7.5;
Coord_Nod(17,1) = 1.25; Coord_Nod(17,2) = 7.5; Coord_Nod(18,1) = 2.5; Coord_
Nod(18,2) = 7.5;
Coord_Nod(19,1) = 3.75; Coord_Nod(19,2) = 7.5; Coord_Nod(20,1) = 5.0; Coord_
Nod(20,2) = 7.5;
Coord_Nod(21,1) = 0.0; Coord_Nod(21,2) = 10.0; Coord_Nod(22,1) = 1.25; Coord_
Nod(22,2) = 10.0;
Coord_Nod(23,1) = 2.5; Coord_Nod(23,2) = 10.0; Coord_Nod(24,1) = 3.75; Coord_
Nod(24,2) = 10.0;
Coord_Nod(25,1) = 5.0; Coord_Nod(25,2) = 10.0;


%—————————————————————————————
%     输入单元与节点的从属关系
%     Nod_Belong_Elem(i,j) 中 i 指单元序号,j 指单元内部的节点序号
```

%—————————————————————————————————————

Nod_Belong_Elem(1,1) = 1;Nod_Belong_Elem(1,2) = 2;Nod_Belong_Elem(1,3) = 7;

Nod_Belong_Elem(2,1) = 2;Nod_Belong_Elem(2,2) = 3;Nod_Belong_Elem(2,3) = 8;

Nod_Belong_Elem(3,1) = 3;Nod_Belong_Elem(3,2) = 4;Nod_Belong_Elem(3,3) = 9;

Nod_Belong_Elem(4,1) = 4;Nod_Belong_Elem(4,2) = 5;Nod_Belong_Elem(4,3) = 10;

Nod_Belong_Elem(5,1) = 1;Nod_Belong_Elem(5,2) = 7;Nod_Belong_Elem(5,3) = 6;

Nod_Belong_Elem(6,1) = 2;Nod_Belong_Elem(6,2) = 8;Nod_Belong_Elem(6,3) = 7;

Nod_Belong_Elem(7,1) = 3;Nod_Belong_Elem(7,2) = 9;Nod_Belong_Elem(7,3) = 8;

Nod_Belong_Elem(8,1) = 4;Nod_Belong_Elem(8,2) = 10;Nod_Belong_Elem(8,3) = 9;

Nod_Belong_Elem(9,1) = 6;Nod_Belong_Elem(9,2) = 7;Nod_Belong_Elem(9,3) = 12;

Nod_Belong_Elem(10,1) = 7; Nod_Belong_Elem(10,2) = 8; Nod_Belong_Elem(10,3) = 13;

Nod_Belong_Elem(11,1) = 8; Nod_Belong_Elem(11,2) = 9; Nod_Belong_Elem(11,3) = 14;

Nod_Belong_Elem(12,1) = 9; Nod_Belong_Elem(12,2) = 10; Nod_Belong_Elem(12,3) = 15;

Nod_Belong_Elem(13,1) = 6; Nod_Belong_Elem(13,2) = 12; Nod_Belong_Elem(13,3) = 11;

Nod_Belong_Elem(14,1) = 7; Nod_Belong_Elem(14,2) = 13; Nod_Belong_Elem(14,3) = 12;

Nod_Belong_Elem(15,1) = 8; Nod_Belong_Elem(15,2) = 14; Nod_Belong_Elem(15,3) = 13;

Nod_Belong_Elem(16,1) = 9; Nod_Belong_Elem(16,2) = 15; Nod_Belong_Elem(16,3) = 14;

Nod_Belong_Elem(17,1) = 11; Nod_Belong_Elem(17,2) = 12; Nod_Belong_Elem(17,3) = 17;

Nod_Belong_Elem(18,1) = 12; Nod_Belong_Elem(18,2) = 13; Nod_Belong_Elem(18,3) = 18;

Nod_Belong_Elem(19,1) = 13; Nod_Belong_Elem(19,2) = 14; Nod_Belong_Elem(19,3) = 19;

Nod_Belong_Elem(20,1) = 14; Nod_Belong_Elem(20,2) = 15; Nod_Belong_Elem(20,3) = 20;

Nod_Belong_Elem(21,1) = 11; Nod_Belong_Elem(21,2) = 17; Nod_Belong_Elem(21,3) = 16;

Nod_Belong_Elem(22,1) = 12; Nod_Belong_Elem(22,2) = 18; Nod_Belong_Elem(22,3)

= 17;

Nod_Belong_Elem(23,1) = 13; Nod_Belong_Elem(23,2) = 19; Nod_Belong_Elem(23,3)
 = 18;

Nod_Belong_Elem(24,1) = 14; Nod_Belong_Elem(24,2) = 20; Nod_Belong_Elem(24,3)
 = 19;

Nod_Belong_Elem(25,1) = 16; Nod_Belong_Elem(25,2) = 17; Nod_Belong_Elem(25,3)
 = 22;

Nod_Belong_Elem(26,1) = 17; Nod_Belong_Elem(26,2) = 18; Nod_Belong_Elem(26,3)
 = 23;

Nod_Belong_Elem(27,1) = 18; Nod_Belong_Elem(27,2) = 19; Nod_Belong_Elem(27,3)
 = 24;

Nod_Belong_Elem(28,1) = 19; Nod_Belong_Elem(28,2) = 20; Nod_Belong_Elem(28,3)
 = 25;

Nod_Belong_Elem(29,1) = 16; Nod_Belong_Elem(29,2) = 22; Nod_Belong_Elem(29,3)
 = 21;

Nod_Belong_Elem(30,1) = 17; Nod_Belong_Elem(30,2) = 23; Nod_Belong_Elem(30,3)
 = 22;

Nod_Belong_Elem(31,1) = 18; Nod_Belong_Elem(31,2) = 24; Nod_Belong_Elem(31,3)
 = 23;

Nod_Belong_Elem(32,1) = 19; Nod_Belong_Elem(32,2) = 25; Nod_Belong_Elem(32,3)
 = 24;

%——————————————————————————————
%   输入边界条件数据
%——————————————————————————————

Bound_Con_DOFs(1) = 1;   % 第一个节点被约束
Bound_Con_Values(1) = 0;   % 第一个节点约束值为0
Bound_Con_DOFs(2) = 2;   % 第二个节点被约束
Bound_Con_Values(2) = 0;   % 第二个节点约束值为0
Bound_Con_DOFs(3) = 3;   % 第三个节点被约束
Bound_Con_Values(3) = 0;   % 第三个节点约束值为0
Bound_Con_DOFs(4) = 4;   % 第四个节点被约束
Bound_Con_Values(4) = 0;   % 第四个节点约束值为0
Bound_Con_DOFs(5) = 5;   % 第五个节点被约束
Bound_Con_Values(5) = 0;   % 第五个节点约束值为0

```
Bound_Con_DOFs(6) = 6;                    % 第六个节点被约束
Bound_Con_Values(6) = 0;                  % 第六个节点约束值为 0
Bound_Con_DOFs(7) = 11;                   % 第十一个节点被约束
Bound_Con_Values(7) = 0;                  % 第十一个节点约束值为 0
Bound_Con_DOFs(8) = 16;                   % 第十六个节点被约束
Bound_Con_Values(8) = 0;                  % 第十六个节点约束值为 0
Bound_Con_DOFs(9) = 21;                   % 第二十一个节点被约束
Bound_Con_Values(9) = 0;                  % 第二十一个节点约束值为 0
Bound_Con_DOFs(10) = 22;                  % 第二十二个节点被约束
Bound_Con_Values(10) = 38.2683;          % 第二十二个节点约束值为 38.2683
Bound_Con_DOFs(11) = 23;                  % 第二十三个节点被约束
Bound_Con_Values(11) = 70.7107;          % 第二十三个节点约束值为 70.7107
Bound_Con_DOFs(12) = 24;                  % 第二十四个节点被约束
Bound_Con_Values(12) = 92.3880;          % 第二十四个节点约束值为 92.3880
Bound_Con_DOFs(13) = 25;                  % 第二十五个节点被约束
Bound_Con_Values(13) = 100;              % 第二十五个节点约束值为 100


%———————————————————————————————————————
%    初始化系统矩阵与向量
%———————————————————————————————————————


FF_System = zeros(Num_DOFs_In_System,1);        % 系统向量的初始化
KK_System = zeros(Num_DOFs_In_System,Num_DOFs_In_System);
                                                % 系统矩阵的初始化
Index_Sys_Elem = zeros(Num_Nod_In_Elem * Num_DOFs_In_Nod,1);
                                                % 索引向量的初始化


%———————————————————————————————————————————————
%    单元矩阵和向量的计算与整合
%———————————————————————————————————————————————


for iel = 1:Num_Element                         % 遍历所有单元
Nod_In_Elem(1) = Nod_Belong_Elem(iel,1);        % 第 i 单元的第一个节点
Nod_In_Elem(2) = Nod_Belong_Elem(iel,2);        % 第 i 单元的第二个节点
Nod_In_Elem(3) = Nod_Belong_Elem(iel,3);        % 第 i 单元的第三个节点
x1 = Coord_Nod(Nod_In_Elem(1),1); y1 = Coord_Nod(Nod_In_Elem(1),2);
```

```
                                          % 第一个节点的坐标值
x2 = Coord_Nod(Nod_In_Elem(2),1); y2 = Coord_Nod(Nod_In_Elem(2),2);
                                          % 第二个节点的坐标值
x3 = Coord_Nod(Nod_In_Elem(3),1); y3 = Coord_Nod(Nod_In_Elem(3),2);
                                          % 第三个节点的坐标值

Index_Sys_Elem = feeldof(Nod_In_Elem,Num_Nod_In_Elem,Num_DOFs_In_Nod);
                                          % 提取与单元关联的系统自由度

K_Element = felp2dt3(x1,y1,x2,y2,x3,y3);     % 计算单元矩阵

KK_System = feasmbl1(KK_System,K_Element,Index_Sys_Elem);
                                          % 整合单元矩阵

end

%————————————————————————
% 适用边界条件
%————————————————————————

[KK_System,FF_System] = feaplyc2(KK_System,FF_System,Bound_Con_DOFs,
Bound_Con_Values);

%————————————————————————
%   求解矩阵方程
%————————————————————————

fsol = KK_System \ FF_System;

%————————————————————
% 分析解
%————————————————————

for i = 1:Num_Nod_In_System
x = Coord_Nod(i,1); y = Coord_Nod(i,2);
esol(i) = 100 * sinh(0.31415927 * y) * sin(0.31415927 * x)/sinh(3.1415927);
```

```
end


%———————————————————————————
% 打印和提取有限元解
%———————————————————————————


num = 1:1:Num_DOFs_In_System;
store = [num 'fsol esol']


%———————————————————————————————————————————————


function [KK_System] = feasmbl1(KK_System,K_Element,Index_Sys_Elem)
%———————————————————————————————————————————————
% 目的:
%     整合单元矩阵进入系统矩阵
%
%   简介:
%     [KK_System] = feasmbl1(KK_System,K_Element,Index_Sys_Elem)
%
%   变量描述:
%     KK_System - 系统矩阵
%     K_Element - 单元矩阵
%     Index_Sys_Elem - 单元矩阵与整体矩阵的对应关系
%———————————————————————————————————————————————
edof = length(Index_Sys_Elem);
for i = 1:edof
  ii = Index_Sys_Elem(i);
      for j = 1:edof
        jj = Index_Sys_Elem(j);
          KK_System(ii, jj) = KK_System(ii, jj) + K_Element(i, j);
      end
end
%———————————————————————————————————————————————


function [Index_Sys_Elem] = feeldof(Nod_In_Elem,Num_Element,Num_DOFs_In_
Nod)
```

```
%————————————————————————————————————————————————

% 目的:
%      计算与每个单元关联的系统自由度
%
% 简介:
%      [Index_Sys_Elem] = feeldof(Nod_In_Elem,Num_Element,Num_DOFs_In_Nod)
%
% 变量描述:
%      Index_Sys_Elem - 单元 iel 的系统自由度向量
%      iel - 单元编号
%      Num_Element - 每个单元节点的数量
%      Num_DOFs_In_Nod - 每个节点的自由度数量
%————————————————————————————————————————————————

edof = Num_Element * Num_DOFs_In_Nod;
  k = 0;
  for i = 1:Num_Element
    start = (Nod_In_Elem(i) - 1) * Num_DOFs_In_Nod;
      for j = 1:Num_DOFs_In_Nod
        k = k + 1;
        Index_Sys_Elem(k) = start + j;
      end
  end
%————————————————————————————————————————————————


function [K_Element] = felp2dt3(x1,y1,x2,y2,x3,y3)


%————————————————————————————————————————————————
% 目的:
%      二维 Laplace 方程的单元矩阵
%      使用三节点线性三角形单元
%
% 简介:
%      [K_Element] = felp2dt3(x1,y1,x2,y2,x3,y3)
%
```

```
% 变量描述：
%     K_Element - 单元刚度矩阵
%     x1，y1 - 单元第一个节点的 x 和 y 坐标值
%     x2，y2 - 单元第二个节点的 x 和 y 坐标值
%     x3，y3 - 单元第三个节点的 x 和 y 坐标值
%————————————————————————————————————————————————————


% 单元矩阵

A = 0.5 * (x2 * y3 + x1 * y2 + x3 * y1 - x2 * y1 - x1 * y3 - x3 * y2);% 三角形面积
K_Element(1,1) = ((x3 - x2)^2 + (y2 - y3)^2)/(4 * A);
K_Element(1,2) = ((x3 - x2) * (x1 - x3) + (y2 - y3) * (y3 - y1))/(4 * A);
K_Element(1,3) = ((x3 - x2) * (x2 - x1) + (y2 - y3) * (y1 - y2))/(4 * A);
K_Element(2,1) = K_Element(1,2);
K_Element(2,2) = ((x1 - x3)^2 + (y3 - y1)^2)/(4 * A);
K_Element(2,3) = ((x1 - x3) * (x2 - x1) + (y3 - y1) * (y1 - y2))/(4 * A);
K_Element(3,1) = K_Element(1,3);
K_Element(3,2) = K_Element(2,3);
K_Element(3,3) = ((x2 - x1)^2 + (y1 - y2)^2)/(4 * A);
%————————————————————————————————————————————————————
```

有限元和解析解的对比如下。

```
store =

     dof#          dem sol          exact
    1.0000            0                0            % x = 0.00 and y = 0.0
    2.0000            0                0            % x = 1.25 and y = 0.0
    3.0000            0                0            % x = 2.50 and y = 0.0
    4.0000            0                0            % x = 3.75 and y = 0.0
    5.0000            0                0            % x = 5.00 and y = 0.0
    6.0000         0.0000              0            % x = 0.00 and y = 2.5
    7.0000         3.0516           2.8785          % x = 1.25 and y = 2.5
    8.0000         5.6386           5.3187          % x = 2.50 and y = 2.5
    9.0000         7.3672           6.9492          % x = 3.75 and y = 2.5
   10.0000         7.9742           7.5218          % x = 5.00 and y = 2.5
```

11. 0000	0. 0000	0	% x = 0.00 and y = 5.0
12. 0000	7. 9615	7. 6257	% x = 1.25 and y = 5.0
13. 0000	14. 7109	14. 0904	% x = 2.50 and y = 5.0
14. 0000	19. 2207	18. 4100	% x = 3.75 and y = 5.0
15. 0000	20. 8043	19. 9268	% x = 5.00 and y = 5.0
16. 0000	– 0. 0000	0	% x = 0.00 and y = 7.5
17. 0000	17. 7196	17. 3236	% x = 1.25 and y = 7.5
18. 0000	32. 7416	32. 0099	% x = 2.50 and y = 7.5
19. 0000	42. 7789	41. 8229	% x = 3.75 and y = 7.5
20. 0000	46. 3036	45. 2688	% x = 5.00 and y = 7.5
21. 0000	0	0	% x = 0.00 and y = 10.0
22. 0000	38. 2683	38. 2683	% x = 1.25 and y = 10.0
23. 0000	70. 7107	70. 7107	% x = 2.50 and y = 10.0
24. 0000	92. 3880	92. 3880	% x = 3.75 and y = 10.0
25. 0000	100. 0000	100. 0000	% x = 5.00 and y = 10.0

【例 14 – 9】使用双线性矩形单元解决和例 14 – 8 同样的问题。网格如图 14 – 15（b）所示，MATLAB 代码如下。

```
%————————————————————————————————————————
% 例 14 – 9
% 为解决如下给定的二维拉普拉斯方程
%   u,xx + u,yy = 0,  0 < x < 5, 0 < y < 10
%   u(x,0) = 0, u(x,10) = 100sin( pi * x/10),
%   u(0,y) = 0, u,x(5,y) = 0
% 使用线性三角形单元
% 有限元网格见图 14 – 15(b)
%
% 变量描述
%   K_Element = 单元矩阵
%   F_Element = 单元向量
%   KK_System = 系统矩阵
%   FF_System = 系统向量
%   Coord_Nod = 每一个节点的坐标值
%   Nod_Belong_Elem = 每一个单元内部的从属节点
%   Index_Sys_Elem = 包含与每个单元关联的系统自由度的索引向量
```

```
%    Bound_Con_DOFs = 包含与边界条件相关的自由度的向量
%    Bound_Con_Values = 包含与'Bound_Con_DOFs'中自由度相关的边界条件的向量
%————————————————————————————————————————————————


%————————————————————————————————————————
%    输入控制参数数据
%————————————————————————————————————————


clear
Num_Element = 16;                          % 单元总数
Num_Nod_In_Elem = 4;                       % 每个单元的节点数
Num_DOFs_In_Nod = 1;                       % 每个节点的自由度数量
Num_Nod_In_System = 25;                    % 系统中的节点总数
Num_DOFs_In_System = Num_Nod_In_System * Num_DOFs_In_Nod;
                                           % 整个系统中的自由度总数


%————————————————————————————————————————————————
% 输入节点的坐标值数据
% Coord_Nod(i, j) 中 i 指的是节点序号, j 指的是 x 坐标或者 y 坐标
%————————————————————————————————————————————————


Coord_Nod(1,1) = 0.0; Coord_Nod(1,2) = 0.0; Coord_Nod(2,1) = 1.25; Coord_
Nod(2,2) = 0.0;
Coord_Nod(3,1) = 2.5; Coord_Nod(3,2) = 0.0; Coord_Nod(4,1) = 3.75; Coord_
Nod(4,2) = 0.0;
Coord_Nod(5,1) = 5.0; Coord_Nod(5,2) = 0.0; Coord_Nod(6,1) = 0.0; Coord_
Nod(6,2) = 2.5;
Coord_Nod(7,1) = 1.25; Coord_Nod(7,2) = 2.5; Coord_Nod(8,1) = 2.5; Coord_
Nod(8,2) = 2.5;
Coord_Nod(9,1) = 3.75; Coord_Nod(9,2) = 2.5; Coord_Nod(10,1) = 5.0; Coord_
Nod(10,2) = 2.5;
Coord_Nod(11,1) = 0.0; Coord_Nod(11,2) = 5.0; Coord_Nod(12,1) = 1.25; Coord_
Nod(12,2) = 5.0;
Coord_Nod(13,1) = 2.5; Coord_Nod(13,2) = 5.0; Coord_Nod(14,1) = 3.75; Coord_
Nod(14,2) = 5.0;
Coord_Nod(15,1) = 5.0; Coord_Nod(15,2) = 5.0; Coord_Nod(16,1) = 0.0; Coord_
```

Nod(16,2) = 7.5;

Coord_Nod(17,1) = 1.25; Coord_Nod(17,2) = 7.5; Coord_Nod(18,1) = 2.5; Coord_Nod(18,2) = 7.5;

Coord_Nod(19,1) = 3.75; Coord_Nod(19,2) = 7.5; Coord_Nod(20,1) = 5.0; Coord_Nod(20,2) = 7.5;

Coord_Nod(21,1) = 0.0; Coord_Nod(21,2) = 10.0; Coord_Nod(22,1) = 1.25; Coord_Nod(22,2) = 10.0;

Coord_Nod(23,1) = 2.5; Coord_Nod(23,2) = 10.0; Coord_Nod(24,1) = 3.75; Coord_Nod(24,2) = 10.0;

Coord_Nod(25,1) = 5.0; Coord_Nod(25,2) = 10.0;


```
%————————————————————————————————————
%    输入单元与节点的从属关系
%    Nod_Belong_Elem(i,j) 中 i 指单元序号, j 指单元内部的节点序号
%————————————————————————————————————
```

Nod_Belong_Elem(1,1) = 1; Nod_Belong_Elem(1,2) = 2; Nod_Belong_Elem(1,3) = 7; Nod_Belong_Elem(1,4) = 6;

Nod_Belong_Elem(2,1) = 2; Nod_Belong_Elem(2,2) = 3; Nod_Belong_Elem(2,3) = 8; Nod_Belong_Elem(2,4) = 7;

Nod_Belong_Elem(3,1) = 3; Nod_Belong_Elem(3,2) = 4; Nod_Belong_Elem(3,3) = 9; Nod_Belong_Elem(3,4) = 8;

Nod_Belong_Elem(4,1) = 4; Nod_Belong_Elem(4,2) = 5; Nod_Belong_Elem(4,3) = 10; Nod_Belong_Elem(4,4) = 9;

Nod_Belong_Elem(5,1) = 6; Nod_Belong_Elem(5,2) = 7; Nod_Belong_Elem(5,3) = 12; Nod_Belong_Elem(5,4) = 11;

Nod_Belong_Elem(6,1) = 7; Nod_Belong_Elem(6,2) = 8; Nod_Belong_Elem(6,3) = 13; Nod_Belong_Elem(6,4) = 12;

Nod_Belong_Elem(7,1) = 8; Nod_Belong_Elem(7,2) = 9; Nod_Belong_Elem(7,3) = 14; Nod_Belong_Elem(7,4) = 13;

Nod_Belong_Elem(8,1) = 9; Nod_Belong_Elem(8,2) = 10; Nod_Belong_Elem(8,3) = 15; Nod_Belong_Elem(8,4) = 14;

Nod_Belong_Elem(9,1) = 11; Nod_Belong_Elem(9,2) = 12; Nod_Belong_Elem(9,3) = 17; Nod_Belong_Elem(9,4) = 16;

Nod_Belong_Elem(10,1) = 12; Nod_Belong_Elem(10,2) = 13; Nod_Belong_Elem(10,3) = 18; Nod_Belong_Elem(10,4) = 17;

Nod_Belong_Elem(11,1) = 13；Nod_Belong_Elem(11,2) = 14；Nod_Belong_Elem(11,3) = 19；Nod_Belong_Elem(11,4) = 18；

Nod_Belong_Elem(12,1) = 14；Nod_Belong_Elem(12,2) = 15；Nod_Belong_Elem(12,3) = 20；Nod_Belong_Elem(12,4) = 19；

Nod_Belong_Elem(13,1) = 16；Nod_Belong_Elem(13,2) = 17；Nod_Belong_Elem(13,3) = 22；Nod_Belong_Elem(13,4) = 21；

Nod_Belong_Elem(14,1) = 17；Nod_Belong_Elem(14,2) = 18；Nod_Belong_Elem(14,3) = 23；Nod_Belong_Elem(14,4) = 22；

Nod_Belong_Elem(15,1) = 18；Nod_Belong_Elem(15,2) = 19；Nod_Belong_Elem(15,3) = 24；Nod_Belong_Elem(15,4) = 23；

Nod_Belong_Elem(16,1) = 19；Nod_Belong_Elem(16,2) = 20；Nod_Belong_Elem(16,3) = 25；Nod_Belong_Elem(16,4) = 24；

```
%————————————————————————
%    输入边界条件数据
%————————————————————————

Bound_Con_DOFs(1) = 1;                % 第一个节点被约束
Bound_Con_Values(1) = 0;              % 第一个节点约束值为 0
Bound_Con_DOFs(2) = 2;                % 第二个节点被约束
Bound_Con_Values(2) = 0;              % 第二个节点约束值为 0
Bound_Con_DOFs(3) = 3;                % 第三个节点被约束
Bound_Con_Values(3) = 0;              % 第三个节点约束值为 0
Bound_Con_DOFs(4) = 4;                % 第四个节点被约束
Bound_Con_Values(4) = 0;              % 第四个节点约束值为 0
Bound_Con_DOFs(5) = 5;                % 第五个节点被约束
Bound_Con_Values(5) = 0;              % 第五个节点约束值为 0
Bound_Con_DOFs(6) = 6;                % 第六个节点被约束
Bound_Con_Values(6) = 0;              % 第六个节点约束值为 0
Bound_Con_DOFs(7) = 11;               % 第十一个节点被约束
Bound_Con_Values(7) = 0;              % 第十一个节点约束值为 0
Bound_Con_DOFs(8) = 16;               % 第十六个节点被约束
Bound_Con_Values(8) = 0;              % 第十六个节点约束值为 0
Bound_Con_DOFs(9) = 21;               % 第二十一个节点被约束
Bound_Con_Values(9) = 0;              % 第二十一个节点约束值为 0
Bound_Con_DOFs(10) = 22;              % 第二十二个节点被约束
```

```
Bound_Con_Values(10) = 38.2683;          % 第二十二个节点约束值为 38.2683
Bound_Con_DOFs(11) = 23;                 % 第二十三个节点被约束
Bound_Con_Values(11) = 70.7107;          % 第二十三个节点约束值为 70.7107
Bound_Con_DOFs(12) = 24;                 % 第二十四个节点被约束
Bound_Con_Values(12) = 92.3880;          % 第二十四个节点约束值为 92.3880
Bound_Con_DOFs(13) = 25;                 % 第二十五个节点被约束
Bound_Con_Values(13) = 100;              % 第二十五个节点约束值为 100


%────────────────────────────────────────
%    初始化系统刚度矩阵与荷载向量
%────────────────────────────────────────


FF_System = zeros(Num_DOFs_In_System,1);  % 整体向量的初始化
KK_System = zeros(Num_DOFs_In_System,Num_DOFs_In_System);
                                  % 系统矩阵的初始化
Index_Sys_Elem = zeros(Num_Nod_In_Elem * Num_DOFs_In_Nod,1);
                                  % 索引向量的初始化


%──────────────────────────────────────────────────
%    单元刚度矩阵和荷载向量的计算与整合
%──────────────────────────────────────────────────


for iel = 1:Num_Element                  % 遍历所有单元

for i = 1:Num_Nod_In_Elem
Nod_In_Elem(i) = Nod_Belong_Elem(iel,i); % 提取第 i 单元的内部节点
x(i) = Coord_Nod(Nod_In_Elem(i),1);      % 提取节点的 x 值
y(i) = Coord_Nod(Nod_In_Elem(i),2);      % 提取节点的 y 值
end

Length_X_Element = x(2) - x(1);          % 单元的 x 轴长度
Length_Y_Element = y(4) - y(1);          % 单元的 y 轴长度
Index_Sys_Elem = feeldof(Nod_In_Elem,Num_Nod_In_Elem,Num_DOFs_In_Nod);
                                  % 提取与单元关联的系统自由度


K_Element = felp2dr4(Length_X_Element,Length_Y_Element); % 计算单元矩阵
```

```
KK_System = feasmbl1(KK_System,K_Element,Index_Sys_Elem);
                              % 整合单元矩阵

end


%——————————————————————
%    适用边界条件
%——————————————————————


[KK_ System,FF_ System] = feaplyc2(KK_ System,FF_ System,Bound_ Con_ DOFs,
Bound_Con_Values);


%——————————————————————
%    求解矩阵方程
%——————————————————————


fsol = KK_System \ FF_System;


%——————————————————————
% 分析解
%——————————————————————


for i = 1:Num_Nod_In_System
x = Coord_Nod(i,1); y = Coord_Nod(i,2);
esol(i) = 100 * sinh(0.31415927 * y) * sin(0.31415927 * x)/sinh(3.1415927);
end


%——————————————————————
% 打印和提取有限元解
%——————————————————————

num = 1:1:Num_DOFs_In_System;
store = [num 'fsol esol']
%——————————————————————
%——————————————————————
```

```
function [K_Element] = felp2dr4(Length_X_Element,Length_Y_Element)
```

```
%─────────────────────────────────────────────────────────
% 目的:
%      二维 Laplace 方程的单元矩阵
%      使用四节点双线性矩形单元
%
% 简介:
%      [K_Element] = felp2dr4(Length_X_Element,Length_Y_Element)
%
% 变量描述:
%      K_Element － 单元刚度矩阵
%      Length_X_Element － x 轴的单元尺寸
%      Length_Y_Element － y 轴的单元尺寸
%─────────────────────────────────────────────────────────
% 单元矩阵

K_Element(1,1) = (Length_X_Element * Length_X_Element + Length_Y_
Element * Length_Y_Element)/(3 * Length_X_Element * Length_Y_Element);
K_Element(1,2) = (Length_X_Element * Length_X_Element － 2 * Length_Y_
Element * Length_Y_Element)/(6 * Length_X_Element * Length_Y_Element);
K_Element(1,3) = － 0.5 * K_Element(1,1);
K_Element(1,4) = (Length_Y_Element * Length_Y_Element － 2 * Length_X_
Element * Length_X_Element)/(6 * Length_X_Element * Length_Y_Element);

K_Element(2,1) = K_Element(1,2); K_Element(2,2) = K_Element(1,1);
K_Element(2,3) = K_Element(1,4); K_Element(2,4) = K_Element(1,3);

K_Element(3,1) = K_Element(1,3); K_Element(3,2) = K_Element(2,3);
K_Element(3,3) = K_Element(1,1); K_Element(3,4) = K_Element(1,2);

K_Element(4,1) = K_Element(1,4); K_Element(4,2) = K_Element(2,4);
K_Element(4,3) = K_Element(3,4); K_Element(4,4) = K_Element(1,1);
%─────────────────────────────────────────────────────────
```

　　有限元结果展示如下。和以前的例子使用相同数量的节点,通过使用线性三角形单元和双线性矩形单元，对比两种有限元解，我们发现在此例子中双线性矩形单元得到的解更为准确。

store =

dof#	dem sol	exact	
1.0000	0.0000	0.0000	% x = 0.00 and y = 0.0
2.0000	0.0000	0.0000	% x = 1.25 and y = 0.0
3.0000	0.0000	0.0000	% x = 2.50 and y = 0.0
4.0000	0.0000	0.0000	% x = 3.75 and y = 0.0
5.0000	0.0000	0.0000	% x = 5.00 and y = 0.0
6.0000	− 0.0000	0.0000	% x = 0.00 and y = 2.5
7.0000	2.6888	2.8785	% x = 1.25 and y = 2.5
8.0000	4.9683	5.3187	% x = 2.50 and y = 2.5
9.0000	6.4914	6.9492	% x = 3.75 and y = 2.5
10.0000	7.0263	7.5218	% x = 5.00 and y = 2.5
11.0000	− 0.0000	0.0000	% x = 0.00 and y = 5.0
12.0000	7.2530	7.6257	% x = 1.25 and y = 5.0
13.0000	13.4018	14.0904	% x = 2.50 and y = 5.0
14.0000	17.5103	18.4100	% x = 3.75 and y = 5.0
15.0000	18.9530	19.9268	% x = 5.00 and y = 5.0
16.0000	0.0000	0.0000	% x = 0.00 and y = 7.5
17.0000	16.8757	17.3236	% x = 1.25 and y = 7.5
18.0000	31.1822	32.0099	% x = 2.50 and y = 7.5
19.0000	40.7416	41.8229	% x = 3.75 and y = 7.5
20.0000	44.0984	45.2688	% x = 5.00 and y = 7.5
21.0000	0.0000	0.0000	% x = 0.00 and y = 10.0
22.0000	38.2683	38.2683	% x = 1.25 and y = 10.0
23.0000	70.7107	70.7107	% x = 2.50 and y = 10.0
24.0000	92.3880	92.3880	% x = 3.75 and y = 10.0
25.0000	100.0000	100.0000	% x = 5.00 and y = 10.0

14.10 MATLAB 在轴对称分析中的应用

本节展示了一个使用 MATLAB 进行轴对称稳态问题的求解过程（使用线性三角形单元）。

【例 14-10】一个轴对称 Laplace 方程使用线性三角形单元进行求解，控制方程如式（14-111）所示。一个内半径和外半径分别为 4 和 6 的圆柱，高为 1，有限元网格如图 14-16 所示。圆柱的内侧边界条件为 $u = 100$，圆柱的外侧边界条件为 $\dfrac{\partial u}{\partial r} = 20$，上底面和下底面为 $\dfrac{\partial u}{\partial z} = 0$，三角形单元有 12 个节点，MATLAB 程序如下所示。在主程序中，外表面的固定流通量被转换为外表面的节点流量，每个节点承载一半的总流量在单元上。单元为 $2\pi \bar{r}ql = 240\pi$，$\bar{r} = 6$，$q = 20$，$l = 1$，在 14.7 节已经进行解释。

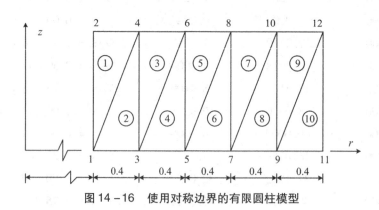

图 14-16 使用对称边界的有限圆柱模型

```
%————————————————————————————————————————
% 例 14 - 10
% 为求解给定的轴对称拉普拉斯方程
%  u,rr + (u,r)/r + u,zz = 0,  4 < r < 6, 0 < z < 1
%  u(4,z) = 100, u,r(6,z) = 20
%  u,z(r,0) = 0, u,z(r,1) = 0
% 使用线性三角形单元
% 有限元网格见图 14 - 16
%
```

```
% 变量描述
%   K_Element = 单元矩阵
%   F_Element = 单元向量
%   KK_System = 系统矩阵
%   FF_System = 系统向量
%   Coord_Nod = 每一个节点的坐标值
%   Nod_Belong_Elem = 每一个单元内部的从属节点
%   Index_Sys_Elem = 包含与每个单元关联的系统自由度的索引向量
%   Bound_Con_DOFs = 包含与边界条件相关的自由度的向量
%   Bound_Con_Values = 包含与'Bound_Con_DOFs'中自由度相关的边界条件的向量
%————————————————————————————————————————————————————————————


%————————————————————————————————————————
%   输入控制参数数据
%————————————————————————————————————————


clear
Num_Element = 10;                        % 单元总数
Num_Nod_In_Elem = 3;                     % 每个单元的节点数
Num_DOFs_In_Nod = 1;                     % 每个节点的自由度数量
Num_Nod_In_System = 12;                  % 系统中的节点总数
Num_DOFs_In_System = Num_Nod_In_System * Num_DOFs_In_Nod;
                                         % 整个系统中的自由度总数


%————————————————————————————————————————————————————
%   输入节点的坐标值数据
%   Coord_Nod(i,j) 中 i 指的是节点序号,j 指的是 x 坐标或者 y 坐标
%————————————————————————————————————————————————————


Coord_Nod(1,1) = 4.0; Coord_Nod(1,2) = 0.0; Coord_Nod(2,1) = 4.0; Coord_
Nod(2,2) = 1.0;
Coord_Nod(3,1) = 4.4; Coord_Nod(3,2) = 0.0; Coord_Nod(4,1) = 4.4; Coord_
Nod(4,2) = 1.0;
Coord_Nod(5,1) = 4.8; Coord_Nod(5,2) = 0.0; Coord_Nod(6,1) = 4.8; Coord_
Nod(6,2) = 1.0;
Coord_Nod(7,1) = 5.2; Coord_Nod(7,2) = 0.0; Coord_Nod(8,1) = 5.2; Coord_
```

Nod(8,2) = 1.0;

Coord_Nod(9,1) = 5.6; Coord_Nod(9,2) = 0.0; Coord_Nod(10,1) = 5.6; Coord_
Nod(10,2) = 1.0;

Coord_Nod(11,1) = 6.0; Coord_Nod(11,2) = 0.0; Coord_Nod(12,1) = 6.0; Coord_
Nod(12,2) = 1.0;

%————————————————————————————————
%   输入单元与节点的从属关系
%   Nod_Belong_Elem(i, j) 中 i 指单元序号, j 指单元内部的节点序号
%————————————————————————————————

Nod_Belong_Elem(1,1) = 1; Nod_Belong_Elem(1,2) = 4; Nod_Belong_Elem(1,3) = 2;

Nod_Belong_Elem(2,1) = 1; Nod_Belong_Elem(2,2) = 3; Nod_Belong_Elem(2,3) = 4;

Nod_Belong_Elem(3,1) = 3; Nod_Belong_Elem(3,2) = 6; Nod_Belong_Elem(3,3) = 4;

Nod_Belong_Elem(4,1) = 3; Nod_Belong_Elem(4,2) = 5; Nod_Belong_Elem(4,3) = 6;

Nod_Belong_Elem(5,1) = 5; Nod_Belong_Elem(5,2) = 8; Nod_Belong_Elem(5,3) = 6;

Nod_Belong_Elem(6,1) = 5; Nod_Belong_Elem(6,2) = 7; Nod_Belong_Elem(6,3) = 8;

Nod_Belong_Elem(7,1) = 7; Nod_Belong_Elem(7,2) = 10; Nod_Belong_Elem(7,3) = 8;

Nod_Belong_Elem(8,1) = 7; Nod_Belong_Elem(8,2) = 9; Nod_Belong_Elem(8,3)
= 10;

Nod_Belong_Elem(9,1) = 9; Nod_Belong_Elem(9,2) = 12; Nod_Belong_Elem(9,
3) = 10;

Nod_Belong_Elem(10,1) = 9; Nod_Belong_Elem(10,2) = 11; Nod_Belong_
Elem(10,3) = 12;

%————————————————————————————————
%   输入边界条件数据
%————————————————————————————————

Bound_Con_DOFs(1) = 1;   % 第一个节点被约束
Bound_Con_Values(1) = 100;   % 第一个节点约束值为 100
Bound_Con_DOFs(2) = 2;   % 第二个节点被约束
Bound_Con_Values(2) = 100;   % 第二个节点约束值为 100

%————————————————————————————————
%   初始化系统矩阵与向量

```
%—————————————————————————————————————————
FF_System = zeros( Num_DOFs_In_System,1 );      % 系统向量的初始化
KK_System = zeros( Num_DOFs_In_System,Num_DOFs_In_System );
                                    % 系统矩阵的初始化
Index_Sys_Elem = zeros( Num_Nod_In_Elem * Num_DOFs_In_Nod,1 );
                                    % 索引向量的初始化

pi = 4 * atan( 1 );                          % 定义 pi
FF_System( 11 ) = 120 * pi; FF_System( 12 ) = 120 * pi;
                                    % 通量边界条件


%—————————————————————————————————————————
%    单元矩阵和向量的计算与整合
%—————————————————————————————————————————

for iel = 1:Num_Element                      % 遍历所有单元

Nod_In_Elem( 1 ) = Nod_Belong_Elem( iel,1 );    % 第 i 单元内的第一个节点序号
Nod_In_Elem( 2 ) = Nod_Belong_Elem( iel,2 );    % 第 i 单元内的第二个节点序号
Nod_In_Elem( 3 ) = Nod_Belong_Elem( iel,3 );    % 第 i 单元内的第三个节点序号
r1 = Coord_Nod( Nod_In_Elem( 1 ),1 ); z1 = Coord_Nod( Nod_In_Elem( 1 ),2 );
                                    % 第一个节点的坐标
r2 = Coord_Nod( Nod_In_Elem( 2 ),1 ); z2 = Coord_Nod( Nod_In_Elem( 2 ),2 );
                                    % 第二个节点的坐标
r3 = Coord_Nod( Nod_In_Elem( 3 ),1 ); z3 = Coord_Nod( Nod_In_Elem( 3 ),2 );
                                    % 第三个节点的坐标

Index_Sys_Elem = feeldof( Nod_In_Elem,Num_Nod_In_Elem,Num_DOFs_In_Nod );
                                    % 提取与单元相关的系统自由度

K_Element = felpaxt3( r1,z1,r2,z2,r3,z3 );      % 计算单元矩阵

KK_System = feasmbl1( KK_System,K_Element,Index_Sys_Elem );
                                    % 整合单元矩阵

end
```

```
%————————————————————————————
%    适用边界条件
%————————————————————————————
```

[KK_ System, FF_ System] = feaplyc2(KK_ System, FF_ System, Bound_ Con_ DOFs, Bound_Con_Values);

```
%————————————————————————————
%    求解矩阵方程
%————————————————————————————
```

fsol = KK_System \ FF_System;

```
%————————————————————
% 分析解
%————————————————————
```

for i = 1:Num_Nod_In_System
r = Coord_Nod(i,1); z = Coord_Nod(i,2);
esol(i) = 100 − 6 ∗ 20 ∗ log(4) + 6 ∗ 20 ∗ log(r);
end

```
%————————————————————————————————
% 打印和提取有限元解
%————————————————————————————————
```

num = 1:1:Num_DOFs_In_System;
store = [num 'fsol esol']

```
%————————————————————————————————————
function [K_Element] = felpaxt3(r1,z1,r2,z2,r3,z3)
%————————————————————————————————————————
```

% 目的:
%   轴对称 Laplace 方程的单元矩阵

```
%        使用三节点线性三角形单元
%
% 简介：
%        [ K_Element ] = felpaxt3( r1 , z1 , r2 , z2 , r3 , z3 )
%
% 变量描述：
%        K_Element － 单元刚度矩阵
%        r1 , z1 － 单元第一个节点的 r 和 z 坐标值
%        r2 , z2 － 单元第二个节点的 r 和 z 坐标值
%        r3 , z3 － 单元第三个节点的 r 和 z 坐标值
%-----------------------------------------------------------------------


% 单元矩阵

A = 0.5 * ( r2 * z3 + r1 * z2 + r3 * z1 − r2 * z1 − r1 * z3 − r3 * z2 ) ;
                                               % 三角形面积
rc = ( r1 + r2 + r3 )/3 ;                      % 质心的 r 坐标值
twopirc = 8 * atan( 1 ) * rc ;
K_Element( 1 , 1 ) = ( ( r3 − r2 )^2 + ( z2 − z3 )^2 )/( 4 * A ) ;
K_Element( 1 , 2 ) = ( ( r3 − r2 ) * ( r1 − r3 ) + ( z2 − z3 ) * ( z3 − z1 ) )/( 4 * A ) ;
K_Element( 1 , 3 ) = ( ( r3 − r2 ) * ( r2 − r1 ) + ( z2 − z3 ) * ( z1 − z2 ) )/( 4 * A ) ;
K_Element( 2 , 1 ) = K_Element( 1 , 2 ) ;
K_Element( 2 , 2 ) = ( ( r1 − r3 )^2 + ( z3 − z1 )^2 )/( 4 * A ) ;
K_Element( 2 , 3 ) = ( ( r1 − r3 ) * ( r2 − r1 ) + ( z3 − z1 ) * ( z1 − z2 ) )/( 4 * A ) ;
K_Element( 3 , 1 ) = K_Element( 1 , 3 ) ;
K_Element( 3 , 2 ) = K_Element( 2 , 3 ) ;
K_Element( 3 , 3 ) = ( ( r2 − r1 )^2 + ( z1 − z2 )^2 )/( 4 * A ) ;
K_Element = twopirc * K_Element ;


%-----------------------------------------------------------------------
```

结果如下。

store =

dof#	dem sol	exact	
1.0000	100.0000	100.0000	% r = 4.0 and z = 0.0
2.0000	100.0000	100.0000	% r = 4.0 and z = 1.0
3.0000	111.4133	111.4372	% r = 4.4 and z = 0.0
4.0000	111.4443	111.4372	% r = 4.4 and z = 1.0
5.0000	121.8389	121.8786	% r = 4.8 and z = 0.0
6.0000	121.8885	121.8786	% r = 4.8 and z = 1.0
7.0000	131.4265	131.4837	% r = 5.2 and z = 0.0
8.0000	131.5013	131.4837	% r = 5.2 and z = 1.0
9.0000	140.2897	140.3767	% r = 5.6 and z = 0.0
10.0000	140.4165	140.3767	% r = 5.6 and z = 1.0
11.0000	148.5098	148.6558	% r = 6.0 and z = 0.0
12.0000	148.7494	148.6558	% r = 6.0 and z = 1.0

14.11 MATLAB 在瞬态分析中的应用

本节列出了一些采用 MATLAB 程序进行瞬态分析的例子，使用了向前差分、向后差分和 Crank – Nicolson 技术。

【例 14 – 11】瞬态 Laplace 方程采用以下向前差分法进行求解。差分方程为

$$\frac{\partial u}{\partial t} = \frac{\partial^2 u}{\partial x^2} + \frac{\partial^2 u}{\partial y^2} \tag{14 – 154}$$

在一个 $0 < x < 5$ 和 $0 < y < 2$ 的矩形区域上，整个计算域初始值 $u = 0$，分别赋予左右边界一个突加值 $u = 100$，上下边界为绝缘边界。我们想得到一个随时间变化的解，有限元网格如图 14 – 17 所示，采用 16 个线性三角形网格，有限元分析程序如下。

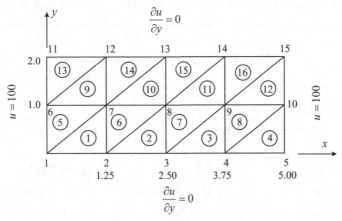

图 14-17 三角形单元网格

```
%————————————————————————————————————————————
% 例 14-11
% 为求解给定的瞬态二维拉普拉斯方程
%   u,t = u,xx + u,yy,0 < x < 5,0 < y < 2
% 边界条件:
%   u(0,y,t) = 100,u(5,y,t) = 100
%   u,y(x,0,t) = 0,u,y(x,2,t) = 0
% 初始条件:
%   u(x,y,0) = 0 在计算域上
% 使用线性三角形单元和前向差分法
% 有限元网格见图 14-17
%
% 变量描述
%   K_Element = 时间无关项的单元矩阵 (u,xx + u,yy)
%   M_Element = 时间相关项的单元矩阵 (u,t)
%   F_Element = 单元向量
%   KK_System = 时间无关项的系统矩阵
%   MM_System = 时间相关项的系统矩阵
%   FF_System = 系统向量
%   Coord_Nod = 每一个节点的坐标值
%   Nod_Belong_Elem = 每一个单元内部的从属节点
%   Index_Sys_Elem = 包含与每个单元关联的系统自由度的索引向量
%   Bound_Con_DOFs = 包含与边界条件相关的自由度的向量
```

```
%    Bound_Con_Values = 包含与'Bound_Con_DOFs'中自由度相关的边界条件的向量
%────────────────────────────────────────────────────────────


clear
%────────────────────────────────────────────────
%    输入控制参数数据
%────────────────────────────────────────────────


Num_Element = 16;                              % 单元数量
Num_Nod_In_Elem = 3;                           % 每个单元的节点数
Num_DOFs_In_Nod = 1;                           % 每个节点的自由度数
Num_Nod_In_System = 15;                        % 系统中的节点个数
Num_DOFs_In_System = Num_Nod_In_System * Num_DOFs_In_Nod;
                                               % 整个系统中自由度总数
Time_Step = 0.1;                               % 瞬态分析的时间步长
Time_Start = 0.0;                              % 起始时间
Time_Finish = 10;                              % 结束时间
Num_Time_Increment = fix((Time_Finish - Time_Start)/Time_Step);
                                               % 时间步数


%────────────────────────────────────────────
%    输入节点的坐标值数据
%    Coord_Nod(i,j)中i指节点序号,j指 x 坐标或者 y 坐标
%────────────────────────────────────────────


Coord_Nod(1,1) = 0.0; Coord_Nod(1,2) = 0.0; Coord_Nod(2,1) = 1.25; Coord_
Nod(2,2) = 0.0;
Coord_Nod(3,1) = 2.5; Coord_Nod(3,2) = 0.0; Coord_Nod(4,1) = 3.75; Coord_
Nod(4,2) = 0.0;
Coord_Nod(5,1) = 5.0; Coord_Nod(5,2) = 0.0; Coord_Nod(6,1) = 0.0; Coord_
Nod(6,2) = 1.0;
Coord_Nod(7,1) = 1.25; Coord_Nod(7,2) = 1.0; Coord_Nod(8,1) = 2.5; Coord_
Nod(8,2) = 1.0;
Coord_Nod(9,1) = 3.75; Coord_Nod(9,2) = 1.0; Coord_Nod(10,1) = 5.0; Coord_
Nod(10,2) = 1.0;
Coord_Nod(11,1) = 0.0; Coord_Nod(11,2) = 2.0; Coord_Nod(12,1) = 1.25; Coord_
```

Nod(12,2) = 2.0;

Coord_Nod(13,1) = 2.5; Coord_Nod(13,2) = 2.0; Coord_Nod(14,1) = 3.75; Coord_
Nod(14,2) = 2.0;

Coord_Nod(15,1) = 5.0; Coord_Nod(15,2) = 2.0;

%—————————————————————————————————————

%　输入单元与节点的从属关系

%　Nod_Belong_Elem(i,j) 中 i 指单元序号,j 指单元内部的节点序号

%—————————————————————————————————————

Nod_Belong_Elem(1,1) = 1; Nod_Belong_Elem(1,2) = 2; Nod_Belong_Elem(1,3) = 7;

Nod_Belong_Elem(2,1) = 2; Nod_Belong_Elem(2,2) = 3; Nod_Belong_Elem(2,3) = 8;

Nod_Belong_Elem(3,1) = 3; Nod_Belong_Elem(3,2) = 4; Nod_Belong_Elem(3,3) = 9;

Nod_Belong_Elem(4,1) = 4; Nod_Belong_Elem(4,2) = 5; Nod_Belong_Elem(4,3) = 10;

Nod_Belong_Elem(5,1) = 1; Nod_Belong_Elem(5,2) = 7; Nod_Belong_Elem(5,3) = 6;

Nod_Belong_Elem(6,1) = 2; Nod_Belong_Elem(6,2) = 8; Nod_Belong_Elem(6,3) = 7;

Nod_Belong_Elem(7,1) = 3; Nod_Belong_Elem(7,2) = 9; Nod_Belong_Elem(7,3) = 8;

Nod_Belong_Elem(8,1) = 4; Nod_Belong_Elem(8,2) = 10; Nod_Belong_Elem(8,3) = 9;

Nod_Belong_Elem(9,1) = 6; Nod_Belong_Elem(9,2) = 7; Nod_Belong_Elem(9,3) = 12;

Nod_Belong_Elem(10,1) = 7; Nod_Belong_Elem(10,2) = 8; Nod_Belong_Elem(10,3) =
13;

Nod_Belong_Elem(11,1) = 8; Nod_Belong_Elem(11,2) = 9; Nod_Belong_Elem(11,3) =
14;

Nod_Belong_Elem(12,1) = 9; Nod_Belong_Elem(12,2) = 10; Nod_Belong_Elem(12,3)
= 15;

Nod_Belong_Elem(13,1) = 6; Nod_Belong_Elem(13,2) = 12; Nod_Belong_Elem(13,3)
= 11;

Nod_Belong_Elem(14,1) = 7; Nod_Belong_Elem(14,2) = 13; Nod_Belong_Elem(14,3)
= 12;

Nod_Belong_Elem(15,1) = 8; Nod_Belong_Elem(15,2) = 14; Nod_Belong_Elem(15,3)
= 13;

Nod_Belong_Elem(16,1) = 9; Nod_Belong_Elem(16,2) = 15; Nod_Belong_Elem(16,3)
= 14;

%—————————————————————————————————————

%　输入边界条件数据

```
%————————————————————————————

Bound_Con_DOFs(1) = 1;                          % 第一个节点被约束
Bound_Con_Values(1) = 100;                      % 第一个节点约束值为 100
Bound_Con_DOFs(2) = 5;                          % 第五个节点被约束
Bound_Con_Values(2) = 100;                      % 第五个节点约束值为 100
Bound_Con_DOFs(3) = 6;                          % 第六个节点被约束
Bound_Con_Values(3) = 100;                      % 第六个节点约束值为 100
Bound_Con_DOFs(4) = 10;                         % 第十个节点被约束
Bound_Con_Values(4) = 100;                      % 第十个节点约束值为 100
Bound_Con_DOFs(5) = 11;                         % 第十一个节点被约束
Bound_Con_Values(5) = 100;                      % 第十一个节点约束值为 100
Bound_Con_DOFs(6) = 15;                         % 第十五个节点被约束
Bound_Con_Values(6) = 100;                      % 第十五个节点约束值为 100


%————————————————————————————
%    初始化系统矩阵与向量
%————————————————————————————


FF_System = zeros(Num_DOFs_In_System,1);        % 系统向量的初始化
FN_System = zeros(Num_DOFs_In_System,1);        % 有效系统向量的初始化
fsol = zeros(Num_DOFs_In_System,1);             % 解向量
sol = zeros(2,Num_Time_Increment + 1);          % 包含时步历史解的向量
KK_System = zeros(Num_DOFs_In_System,Num_DOFs_In_System);
                                                % 系统矩阵的初始化
MM_System = zeros(Num_DOFs_In_System,Num_DOFs_In_System);
                                                % 系统矩阵的初始化
Index_Sys_Elem = zeros(Num_Nod_In_Elem * Num_DOFs_In_Nod,1);
                                                % 索引向量的初始化


%————————————————————————————————————
%    单元矩阵和向量的计算与整合
%————————————————————————————————————


for iel = 1:Num_Element                         % 遍历所有单元
```

```
Nod_In_Elem(1) = Nod_Belong_Elem(iel,1);     % 第 i 单元内的第一个节点序号
Nod_In_Elem(2) = Nod_Belong_Elem(iel,2);     % 第 i 单元内的第二个节点序号
Nod_In_Elem(3) = Nod_Belong_Elem(iel,3);     % 第 i 单元内的第三个节点序号
x1 = Coord_Nod(Nod_In_Elem(1),1); y1 = Coord_Nod(Nod_In_Elem(1),2);
                                  % 第一个节点的坐标
x2 = Coord_Nod(Nod_In_Elem(2),1); y2 = Coord_Nod(Nod_In_Elem(2),2);
                                  % 第二个节点的坐标
x3 = Coord_Nod(Nod_In_Elem(3),1); y3 = Coord_Nod(Nod_In_Elem(3),2);
                                  % 第三个节点的坐标

Index_Sys_Elem = feeldof(Nod_In_Elem,Num_Nod_In_Elem,Num_DOFs_In_Nod);
                                  % 提取与单元相关的系统自由度

K_Element = felp2dt3(x1,y1,x2,y2,x3,y3);      % 计算时间无关项的单元矩阵
M_Element = felpt2t3(x1,y1,x2,y2,x3,y3);      % 计算时间相关项的单元矩阵

KK_System = feasmbl1(KK_System,K_Element,Index_Sys_Elem);
                                  % 整合时间无关项的单元矩阵

MM_System = feasmbl1(MM_System,M_Element,Index_Sys_Elem);
                                  % 整合时间相关项的单元矩阵

end

%————————————————————————
%    时间积分循环
%————————————————————————

for in = 1:Num_DOFs_In_System
fsol(in) = 0.0;                               % 初始条件
end

sol(1,1) = fsol(8);                                % 存储节点 8 的时步历史解
sol(2,1) = fsol(9);                                % 存储节点 9 的时步历史解

for it = 1:Num_Time_Increment                      % 启动时间积分的循环
```

```
FN_System = Time_Step * FF_System + (MM_System − Time_Step * KK_System) * fsol;
                                            % 计算有效列向量


[MM_System,FN_System] = feaplyc2(MM_System,FN_System,Bound_Con_DOFs,
Bound_Con_Values);                          % 适用边界条件


fsol = MM_System \ FN_System;               % 求解矩阵方程


sol(1,it + 1) = fsol(8);                    % 存储节点8的时步历史解
sol(2,it + 1) = fsol(9);                    % 存储节点9的时步历史解


end


%——————————————————————————————————
% 在节点8和节点9处绘制解
%——————————————————————————————————


time = 0:Time_Step:Num_Time_Increment * Time_Step;
plot(time,sol(1,:),' * ',time,sol(2,:),' - ');
xlabel('Time')
ylabel('Solution at nodes')


%——————————————————————————————————————————————————


function [M_Element] = felpt2t3(x1,y1,x2,y2,x3,y3)


%——————————————————————————————————————————————————
% 目的:
%       二维瞬态体系的单元矩阵
%       使用线性三角形单元的 Laplace 方程
%
% 简介:
%       [M_Element] = felpt2t3(x1,y1,x2,y2,x3,y3)
%
% 变量描述:
```

```
%        M_Element – 单元刚度矩阵
%        x1,y1 – 单元第一个节点的 x 和 y 坐标值
%        x2,y2 – 单元第二个节点的 x 和 y 坐标值
%        x3,y3 – 单元第三个节点的 x 和 y 坐标值
%————————————————————————————————————
% 单元矩阵
A = 0.5 * (x2 * y3 + x1 * y2 + x3 * y1 – x2 * y1 – x1 * y3 – x3 * y2);% 三角形面积

M_Element = (A/12) * [2  1  1;1  2  1;1  1  2];
```

图 14 – 18 为 Δt = 0.1 时节点 8 和节点 9 的时间历程曲线，图 14 – 19 为 Δt = 0.12 时节点 8 和节点 9 的时间历程曲线。需要注意 Δt = 0.12 时有限元解不稳定，这是由于向前差分条件性不稳定。

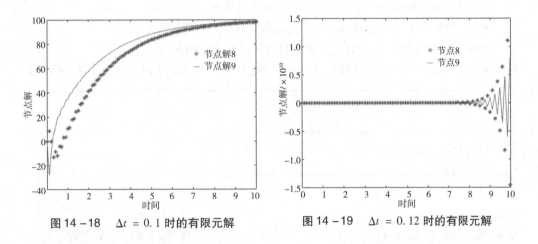

图 14 – 18 Δt = 0.1 时的有限元解   图 14 – 19 Δt = 0.12 时的有限元解

【例 14 – 12】使用双线性矩形单元，对与例 14 – 11 相同的例子进行求解。网格和图 14 – 17 一致，用 8 个矩形单元代替 16 个三角形单元。

```
%————————————————————————————————————
% 例 14 – 12
% 为求解瞬态二维拉普拉斯方程
%  u,t = u,xx + u,yy,0 < x < 5,0 < y < 2
% 边界条件:
%  u(0,y,t) = 100,u(5,y,t) = 100
%  u,y(x,0,t) = 0,u,y(x,2,t) = 0
```

% 初始条件:
%   u(x,y,0) = 0 在计算域上
% 使用双线性矩形单元和向前差分法
% 有限元网格见图 14 – 17,8 个矩形单元代替了 16 个三角形单元
%
% 变量描述
%   K_Element = 时间无关项的单元矩阵 (u,xx + u,yy)
%   M_Element = 时间相关项的单元矩阵 (u,t)
%   F_Element = 单元向量
%   KK_System = 时间无关项的系统矩阵
%   MM_System = 时间相关项的系统矩阵
%   FF_System = 系统向量
%   Coord_Nod = 每一个节点的坐标值
%   Nod_Belong_Elem = 每一个单元内部的从属节点
%   Index_Sys_Elem = 包含与每个单元关联的系统自由度的索引向量
%   Bound_Con_DOFs = 包含与边界条件相关的自由度的向量
%   Bound_Con_Values = 包含与'Bound_Con_DOFs'中自由度相关的边界条件的向量
%————————————————————————————————

clear
%————————————————————

%   输入控制参数数据
%————————————————————

```
Num_Element = 8;                                          % 单元数量
Num_Nod_In_Elem = 4;                                     % 每个单元的节点数
Num_DOFs_In_Nod = 1;                                     % 每个节点的自由度数
Num_Nod_In_System = 15;                                  % 系统中的节点个数
Num_DOFs_In_System = Num_Nod_In_System * Num_DOFs_In_Nod;
                                                         % 整个系统中的自由度总数
Time_Step = 0.1;                                         % 瞬态分析的时间步长
Time_Start = 0.0;                                        % 起始时间
Time_Finish = 10;                                        % 结束时间
Num_Time_Increment = fix((Time_Finish – Time_Start)/Time_Step);
                                                         % 时间步数
```

```
%————————————————————————————————
%    输入节点的坐标值数据
%    Coord_Nod(i,j) 中 i 指的是节点序号, j 指的是 x 坐标或者 y 坐标
%————————————————————————————————

Coord_Nod(1,1) = 0.0; Coord_Nod(1,2) = 0.0; Coord_Nod(2,1) = 1.25; Coord_
Nod(2,2) = 0.0;
Coord_Nod(3,1) = 2.5; Coord_Nod(3,2) = 0.0; Coord_Nod(4,1) = 3.75; Coord_
Nod(4,2) = 0.0;
Coord_Nod(5,1) = 5.0; Coord_Nod(5,2) = 0.0; Coord_Nod(6,1) = 0.0; Coord_
Nod(6,2) = 1.0;
Coord_Nod(7,1) = 1.25; Coord_Nod(7,2) = 1.0; Coord_Nod(8,1) = 2.5; Coord_
Nod(8,2) = 1.0;
Coord_Nod(9,1) = 3.75; Coord_Nod(9,2) = 1.0; Coord_Nod(10,1) = 5.0; Coord_
Nod(10,2) = 1.0;
Coord_Nod(11,1) = 0.0; Coord_Nod(11,2) = 2.0; Coord_Nod(12,1) = 1.25; Coord_
Nod(12,2) = 2.0;
Coord_Nod(13,1) = 2.5; Coord_Nod(13,2) = 2.0; Coord_Nod(14,1) = 3.75; Coord_
Nod(14,2) = 2.0;
Coord_Nod(15,1) = 5.0; Coord_Nod(15,2) = 2.0;


%————————————————————————————————
%    输入单元与节点的从属关系
%    Nod_Belong_Elem(i,j) 中 i 指单元序号, j 指单元内部的节点序号
%————————————————————————————————

Nod_Belong_Elem(1,1) = 1; Nod_Belong_Elem(1,2) = 2; Nod_Belong_Elem(1,3) =
7; Nod_Belong_Elem(1,4) = 6;
Nod_Belong_Elem(2,1) = 2; Nod_Belong_Elem(2,2) = 3; Nod_Belong_Elem(2,3) =
8; Nod_Belong_Elem(2,4) = 7;
Nod_Belong_Elem(3,1) = 3; Nod_Belong_Elem(3,2) = 4; Nod_Belong_Elem(3,3) =
9; Nod_Belong_Elem(3,4) = 8;
Nod_Belong_Elem(4,1) = 4; Nod_Belong_Elem(4,2) = 5; Nod_Belong_Elem(4,3) =
10; Nod_Belong_Elem(4,4) = 9;
Nod_Belong_Elem(5,1) = 6; Nod_Belong_Elem(5,2) = 7; Nod_Belong_Elem(5,3) =
12; Nod_Belong_Elem(5,4) = 11;
```

Nod_Belong_Elem(6,1) = 7; Nod_Belong_Elem(6,2) = 8; Nod_Belong_Elem(6,3) = 13; Nod_Belong_Elem(6,4) = 12;

Nod_Belong_Elem(7,1) = 8; Nod_Belong_Elem(7,2) = 9; Nod_Belong_Elem(7,3) = 14; Nod_Belong_Elem(7,4) = 13;

Nod_Belong_Elem(8,1) = 9; Nod_Belong_Elem(8,2) = 10; Nod_Belong_Elem(8,3) = 15; Nod_Belong_Elem(8,4) = 14;

```
%————————————————————————————
%    输入边界条件数据
%————————————————————————————


Bound_Con_DOFs(1) = 1;              % 第一个节点被约束
Bound_Con_Values(1) = 100;          % 第一个节点约束值为100
Bound_Con_DOFs(2) = 5;              % 第五个节点被约束
Bound_Con_Values(2) = 100;          % 第五个节点约束值为100
Bound_Con_DOFs(3) = 6;              % 第六个节点被约束
Bound_Con_Values(3) = 100;          % 第六个节点约束值为100
Bound_Con_DOFs(4) = 10;             % 第十个节点被约束
Bound_Con_Values(4) = 100;          % 第十个节点约束值为100
Bound_Con_DOFs(5) = 11;             % 第十一个节点被约束
Bound_Con_Values(5) = 100;          % 第十一个节点约束值为100
Bound_Con_DOFs(6) = 15;             % 第十五个节点被约束
Bound_Con_Values(6) = 100;          % 第十五个节点约束值为100


%————————————————————————————
%    初始化系统矩阵与向量
%————————————————————————————


FF_System = zeros(Num_DOFs_In_System,1);       % 系统向量的初始化
FN_System = zeros(Num_DOFs_In_System,1);       % 有效系统向量的初始化
fsol = zeros(Num_DOFs_In_System,1);            % 解向量
sol = zeros(2,Num_Time_Increment + 1);         % 包含时步历史解的向量
KK_System = zeros(Num_DOFs_In_System,Num_DOFs_In_System);
                                               % 系统矩阵的初始化
```

```
MM_System = zeros(Num_DOFs_In_System,Num_DOFs_In_System);
                                    % 系统矩阵的初始化
Index_Sys_Elem = zeros(Num_Nod_In_Elem * Num_DOFs_In_Nod,1);
                                    % 索引向量的初始化


%————————————————————————————————————————
%    单元矩阵和向量的计算与整合
%————————————————————————————————————————


for iel = 1:Num_Element                    % 遍历所有单元
Nod_In_Elem(1) = Nod_Belong_Elem(iel,1);   % 第 i 单元内的第一个节点序号
Nod_In_Elem(2) = Nod_Belong_Elem(iel,2);   % 第 i 单元内的第二个节点序号
Nod_In_Elem(3) = Nod_Belong_Elem(iel,3);   % 第 i 单元内的第三个节点序号
Nod_In_Elem(4) = Nod_Belong_Elem(iel,4);   % 第 i 单元内的第四个节点序号
x1 = Coord_Nod(Nod_In_Elem(1),1); y1 = Coord_Nod(Nod_In_Elem(1),2);
                                    % 第一个节点的坐标
x2 = Coord_Nod(Nod_In_Elem(2),1); y2 = Coord_Nod(Nod_In_Elem(2),2);
                                    % 第二个节点的坐标
x3 = Coord_Nod(Nod_In_Elem(3),1); y3 = Coord_Nod(Nod_In_Elem(3),2);
                                    % 第三个节点的坐标
x4 = Coord_Nod(Nod_In_Elem(4),1); y4 = Coord_Nod(Nod_In_Elem(4),2);
                                    % 第四个节点的坐标
Length_X_Element = x2 - x1;                 % x 轴方向的单元尺寸
Length_Y_Element = y4 - y1;                 % y 轴方向的单元尺寸


Index_Sys_Elem = feeldof(Nod_In_Elem,Num_Nod_In_Elem,Num_DOFs_In_Nod);
                                    % 提取与单元相关的系统自由度


K_Element = felp2dr4(Length_X_Element,Length_Y_Element);
                                    % 计算时间无关项的单元矩阵
M_Element = felpt2r4(Length_X_Element,Length_Y_Element);
                                    % 计算时间相关项的单元矩阵


KK_System = feasmbl1(KK_System,K_Element,Index_Sys_Elem);
```

```
                                         % 整合时间无关项的单元矩阵
MM_System = feasmbl1(MM_System,M_Element,Index_Sys_Elem);
                                         % 整合时间相关项的单元矩阵


end


%————————————————————————
%    时间积分循环
%————————————————————————


for in  = 1:Num_DOFs_In_System
fsol(in)  = 0.0;                         % 初始条件
end


sol(1,1)  = fsol(8);                     % 存储节点 8 的时步历史解
sol(2,1)  = fsol(9);                     % 存储节点 9 的时步历史解


for it  = 1:Num_Time_Increment           % 启动时间积分的循环


FN_System = Time_Step * FF_System + (MM_System − Time_Step * KK_System) * fsol;
                                         % 计算有效列向量


[MM_System,FN_System] = feaplyc2(MM_System,FN_System,Bound_Con_DOFs,
Bound_Con_Values);                       % 适用边界条件


fsol  = MM_System \ FN_System;           % 求解矩阵方程


sol(1,it + 1)  = fsol(8);                % 存储节点 8 的时步历史解
sol(2,it + 1)  = fsol(9);                % 存储节点 9 的时步历史解


end


%————————————————————————
% 节点 8 处的解析解
```

```
%———————————————————————————

pi = 4 * atan(1);
esol = zeros(1, Num_Time_Increment + 1);
xx = 2.5; xl = 5;
ii = 0;
for ti = 0: Time_Step: Num_Time_Increment * Time_Step;
ii = ii + 1;
for i = 1:2:100
esol(ii) = esol(ii) + (1/i) * exp(- i * i * pi * pi * ti/(xl * xl)) * sin(i * pi * xx/xl);
end
end
esol = 100 - (100 * 4/pi) * esol;


%———————————————————————————
% 在节点 8 处绘制解
%———————————————————————————

time = 0: Time_Step: Num_Time_Increment * Time_Step;
plot(time, sol(1,:), ' * ', time, esol, ' - ');
xlabel('Time')
ylabel('Solution at nodes')


%————————————————————————————————————————————
function [M_Element] = felpt2r4(Length_X_Element, Length_Y_Element)

%————————————————————————————————————————————
%    目的:
%        二维 Laplace 方程瞬时体系的单元矩阵
%        使用四节点双线性矩形单元
%
%    简介:
%        [M_Element] = felpt2r4(Length_X_Element, Length_Y_Element)
%
```

%　　变量描述：

%　　　M_Element – e 单元刚度矩阵

%　　　Length_X_Element – x 轴的单元尺寸

%　　　Length_Y_Element – y 轴的单元尺寸

%——

% element matrix

M_Element = (Length_X_Element ∗ Length_Y_Element/36) ∗ [4　2　1　2;2　4　2　1; 1　2　4　2;　2　1　2　4];

图 14 – 20 对比了节点 8 的有限元解和理论解，有限元解相较于理论解达到稳定状态更慢，这是由于 x 方向的网格过于粗糙。

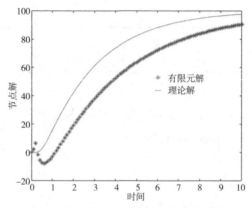

图 14 – 20　节点 8 的理论解和有限元解

【例 14 – 13】采用向后差分法求解和例 14 – 11 相同的例子。由于这个技术是无条件稳定的，我们采用 $\Delta t = 0.4$ 的时间步长，超出了向前差分法的关键时间步长，图 14 – 21 展示了节点 8 和节点 9 的时间历程。

%——

% 例 14 – 13

%　　为求解瞬态二维拉普拉斯方程

%　u,t = u,xx + u,yy,0 < x < 5, 0 < y < 2

% 边界条件：

%　u(0,y,t) = 100, u(5,y,t) = 100

%　u,y(x,0,t) = 0, u,y(x,2,t) = 0

% 初始条件：

%   u(x,y,0) = 0 在计算域上

% 使用线性三角形单元和向后差分法

% 有限元网格见图 14 - 17

%

% 变量描述

%   K_Element = 时间无关项的单元矩阵（u,xx + u,yy）

%   M_Element = 时间相关项的单元矩阵（u,t）

%   F_Element = 单元向量

%   KK_System = 时间无关项的系统矩阵

%   MM_System = 时间相关项的系统矩阵

%   FF_System = 系统向量

%   Coord_Nod = 每一个节点的坐标值

%   Nod_Belong_Elem = 每一个单元内部的从属节点

%   Index_Sys_Elem = 包含与每个单元关联的系统自由度的索引向量

%   Bound_Con_DOFs = 包含与边界条件相关的自由度的向量

%   Bound_Con_Values = 包含与'Bound_Con_DOFs'中自由度相关的边界条件的向量

%————————————————————————————————

clear

%————————————————————

%   输入控制数据

%————————————————————


```
Num_Element = 16;                        % 单元数量
Num_Nod_In_Elem = 3;                     % 每个单元的节点数
Num_DOFs_In_Nod = 1;                     % 每个节点的自由度数量
Num_Nod_In_System = 15;                  % 系统中的节点个数
Num_DOFs_In_System = Num_Nod_In_System * Num_DOFs_In_Nod;
                                         % 整个系统中的自由度总数
Time_Step = 0.4;                         % 瞬态分析的时间步长
Time_Start = 0.0;                        % 初始时间
Time_Finish = 10;                        % 结束时间
Num_Time_Increment = fix((Time_Finish - Time_Start)/Time_Step);
                                         % 时间步数
```

%————————————————————

```
%     输入节点的坐标值数据
%     Coord_Nod(i,j) 中 i 指的是节点序号,j 指的是 x 坐标或者 y 坐标
%——————————————————————————————————————————————
```

Coord_Nod(1,1) = 0.0; Coord_Nod(1,2) = 0.0; Coord_Nod(2,1) = 1.25; Coord_Nod(2,2) = 0.0;

Coord_Nod(3,1) = 2.5; Coord_Nod(3,2) = 0.0; Coord_Nod(4,1) = 3.75; Coord_Nod(4,2) = 0.0;

Coord_Nod(5,1) = 5.0; Coord_Nod(5,2) = 0.0; Coord_Nod(6,1) = 0.0; Coord_Nod(6,2) = 2.5;

Coord_Nod(7,1) = 1.25; Coord_Nod(7,2) = 2.5; Coord_Nod(8,1) = 2.5; Coord_Nod(8,2) = 2.5;

Coord_Nod(9,1) = 3.75; Coord_Nod(9,2) = 2.5; Coord_Nod(10,1) = 5.0; Coord_Nod(10,2) = 2.5;

Coord_Nod(11,1) = 0.0; Coord_Nod(11,2) = 5.0; Coord_Nod(12,1) = 1.25; Coord_Nod(12,2) = 5.0;

Coord_Nod(13,1) = 2.5; Coord_Nod(13,2) = 5.0; Coord_Nod(14,1) = 3.75; Coord_Nod(14,2) = 5.0;

Coord_Nod(15,1) = 5.0; Coord_Nod(15,2) = 5.0;

```
%——————————————————————————————————————————————
%     输入单元与节点的从属关系
%     Nod_Belong_Elem(i,j) 中 i 指单元序号,j 指单元内部的节点序号
%——————————————————————————————————————————————
```

Nod_Belong_Elem(1,1) = 1; Nod_Belong_Elem(1,2) = 2; Nod_Belong_Elem(1,3) = 7;

Nod_Belong_Elem(2,1) = 2; Nod_Belong_Elem(2,2) = 3; Nod_Belong_Elem(2,3) = 8;

Nod_Belong_Elem(3,1) = 3; Nod_Belong_Elem(3,2) = 4; Nod_Belong_Elem(3,3) = 9;

Nod_Belong_Elem(4,1) = 4; Nod_Belong_Elem(4,2) = 5; Nod_Belong_Elem(4,3) = 10;

Nod_Belong_Elem(5,1) = 1; Nod_Belong_Elem(5,2) = 7; Nod_Belong_Elem(5,3) = 6;

Nod_Belong_Elem(6,1) = 2; Nod_Belong_Elem(6,2) = 8; Nod_Belong_Elem(6,3) = 7;

Nod_Belong_Elem(7,1) = 3; Nod_Belong_Elem(7,2) = 9; Nod_Belong_Elem(7,3) = 8;

Nod_Belong_Elem(8,1) = 4; Nod_Belong_Elem(8,2) = 10; Nod_Belong_Elem(8,3) = 9;

Nod_Belong_Elem(9,1) = 6; Nod_Belong_Elem(9,2) = 7; Nod_Belong_Elem(9,3) = 12;

Nod_Belong_Elem(10,1) = 7; Nod_Belong_Elem(10,2) = 8; Nod_Belong_Elem(10,3)

```
                          = 13；
Nod_Belong_Elem(11,1) = 8；Nod_Belong_Elem(11,2) = 9；Nod_Belong_Elem(11,3)
 = 14；
Nod_Belong_Elem(12,1) = 9；Nod_Belong_Elem(12,2) = 10；Nod_Belong_Elem(12,
3) = 15；
Nod_Belong_Elem(13,1) = 6；Nod_Belong_Elem(13,2) = 12；Nod_Belong_Elem(13,
3) = 11；
Nod_Belong_Elem(14,1) = 7；Nod_Belong_Elem(14,2) = 13；Nod_Belong_Elem(14,
3) = 12；
Nod_Belong_Elem(15,1) = 8；Nod_Belong_Elem(15,2) = 14；Nod_Belong_Elem(15,
3) = 13；
Nod_Belong_Elem(16,1) = 9；Nod_Belong_Elem(16,2) = 15；Nod_Belong_Elem(16,
3) = 14；


%————————————————————————————————————
%    输入边界条件数据
%————————————————————————————————————


Bound_Con_DOFs(1) = 1；                    % 第一个节点被约束
Bound_Con_Values(1) = 100；                % 第一个节点约束值为100
Bound_Con_DOFs(2) = 5；                    % 第五个节点被约束
Bound_Con_Values(2) = 100；                % 第五个节点约束值为100
Bound_Con_DOFs(3) = 6；                    % 第六个节点被约束
Bound_Con_Values(3) = 100；                % 第六个节点约束值为100
Bound_Con_DOFs(4) = 10；                   % 第十个节点被约束
Bound_Con_Values(4) = 100；                % 第十个节点约束值为100
Bound_Con_DOFs(5) = 11；                   % 第十一个节点被约束
Bound_Con_Values(5) = 100；                % 第十一个节点约束值为100
Bound_Con_DOFs(6) = 15；                   % 第十五个节点被约束
Bound_Con_Values(6) = 100；                % 第十五个节点约束值为100


%————————————————————————————————————
%    初始化系统矩阵与向量
%————————————————————————————————————


FF_System = zeros(Num_DOFs_In_System,1)；    % 系统向量的初始化
```

```
FN_System = zeros(Num_DOFs_In_System,1);        % 有效系统向量的初始化
fsol = zeros(Num_DOFs_In_System,1);             % 解向量
KK_System = zeros(Num_DOFs_In_System,Num_DOFs_In_System);
                                                % 系统矩阵的初始化
MM_System = zeros(Num_DOFs_In_System,Num_DOFs_In_System);
                                                % 系统矩阵的初始化
Index_Sys_Elem = zeros(Num_Nod_In_Elem * Num_DOFs_In_Nod,1);
                                                % 索引向量的初始化


%———————————————————————————————————————————————————————
%    单元矩阵和向量的计算与整合
%———————————————————————————————————————————————————————


for iel = 1:Num_Element                         % 遍历所有单元

Nod_In_Elem(1) = Nod_Belong_Elem(iel,1);        % 第 i 单元内的第一个节点序号
Nod_In_Elem(2) = Nod_Belong_Elem(iel,2);        % 第 i 单元内的第二个节点序号
Nod_In_Elem(3) = Nod_Belong_Elem(iel,3);        % 第 i 单元内的第三个节点序号
x1 = Coord_Nod(Nod_In_Elem(1),1); y1 = Coord_Nod(Nod_In_Elem(1),2);
                                                % 第一个节点的坐标
x2 = Coord_Nod(Nod_In_Elem(2),1); y2 = Coord_Nod(Nod_In_Elem(2),2);
                                                % 第二个节点的坐标
x3 = Coord_Nod(Nod_In_Elem(3),1); y3 = Coord_Nod(Nod_In_Elem(3),2);
                                                % 第三个节点的坐标

Index_Sys_Elem = feeldof(Nod_In_Elem,Num_Nod_In_Elem,Num_DOFs_In_Nod);
                                                % 提取与单元相关的系统自由度
K_Element = felp2dt3(x1,y1,x2,y2,x3,y3);        % 计算时间无关项的单元矩阵
M_Element = felpt2t3(x1,y1,x2,y2,x3,y3);        % 计算时间相关项的单元矩阵

KK_System = feasmbl1(KK_System,K_Element,Index_Sys_Elem);
                                                % 整合时间无关项的单元矩阵
MM_System = feasmbl1(MM_System,M_Element,Index_Sys_Elem);
                                                % 整合时间相关项的单元矩阵

end
```

```
%————————————————————————
%    时间积分循环
%————————————————————————


for in  = 1:Num_DOFs_In_System
fsol( in)  = 0. 0;                              % 初始条件
end


sol(1,1)  = fsol(8);                           % sol 存储节点 8 的时步历史解
sol(2,1)  = fsol(9);                           % sol 存储节点 9 的时步历史解


KK_System  = MM_System + Time_Step * KK_System;


for it  = 1:Num_Time_Increment


FN_System  = Time_Step * FF_System + MM_System * fsol;
                                               % 计算有效列向量


[ KK_System,FN_System]  = feaplyc2( KK_System,FN_System,Bound_Con_DOFs,
Bound_Con_Values);                             % 适用边界条件


fsol  = KK_System \ FN_System;                 % 求解矩阵方程


sol(1,it + 1)  = fsol(8);                      % sol 存储节点 8 的时步历史解
sol(2,it + 1)  = fsol(9);                      % sol 存储节点 9 的时步历史解


end


%————————————————————————
% 在节点 8 和节点 9 处绘制解
%————————————————————————


time  = 0:Time_Step:Num_Time_Increment * Time_Step;


plot( time,sol(1,:),' * ',time,sol(2,:),' - ');
xlabel( 'Time')
```

ylabel('Solution at nodes')

%——

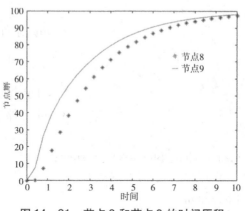

图 14－21　节点 8 和节点 9 的时间历程

【例 14－14】一个尺寸为 0.02 m × 0.01 m 的盘子，它的热传导系数为 0.3 W/(m·℃)，初始温度为 300 ℃，左边和右边保持相同温度 300 ℃，底面绝热，顶面热对流系数为 h_c = 100 W/(m²·℃)，环境温度为 50 ℃，材料密度 ρ = 1 600 kg/m²，比热为 c = 0.8 J/(kg·℃)，采用向后差分法的 MATLAB 程序如下，网格如图 14－22 所示，节点 8 的时间历程如图 14－23 所示。

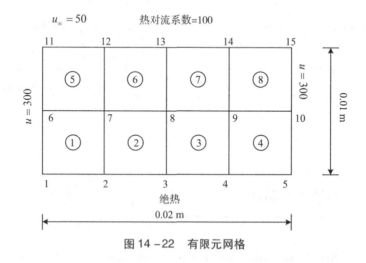

图 14－22　有限元网格

%——

% 例 14－14

```
% 为解决瞬态二维拉普拉斯方程
%    a u,t = u,xx + u,yy,0 < x < 0.02,0 < y < 0.01
% 边界条件:
%    u(0,y,t) = 300,u(0.02,y,t) = 300
%    u,y(x,0,t) = 0,u,y(x,0.01,t) = -(100/0.3)*(u - 50)
% 初始条件:
%    u(x,y,0) = 0 在计算域上
% 使用双线性矩形单元和向前差分法
% 有限元网格见图 14 - 22
%
% 变量描述
%    K_Element = 时间无关项的单元矩阵(u,xx + u,yy)
%    M_Element = 时间相关项的单元矩阵(u,t)
%    F_Element = 单元向量
%    KK_System = 时间无关项的系统矩阵
%    MM_System = 时间相关项的系统矩阵
%    FF_System = 系统向量
%    FN_System = 有效系统向量
%    fsol = 解向量
%    sol = 选定节点的时步历史解
%    Coord_Nod = 每一个节点的坐标值
%    Nod_Belong_Elem = 每一个单元内部的从属节点
%    Index_Sys_Elem = 包含与每个单元关联的系统自由度的索引向量
%    Bound_Con_DOFs = 包含与边界条件相关的自由度的向量
%    Bound_Con_Values = 包含与'Bound_Con_DOFs'中自由度相关的边界条件的向量
%    K1_Cauthy = 由柯西型通量引起的单元矩阵
%    F1_Flux_Bound_Con = 由通量边界条件引起的单元向量
%    Index_Flux = 具有通量的节点自由度索引
%────────────────────────────────────────────
clear
%───────────────────────────────
%    输入控制参数数据
%───────────────────────────────

Num_Element = 8;                          % 单元数量
Num_Nod_In_Elem = 4;                      % 每个单元的节点数
```

```
Num_DOFs_In_Nod = 1;                                   % 每个节点的自由度数
Num_Nod_In_System = 15;                                % 系统中的节点个数
Num_DOFs_In_System = Num_Nod_In_System * Num_DOFs_In_Nod;
                                                        % 系统中的自由度总数
Time_Step = 0.1;                                        % 瞬态分析的时间步长
Time_Start = 0.0;                                       % 初始时间
Time_Finish = 1.0;                                      % 结束时间
Num_Time_Increment = fix((Time_Finish - Time_Start)/Time_Step);
                                                        % 时间步数
A_Coefficient_Transient = 4266.7;                      % 瞬态体系的系数
Num_Flux = 4;                                           % 带通量的单元边界数
Num_Node_Side_Element = 2;                             % 每个单元每边的节点数
%————————————————————————————————————————
%    输入节点的坐标值数据
%    Coord_Nod(i,j) 中 i 指的是节点序号,j 指的是 x 坐标或者 y 坐标
%————————————————————————————————————————


Coord_Nod(1,1)  = 0.0;   Coord_Nod(1,2)  = 0.0;
Coord_Nod(2,1)  = 0.005; Coord_Nod(2,2)  = 0.0;
Coord_Nod(3,1)  = 0.010; Coord_Nod(3,2)  = 0.0;
Coord_Nod(4,1)  = 0.015; Coord_Nod(4,2)  = 0.0;
Coord_Nod(5,1)  = 0.020; Coord_Nod(5,2)  = 0.0;
Coord_Nod(6,1)  = 0.0;   Coord_Nod(6,2)  = 0.005;
Coord_Nod(7,1)  = 0.005; Coord_Nod(7,2)  = 0.005;
Coord_Nod(8,1)  = 0.010; Coord_Nod(8,2)  = 0.005;
Coord_Nod(9,1)  = 0.015; Coord_Nod(9,2)  = 0.005;
Coord_Nod(10,1) = 0.020; Coord_Nod(10,2) = 0.005;
Coord_Nod(11,1) = 0.0;   Coord_Nod(11,2) = 0.01;
Coord_Nod(12,1) = 0.005; Coord_Nod(12,2) = 0.01;
Coord_Nod(13,1) = 0.010; Coord_Nod(13,2) = 0.01;
Coord_Nod(14,1) = 0.015; Coord_Nod(14,2) = 0.01;
Coord_Nod(15,1) = 0.020; Coord_Nod(15,2) = 0.01;


%————————————————————————————————————————
%    输入单元与节点的从属关系
%    Nod_Belong_Elem(i,j) 中 i 指单元序号,j 指单元内部的节点序号
```

```
%————————————————————————————————————

Nod_Belong_Elem(1,1) = 1; Nod_Belong_Elem(1,2) = 2; Nod_Belong_Elem(1,3) =
7; Nod_Belong_Elem(1,4) = 6;
Nod_Belong_Elem(2,1) = 2; Nod_Belong_Elem(2,2) = 3; Nod_Belong_Elem(2,3) =
8; Nod_Belong_Elem(2,4) = 7;
Nod_Belong_Elem(3,1) = 3; Nod_Belong_Elem(3,2) = 4; Nod_Belong_Elem(3,3) =
9; Nod_Belong_Elem(3,4) = 8;
Nod_Belong_Elem(4,1) = 4; Nod_Belong_Elem(4,2) = 5; Nod_Belong_Elem(4,3) =
10; Nod_Belong_Elem(4,4) = 9;
Nod_Belong_Elem(5,1) = 6; Nod_Belong_Elem(5,2) = 7; Nod_Belong_Elem(5,3) =
12; Nod_Belong_Elem(5,4) = 11;
Nod_Belong_Elem(6,1) = 7; Nod_Belong_Elem(6,2) = 8; Nod_Belong_Elem(6,3) =
13; Nod_Belong_Elem(6,4) = 12;
Nod_Belong_Elem(7,1) = 8; Nod_Belong_Elem(7,2) = 9; Nod_Belong_Elem(7,3) =
14; Nod_Belong_Elem(7,4) = 13;
Nod_Belong_Elem(8,1) = 9; Nod_Belong_Elem(8,2) = 10; Nod_Belong_Elem(8,3)
= 15; Nod_Belong_Elem(8,4) = 14;


%————————————————————————————————————
%    输入边界条件数据
%————————————————————————————————————


Bound_Con_DOFs(1) = 1;                % 第一个节点被约束
Bound_Con_Values(1) = 300;            % 第一个节点约束值为 300
Bound_Con_DOFs(2) = 5;                % 第五个节点被约束
Bound_Con_Values(2) = 300;            % 第五个节点约束值为 300
Bound_Con_DOFs(3) = 6;                % 第六个节点被约束
Bound_Con_Values(3) = 300;            % 第六个节点约束值为 300
Bound_Con_DOFs(4) = 10;               % 第十个节点被约束
Bound_Con_Values(4) = 300;            % 第十个节点约束值为 300
Bound_Con_DOFs(5) = 11;               % 第十一个节点被约束
Bound_Con_Values(5) = 300;            % 第十一个节点约束值为 300
Bound_Con_DOFs(6) = 15;               % 第十五个节点被约束
Bound_Con_Values(6) = 300;            % 第十五个节点约束值为 300
%————————————————————————————————————
```

```
%      输入通量边界条件
%      Nod_Flux(i,j)中i指的是单元序号,j指的是两个节点序号
%————————————————————————————————————


Nod_Flux(1,1) = 11; Nod_Flux(1,2) = 12;        % 带通量的第一个单元边的节点
Nod_Flux(2,1) = 12; Nod_Flux(2,2) = 13;        % 带通量的第二个单元边的节点
Nod_Flux(3,1) = 13; Nod_Flux(3,2) = 14;        % 带通量的第三个单元边的节点
Nod_Flux(4,1) = 14; Nod_Flux(4,2) = 15;        % 带通量的第四个单元边的节点

b = 333.3; c = 50;                         % 由柯西型通量引起的单元矩阵的系数


%————————————————————————————————————
%      矩阵与向量的初始化
%————————————————————————————————————
FF_System = zeros(Num_DOFs_In_System,1);        % 系统向量
FN_System = zeros(Num_DOFs_In_System,1);        % 有效系统向量
fsol = zeros(Num_DOFs_In_System,1);            % 解向量
sol = zeros(1,Num_Time_Increment + 1);          % 选定节点的时步历史解
KK_System = zeros(Num_DOFs_In_System,Num_DOFs_In_System);
                                      % 时间无关项的系统矩阵
MM_System = zeros(Num_DOFs_In_System,Num_DOFs_In_System);
                                      % 时间相关项的系统矩阵
Index_Sys_Elem = zeros(Num_Nod_In_Elem * Num_DOFs_In_Nod,1);
                                      % 索引向量
F1_Flux_Bound_Con = zeros(Num_Node_Side_Element * Num_DOFs_In_Nod,1);
                                      % 单元通量向量
K1_Cauthy = zeros(Num_Node_Side_Element * Num_DOFs_In_Nod,Num_Node_Side_
Element * Num_DOFs_In_Nod);              % 通量矩阵
Index_Flux = zeros(Num_Node_Side_Element * Num_DOFs_In_Nod,1);
                                      % 通量索引向量
%————————————————————————————————————
%      单元矩阵和向量的计算与整合
%————————————————————————————————————

for iel = 1:Num_Element                    % 遍历所有单元
```

```
Nod_In_Elem(1) = Nod_Belong_Elem(iel,1);        % 第 i 单元内的第一个节点序号
Nod_In_Elem(2) = Nod_Belong_Elem(iel,2);        % 第 i 单元内的第二个节点序号
Nod_In_Elem(3) = Nod_Belong_Elem(iel,3);        % 第 i 单元内的第三个节点序号
Nod_In_Elem(4) = Nod_Belong_Elem(iel,4);        % 第 i 单元内的第四个节点序号
x1 = Coord_Nod(Nod_In_Elem(1),1); y1 = Coord_Nod(Nod_In_Elem(1),2);
                                                % 第一个节点的坐标
x2 = Coord_Nod(Nod_In_Elem(2),1); y2 = Coord_Nod(Nod_In_Elem(2),2);
                                                % 第二个节点的坐标
x3 = Coord_Nod(Nod_In_Elem(3),1); y3 = Coord_Nod(Nod_In_Elem(3),2);
                                                % 第三个节点的坐标
x4 = Coord_Nod(Nod_In_Elem(4),1); y4 = Coord_Nod(Nod_In_Elem(4),2);
                                                % 第四个节点的坐标
Length_X_Element = x2 - x1;                      % x 轴方向的单元尺寸
Length_Y_Element = y4 - y1;                      % y 轴方向的单元尺寸


Index_Sys_Elem = feeldof(Nod_In_Elem,Num_Nod_In_Elem,Num_DOFs_In_Nod);
                                                % 提取与单元相关的系统自由度


K_Element = felp2dr4(Length_X_Element,Length_Y_Element);
                                                % 计算单元矩阵
M_Element = A_Coefficient_Transient * felpt2r4(Length_X_Element,Length_Y_Element);
                                                % 计算单元矩阵


KK_System = feasmbl1(KK_System,K_Element,Index_Sys_Elem);
                                                % 整合单元矩阵
MM_System = feasmbl1(MM_System,M_Element,Index_Sys_Elem);
                                                % 整合单元矩阵


end


%--------------------------------------------------------------------------
%    由于通量边界条件导致的附加计算
%--------------------------------------------------------------------------

for ifx = 1:Num_Flux
```

nds(1) = Nod_Flux(ifx,1); % 提取第（ifx）个单元中具有通量 BC 的第一个节点
nds(2) = Nod_Flux(ifx,2); % 提取第（ifx）个单元中具有通量 BC 的第二个节点
x1 = Coord_Nod(nds(1),1); y1 = Coord_Nod(nds(1),2); % 节点坐标
x2 = Coord_Nod(nds(2),1); y2 = Coord_Nod(nds(2),2); % 节点坐标
Length_Element = sqrt((x2 - x1) * (x2 - x1) + (y2 - y1) * (y2 - y1)); % 单元长度

Index_Flux = feeldof(nds,Num_Node_Side_Element,Num_DOFs_In_Nod);
% 查找相关系统的自由度

K1_Cauthy = b * feflxl2(Length_Element); % 计算由于通量引起的单元矩阵
F1_Flux_Bound_Con = b * c * fef1l(0,Length_Element);
% 计算由于通量引起的单元向量

[KK_System,FF_System] = feasmbl2(KK_System,FF_System,K1_Cauthy,F1_Flux_
Bound_Con,Index_Flux); % 整合

end

%————————————————————————
%   时间积分循环
%————————————————————————

for in = 1:Num_DOFs_In_System
fsol(in) = 300.0; % 初始条件
end

sol(1) = fsol(8); % sol 包含节点 8 的时步历史解

KK_System = MM_System + Time_Step * KK_System;

for it = 1:Num_Time_Increment

FN_System = Time_Step * FF_System + MM_System * fsol; % 计算有效列向量

[KK_System,FN_System] = feaplyc2(KK_System,FN_System,Bound_Con_DOFs,
Bound_Con_Values); % 适用边界条件

```
fsol = KK_System \ FN_System;                    % 求解矩阵方程

sol(it + 1) = fsol(8);                           % sol 包含节点 8 的时步历史解

end

%————————————————————————————
% 绘制节点 8 处的解
%————————————————————————————

time = 0:Time_Step:Num_Time_Increment * Time_Step;
plot(time,sol);
xlabel('Time')
ylabel('Solution at the center')


%————————————————————————————————————————————

function [K_Element] = feflxl2(Length_Element)


%————————————————————————————————————————————
%    目的:
%        柯西类型边界的单元矩阵
%        使用线性单元 A_Coefficient_Transient 和 b 为常数
%
%    简介:
%        [K_Element] = feflxl2(Length_Element)
%
%    变量:
%        K_Element - 单元向量
%        Length_Element - 给定通量一边的单元长度
%————————————————————————————————————————————

% 单元矩阵

K_Element = (Length_Element/6) * [2  1; 1  2];
```

%————————————————————————————————————

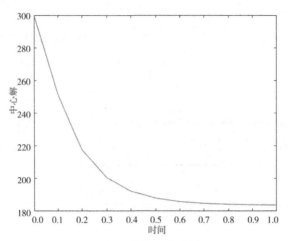

图 14 – 23　节点 8 的时间历程

【例 14 – 15】我们采用 Crank – Nicolson 技术求解以下问题：

$$0.04\frac{\partial u}{\partial t} = \frac{\partial^2 u}{\partial x^2} + \frac{\partial^2 u}{\partial y^2} \qquad (14 - 155)$$

问题区域和前图 14 – 15（a）相同，边界条件与例 14 – 8 中描述的一致，初始边界为 100，瞬时解绘制在图 14 – 24 中，稳态解在例 14 – 8 中。就结果而言，目前的解决方案必须符合稳态解，程序如下。

%————————————————————————————————————

% 例 14 – 15

% 为解决给定的二维拉普拉斯方程

%　u,xx + u,yy = 0, 0 < x < 5, 0 < y < 10

%　u(x,0) = 0, u(x,10) = 100sin(pi * x/10)，

%　u(0,y) = 0, u,x(5,y) = 0

% 使用线性三角形单元

%　有限元网格如图如 14 – 15(a) 所示

%

% 变量描述

%　K_Element = 单元矩阵

%　F_Element = 单元向量

%　KK_System = 系统矩阵

%　FF_System = 系统向量

%　FN_System = 有效系统向量

```
%     KN_System = 有效系统矩阵
%     fsol = 解向量
%     sol = 选定节点的时步历史解
%     Coord_Nod = 每一个节点的坐标值
%     Nod_Belong_Elem = 每一个单元内部的从属节点
%     Index_Sys_Elem = 包含与每个单元关联的系统自由度的索引向量
%     Bound_Con_DOFs = 包含与边界条件相关的自由度的向量
%     Bound_Con_Values = 包含与 'Bound_Con_DOFs' 中自由度相关的边界条件的向量
%——————————————————————————————
clear
%——————————————————————————————
%     输入控制参数数据
%——————————————————————————————

Num_Element = 16;                          % 单元数量
Num_Nod_In_Elem = 4;                       % 每个单元的节点数
Num_DOFs_In_Nod = 1;                       % 每个节点的自由度数
Num_Nod_In_System = 25;                    % 系统中的节点个数
Num_DOFs_In_System = Num_Nod_In_System * Num_DOFs_In_Nod;
                                           % 系统中的自由度总数
Time_Step = 0.04;                          % 瞬态分析的时间步长
Time_Start = 0.0;                          % 初始时间
Time_Finish = 2;                           % 结束时间
Num_Time_Increment = fix((Time_Finish - Time_Start)/Time_Step);
                                           % 时间步数
A_Coefficient_Transient = 0.04;
%——————————————————————————————
%     输入节点的坐标值数据
%     Coord_Nod(i, j) 中 i 指的是节点序号,j 指的是 x 坐标或者 y 坐标
%——————————————————————————————

Coord_Nod(1,1) = 0.0; Coord_Nod(1,2) = 0.0;
Coord_Nod(2,1) = 1.25; Coord_Nod(2,2) = 0.0;
Coord_Nod(3,1) = 2.5; Coord_Nod(3,2) = 0.0;
Coord_Nod(4,1) = 3.75; Coord_Nod(4,2) = 0.0;
Coord_Nod(5,1) = 5.0; Coord_Nod(5,2) = 0.0;
```

Coord_Nod(6,1) = 0.0; Coord_Nod(6,2) = 2.5;

Coord_Nod(7,1) = 1.25; Coord_Nod(7,2) = 2.5;

Coord_Nod(8,1) = 2.5; Coord_Nod(8,2) = 2.5;

Coord_Nod(9,1) = 3.75; Coord_Nod(9,2) = 2.5;

Coord_Nod(10,1) = 5.0; Coord_Nod(10,2) = 2.5;

Coord_Nod(11,1) = 0.0; Coord_Nod(11,2) = 5.0;

Coord_Nod(12,1) = 1.25; Coord_Nod(12,2) = 5.0;

Coord_Nod(13,1) = 2.5; Coord_Nod(13,2) = 5.0;

Coord_Nod(14,1) = 3.75; Coord_Nod(14,2) = 5.0;

Coord_Nod(15,1) = 5.0; Coord_Nod(15,2) = 5.0;

Coord_Nod(16,1) = 0.0; Coord_Nod(16,2) = 7.5;

Coord_Nod(17,1) = 1.25; Coord_Nod(17,2) = 7.5;

Coord_Nod(18,1) = 2.5; Coord_Nod(18,2) = 7.5;

Coord_Nod(19,1) = 3.75; Coord_Nod(19,2) = 7.5;

Coord_Nod(20,1) = 5.0; Coord_Nod(20,2) = 7.5;

Coord_Nod(21,1) = 0.0; Coord_Nod(21,2) = 10.0;

Coord_Nod(22,1) = 1.25; Coord_Nod(22,2) = 10.0;

Coord_Nod(23,1) = 2.5; Coord_Nod(23,2) = 10.0;

Coord_Nod(24,1) = 3.75; Coord_Nod(24,2) = 10.0;

Coord_Nod(25,1) = 5.0; Coord_Nod(25,2) = 10.0;


```
%————————————————————————————————————————
%    输入单元与节点的从属关系
%    Nod_Belong_Elem(i,j)中 i 指单元序号, j 指单元内部的节点序号
%————————————————————————————————————————
```

Nod_Belong_Elem(1,1) = 1; Nod_Belong_Elem(1,2) = 2; Nod_Belong_Elem(1,3) = 7; Nod_Belong_Elem(1,4) = 6;

Nod_Belong_Elem(2,1) = 2; Nod_Belong_Elem(2,2) = 3; Nod_Belong_Elem(2,3) = 8; Nod_Belong_Elem(2,4) = 7;

Nod_Belong_Elem(3,1) = 3; Nod_Belong_Elem(3,2) = 4; Nod_Belong_Elem(3,3) = 9; Nod_Belong_Elem(3,4) = 8;

Nod_Belong_Elem(4,1) = 4; Nod_Belong_Elem(4,2) = 5; Nod_Belong_Elem(4,3) = 10; Nod_Belong_Elem(4,4) = 9;

Nod_Belong_Elem(5,1) = 6; Nod_Belong_Elem(5,2) = 7; Nod_Belong_Elem(5,3) = 12; Nod_Belong_Elem(5,4) = 11;

Nod_Belong_Elem(6,1) = 7; Nod_Belong_Elem(6,2) = 8; Nod_Belong_Elem(6,3) = 13; Nod_Belong_Elem(6,4) = 12;

Nod_Belong_Elem(7,1) = 8; Nod_Belong_Elem(7,2) = 9; Nod_Belong_Elem(7,3) = 14; Nod_Belong_Elem(7,4) = 13;

Nod_Belong_Elem(8,1) = 9; Nod_Belong_Elem(8,2) = 10; Nod_Belong_Elem(8,3) = 15; Nod_Belong_Elem(8,4) = 14;

Nod_Belong_Elem(9,1) = 11; Nod_Belong_Elem(9,2) = 12; Nod_Belong_Elem(9,3) = 17; Nod_Belong_Elem(9,4) = 16;

Nod_Belong_Elem(10,1) = 12; Nod_Belong_Elem(10,2) = 13; Nod_Belong_Elem(10,3) = 18; Nod_Belong_Elem(10,4) = 17;

Nod_Belong_Elem(11,1) = 13; Nod_Belong_Elem(11,2) = 14; Nod_Belong_Elem(11,3) = 19; Nod_Belong_Elem(11,4) = 18;

Nod_Belong_Elem(12,1) = 14; Nod_Belong_Elem(12,2) = 15; Nod_Belong_Elem(12,3) = 20; Nod_Belong_Elem(12,4) = 19;

Nod_Belong_Elem(13,1) = 16; Nod_Belong_Elem(13,2) = 17; Nod_Belong_Elem(13,3) = 22; Nod_Belong_Elem(13,4) = 21;

Nod_Belong_Elem(14,1) = 17; Nod_Belong_Elem(14,2) = 18; Nod_Belong_Elem(14,3) = 23; Nod_Belong_Elem(14,4) = 22;

Nod_Belong_Elem(15,1) = 18; Nod_Belong_Elem(15,2) = 19; Nod_Belong_Elem(15,3) = 24; Nod_Belong_Elem(15,4) = 23;

Nod_Belong_Elem(16,1) = 19; Nod_Belong_Elem(16,2) = 20; Nod_Belong_Elem(16,3) = 25; Nod_Belong_Elem(16,4) = 24;

```
%————————————————————————————
%    输入边界条件数据
%————————————————————————————
```

```
Bound_Con_DOFs(1) = 1;              % 第一个节点被约束
Bound_Con_Values(1) = 0;            % 第一个节点约束值为 0
Bound_Con_DOFs(2) = 2;              % 第二个节点被约束
Bound_Con_Values(2) = 0;            % 第二个节点约束值为 0
Bound_Con_DOFs(3) = 3;              % 第三个节点被约束
Bound_Con_Values(3) = 0;            % 第三个节点约束值为 0
Bound_Con_DOFs(4) = 4;              % 第四个节点被约束
Bound_Con_Values(4) = 0;            % 第四个节点约束值为 0
Bound_Con_DOFs(5) = 5;              % 第五个节点被约束
```

```
Bound_Con_Values(5) = 0;                              % 第五个节点约束值为 0
Bound_Con_DOFs(6) = 6;                                % 第六个节点被约束
Bound_Con_Values(6) = 0;                              % 第六个节点约束值为 0
Bound_Con_DOFs(7) = 11;                               % 第十一个节点被约束
Bound_Con_Values(7) = 0;                              % 第十一个节点约束值为 0
Bound_Con_DOFs(8) = 16;                               % 第十六个节点被约束
Bound_Con_Values(8) = 0;                              % 第十六个节点约束值为 0
Bound_Con_DOFs(9) = 21;                               % 第二十一个节点被约束
Bound_Con_Values(9) = 0;                              % 第二十一个节点约束为 0
Bound_Con_DOFs(10) = 22;                              % 第二十二个节点被约束
Bound_Con_Values(10) = 38.2683;                       % 第二十二个节点约束值为 38.2683
Bound_Con_DOFs(11) = 23;                              % 第二十三个节点被约束
Bound_Con_Values(11) = 70.7107;                       % 第二十三个节点约束值为 70.7107
Bound_Con_DOFs(12) = 24;                              % 第二十四个节点被约束
Bound_Con_Values(12) = 92.3880;                       % 第二十四个节点约束值为 92.3880
Bound_Con_DOFs(13) = 25;                              % 第二十五个节点被约束
Bound_Con_Values(13) = 100;                           % 第二十五个节点约束值为 100


%————————————————————————————————————————
%    矩阵与向量的初始化
%————————————————————————————————————————


FF_System = zeros(Num_DOFs_In_System,1);             % 系统向量
FN_System = zeros(Num_DOFs_In_System,1);             % 有效系统向量
fsol = zeros(Num_DOFs_In_System,1);                  % 解向量
sol = zeros(1,Num_Time_Increment + 1);               % 选定节点的时步历史解
KK_System = zeros(Num_DOFs_In_System,Num_DOFs_In_System);
                                                     % 系统矩阵的初始化
MM_System = zeros(Num_DOFs_In_System,Num_DOFs_In_System);
                                                     % 系统矩阵的初始化
KN_System = zeros(Num_DOFs_In_System,Num_DOFs_In_System);
                                                     % 有效系统矩阵
Index_Sys_Elem = zeros(Num_Nod_In_Elem * Num_DOFs_In_Nod,1);
                                                     % 索引向量的初始化


%————————————————————————————————————————
```

```
% 单元矩阵和向量的计算与整合
%————————————————————————————————————————————————

for iel = 1:Num_Element                         % 遍历所有单元

Nod_In_Elem(1) = Nod_Belong_Elem(iel,1);        % 第 i 单元内的第一个节点序号
Nod_In_Elem(2) = Nod_Belong_Elem(iel,2);        % 第 i 单元内的第二个节点序号
Nod_In_Elem(3) = Nod_Belong_Elem(iel,3);        % 第 i 单元内的第三个节点序号
Nod_In_Elem(4) = Nod_Belong_Elem(iel,4);        % 第 i 单元内的第四个节点序号
x1 = Coord_Nod(Nod_In_Elem(1),1); y1 = Coord_Nod(Nod_In_Elem(1),2);
                                                % 第一个节点的值
x2 = Coord_Nod(Nod_In_Elem(2),1); y2 = Coord_Nod(Nod_In_Elem(2),2);
                                                % 第二个节点的值
x3 = Coord_Nod(Nod_In_Elem(3),1); y3 = Coord_Nod(Nod_In_Elem(3),2);
                                                % 第三个节点的值
x4 = Coord_Nod(Nod_In_Elem(4),1); y4 = Coord_Nod(Nod_In_Elem(4),2);
                                                % 第四个节点的值
Length_X_Element = x2 - x1;                      % x 轴方向的单元尺寸

Length_Y_Element = y4 - y1;                      % y 轴方向的单元尺寸

Index_Sys_Elem = feeldof(Nod_In_Elem,Num_Nod_In_Elem,Num_DOFs_In_Nod);
                                                % 提取与单元相关的系统自由度

K_Element = felp2dr4(Length_X_Element,Length_Y_Element);
                                                % 计算单元矩阵
M_Element = A_Coefficient_Transient * felpt2r4(Length_X_Element,Length_Y_Element);
                                                % 计算单元矩阵

KK_System = feasmbl1(KK_System,K_Element,Index_Sys_Elem);
                                                % 整合单元矩阵
MM_System = feasmbl1(MM_System,M_Element,Index_Sys_Elem);
                                                % 整合单元矩阵

end
```

```
%————————————————————————
%    时间积分循环
%————————————————————————

for in = 1:Num_DOFs_In_System
fsol(in) = 100.0;                        % 初始条件
end

sol(1) = fsol(13);                       % sol 包含节点 13 的时步历史解

KN_System = 2 * MM_System + Time_Step * KK_System;
                                         % 计算有效系统矩阵

for it = 1:Num_Time_Increment

FN_System = Time_Step * FF_System + (2 * MM_System - Time_Step * KK_System) * fsol;
                                         % 计算有效列向量

[KN_System,FN_System] = feaplyc2(KN_System,FN_System,Bound_Con_DOFs,
Bound_Con_Values);                       % 适用边界条件

fsol = KN_System \ FN_System;            % 求解矩阵方程

sol(it + 1) = fsol(13);                  % sol 包含节点 13 的时步历史解

end

%————————————————————————

% 绘制节点 13 处的解
%————————————————————————
time = 0:Time_Step:Num_Time_Increment * Time_Step;
plot(time,sol);
xlabel('Time')
ylabel('Solution at the center')
```

%——

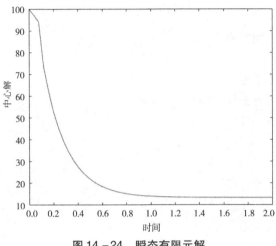

图 14－24　瞬态有限元解

14.12　MATLAB 在 3D 稳态分析中的应用

【例 14－16】采用 Laplace 方程分析一个金字塔形状的三维计算域，如图 14－25 所示。金字塔底面有特定的节点变量，边面没有流量。四面体单元被用于当前的解决方案，MATLAB 程序如下。

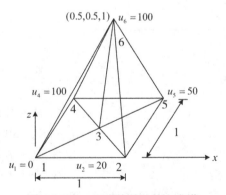

图 14－25　四面体单元的金字塔

```
%————————————————————————————————————————
% 例 14 - 16
% 为解决三维拉普拉斯方程
% 对于锥形计算域
% 使用四节点四面体单元
% 底面具有必要的边界条件,侧面不受影响
% 有限元网格见图 14 - 25
%
% 变量描述
%   K_Element = 单元矩阵
%   F_Element = 单元向量
%   KK_System = 系统矩阵
%   FF_System = 系统向量
%   Coord_Nod = 每一个节点的坐标值
%   Nod_Belong_Elem = 每一个单元内部的从属节点
%   Index_Sys_Elem = 包含与每个单元关联的系统自由度的索引向量
%   Bound_Con_DOFs = 包含与边界条件相关的自由度的向量
%   Bound_Con_Values = 包含与'Bound_Con_DOFs'中自由度相关的边界条件的向量
%————————————————————————————————————————


%————————————————————————————
%    输入控制参数数据
%————————————————————————————


clear

Num_Element = 4;                                    % 单元数量
Num_Nod_In_Elem = 4;                               % 每个单元的节点数
Num_DOFs_In_Nod = 1;                               % 每个节点的自由度数
Num_Nod_In_System = 6;                             % 系统中的节点个数
Num_DOFs_In_System = Num_Nod_In_System * Num_DOFs_In_Nod;
                                                   % 系统中的自由度总数


%————————————————————————————
%    输入节点的坐标值数据
```

```
%    Coord_Nod(i,j) 中 i 指的是节点序号, j 指的是 x 坐标或者 y 坐标
%————————————————————————————————————————————

Coord_Nod(1,1) = 0.0; Coord_Nod(1,2) = 0.0; Coord_Nod(1,3) = 0.0;
Coord_Nod(2,1) = 1.0; Coord_Nod(2,2) = 0.0; Coord_Nod(2,3) = 0.0;
Coord_Nod(3,1) = 0.5; Coord_Nod(3,2) = 0.5; Coord_Nod(3,3) = 0.0;
Coord_Nod(4,1) = 0.0; Coord_Nod(4,2) = 1.0; Coord_Nod(4,3) = 0.0;
Coord_Nod(5,1) = 1.0; Coord_Nod(5,2) = 1.0; Coord_Nod(5,3) = 0.0;
Coord_Nod(6,1) = 0.5; Coord_Nod(6,2) = 0.5; Coord_Nod(6,3) = 1.0;


%————————————————————————————————————————————
%    输入单元与节点的从属关系
%    Nod_Belong_Elem(i,j) 中 i 指单元序号, j 指单元内部的节点序号
%————————————————————————————————————————————


Nod_Belong_Elem(1,1) = 4; Nod_Belong_Elem(1,2) = 1;
Nod_Belong_Elem(1,3) = 3; Nod_Belong_Elem(1,4) = 6;
Nod_Belong_Elem(2,1) = 1; Nod_Belong_Elem(2,2) = 2;
Nod_Belong_Elem(2,3) = 3; Nod_Belong_Elem(2,4) = 6;
Nod_Belong_Elem(3,1) = 2; Nod_Belong_Elem(3,2) = 5;
Nod_Belong_Elem(3,3) = 3; Nod_Belong_Elem(3,4) = 6;
Nod_Belong_Elem(4,1) = 5; Nod_Belong_Elem(4,2) = 4;
Nod_Belong_Elem(4,3) = 3; Nod_Belong_Elem(4,4) = 6;


%————————————————————————————————————————————
%    输入边界条件数据
%————————————————————————————————————————————


Bound_Con_DOFs(1) = 1;              % 第一个节点被约束
Bound_Con_Values(1) = 0;            % 第一个节点约束值为 0
Bound_Con_DOFs(2) = 2;              % 第二个节点被约束
Bound_Con_Values(2) = 20;          % 第二个节点约束值为 20
Bound_Con_DOFs(3) = 4;              % 第四个节点被约束
Bound_Con_Values(3) = 100;         % 第四个节点约束值为 100
Bound_Con_DOFs(4) = 5;              % 第五个节点被约束
Bound_Con_Values(4) = 50;          % 第五个节点约束值为 50
```

```
%————————————————————————————————
%    矩阵和向量的初始化
%————————————————————————————————

FF_System = zeros(Num_DOFs_In_System,1);        % 系统荷载向量的初始化
KK_System = zeros(Num_DOFs_In_System,Num_DOFs_In_System);
                                                % 系统矩阵的初始化
Index_Sys_Elem = zeros(Num_Nod_In_Elem * Num_DOFs_In_Nod,1);
                                                % 系统向量的初始化


%————————————————————————————————————
%    单元矩阵和向量的计算与整合
%————————————————————————————————————

for iel = 1:Num_Element                         % 遍历所有单元

Nod_In_Elem(1) = Nod_Belong_Elem(iel,1);        % 第i单元内的第一个节点序号
Nod_In_Elem(2) = Nod_Belong_Elem(iel,2);        % 第i单元内的第二个节点序号
Nod_In_Elem(3) = Nod_Belong_Elem(iel,3);        % 第i单元内的第三个节点序号
Nod_In_Elem(4) = Nod_Belong_Elem(iel,4);        % 第i单元内的第四个节点序号
x(1) = Coord_Nod(Nod_In_Elem(1),1); y(1) = Coord_Nod(Nod_In_Elem(1),2);
z(1) = Coord_Nod(Nod_In_Elem(1),3);             % 第一个节点的坐标
x(2) = Coord_Nod(Nod_In_Elem(2),1); y(2) = Coord_Nod(Nod_In_Elem(2),2);
z(2) = Coord_Nod(Nod_In_Elem(2),3);             % 第二个节点的坐标
x(3) = Coord_Nod(Nod_In_Elem(3),1); y(3) = Coord_Nod(Nod_In_Elem(3),2);
z(3) = Coord_Nod(Nod_In_Elem(3),3);             % 第三个节点的坐标
x(4) = Coord_Nod(Nod_In_Elem(4),1); y(4) = Coord_Nod(Nod_In_Elem(4),2);
z(4) = Coord_Nod(Nod_In_Elem(4),3);             % 第四个节点的坐标

Index_Sys_Elem = feeldof(Nod_In_Elem,Num_Nod_In_Elem,Num_DOFs_In_Nod);
                                                % 提取与单元相关的系统自由度

K_Element = felp3dt4(x,y,z);                    % 计算单元矩阵

KK_System = feasmbl1(KK_System,K_Element,Index_Sys_Elem);
```

% 整合单元矩阵

end

%————————————————————————————————
% 　适用边界条件
%————————————————————————————————

[KK_ System,FF_ System] = feaplyc2(KK_ System,FF_ System,Bound_ Con_ DOFs, Bound_ Con_ Values);

%————————————————————————————————
% 　求解矩阵方程
%————————————————————————————————

fsol = KK_System \ FF_System;

%————————————————————————————————
% 打印和提取有限元解
%————————————————————————————————

num = 1:1:Num_DOFs_In_System;
store = [num 'fsol']

%——

本章习题

　　1. 重复例 14 – 1，推导式 (14 – 14)。
　　2. 正方形区域使用一个双线性单元或两个线性三角形单元建模，如图 14 – 26 所示，计算每次离散拉普拉斯方程的系统矩阵。

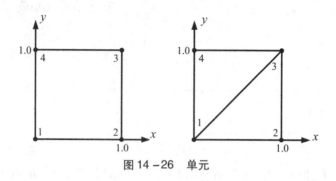

图 14 −26　单元

3. 通过单元边界的通量如图 14 −27 所示，确定等效节点通量。

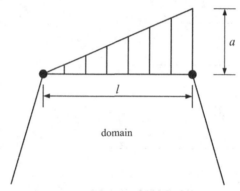

图 14 −27　通过单元边界的通量

4. 如图 14 −28 所示，在双二次单元的一侧给出均匀分布的磁通，计算边界积分以确定等效节点磁通。边界节点的插值函数如下：

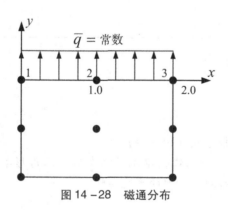

图 14 −28　磁通分布

$$H_1(x) = \frac{1}{2}(x-1)(x-2)$$

$$H_2(x) = x(2 - x)$$

$$H_3(x) = \frac{1}{2}x(x - 1)$$

5. 线性三角形单元有三个顶点 (x_1, y_1)，(x_2, y_2) 和 (x_3, y_3)。如果 Q 值的集中源位于单元内的 (x_s, y_s) 处，求解单元向量的式 (14-44)。

6. 应用伽辽金方法和 Crank-Nicolson 方法求解下列抛物型偏微分方程。

$$\frac{\partial u}{\partial t} - \frac{1}{10}\frac{\partial^2 u}{\partial x^2} = 10, \quad 0 < x < 3$$

最初，整个区域的 u 值为 50，该区域在左端受到边界条件 $u = 100$ 的约束，在右端受到边界条件 $\frac{\partial u}{\partial x} = 100e^{-t}$ 的约束。使用 $\Delta t = 1$，求 $t = 1$ 时的节点解。该区域被离散为两个线性单元。因此，三个节点分别位于 $x_1 = 0$，$x_2 = 1$ 和 $x_3 = 3$ 处。

7. 使用向后差分法重做习题 6。

8. 对于热正交各向异性材料，二维热传导方程为

$$\frac{\partial}{\partial x}\left(k_x\frac{\partial u}{\partial x}\right) + \frac{\partial}{\partial y}\left(k_y\frac{\partial u}{\partial y}\right) + Q = 0$$

其中，k_x 和 k_y 分别是沿正交各向异性轴 x 和 y 的热传导系数，Q 是每单位体积产生的热量。使用线性三角形单元建立单元矩阵方程。

附录 学科探路者/科学人物

中国共产党领导下的科技事业，是百年恢宏历史画卷上浓墨重彩的篇章。新中国成立后，我国科技工作者在基础研究、前沿技术等领域屡获佳绩，中国科技成果一次次迎来突破。中国科技事业的发展史闪耀着中国共产党科技思想的光芒，闪耀着一颗颗璀璨的"明星"。几代科学人奋斗的身影，指引着我们如同百年征程中的前行者那样，胸怀大局，心系祖国，不懈奋斗！

为国铸盾者——钱七虎

2019年1月8日，在人民大会堂，习近平总书记亲自为获得2018年度国家最高科学技术奖的两位院士颁奖。中国人民解放军陆军工程大学钱七虎院士就是其中的一位。作为我国现代防护工程理论奠基人，钱七虎已经为祖国的安全防护和现代化建设默默奉献了一个甲子的时光。

1937年，钱七虎出生在江苏昆山一个普通人家。1954年，钱七虎中学毕业后，经组织保送，进入哈尔滨军事工程学院，攻读防护工程专业。7年后，他前往莫斯科古比雪夫军事工程学院深造。1965年，钱七虎学成回国，先后担任西安工程兵工程学院、南京工程兵工程学院教员。

随着对现代防护工作的了解不断深入，钱七虎越发意识到自己当初专业选择的重大意义。如果说核弹是对付敌对力量锐利的"矛"，那么防护工程就是一面坚固的"盾"。防护工程是国家的地下钢铁长城，"矛"升级了，我们的"盾"也必须与时俱进。

在一次次的探索实践中，钱七虎逐步建立起我国现代防护工程理论体系，解决了我军核武器空中、触地、钻地爆炸以及新型钻地弹侵彻、爆炸等若干工程防护关键技术难题。

在半个多世纪的科研岁月中，钱七虎为我国多项大型工程立下了汗马功劳。1975年，钱七虎设计出当时国内抗力最高、跨度最大的飞机洞库门；1992年，钱七

虎主持了被誉为"亚洲第一爆"的珠海国际机场项目爆破工程，开辟了中国爆破技术新的应用领域；在港珠澳大桥的海底隧道项目建设上，钱七虎综合考虑洋流、浪涌、沉降等各方面因素，提出了关键性建议方案；作为多个国家重大工程的专家组成员，钱七虎还在南水北调工程、西气东输工程、能源地下储备等方面提出了切实可行的决策建议，并多次赴现场提出关键性难题的解决方案。

进入 21 世纪，随着城市规模越来越大、人口越来越多，人们的生活空间越来越小。钱七虎前瞻性地提出，未来城市的发展必须要充分开发利用地下空间，给城市减肥瘦身。

他常说："只有把个人理想与国家的需要、民族的前途紧密联系在一起，才能有所成就、彰显价值。"

"耄耋之年自有狂，固北疆，战南洋。磨剑数载，建万里国防……"这是钱七虎的学生在获知导师获得国家最高科学技术奖后，有感而发写下的一首词。奋斗一甲子，铸盾六十年。自从选择了科学防护事业，钱七虎始终站在学科发展前沿，对我国现代防护各个时期的建设发展倾注了自己的心血。钱七虎说，自己一生从未动摇的目标就是，为祖国铸就一座打不烂、炸不毁的"地下钢铁长城"。这是一名共产党员的志气，一位科学家的豪气，更是一个国家的底气。

（摘自《钱七虎：一生只做一件事　为国铸就"地下钢铁长城"》，共产党员网）

中国矿山压力与岩层控制学科主要奠基者
和开拓者——钱鸣高

钱鸣高，1932年12月出生于江苏省无锡市，1954年毕业于东北工学院（现东北大学）。曾任中国矿业大学采矿工程系副教授、教授兼博士生导师，采矿工程系系主任等。1995年当选中国工程院院士。

钱鸣高是我国矿山压力与岩层控制学科主要奠基人之一。新中国成立初期，我国采矿科学事业几近空白。为响应国家号召，已经考取机械系的钱鸣高主动转入采矿系。

"那时候，我既不熟悉采煤，也不知道这门学科深浅，只是觉得越是艰苦的专业，越有希望做出成绩来。"

在几十年的科研生涯中，他主要从事矿山压力与岩层控制研究，提出了采场上覆岩层的"砌体梁平衡假说"以及老顶破断规律及其在破断时在岩体中引起的扰动理论；创立了"砌体梁"力学模型，以及以采场上覆岩层活动规律和支架-围岩系统为核心的工程理论体系；建立了"矿山压力预测控制和监测"的实用工程技术，并提出了岩层控制的关键层理论和符合科学发展观的"绿色开采技术"体系；等等。

钱鸣高毕生专注科研，曾告诫学生："搞科研一定要勤奋，有严谨的学风，胸怀大志，耐得住寂寞，兢兢业业做事，切忌浮躁。"

（摘自李苑：《采矿工程专家钱鸣高院士逝世》，光明日报微博）

中国有限元法应用研究的开拓者——冯钟越

　　冯钟越，1931 年 12 月 31 日出生于北平（今北京市），祖籍河南省唐河县。祖父冯台异是清朝进士，在湖北崇阳当过知县。父亲冯友兰是北京大学教授、国内外著名学者。母亲任载坤毕业于北京女子师范学校，是辛亥革命前辈任芝铭的女儿。冯钟越先后在昆明、北京完成了从小学、中学到大学的全部学业。1952 年毕业于清华大学航空系。在大学读书时他就是中国共产党联系的积极分子，于 1952 年加入中国共产党。

　　有限元法的研究和应用是从飞机设计的实际需要中提出来的。1958 年，我国开始设计两种超音速歼击机——东风 107 和东风 113 飞机。由于这两种飞机都是小展弦比机翼，传统的工程梁理论已不能用于这类飞机机翼的强度、刚度计算。当时摆在冯钟越面前的问题是：必须寻求一种小展弦比机翼的计算方法，以解决飞机设计中所碰到的这一关键技术问题。

　　众所周知，小展弦比机翼在强度与刚度方面存在两大问题：一是相对厚度小，应力水平高，对应力分析的精度要求更高，但是又因结构十分复杂，其内部空间小，除提供收放起落架及存放油箱需要外，还要悬挂各种操纵面（襟翼、副翼），所以以平面假设为基础的工程计算方法已不再适用，必须寻求一种新的结构分析方法；二是小展弦比机翼的颤振分析是设计的一大关键，而颤振分析（当时认识水平上）基于准确的结构柔度影响系数矩阵（而传统的工程计算方法对此是无能为力的）。这就是说，必须找到这样一种方法，它既能给出准确的应力和变形，同时又能给出结构的柔度影响系数矩阵。

冯钟越为解决这一关键技术问题翻阅了大量的文献资料，发现国际上也刚刚开始探索这一问题的解决方法。在众说纷纭中，冯钟越认定结构分析的矩阵方法就是出路。于是他组织人力开展研究工作，和大家一起学习讨论，弄清方法原理，试算例题。当时，设计室只有手摇式计算机，算一个 10 阶矩阵代数方程，往往需要一个星期的时间。通过一段时间的摸索，对结构分析的矩阵方法初步入了门，掌握了位移法和力法的基本原理和计算步骤。

1961 年，航空研究院（国防部六院）成立。冯钟越及时向六院提交了他亲自起草的"小展弦比机翼强度刚度研究"课题的立题报告。六院批准了冯钟越的报告，将该课题作为六院的重点研究课题列入科研计划，由他亲自担任课题负责人，从思想上、技术上指导课题研究工作的开展。课题组成员长驻北京进行技术攻关，并得到了中国科学院计算技术研究所的大力支持。

在课题研究中，冯钟越治学态度严谨，不仅高度重视理论研究，而且重视试验验证工作。在课题研究全面铺开的同时，他克服一切困难，又亲自组织力量生产了 1∶5 金属模型，以便进行试验对比分析；接着，又进行了难度较大的机翼结构影响系数的实测工作，为课题研究工作的顺利开展和后来取得成功奠定了基础。

"小展弦比机翼强度刚度研究"课题经过 3 年的努力，于 1965 年圆满完成了任务，并提交了可供型号设计实际使用的小展弦比机翼应力分析和柔度影响系数计算的位移法、力法、直接刚度法、子结构分析法等相应的有限元分析程序，基本上接近当时的国际水平。

从 1964 年开始，我国自行研制歼 8 飞机，冯钟越果断决定把自行研制的有限元法用于歼 8 机翼的校核计算，使我国的飞机设计采用了有自己特色的、先进的、可靠的分析方法，使电子计算机在我国自行设计的飞机上得到了实际应用。该项研究成果获得了 1978 年全国科学大会奖。

（摘自：中国科学技术协会编《中国科学技术专家传略·工程技术编·力学卷》，中国科学技术出版社）